今すぐ使えるかんたんmini PLUS

Excel 関数組み合わせ超事典

2019/2016/2013/365対応

スーパー

日花弘子 著

JN006168

技術評論社

はじめに

本書は、Excel関数を組み合わせて使うことに焦点を当てた一冊です。関数を組み合わせて使う主な動機として、以下のような項目が挙げられます。

●動機その1：単純な集計では間に合わない

業務では、複数の条件に合うデータを集計するだけでなく、条件自体が複雑になっている場合があります。また、集計範囲が固定されず、日々変化するデータ量に合わせた範囲を要求されることもあります。本書では、主に第3章で集計、第4章で条件について取り上げています。また、日付に関しては第5章にまとめています。

●動機その2：業務効率を上げたい

業務効率が上がらない理由の一つに、表そのものが抱える問題があります。あるべきデータが欠けていたり、表記ゆれが存在したりすると、検索や抽出に支障をきたします。関数を組み合わせて対処することで、表がクレンジングされ、信頼できる検索や抽出を可能にします。本書では、第6章で表のクレンジングに関わる、データの整理、整形について取り上げています。

●動機その3：VLOOKUP関数の限界を突破したい

あらゆる業界で必須とされるVLOOKUP関数にも限界があります。たとえば、「条件に該当する人を全員洗い出して。」「条件によって表を切り替えて検索したい。」といったよくある要求も、VLOOKUP関数単独では応えることができません。そもそも、データを検索する関数はVLOOKUP関数一択ではありません。関数を組み合わせることで、上記の要求に応えることができます。本書では、主に、第7章、第8章でさまざまなデータ検索、抽出の技を紹介しています。

▼ VLOOKUP 関数単独の限界例：11 月生まれの全員を検索

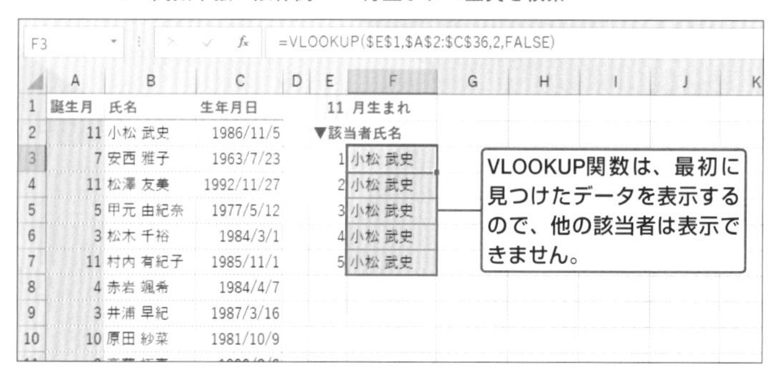

●動機その４：一般機能を組み合わせて、表を活性化したい

一般機能の中には、設定時に利用するダイアログボックスに関数を直接記述できる場合があります。本書では、主に第9章で、＜条件付き書式＞、＜入力規則＞、＜名前の管理＞、＜ゴールシーク＞、＜フォームコントロール＞、＜Wordの差し込み印刷＞との組み合わせを紹介していますが、＜テーブル＞や＜名前＞を使った組み合わせは、章を問わず幅広く紹介しています。＜テーブル＞や＜名前＞、基本的な機能については、第1章をご覧ください。

●動機その５：いろいろな関数を知って、表活用の可能性を広げたい

関数を組み合わせて、さまざまな用途に応えられるようになるポイントは次のとおりです。

普段あまり目にしない、なじみの薄い関数を知ること

よく使う関数、覚えておきたい関数から真っ先に除外されるマイナーともいうべき関数が、組み合わせにおいては必須になります。本書では、ここを通らずして、組み合わせの理解なし、という位置づけのもと、第2章で解説しています。初めて関数組み合わせに挑戦される方は、ぜひ、第2章をご覧ください。

新関数にアンテナを張ること

Microsoft 365のExcelでは、さまざまな新機能が定期的に提供されていますが、関数も例外ではありません。これまで関数を組み合わせないと実現できなかったことが単独で実現できる新関数も登場しています。本書では、随所で新関数を紹介するとともに、従来の組み合わせで実現できる場合は、従来の組み合わせも紹介し、どちらも利用できるようにしています。

別の方法を模索すること

関数の組み合わせ方は一通りではありません。ですから、本書で紹介する方法が一番だ！などと押し付ける気は毛頭ありません。むしろ、本書で紹介する作例や目的を見ながら、別の方法もあるのではないか、と考える癖を付けて欲しいと思います。そして別の方法を思いついたら、その場で試してみてください。うまくいけば、本書とご自身のアイディアと、少なくとも2通りの方法を習得でき、活用の幅が広がります。
本書は業務を意識した作例を多く取り上げていますが、中には、業務とはあまり関係がない、あるいは、ここまで複雑なことはしないと思われる作例もあります。しかし、考え方や使い方を知ることで、ご自身の仕事や趣味に役立てて頂けると考えています。

本書の使い方

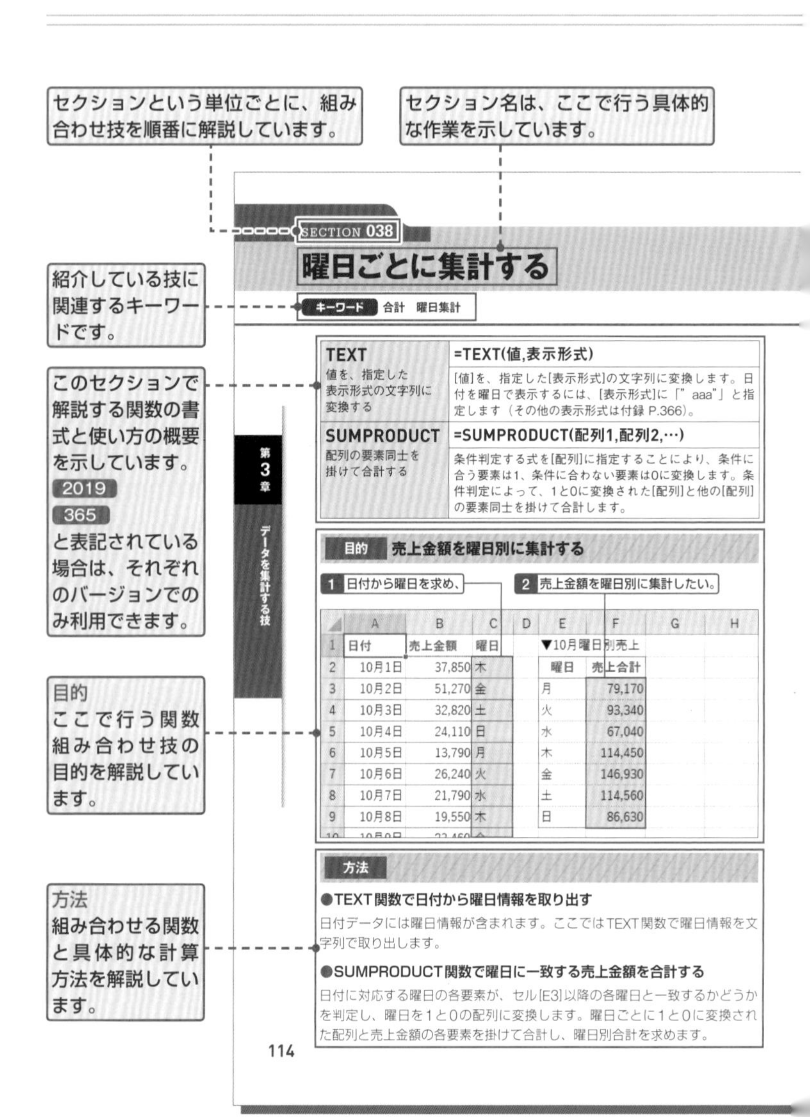

セクションという単位ごとに、組み合わせ技を順番に解説しています。
セクション名は、ここで行う具体的な作業を示しています。
紹介している技に関連するキーワードです。
このセクションで解説する関数の書式と使い方の概要を示しています。
2019
365
と表記されている場合は、それぞれのバージョンでのみ利用できます。
目的
ここで行う関数組み合わせ技の目的を解説しています。
方法
組み合わせる関数と具体的な計算方法を解説しています。
SECTION 038
曜日ごとに集計する
キーワード 合計 曜日集計
第3章
データを集計する技
TEXT
値を、指定した表示形式の文字列に変換する
=TEXT(値,表示形式)
[値]を、指定した[表示形式]の文字列に変換します。日付を曜日で表示するには、[表示形式]に「" aaa"」と指定します（その他の表示形式は付録 P.366）。
SUMPRODUCT
配列の要素同士を掛けて合計する
=SUMPRODUCT(配列1,配列2,…)
条件判定する式を[配列]に指定することにより、条件に合う要素は1、条件に合わない要素は0に変換します。条件判定によって、1と0に変換された[配列]と他の[配列]の要素同士を掛けて合計します。
目的 売上金額を曜日別に集計する
1 日付から曜日を求め、
2 売上金額を曜日別に集計したい。
A B C D E F G H
1 日付 売上金額 曜日 ▼10月曜日別売上
2 10月1日 37,850 木 曜日 売上合計
3 10月2日 51,270 金 月 79,170
4 10月3日 32,820 土 火 93,340
5 10月4日 24,110 日 水 67,040
6 10月5日 13,790 月 木 114,450
7 10月6日 26,240 火 金 146,930
8 10月7日 21,790 水 土 114,560
9 10月8日 19,550 木 日 86,630
方法
●TEXT関数で日付から曜日情報を取り出す
日付データには曜日情報が含まれます。ここではTEXT関数で曜日情報を文字列で取り出します。
●SUMPRODUCT関数で曜日に一致する売上金額を合計する
日付に対応する曜日の各要素が、セル[E3]以降の各曜日と一致するかどうかを判定し、曜日を1と0の配列に変換します。曜日ごとに1と0に変換された配列と売上金額の各要素を掛けて合計し、曜日別合計を求めます。
114

- 本書の各セクションでは、画面を使った操作の手順を追うだけで、Excel関数を組み合わせて使うテクニックがわかるようになっています。
- 操作の流れに番号を付けて示すことで、操作手順を追いやすくしてあります。

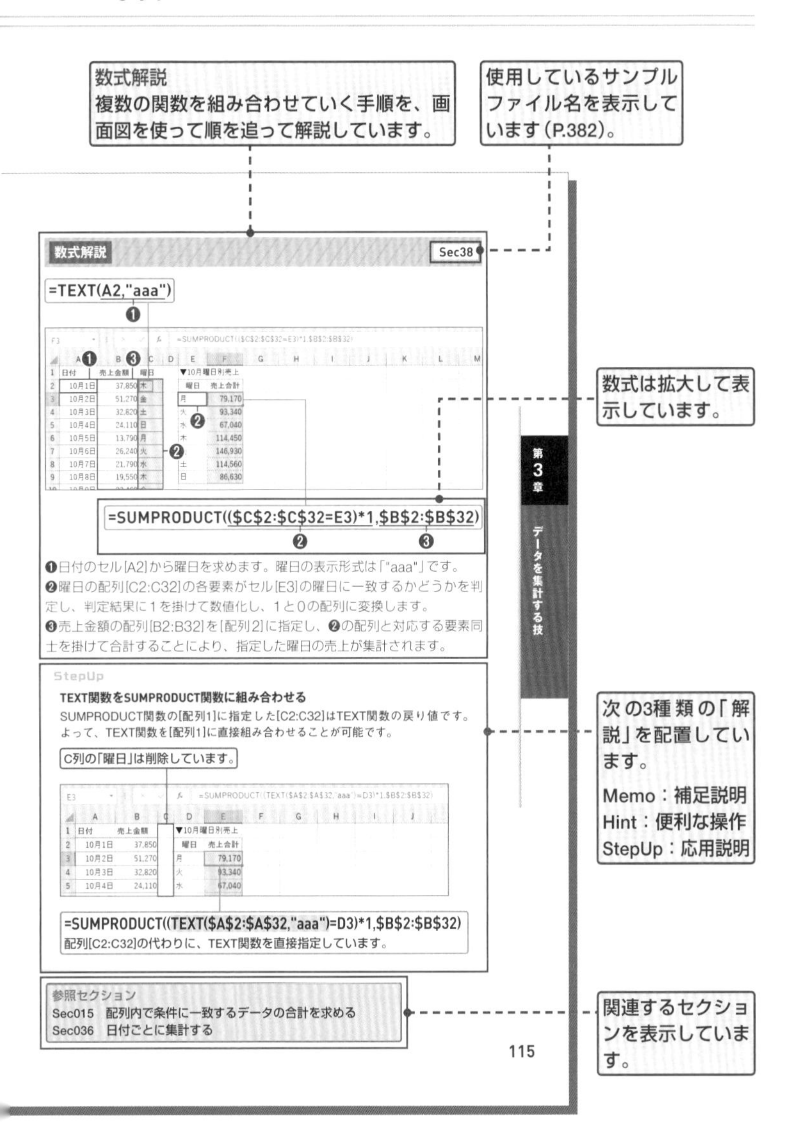

数式解説
複数の関数を組み合わせていく手順を、画面図を使って順を追って解説しています。
使用しているサンプルファイル名を表示しています（P.382）。
数式は拡大して表示しています。
次の3種類の「解説」を配置しています。
Memo：補足説明
Hint：便利な操作
StepUp：応用説明
関連するセクションを表示しています。
数式解説
Sec38
=TEXT(A2,"aaa")
=SUMPRODUCT(($C$2:$C$32=E3)*1,$B$2:$B$32)
❶日付のセル[A2]から曜日を求めます。曜日の表示形式は「"aaa"」です。
❷曜日の配列[C2:C32]の各要素がセル[E3]の曜日に一致するかどうかを判定し、判定結果に1を掛けて数値化し、1と0の配列に変換します。
❸売上金額の配列[B2:B32]を[配列2]に指定し、❷の配列と対応する要素同士を掛けて合計することにより、指定した曜日の売上が集計されます。
第3章
データを集計する技
StepUp
TEXT関数をSUMPRODUCT関数に組み合わせる
SUMPRODUCT関数の[配列1]に指定した[C2:C32]はTEXT関数の戻り値です。よって、TEXT関数を[配列1]に直接組み合わせることが可能です。
C列の「曜日」は削除しています。
=SUMPRODUCT((TEXT($A$2:$A$32,"aaa")=D3)*1,$B$2:$B$32)
配列[C2:C32]の代わりに、TEXT関数を直接指定しています。
参照セクション
Sec015 配列内で条件に一致するデータの合計を求める
Sec036 日付ごとに集計する
115

CONTENTS 目次

第1章 関数組み合わせ前の基礎知識

第2章 組み合わせで使える関数の技

第3章 データを集計する技

CONTENTS

第5章 日付・時刻を計算する技

第6章 データを整理・整形する技

第7章 データを検索する技

CONTENTS

第8章 データを抽出する技

第9章 他の機能との組み合わせ

ご注意：ご購入・ご利用の前に必ずお読みください

●本書は、『今すぐ使えるかんたんPLUS+　Excel関数　組み合わせ　完全大事典』(2015年8月発売)の内容を見直し、新しいテクニックや解説を多数盛り込んだ書籍です。ただし、基本解説については重複している部分があります。

●本書に記載された内容は、情報の提供のみを目的としています。したがって、本書を用いた運用は、必ずお客様自身の責任と判断によって行ってください。これらの情報の運用の結果について、著者および技術評論社はいかなる責任も負いません。

●本書の解説および画面は、主にExcel 2019を利用して作成しております。Microsoft 365の機能を利用する解説では、Microsoft 365のExcelを利用しています。

●ソフトウェアに関する記述は、特に断りのないかぎり、2021年5月現在の最新バージョンをもとにしています。ソフトウェアはバージョンアップされる場合があり、本書での説明とは機能内容や画面図などが異なってしまうこともあり得ます。あらかじめご了承ください。

●インターネットの情報については、URLや画面等が変更されている可能性があります。ご注意ください。

以上の注意事項をご承諾いただいた上で、本書をご利用願います。これらの注意事項をお読みいただかずに、お問い合わせいただいても、著者および技術評論社は対処しかねます。あらかじめ、ご承知おきください。

第1章

関数組み合わせ前の基礎知識

SECTION 001

関数の基礎をマスターする

キーワード 数式　関数

Excelの関数とは?

関数とは、形式的には書式が定義された数式ですが、実体は、何かを与えると別の形にして返す道具です。用途に応じたさまざまな道具があるように、Excelにも、用途に応じて450種類以上の関数が用意されています。

関数の書き方

関数は数式なので「=」(等号)から始まります。続いて、関数名、開きカッコ、引数(ひきすう)の順に入力し、最後にカッコで閉じます。

●関数の書式

❶関数名：英単語をもとに、関数の目的を連想させる名前が付けられています。

❷カッコ：引数を括ります。引数を必要としない関数もありますが、カッコは省略できません。

❸引　数：関数に必要な値を指定します(下表参照)。値の入ったセルやセル範囲、値を得る式や関数を指定することができます。

❹カンマ：複数の引数が必要な場合は、引数の間を「,」(カンマ)で区切ります。

●引数に指定する値の種類

種類	説明	例
数値	実数、整数、日付、時刻	42.195　0 2021/7/1　9：00
文字列	英数カナ、ひらがな、漢字、特殊文字、ワイルドカードなど	"達成"　"Excel" "*富士"
論理値	TRUE(真)、FALSE(偽)の2値	true　false True　False
エラー値	関数や数式が原因で発生するエラー	#N/A　#DIV/0!
配列定数	「,」(カンマ)をデータ区切り、「;」(セミコロン)を行区切りとする「{}」(中カッコ)で囲まれた仮想表	{1,"佐藤";2,"鈴木"} (2列2行の表)

関数の入力例

関数はセルか数式バーに入力して Enter キーを押します。すると、数式バーには入力した関数、セルには結果（答え）が表示されます（下図参照）。Excelでは、関数を入力したら結果が戻ってきたという意味合いで、セルに表示された結果は「戻り値」と呼ばれます。他にも関数が値を「返す」、関数によって値が「返ってくる」という表現も使います。

関数は数式バーに表示されます。

E7　=SUM(E4:E6,550)

	A	B	C	D	E
1	ご請求書				ミニチュア工房
2		富沢 翔 様		発行日：	2020/9/3
3	商品No	商品名	税込価格	数量	小計
4	2002	可変抵抗スイッチ付き10kΩ	80	3	240
5	3001	ユニバーサル基板	200	1	200
6	3002	ジャンパーピン10本入り	150	2	300
7	ご請求金額（送料+代引き手数料 550円）				1,290
8	通信欄：	お届け時に1290円をお支払いください。			
9					

セルには戻り値が表示されます。

●関数と関数の読み方1

=SUM(E4:E6,550)

SUM関数は数値の合計を返します。セル[E4]から[E6]までに入っている数値と550を合計します。連続するセルは、セル範囲と呼び、範囲の始点と終点を「:」（コロン）でつなぎます。本書では、セル範囲を[E4:E6]のように表記します。

●関数と関数の読み方2

=CONCAT("お届け時に",E7,"円をお支払いください。")

CONCAT関数（Excel 2013以前はCONCATENATE関数）には、引数に指定した順に値同士を連結する機能があります。引数に文字列を直接指定するときは、文字列の前後を「"」（半角ダブルクォーテーション）で囲むのがルールです。

SECTION 002

関数の入力方法を身に付ける

キーワード　関数の引数ダイアログボックス　直接入力

関数の入力方法

関数を入力するには2通りありますが、一長一短です。初めて利用する関数や引数の多い関数はダイアログボックスを利用し、覚えた関数は直接入力すると作業効率がアップします。また、途中でダイアログボックスに切り替えるというハイブリッド的な入力も可能です。

入力方法	長所	短所
ダイアログボックス	関数と引数の解説を見ながら、所定のテキストボックスに指定できる	関数一覧から関数を選択してダイアログボックスを開く操作が常に必要となる
直接入力	セルや数式バーにすばやく入力できる	少なくとも関数名の一部を覚え、引数に指定する内容を把握しておく必要がある

ダイアログボックスを利用して関数を入力する　Sec02

ここでは、3つの状況を想定して、タイピングのスコア表をもとに最高スコアを求めます。3つの状況とは、使用すべき関数名がわかっている場合、関数名がわからない場合、分類は知っている（あるいは想定できる）場合です。

●関数名がわかっている場合

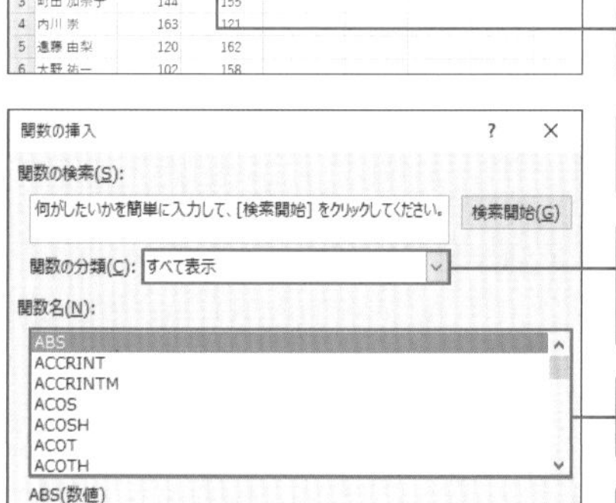

1 関数を入力するセル[F2]をクリックし、

2 ＜関数の挿入＞をクリックすると、

3 ＜関数の挿入＞ダイアログボックスが表示されます。

4 ⌄をクリックして表示される一覧から＜すべて表示＞を選択し、

5 ＜関数名＞ボックス内をクリックして、

6 日本語オフの状態で、キーボードのmキーを押すと、

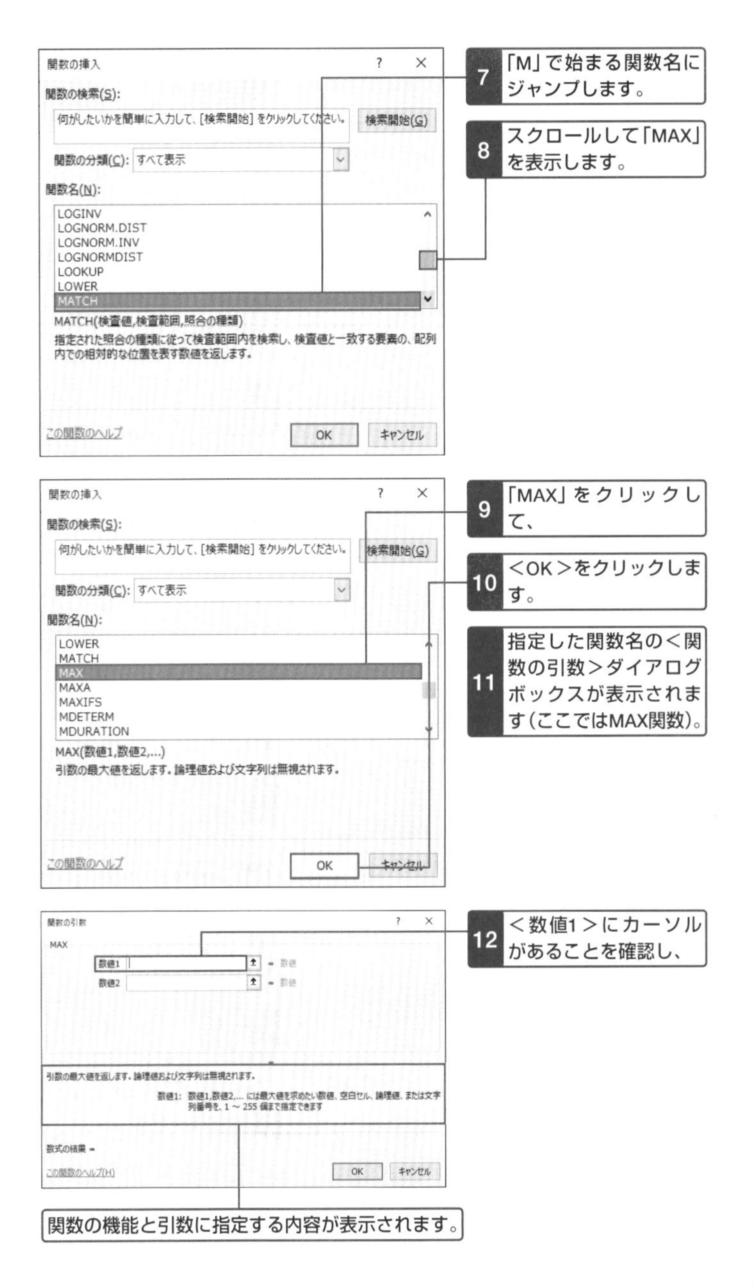
関数の挿入
関数の検索(S):
何がしたいかを簡単に入力して、[検索開始] をクリックしてください。
検索開始(G)
関数の分類(C): すべて表示
関数名(N):
LOGINV
LOGNORM.DIST
LOGNORM.INV
LOGNORMDIST
LOOKUP
LOWER
MATCH
MATCH(検査値,検査範囲,照合の種類)
指定された照合の種類に従って検査範囲内を検索し、検査値と一致する要素の、配列内での相対的な位置を表す数値を返します。
この関数のヘルプ
OK
キャンセル
7 「M」で始まる関数名にジャンプします。
8 スクロールして「MAX」を表示します。
関数の挿入
関数の検索(S):
何がしたいかを簡単に入力して、[検索開始] をクリックしてください。
検索開始(G)
関数の分類(C): すべて表示
関数名(N):
LOWER
MATCH
MAX
MAXA
MAXIFS
MDETERM
MDURATION
MAX(数値1,数値2,...)
引数の最大値を返します。論理値および文字列は無視されます。
この関数のヘルプ
OK
キャンセル
9 「MAX」をクリックして、
10 <OK>をクリックします。
11 指定した関数名の<関数の引数>ダイアログボックスが表示されます(ここではMAX関数)。
関数の引数
MAX
数値1
数値2
= 数値
= 数値
引数の最大値を返します。論理値および文字列は無視されます。
数値1: 数値1,数値2,... には最大値を求めたい数値、空白セル、論理値、または文字列番号を、1 ~ 255 個まで指定できます
数式の結果 =
この関数のヘルプ(H)
OK
キャンセル
12 <数値1>にカーソルがあることを確認し、
関数の機能と引数に指定する内容が表示されます。

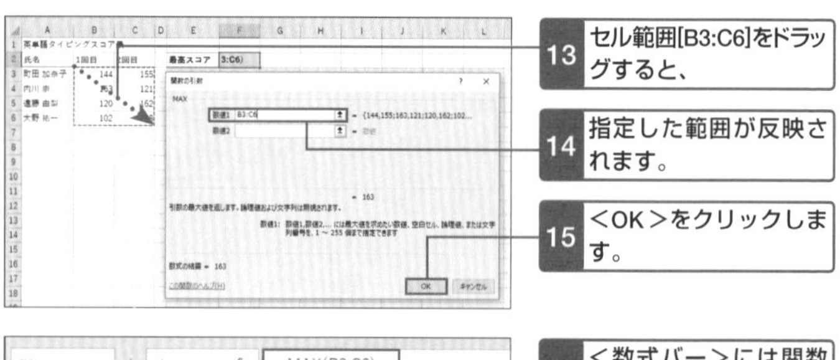

13 セル範囲[B3:C6]をドラッグすると、

14 指定した範囲が反映されます。

15 <OK>をクリックします。

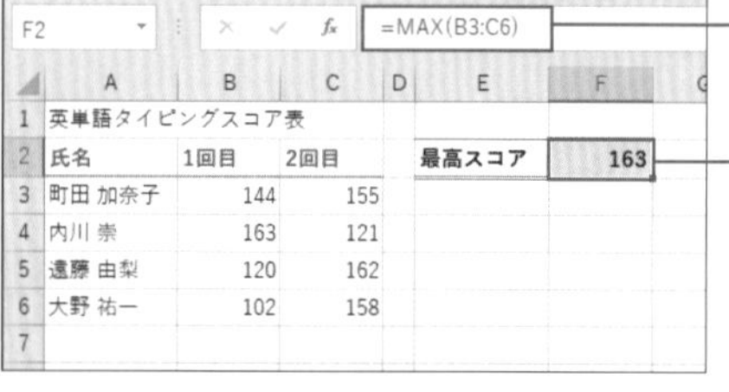

16 <数式バー>には関数が表示されます。

17 セルには戻り値が表示されます。

●関数名がわからない場合

1 P.18の手順1と2を操作し、<関数の挿入>ダイアログボックスを表示します。

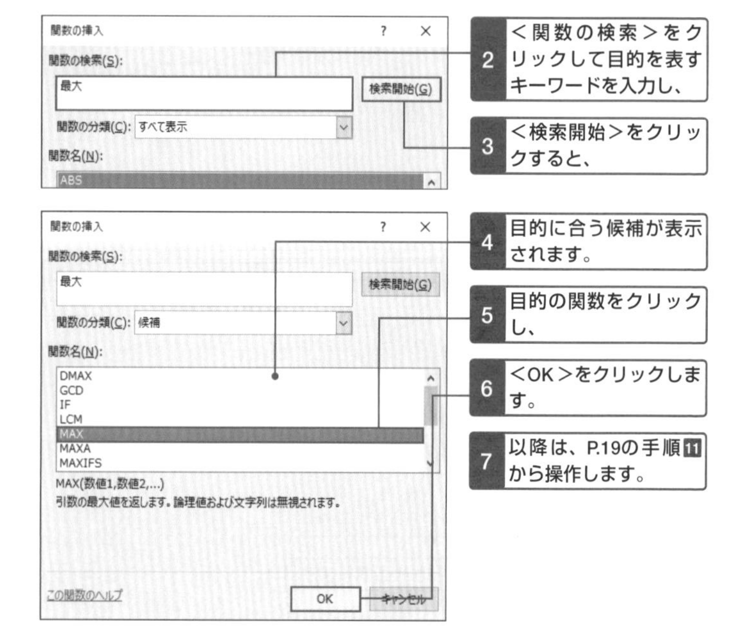

2 <関数の検索>をクリックして目的を表すキーワードを入力し、

3 <検索開始>をクリックすると、

4 目的に合う候補が表示されます。

5 目的の関数をクリックし、

6 <OK>をクリックします。

7 以降は、P.19の手順11から操作します。

●関数の分類がわかっている場合

1 関数を入力するセルをクリックし、

2 <数式>タブの<その他の関数>から<統計>をクリックし、

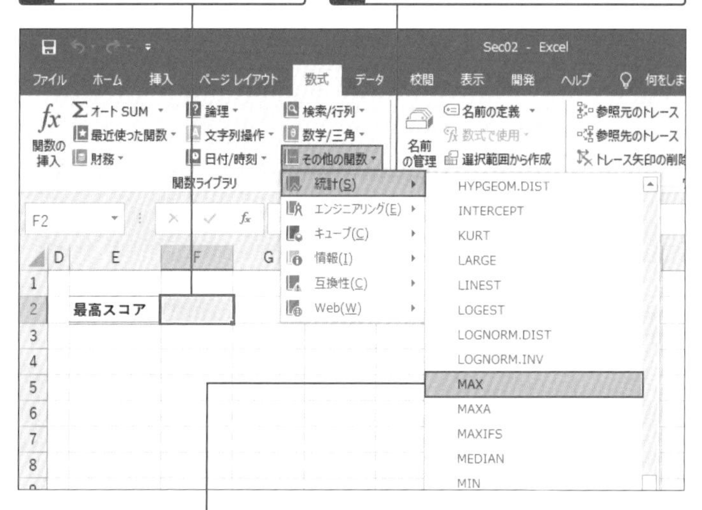

3 目的の関数名をクリックします。

4 以降は、P.19の手順11から操作します。

キーボードから直接関数を入力する　Sec02

関数名やセル参照の英字は、小文字で入力できます。正しく認識されれば、大文字に変換されます。

1 関数を入力するセルに「=max(」と入力し、

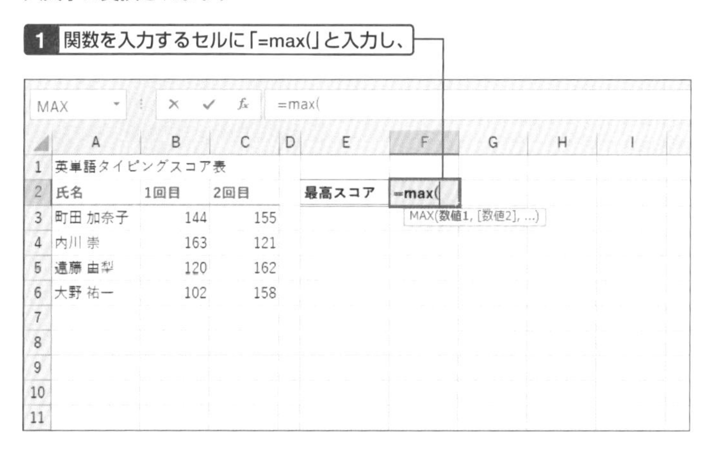

第1章 関数組み合わせ前の基礎知識

2 引数に指定する範囲をドラッグするか、「b3:c6」と入力し、

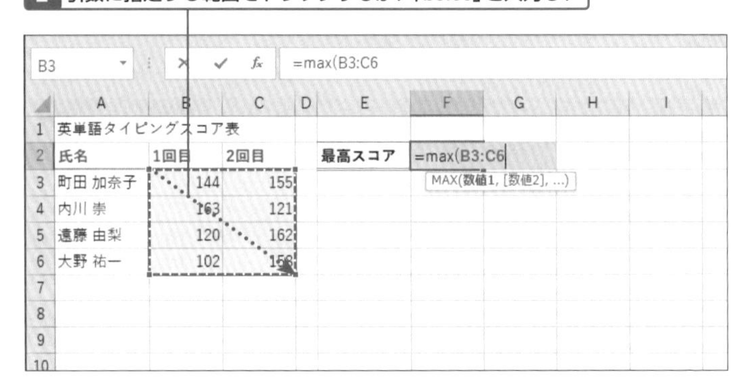

3 閉じカッコを入力して Enter キーを押します。

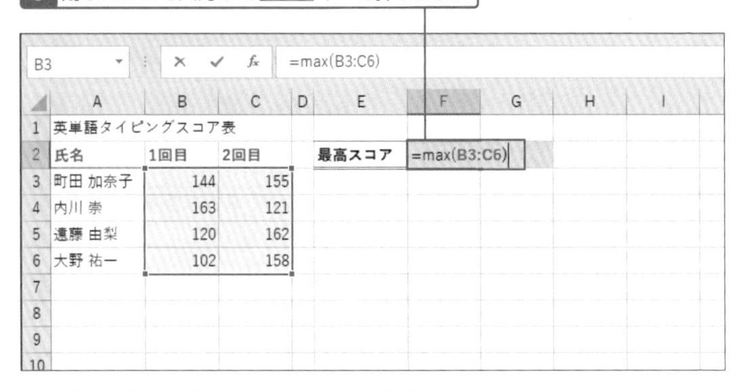

4 <数式バー>に入力した関数が表示されます。

F2　=MAX(B3:C6)

	A	B	C	D	E	F
1	英単語タイピングスコア表					
2	氏名	1回目	2回目		最高スコア	163
3	町田 加奈子	144	155			
4	内川 崇	163	121			
5	遠藤 由梨	120	162			
6	大野 祐一	102	158			

5 セルには戻り値が表示されます。

数式オートコンプリートを利用して直接関数を入力する　Sec02

セルに「=」を入力した後、関数名の先頭文字を入力すると関数候補が表示されます。2文字目以降を入力すれば、関数候補が絞られます。

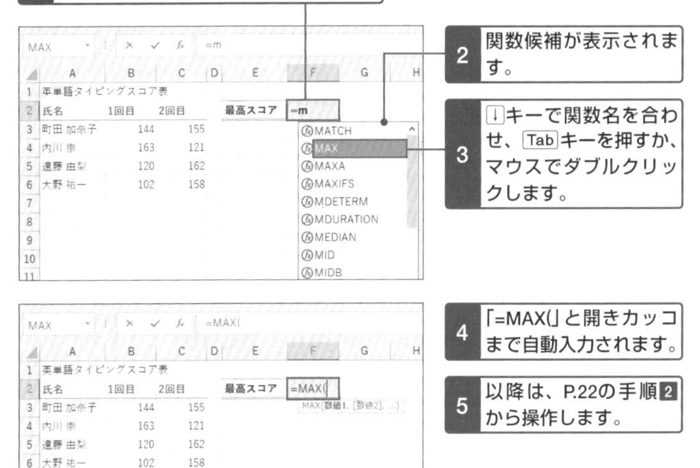

3 ↓キーで関数名を合わせ、Tabキーを押すか、マウスでダブルクリックします。

直接入力とダイアログボックスを併用する　Sec02

「=MAX(」のように、開きカッコまで直接入力し、引数の指定は<関数の引数>ダイアログボックスを使う、という方法もあります。

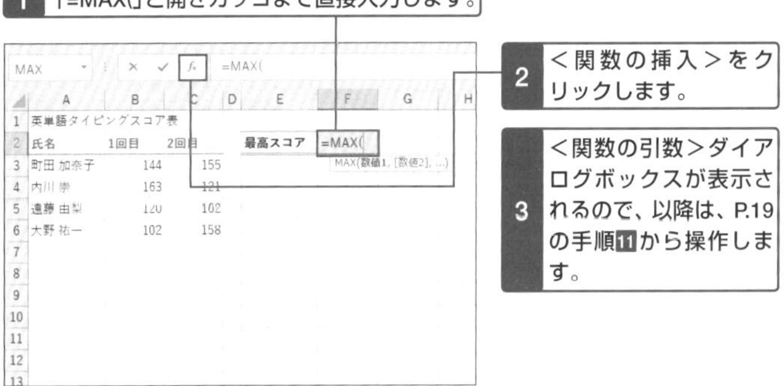

1 「=MAX(」と開きカッコまで直接入力します。
2 <関数の挿入>をクリックします。
3 <関数の引数>ダイアログボックスが表示されるので、以降は、P.19の手順11から操作します。

SECTION 003

3つのセル参照方式を使い分ける

キーワード 相対参照　絶対参照　複合参照

セル参照方式を使い分ける理由

セル参照方式には相対参照、絶対参照、複合参照の3種類があります。これらを使い分ける理由は一つ、表を効率的に時短で作成するためです。具体的には、一度入力した関数や数式は、コピーして使い回せるようにします。

相対参照

Sec03_1

相対参照とは、コピー元の関数や数式に利用しているセル参照を、コピー先のセルの位置に合わせたセル参照に書き換える参照方式です。以下は、相対参照を利用して、各人の平均スコアを求めています。

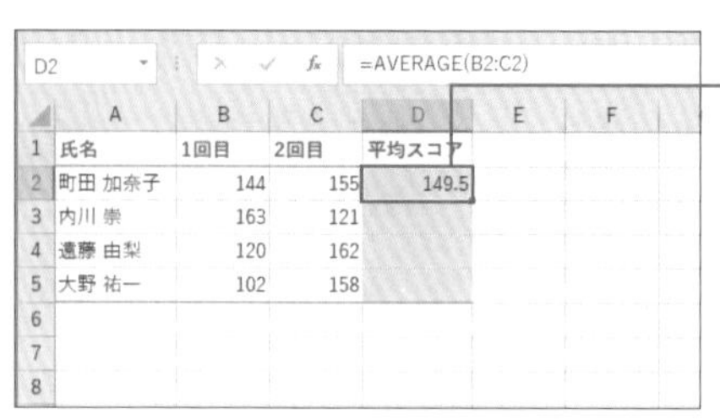

1 平均スコアを表示する範囲の先頭のセルに数式を入力し、

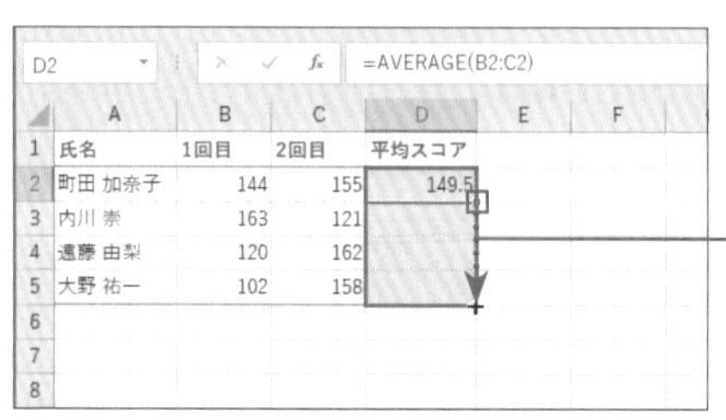

2 数式を入力したセルのフィルハンドルをドラッグすると、

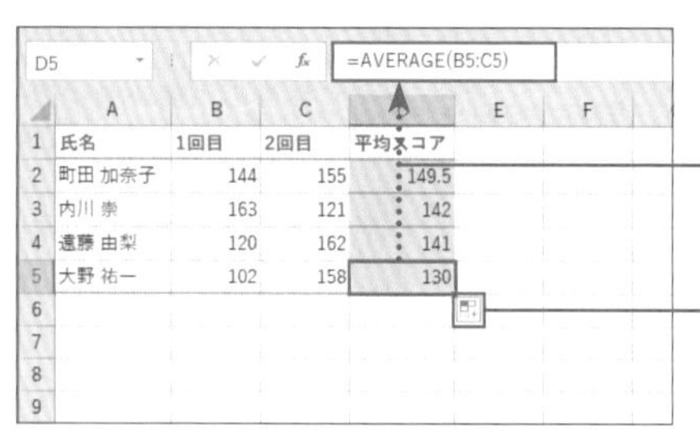

3 セルがコピーされますが、数式のセル参照は、コピー先に合わせて移動します。

4 <オートフィルオプション>ボタンでコピー方法を変更できます（P.25）。

Hint

書式はコピーせず、関数や数式だけコピーする

オートフィルによるコピーによって、表のデザインが崩れる場合は、オートフィル直後に表示される<オートフィルオプション>をクリックし、<書式なしコピー>をクリックします。

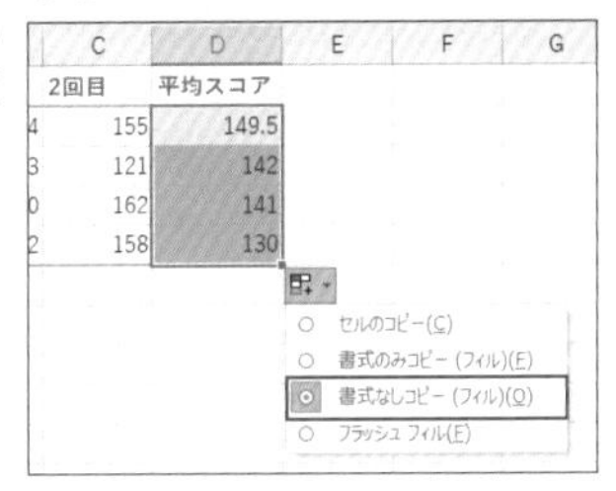

絶対参照

Sec03_2

絶対参照とは、コピー元の関数や数式で利用しているセル参照をコピー先でも参照する方式です。絶対参照では、行番号と列番号の前に「$」が付きます。「$」はセルが動かないようにカギをかけて固定するイメージです。以下では、年間予算に対する各期末までの実績累計から予算の達成率を求めています。

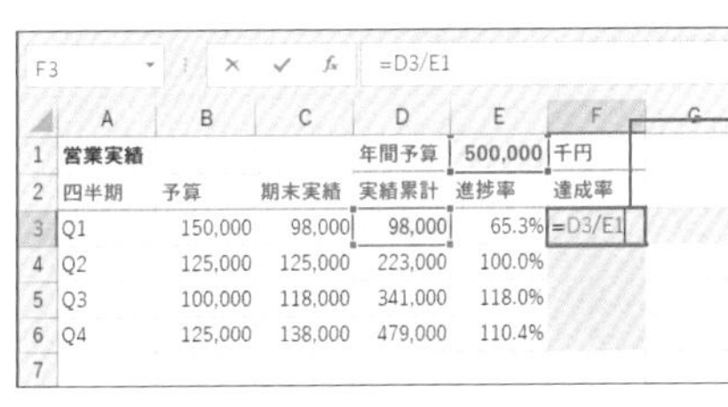

	A	B	C	D	E	F
1	営業実績			年間予算	500,000	千円
2	四半期	予算	期末実績	実績累計	進捗率	達成率
3	Q1	150,000	98,000	98,000	65.3%	=D3/E1
4	Q2	125,000	125,000	223,000	100.0%	
5	Q3	100,000	118,000	341,000	118.0%	
6	Q4	125,000	138,000	479,000	110.4%	

1 実績累計を年間予算で割った達成率の式を入力し、

2 年間予算のセル[E1]にカーソルがある状態で F4 キーを押します。

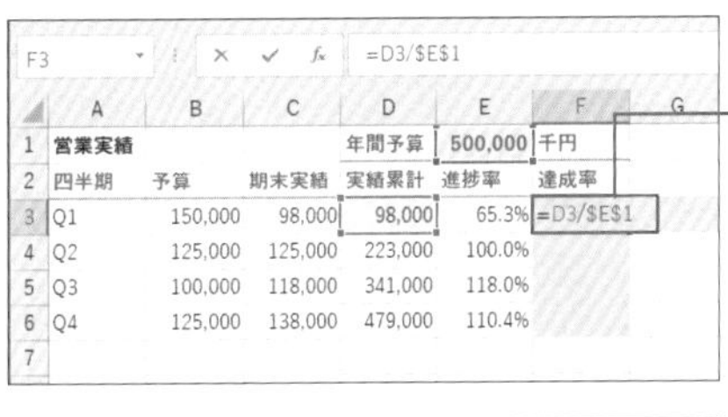

	A	B	C	D	E	F
1	営業実績			年間予算	500,000	千円
2	四半期	予算	期末実績	実績累計	進捗率	達成率
3	Q1	150,000	98,000	98,000	65.3%	=D3/$E$1
4	Q2	125,000	125,000	223,000	100.0%	
5	Q3	100,000	118,000	341,000	118.0%	
6	Q4	125,000	138,000	479,000	110.4%	

3 絶対参照[$E$1]に切り替わったら Enter キーを押して数式を確定します。

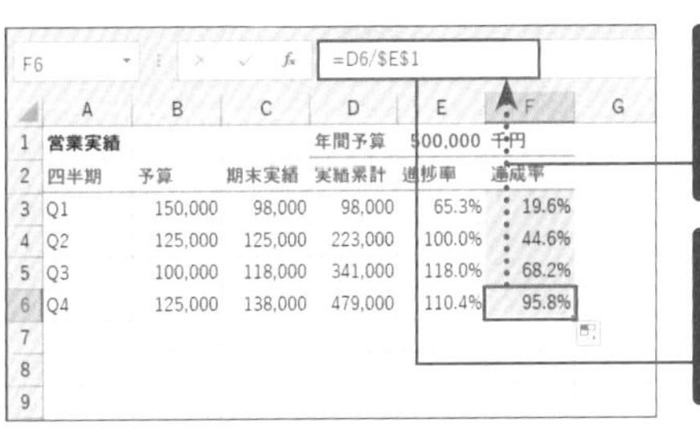

	A	B	C	D	E	F
1	営業実績			年間予算	500,000	千円
2	四半期	予算	期末実績	実績累計	進捗率	達成率
3	Q1	150,000	98,000	98,000	65.3%	19.6%
4	Q2	125,000	125,000	223,000	100.0%	44.6%
5	Q3	100,000	118,000	341,000	118.0%	68.2%
6	Q4	125,000	138,000	479,000	110.4%	95.8%

4 数式を入力したセルのフィルハンドルをドラッグして、数式をコピーすると、

5 コピー先でも、コピー元で設定した絶対参照のセル[E1]を参照しています。

複合参照 Sec03_3

複合参照は、行番号または列番号のどちらかに「$」が付いている参照方式です。以下では、1行目と1列目に入力された数値を互いに計算する「百マス計算」にちなんだ25マス計算です。ここでの計算方法は足し算です。

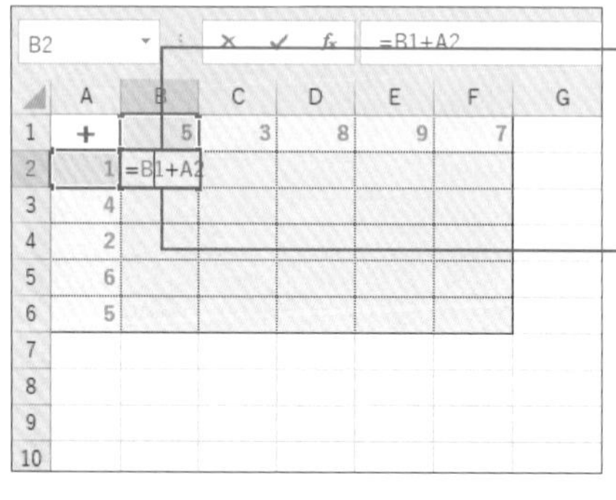

1 1行目と1列目の数値を足し算する数式を入力し、

2 数式内のセル[B1]の上をクリックしてカーソルを表示し、F4キーを2回押します。

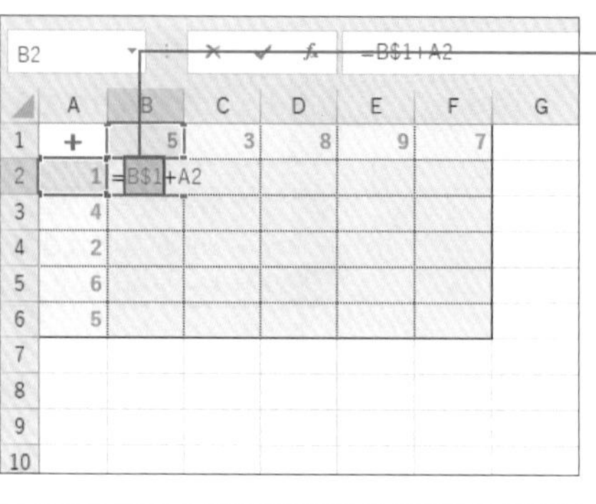

3 行のみ絶対参照[B$1]に切り替わります。

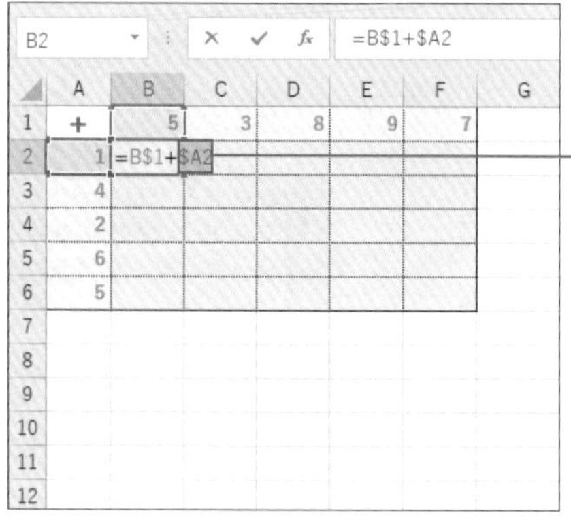

4 数式内の[A2]にカーソルを合わせ、F4キーを3回押し、列のみ絶対参照[$A2]に切り替わったらEnterキーを押します。

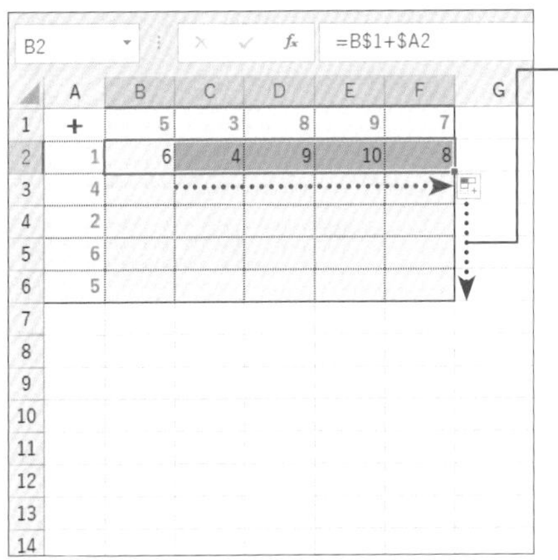

5 セル[B2]に入力した数式を右方向にコピーし、さらに下方向にコピーします。

右方向コピー後に<オートフィルオプション>の<書式なしコピー>、下方向コピー後に<書式なしコピー>を行うと表のデザインが崩れません。

6 コピー先でも1行目とA列は固定されています。

Memo

セル参照は F4 キーで参照方式を切り替える

セル参照方式は、F4 キーを押すことで切り替わりますが、カーソルが数式内のセル参照部分にあることを確認してから押します。4回で1周するので、目的の参照方式を通り過ぎてしまったら何度か押し直します。

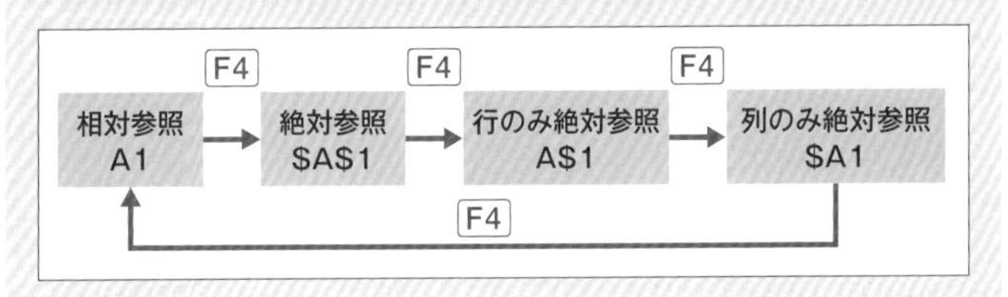

SECTION 004

引数を修正する

キーワード 色枠

関数の引数の修正

Sec04

関数の引数を修正するには、引数を入力し直したり、色枠をドラッグしたり、<関数の引数>ダイアログボックスを利用したりする方法があります。

●色枠を使った修正

関数の入ったセルを編集状態にすると、引数に指定したセル参照が色枠で表示されます。色枠の四隅に付いたハンドルをドラッグしたり、色枠を移動したりすることでセル参照を変更できます。

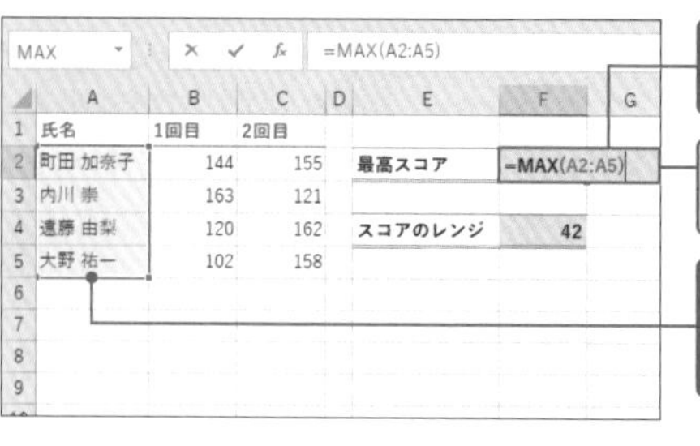

=MAX(A2:A5)
氏名
1回目
2回目
町田 加奈子
内川 崇
遠藤 由梨
大野 祐一
最高スコア
スコアのレンジ
42
1 修正するセルをダブルクリックすると、
この時点で直接入力して直すこともできます。
2 引数に指定したセル参照が色枠で表示されます。

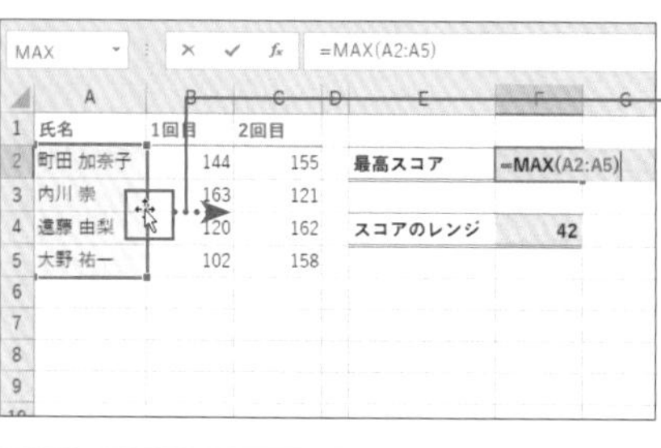

=MAX(A2:A5)
3 色枠の境界線にマウスポインターを合わせて右方向へドラッグすると色枠全体が右に移動します。

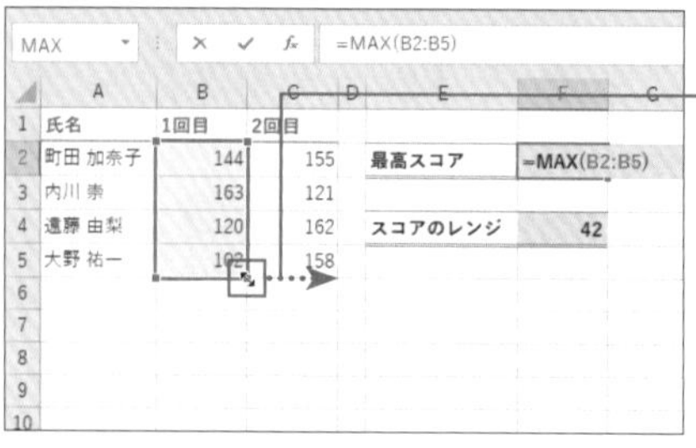

=MAX(B2:B5)
4 ハンドルにマウスポインターを合わせて右方向にドラッグすると、参照範囲が拡大します。

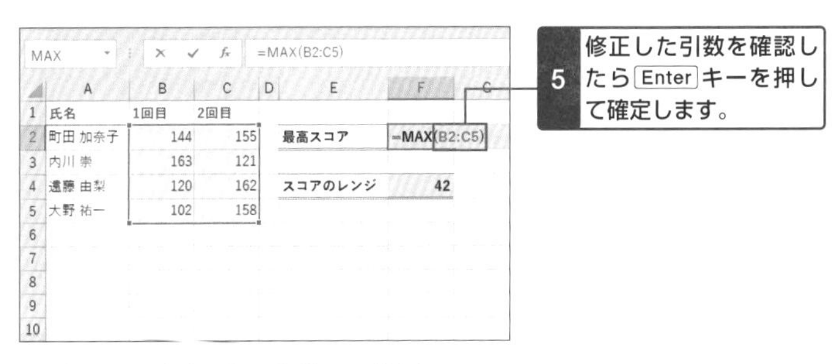

●ダイアログボックスを使った修正

ダイアログボックスを利用する場合は、修正したい関数名にカーソルを合わせて＜関数の挿入＞をクリックします。

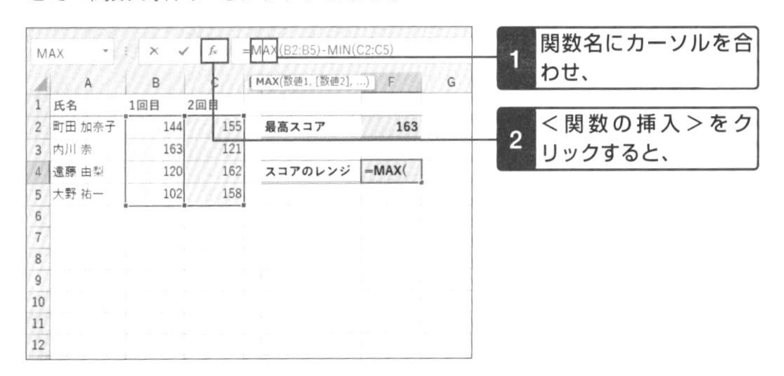

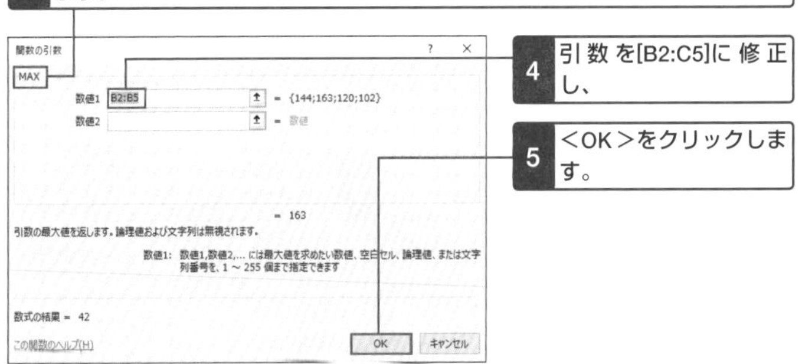

Memo

カーソル位置の＜関数の引数＞ダイアログボックスが表示される

P.29手順4で、引数を修正後に＜数式バー＞の「MIN」の上をクリックすると、MIN関数の＜関数の引数＞ダイアログボックスに切り替えられます。

SECTION 005

引数に名前を指定する

キーワード　名前　名前の管理　名前ボックス

名前を設定して関数の引数に利用する　Sec05_1

セルやセル範囲に名前を付けることができ、関数の引数に指定できます。

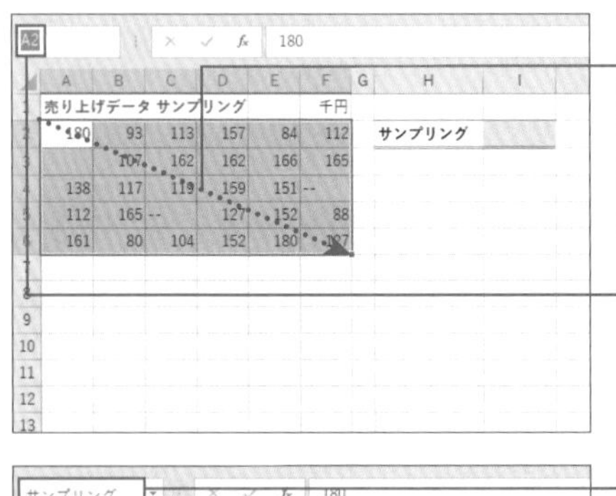

1 名前を付けたいセル範囲（ここでは、[A2:F6]）をドラッグし、

2 ＜名前ボックス＞をクリックし、

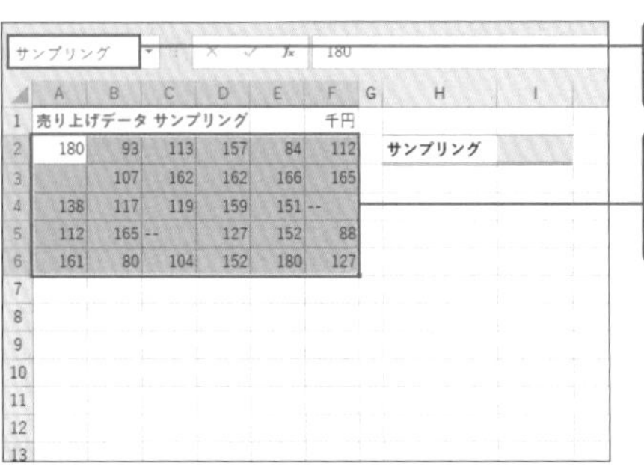

3 名前を入力して Enter キーを押すと、

4 セル範囲[A2:F6]に「サンプリング」という名前が設定されます。

5 関数入力時に、名前を設定した範囲をドラッグすると、

6 セル範囲の代わりに名前が表示されます。

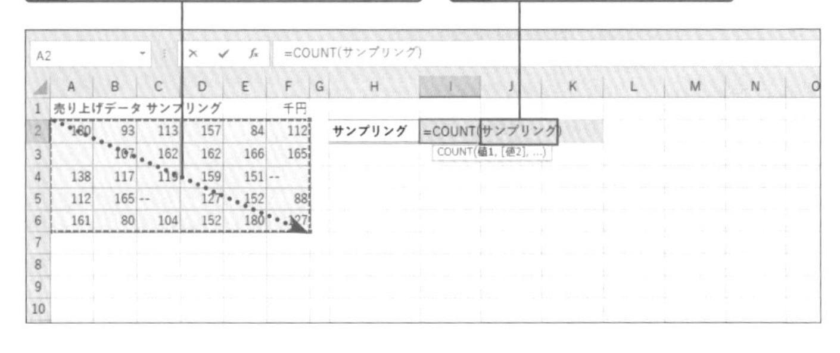

7 計算結果が表示されます。

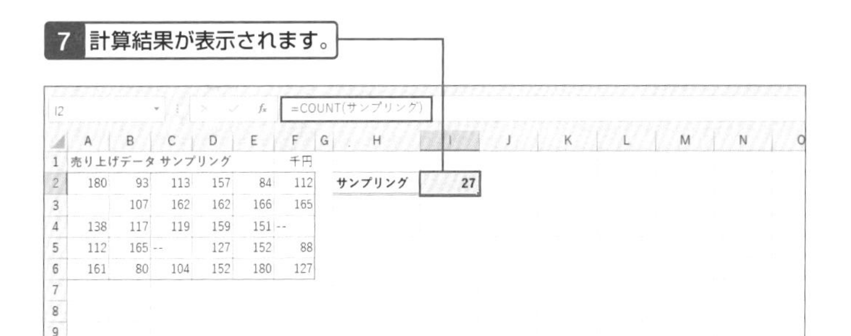

Memo

付けられない名前

セル参照と同じ名前、「C」「c」「R」「r」のいずれか1文字の名前、先頭が数字の名前、文字間に空白がある名前、半角255字を超える名前は付けられません。

Memo

名前と同じ文字列が入ったセル参照は名前として認識しない

セル範囲[A2:F6]に設定した名前「サンプリング」を、セル[H2]の「サンプリング」で代用する、つまり、「=COUNT(H2)」としても正しい結果は得られません。セル参照で名前を利用するには、INDIRECT関数が必要です(P.76)。

表の列データごとに名前を付ける　Sec05_2

<選択範囲から作成>を使うと、表の見出しを名前に設定できます。

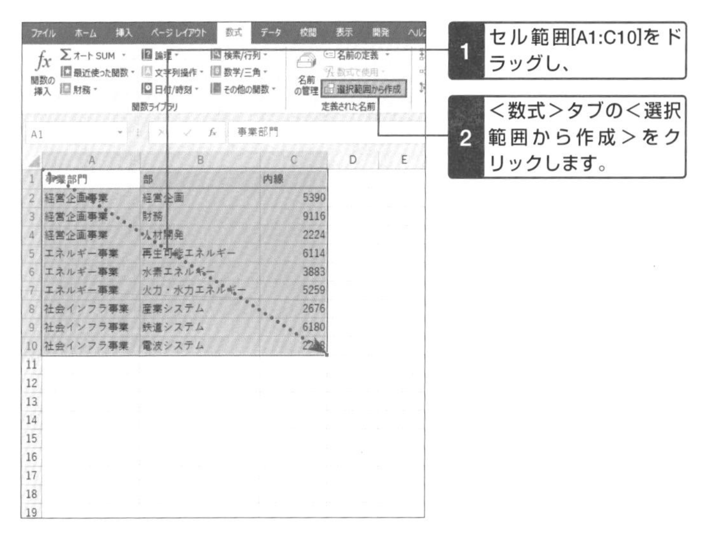

1 セル範囲[A1:C10]をドラッグし、

2 <数式>タブの<選択範囲から作成>をクリックします。

第1章 関数組み合わせ前の基礎知識

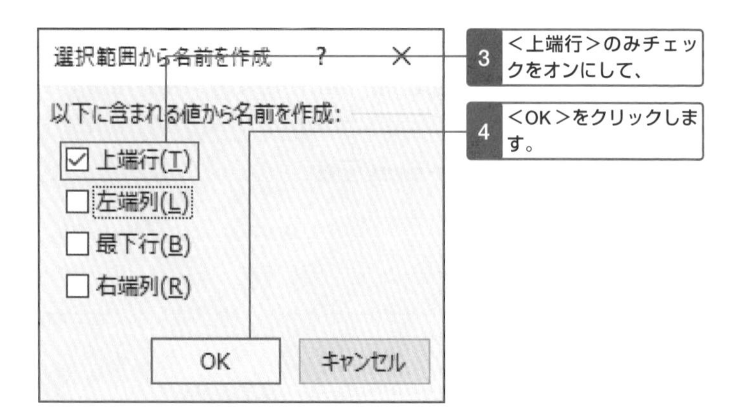

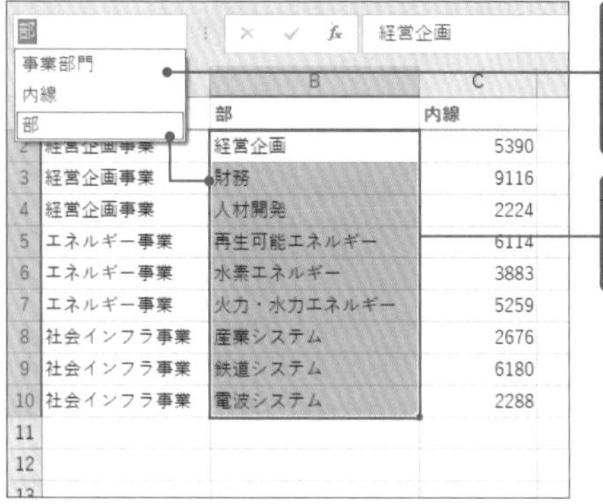

Memo

列見出しに空白がある場合や先頭に数字が入っている場合

「内　　線」のように、列見出しに空白が入っている場合、空白は「_」(アンダースコア)に置き換わります。また、先頭が数字の場合も数字の前に「_」が補われます(下図参照)。

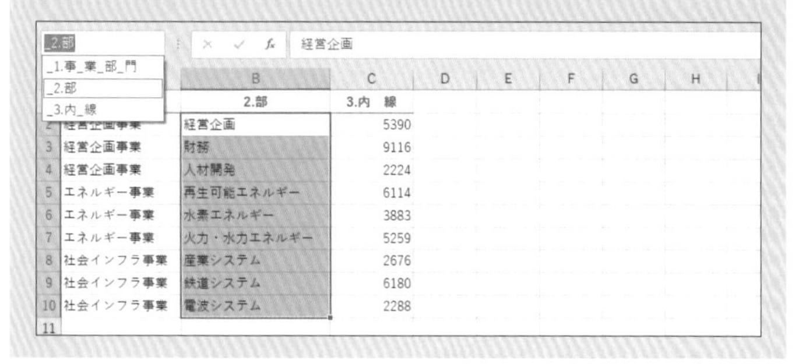

名前の範囲を変更する　Sec05_3

名前の範囲の変更など、名前に関する編集は＜名前の管理＞ダイアログボックスで行います。

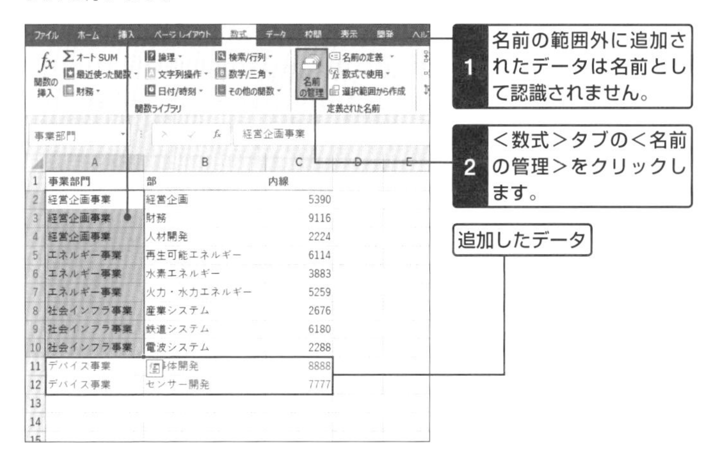

Hint

名前を列単位で設定する

表が列見出しと列データで構成されている場合は、名前の設定時に列番号[A:C]のように列単位で選択すると、名前の参照範囲を変更する必要がなくなります。

Memo

名前を削除する

不要になった名前は、＜名前の管理＞ダイアログボックスから、不要な名前を選択して＜削除＞をクリックし、削除確認のメッセージで＜OK＞をクリックします。関数や数式に使用中の名前を削除するとセルに[#NAME?]エラーが発生します。

SECTION 006

引数にテーブルを指定する

キーワード テーブル

表をテーブルに変換して、テーブルを関数に利用する Sec06

表をテーブルに変換し、テーブルを関数に利用すると、関数の引数にテーブルの名前や列見出しが表示されます。

1 テーブルにする範囲をドラッグします。

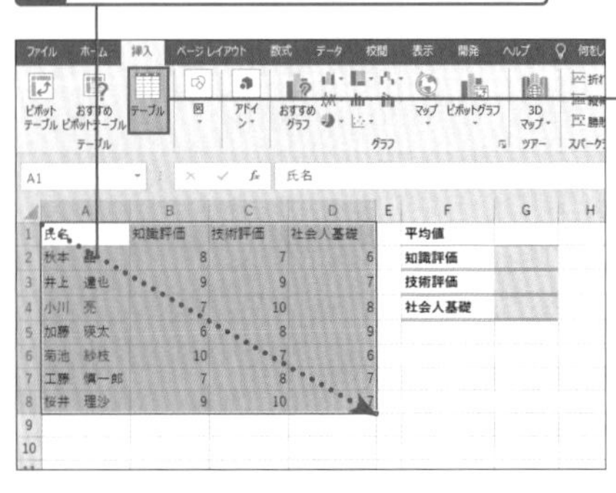

2 <挿入>タブの<テーブル>をクリックします。

3 指定した範囲と「先頭行をテーブルの見出しとして使用する」のチェックがオンになっていることを確認し、

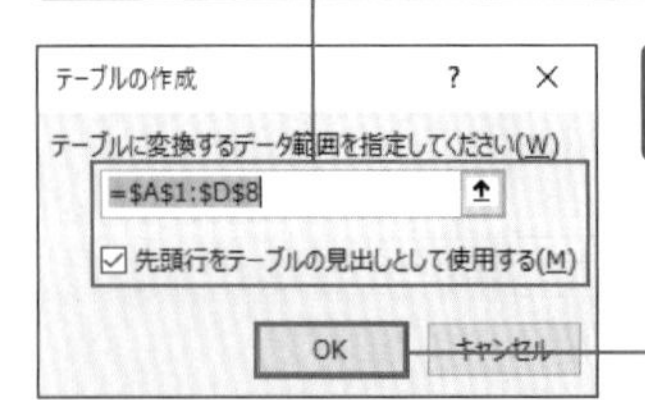

4 <OK>をクリックすると、表がテーブルに変換されます。

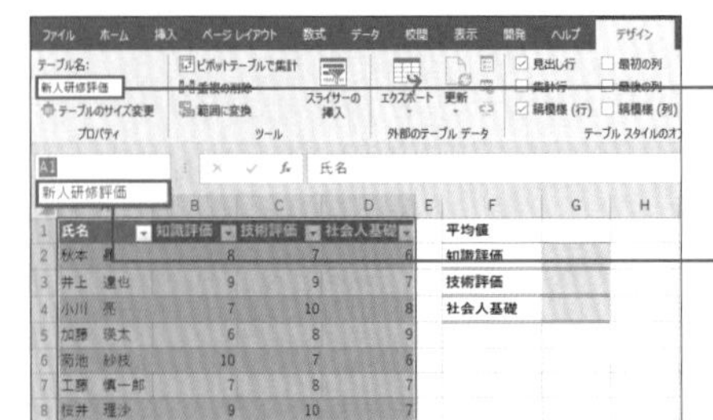

5 続けて<デザイン>タブの<テーブル名>で、テーブル名を設定できます。

テーブル名は<名前ボックス>にも表示されます。

第1章 関数組み合わせ前の基礎知識

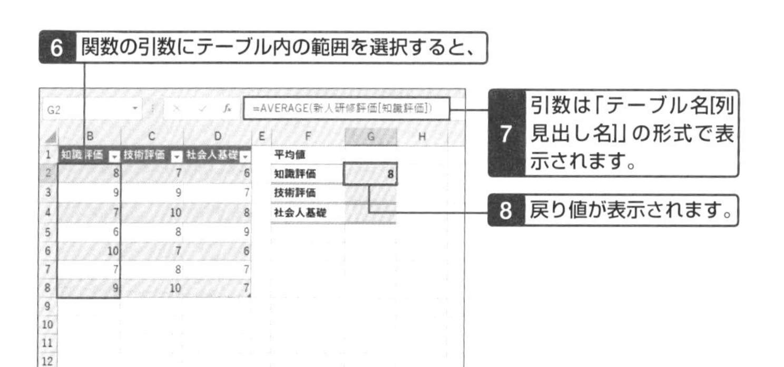
6 関数の引数にテーブル内の範囲を選択すると、
G2
=AVERAGE(新人研修評価[知識評価])
7 引数は「テーブル名[列見出し名]」の形式で表示されます。
8 戻り値が表示されます。

	B	C	D	E	F	G
1	知識評価	技術評価	社会人基礎		平均値	
2	8	7	6		知識評価	8
3	9	9	7		技術評価	
4	7	10	8		社会人基礎	
5	6	8	9			
6	10	7	6			
7	7	8	7			
8	9	10	7			

テーブルのデータを追加する Sec06

テーブルに隣接するセルにデータを追加すると、テーブルとして自動認識されるので、引数に指定したセル範囲を変更する手間が省けます。

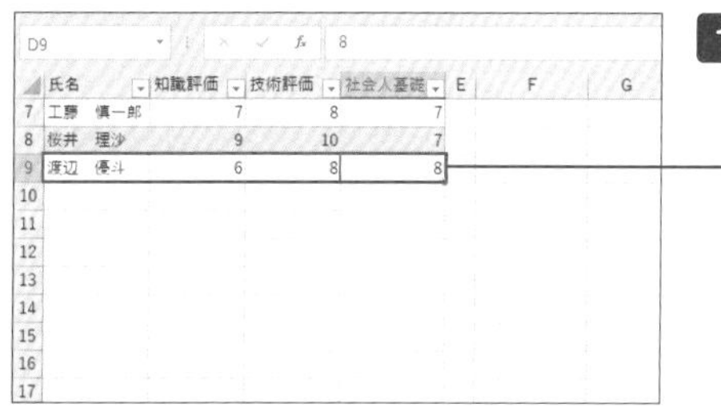
D9
8
1 データを追加します。

	氏名	知識評価	技術評価	社会人基礎
7	工藤　慎一郎	7	8	7
8	桜井　理沙	9	10	7
9	渡辺　優斗	6	8	8

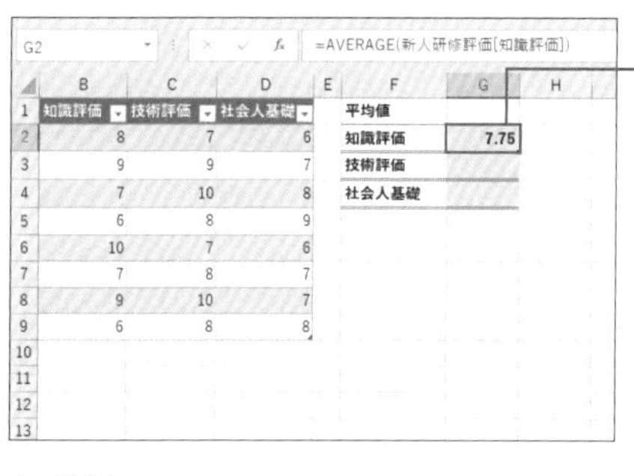
G2
=AVERAGE(新人研修評価[知識評価])
2 追加したデータがテーブルとして認識され、戻り値が更新されます。

	B	C	D	E	F	G
1	知識評価	技術評価	社会人基礎		平均値	
2	8	7	6		知識評価	7.75
3	9	9	7		技術評価	
4	7	10	8		社会人基礎	
5	6	8	9			
6	10	7	6			
7	7	8	7			
8	9	10	7			
9	6	8	8			

Memo

テーブルを元の表に戻すには

テーブルに関する編集は、テーブル内をクリックすると表示される<デザイン>タブ（Microsoft 365は<テーブルデザイン>タブ）で行います。元の表に戻すには、<デザイン>タブの<範囲に変換>をクリックします。元の表に戻ると、関数の引数はセル参照形式（絶対参照）で表示されます。

配列数式を利用する

キーワード　配列　配列数式

配列とExcel

同じ種類のデータが連続的に入力されているとき、その個々のデータを配列の要素といい、データ全体を配列といいます。Excelでは、セルを配列の要素、セル範囲を配列（ひと塊のデータ）と見なして扱うことができます。

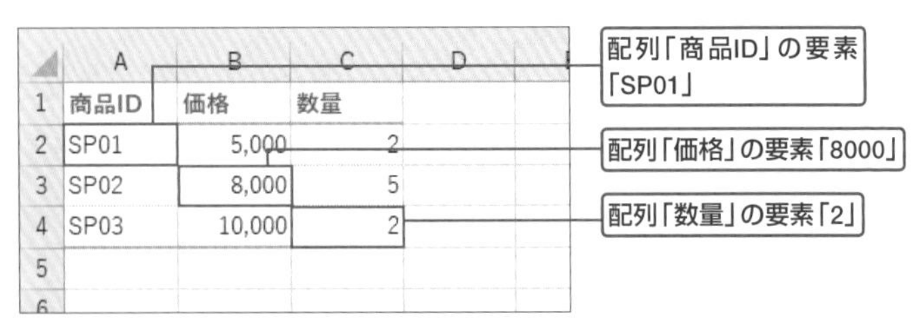

A
B
C
D
商品ID
価格
数量
SP01
5,000
2
SP02
8,000
5
SP03
10,000
2
配列「商品ID」の要素「SP01」
配列「価格」の要素「8000」
配列「数量」の要素「2」

配列数式と通常の数式

セル範囲を配列として扱うと、数式が一括入力され、一度にまとめて戻り値が表示されます。配列として入力した数式は配列数式といいます。

▼ 価格×数量で小計を求める配列数式

	B	C	D	E
1	価格	数量	小計	数式表示
2	5,000	2	10000	{=B2:B4*C2:C4}
3	8,000	5	40000	{=B2:B4*C2:C4}
4	10,000	2	20000	{=B2:B4*C2:C4}
5				
6				
7				

配列内の要素は、すべて同じ数式です。数式の前後は「{}」（中カッコ）で囲まれます。

▼ 価格×数量で小計を求めるセル参照の数式

	B	C	D	E
1	価格	数量	小計	数式表示
2	5,000	2	10,000	=B2*C2
3	8,000	5	40,000	=B3*C3
4	10,000	2	20,000	=B4*C4
5				
6				
7				

相対参照による個別の数式です。

配列同士の計算

配列数式による配列同士の計算は、相対的に同じ位置にある要素同士で行われます。なお、配列数式として確定するには Ctrl キーと Shift キーを押しながら Enter キーを押します。

配列A		配列B	
A(1,1)	A(1,2)	B(1,1)	B(1,2)
A(2,1)	A(2,2)	B(2,1)	B(2,2)
A(3,1)	A(3,2)	B(3,1)	B(3,2)

配列Aと配列Bは、要素同士が1:1に対応するよう同じ構成にします。

配列A(1,1)は、配列Aの1行1列目の要素という意味です。

対応する要素同士で計算されます。

●戻り値(計算結果)を配列に表示 Sec07_1

戻り値の範囲は、計算に使う配列と同じ構成になるように選択します。

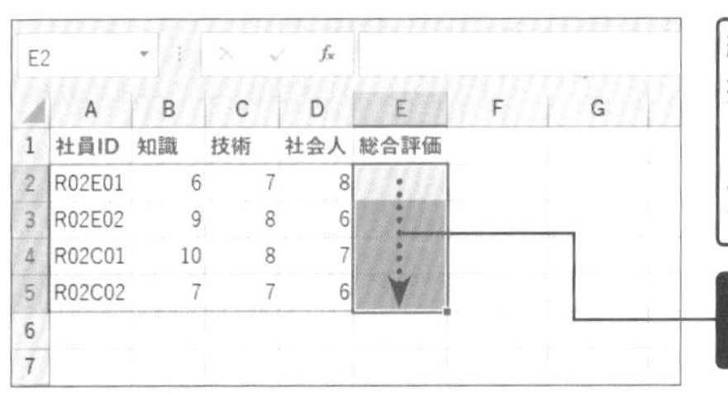

総合評価は、知識を0.8掛け、技術を1.2掛けに重み付けします。「知識」「技術」「社会人」の配列は4行1列構成です。

1 戻り値を表示する範囲をドラッグします。

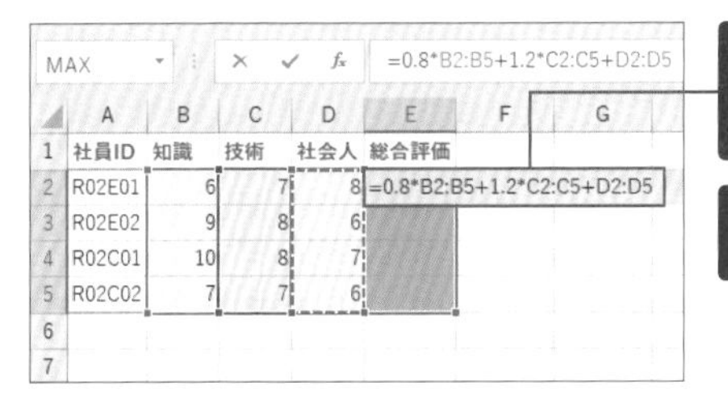

2 知識、技術、社会人をもとに総合評価を求める数式を入力し、

3 Ctrl キー＋ Shift キー＋ Enter キーを押すと、

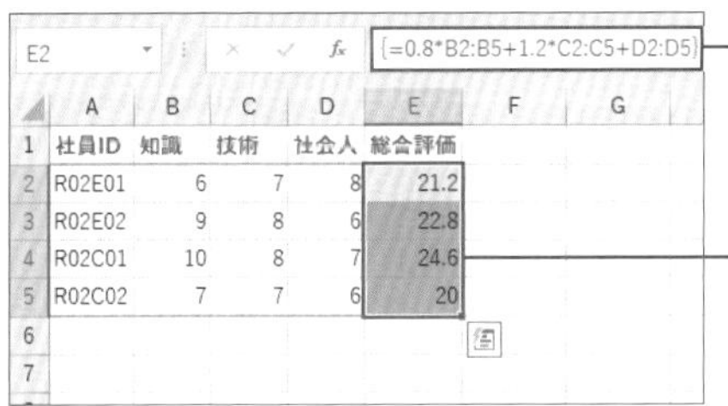

4 配列数式として入力され、数式の前後が「{}」(中カッコ)で囲まれます。

5 配列「総合評価」の各要素に一括して戻り値が表示されます。

●戻り値（計算結果）を1つのセルに表示 Sec07_2

配列の要素同士を計算して得られた配列を、集計を行う関数の引数に指定することができます。

1 戻り値を表示するセル[G2]に、P.37の手順2と同様の数式を入力します。

G2 =0.8*B2:B5+1.2*C2:C5+D2:D5

	B	C	D	E	F	G	H	I	J	K
1	知識	技術	社会人							
2	6	7	8		全体平均評価	=0.8*B2:B5+1.2*C2:C5+D2:D5				
3	9	8	6							
4	10	8	7							
5	7	7	6							
6										
7										
8										
9										

2 手順1で得られる配列をAVERAGE関数の引数に指定し、

3 Ctrl キー＋ Shift キー＋ Enter キーを押すと、

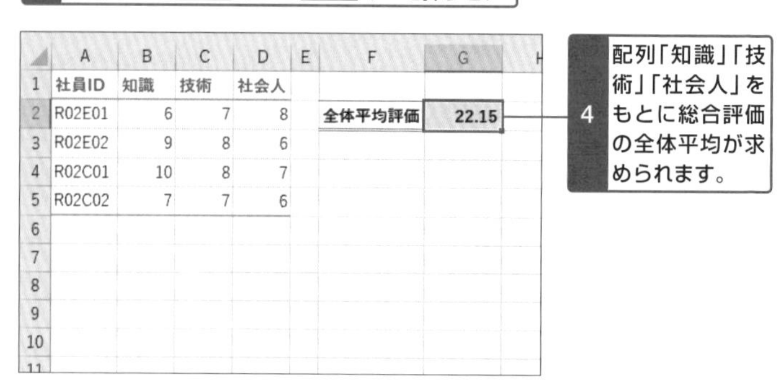

Memo

今後の配列数式

最新のExcelでは、動的配列数式という配列数式が登場しています。動的配列数式では、配列の構成に合わせて戻り値の範囲を指定したり、Ctrl キー＋ Shift キー＋ Enter キーで確定したりする操作は不要になります(→P.44)。

Memo

構成の異なる配列同士の計算

配列同士の計算は、配列の構成を合わせるのが基本です。特に、計算元の配列の構成要素に不足が生じると、不足している要素に対応する戻り値に[#N/A]エラーが発生します。反対に計算元の配列要素を余分に指定すると、要素の不足はないため、エラーにはなりません。しかし、どちらも配列数式の修正が必要です(P.42)。

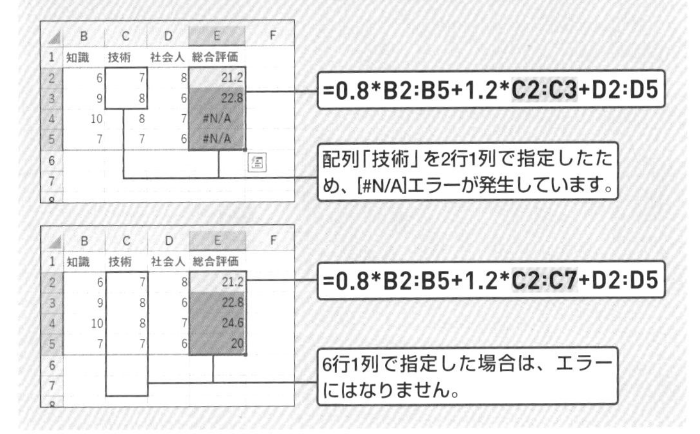

知識
技術
社会人
総合評価
=0.8*B2:B5+1.2*C2:C3+D2:D5
配列「技術」を2行1列で指定したため、[#N/A]エラーが発生しています。
=0.8*B2:B5+1.2*C2:C7+D2:D5
6行1列で指定した場合は、エラーにはなりません。

Hint

テーブルに数式を入力する

テーブルでは、戻り値を表示する範囲のいずれか1箇所に数式を入力すると、同じ数式が一括して入力されます。数式は個々のセルに入力されますが、列見出しを利用した数式のため、見た目上、どのセルにも同じ数式が入ります。

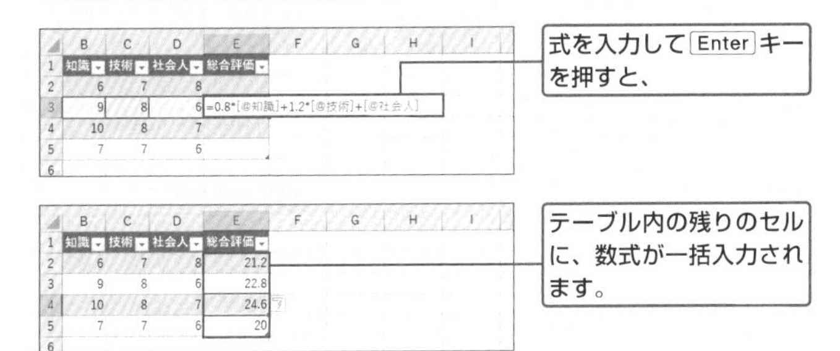

=0.8*[@知識]+1.2*[@技術]+[@社会人]
式を入力して Enter キーを押すと、
テーブル内の残りのセルに、数式が一括入力されます。

配列と単一の式や値との計算

配列は、配列同士の計算だけでなく、単一の式や値との計算もできます。

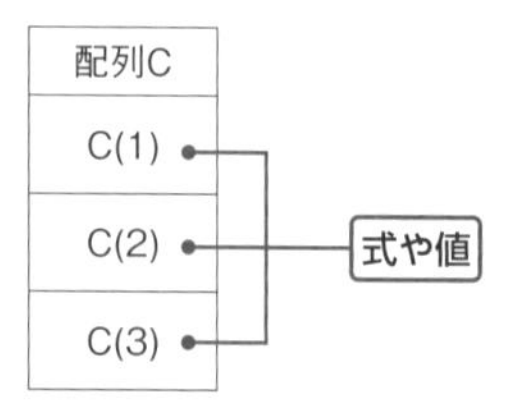

配列C
C(1)
C(2)
C(3)
式や値

●配列と１つの式との計算 Sec07_3

以下では、比較演算子を利用した式により、各要素の判定結果を表示します。判定結果の戻り値は論理値になります。

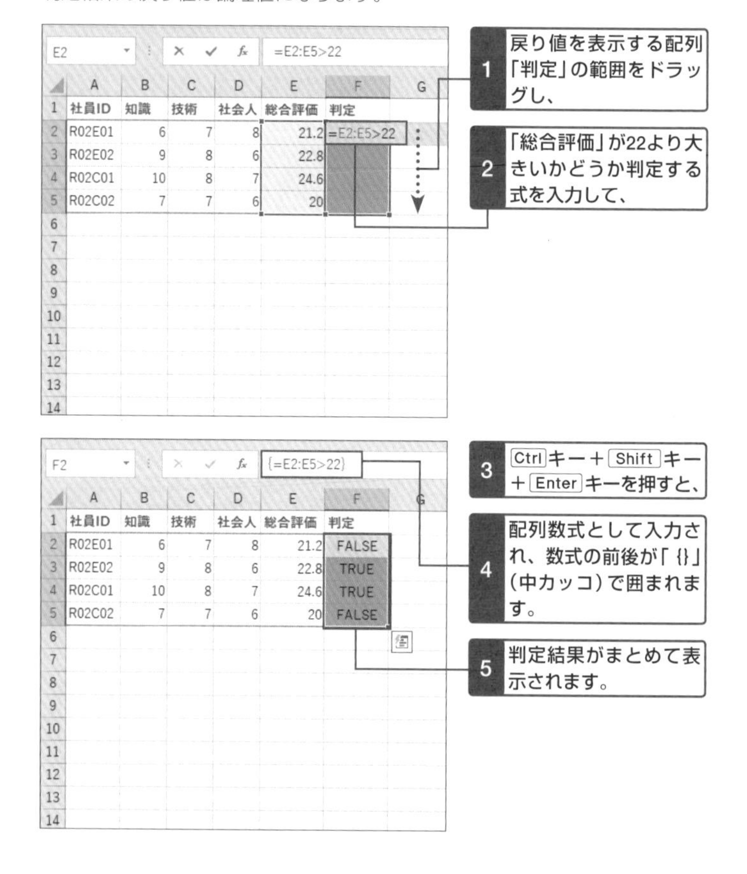

E2
=E2:E5>22
社員ID 知識 技術 社会人 総合評価 判定
R02E01 6 7 8 21.2 =E2:E5>22
R02E02 9 8 6 22.8
R02C01 10 8 7 24.6
R02C02 7 7 6 20
1 戻り値を表示する配列「判定」の範囲をドラッグし、
2 「総合評価」が22より大きいかどうか判定する式を入力して、
F2
{=E2:E5>22}
社員ID 知識 技術 社会人 総合評価 判定
R02E01 6 7 8 21.2 FALSE
R02E02 9 8 6 22.8 TRUE
R02C01 10 8 7 24.6 TRUE
R02C02 7 7 6 20 FALSE
3 Ctrl キー＋ Shift キー＋ Enter キーを押すと、
4 配列数式として入力され、数式の前後が「{}」（中カッコ）で囲まれます。
5 判定結果がまとめて表示されます。

●配列と1つの値との計算 Sec07_4

以下では、論理値の入った配列に「1」を掛けています。「1」を掛けることにより、論理値のTRUEは「1」、FALSEは「0」に数値化されます。

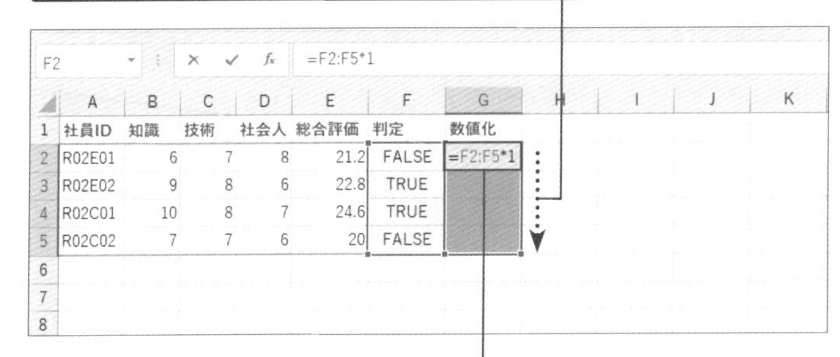

	A	B	C	D	E	F	G
1	社員ID	知識	技術	社会人	総合評価	判定	数値化
2	R02E01	6	7	8	21.2	FALSE	=F2:F5*1
3	R02E02	9	8	6	22.8	TRUE	
4	R02C01	10	8	7	24.6	TRUE	
5	R02C02	7	7	6	20	FALSE	

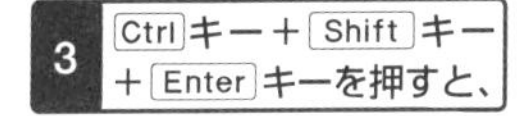

2 「判定」に1を掛ける数式を入力して、

3 Ctrl キー＋ Shift キー＋ Enter キーを押すと、

4 配列数式として入力され、数式の前後が「{}」（中カッコ）で囲まれます。

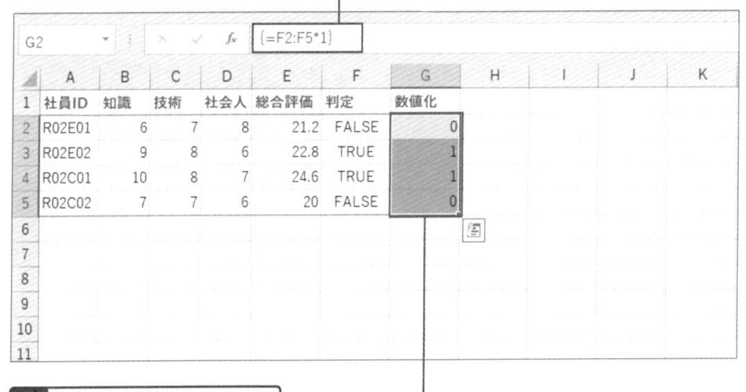

	A	B	C	D	E	F	G
1	社員ID	知識	技術	社会人	総合評価	判定	数値化
2	R02E01	6	7	8	21.2	FALSE	0
3	R02E02	9	8	6	22.8	TRUE	1
4	R02C01	10	8	7	24.6	TRUE	1
5	R02C02	7	7	6	20	FALSE	0

5 1と0に数値化されます。

Hint

1と0の利便性

配列に条件を付け、条件の判定結果を1と0で表すことにより、判定結果を合計すれば、条件に合う件数が求められます。

参照セクション
Sec008　配列数式を修正する
Sec009　動的配列数式を利用する

SECTION 008

配列数式を修正する

キーワード 配列 配列数式

配列単位で修正する Sec08

配列数式で入力した数式や関数は、配列単位で修正します。以下では、要素が追加された場合の配列数式を修正しています。

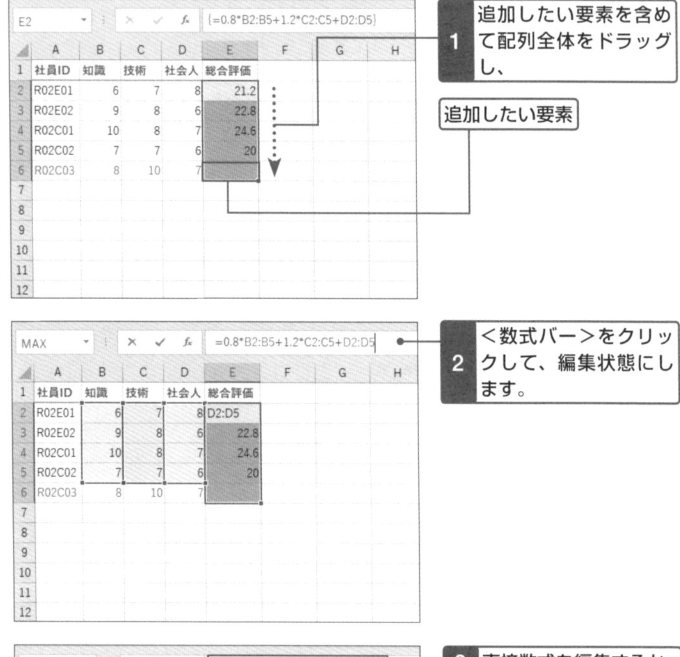

{=0.8*B2:B5+1.2*C2:C5+D2:D5}
1 追加したい要素を含めて配列全体をドラッグし、
追加したい要素
=0.8*B2:B5+1.2*C2:C5+D2:D5
2 <数式バー>をクリックして、編集状態にします。

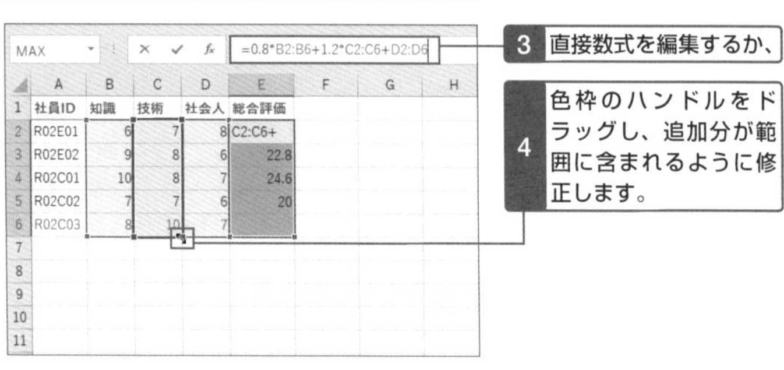

=0.8*B2:B6+1.2*C2:C6+D2:D6
3 直接数式を編集するか、
4 色枠のハンドルをドラッグし、追加分が範囲に含まれるように修正します。

第1章 関数組み合わせ前の基礎知識

5 Ctrl キー＋ Shift キー＋ Enter キーを押すと、

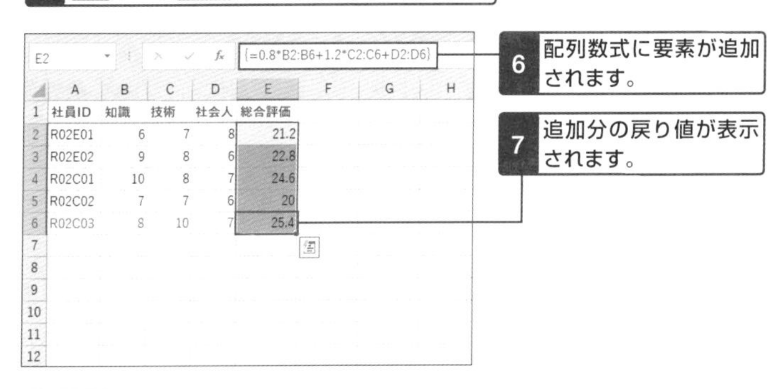

Memo

配列数式の一部を削除することはできない

配列はひと塊として扱うので、配列数式の一部のセルを削除することはできません。削除しようとするとエラーメッセージが表示されます。

Hint

配列数式を入力した範囲を選択する

配列数式が入っている範囲を確認するには、配列数式の入ったいずれかのセルをクリックして、Ctrl キーを押しながら / キーを押します。

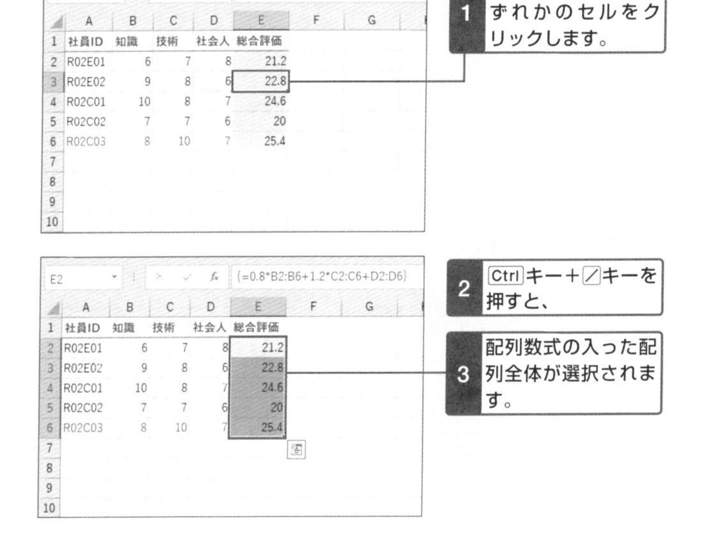

SECTION 009

動的配列数式を利用する

キーワード　スピル　動的配列数式　ゴースト　　対応バージョン：365

スピルと動的配列数式

スピルは英単語のSPILLに由来し、「こぼれる」という意味があります。スピルは、配列の先頭に数式を入力して Enter キーを押すと、空のセルに数式の結果を表示する機能です。まさに、数式が他のセルにこぼれた状態になります。スピルを使った数式は動的配列数式といいます。

操作	配列数式	動的配列数式
セル選択	配列（セル範囲）を選択する	配列の先頭セルを選択する
数式の確定	Ctrl キー＋ Shift キー＋ Enter キー	Enter キー
数式の入力	配列の各要素（セル）に入る	配列の先頭セルにのみ入る
数式の形式	数式全体が「{}」で囲まれる	通常の数式と同じ
数式の修正	配列全体を選択して修正する	配列の先頭セルで修正する

以下は、小計を求める動的配列数式です（配列数式はP.36）。E列には「=FORMULATEXT(D2)」と入力し、D列のセルに数式が入っている場合は数式を表示し、数式が入っていない場合は、[#N/A]エラーを表示します。

▼ 動的配列数式

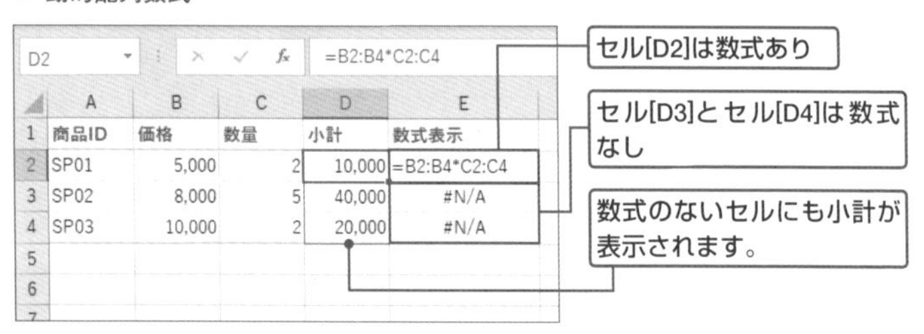

▼ こぼれたセル：ゴースト

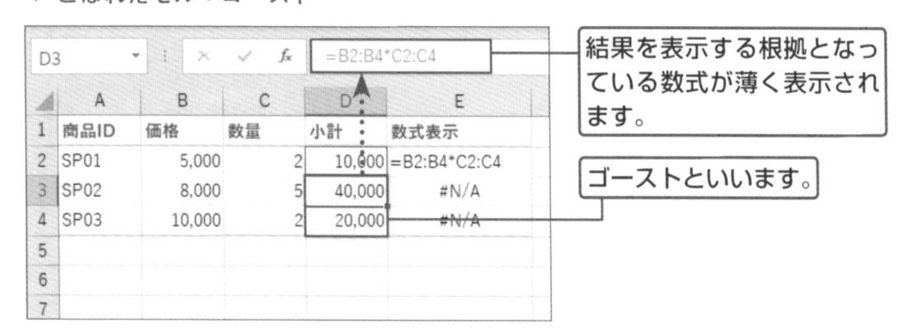

スピルによる動的配列数式の入力　Sec09_1

スピルによって数式が動的配列数式として入力されると、ゴーストのセル範囲を含めて青枠で囲まれます。なお、「スピル」ボタン等はありません。配列の先頭セルに配列を返す数式を入力すると自動的にスピルが動作します。

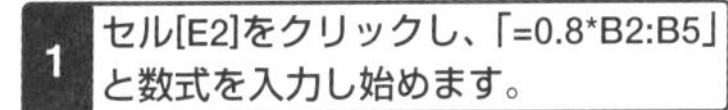

1 セル[E2]をクリックし、「=0.8*B2:B5」と数式を入力し始めます。

総合評価は、知識を0.8掛け、技術を1.2掛けに重み付けします。

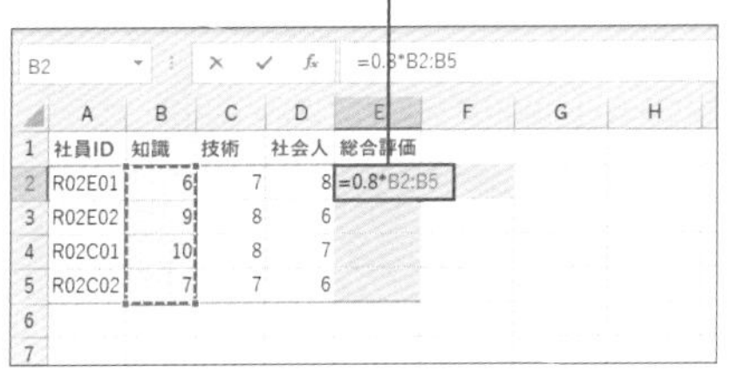

2 数式内のセル範囲[B2:B5]と同じ4行1列構成のセル範囲が戻り値の範囲として認識されます。

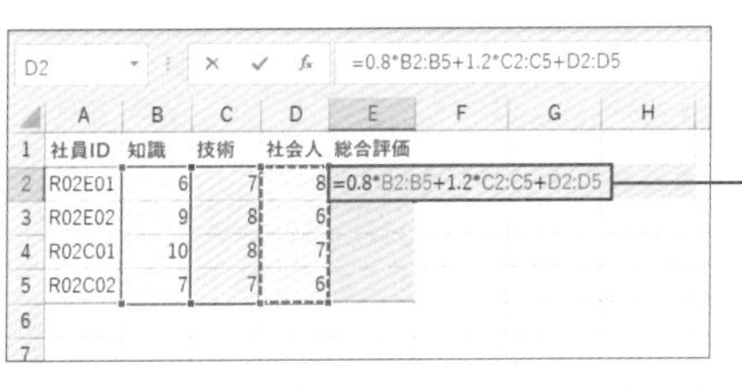

3 続けて数式を入力し、Enterキーを押します。

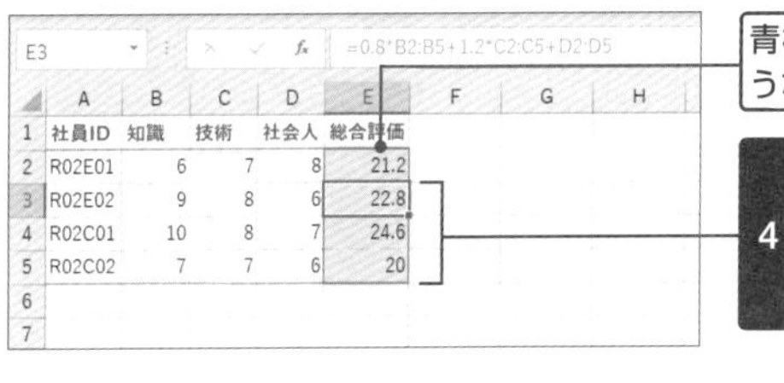

青枠で囲まれ、浮き出たような表示になります。

4 スピルが動作し、総合評価の残りのセルに数式の結果が表示されます。

Memo

スピルによって数式の結果が表示される範囲

スピルによって数式の結果が表示される範囲は、数式内の配列の構成と同じです。数式を入力するセルは、引数に利用する表に隣接している必要はありませんが、ゴーストになるセルは空である必要があります。

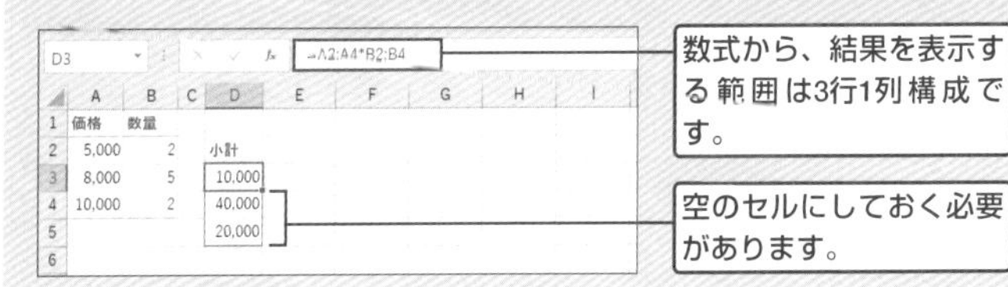

数式から、結果を表示する範囲は3行1列構成です。

空のセルにしておく必要があります。

動的配列を参照する数式の入力

本書では、スピルによって形成された配列を動的配列と呼びます。数式に動的配列を利用すると、「E2#」のように、セル参照のあとに動的配列を示す「#」（スピル範囲演算子）が付きます。「#」が付くことで、動的配列の範囲が拡張したり縮小したりしても、数式を変更する必要がなくなります。

●動的配列を利用する数式 Sec09_2

以下では、AVERAGE関数の引数に動的配列[E2:E5]を指定します。

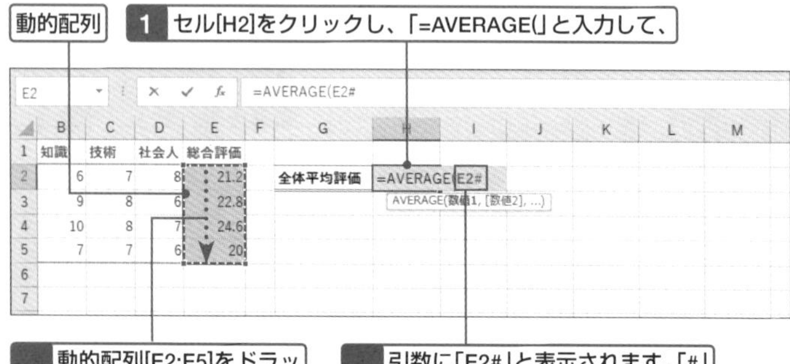

動的配列
1 セル[H2]をクリックし、「=AVERAGE(」と入力して、
=AVERAGE(E2#
全体平均評価
AVERAGE(数値1, [数値2], ...)
2 動的配列[E2:E5]をドラッグすると、
3 引数に「E2#」と表示されます。「#」を直接入力することもできます。

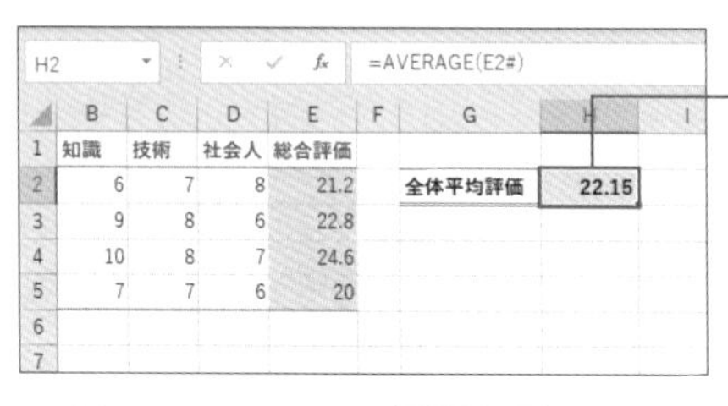

=AVERAGE(E2#)
全体平均評価
22.15
4 閉じカッコを入力して Enter キーを押して数式を確定します。

●動的配列を編集する Sec09_3

表の末尾にデータを追加し、配列の先頭セルに入力した数式を編集することにより、動的配列を拡張します。縮小は、動的配列を含む行を削除します。

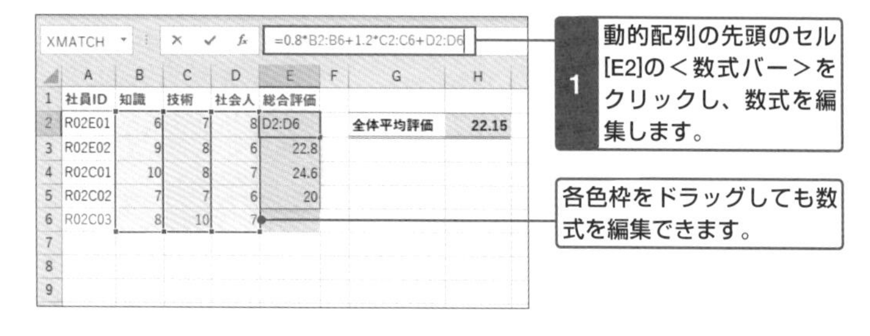

=0.8*B2:B6+1.2*C2:C6+D2:D6
全体平均評価
22.15
1 動的配列の先頭のセル[E2]の＜数式バー＞をクリックし、数式を編集します。
各色枠をドラッグしても数式を編集できます。

2 Enter キーを押してセル[E2]の数式を確定し直します。

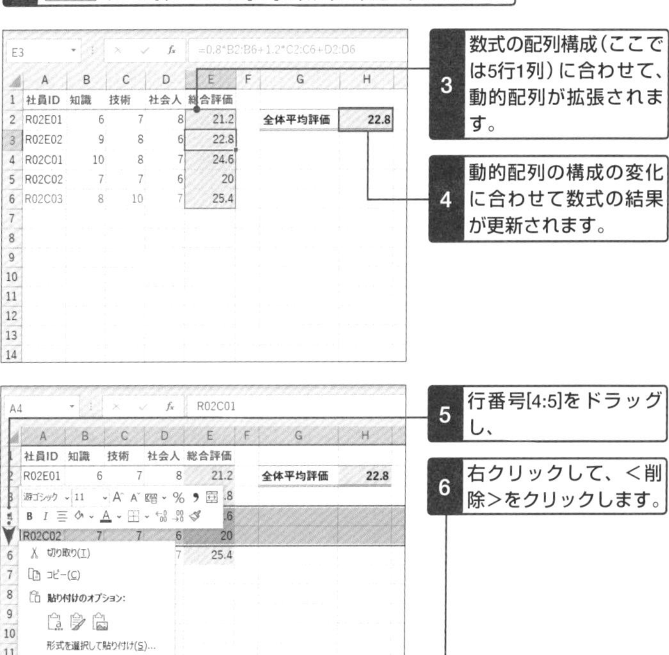

E3
=0.8*B2:B6+1.2*C2:C6+D2:D6
社員ID 知識 技術 社会人 総合評価
R02E01 6 7 8 21.2
R02E02 9 8 6 22.8
R02C01 10 8 7 24.6
R02C02 7 7 6 20
R02C03 8 10 7 25.4
全体平均評価 22.8
3 数式の配列構成（ここでは5行1列）に合わせて、動的配列が拡張されます。
4 動的配列の構成の変化に合わせて数式の結果が更新されます。
A4
R02C01
切り取り(T)
コピー(C)
貼り付けのオプション:
形式を選択して貼り付け(S)...
挿入(I)
削除(D)
数式と値のクリア(N)
セルの書式設定(F)...
行の高さ(R)...
非表示(H)
再表示(U)
Sheet1
5 行番号[4:5]をドラッグし、
6 右クリックして、<削除>をクリックします。

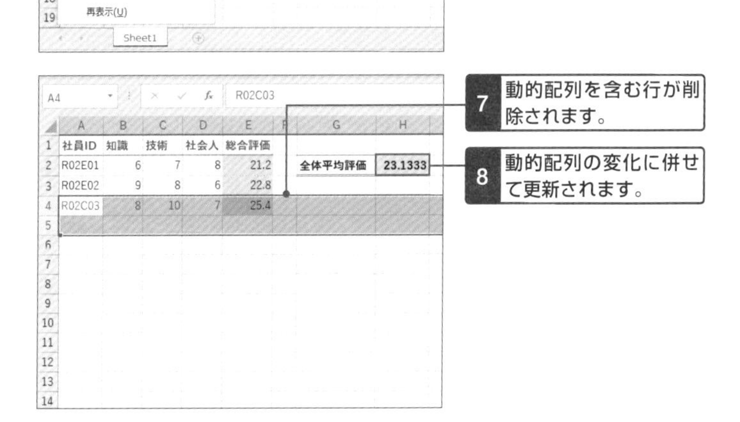

A4
R02C03
社員ID 知識 技術 社会人 総合評価
R02E01 6 7 8 21.2
R02E02 9 8 6 22.8
R02C03 8 10 7 25.4
全体平均評価 23.1333
7 動的配列を含む行が削除されます。
8 動的配列の変化に併せて更新されます。

Memo

テーブルには適用できない

配列数式も動的配列数式もテーブルには適用できません。テーブルには、1箇所に数式を入力するとテーブル内の他のセルに数式を一括入力する機能があるためです（P.41）。

Memo

ゴーストのセルは編集できない

ゴーストのセルは編集できません。ゴーストの<数式バー>をクリックすると、薄く表示されていた数式は消え、セルにも何も表示されなくなります。

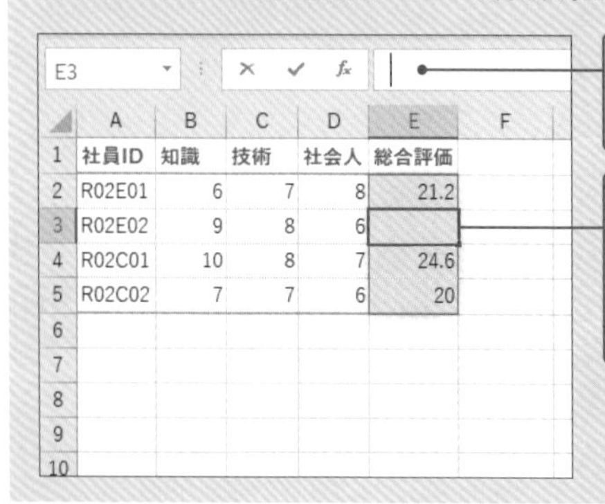
薄く表示された数式をクリックすると何も表示されなくなります。
ゴーストのセルにも何も表示されなくなります。Enter キーを押すと再び数式の結果が表示されます。

	A	B	C	D	E	F
1	社員ID	知識	技術	社会人	総合評価	
2	R02E01	6	7	8	21.2	
3	R02E02	9	8	6		
4	R02C01	10	8	7	24.6	
5	R02C02	7	7	6	20	

動的配列数式の他のバージョンへの互換性 Sec09_4

動的配列数式は、現時点でMicrosoft 365でのみ使用できます。動的配列数式を利用した数式を他のバージョンのExcelで開くと配列数式になります。ただし、スピル範囲演算子の互換性はありません。

1 Microsoft 365以外のExcelでファイルを開きます。ここでは、Excel 2019で開いています。

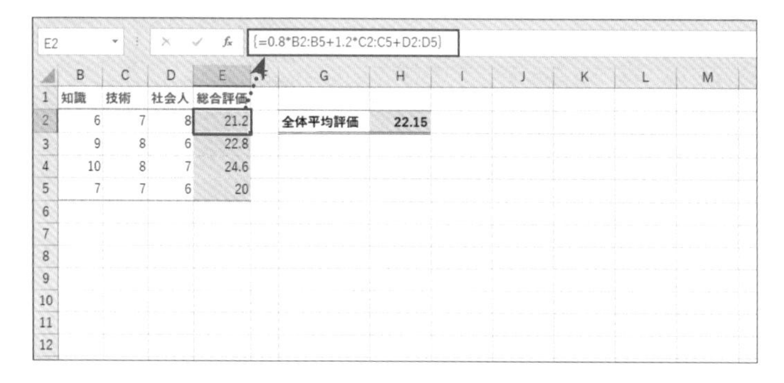
{=0.8*B2:B5+1.2*C2:C5+D2:D5}

	B	C	D	E	F	G	H
1	知識	技術	社会人	総合評価			
2	6	7	8	21.2		全体平均評価	22.15
3	9	8	6	22.8			
4	10	8	7	24.6			
5	7	7	6	20			

2 セル[H2]をクリックすると、戻り値は表示されますが、引数は内部的に処理されています。

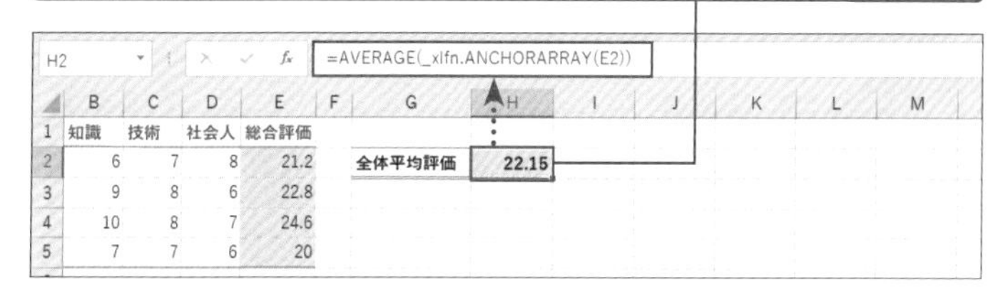

3 セル範囲[E2:E5]を引数に指定し直し、他のバージョンでも利用できるように修正します。

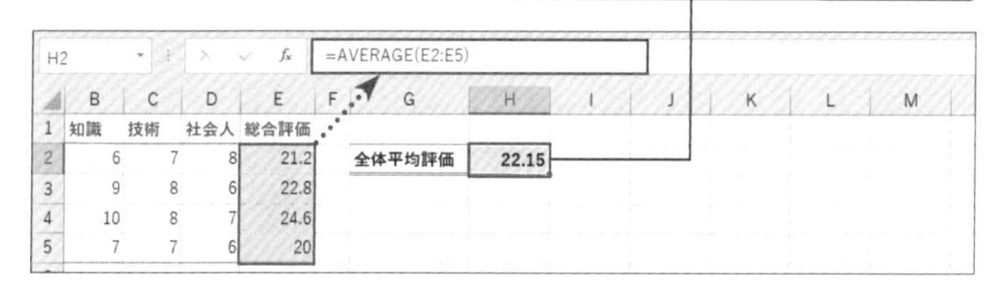

Hint

MODE.MULT関数に動的配列数式を利用する

MODE.MULT関数は、データ内の複数の最頻値を求めることができます。最頻値はいくつあるかわからないので、戻り値を表示するセル範囲は多めに選択するのが定石ですが、動的配列ならセル範囲を指定する必要はありません。

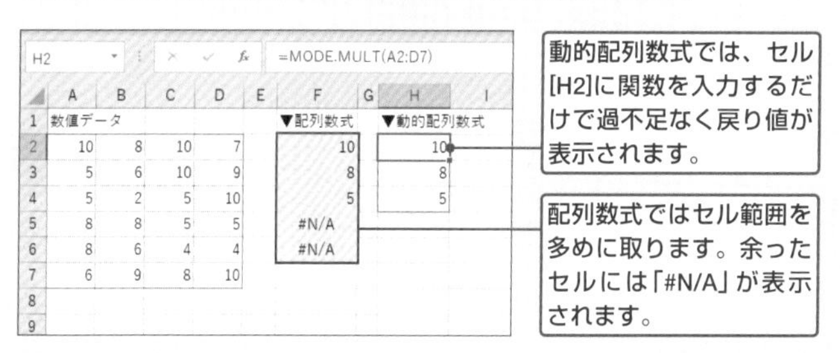

Memo

本書の作例

既に運用中の表において新機能や新関数を適用し直す可能性は低いと考えられますが、本書では随所で動的配列の例も紹介します。

参照セクション
Sec007 配列数式を利用する
Sec008 配列数式を修正する

SECTION 010

関数を組み合わせる

キーワード　ネスト　作業用セル

関数の組み合わせ

関数は、組み合わせて使うことによって、多様で複雑な処理が可能となります。特に、関数の引数に関数を指定することはネストといいます。

▼ ネストの例

INT関数は引数に指定した数値の小数点以下を切り捨てます。

=INT(AVERAGE(A2:A5))

AVERAGE関数は引数に指定した数値の平均値（数値）を返します。

●組み合わせた関数を読む

関数の組み合わせを読むときは、一番外側の関数名を確認したら、カッコ付きの計算手順と同様に、内側のカッコから外すイメージで読みます。以下は補助金を求める関数の組み合わせ例です。

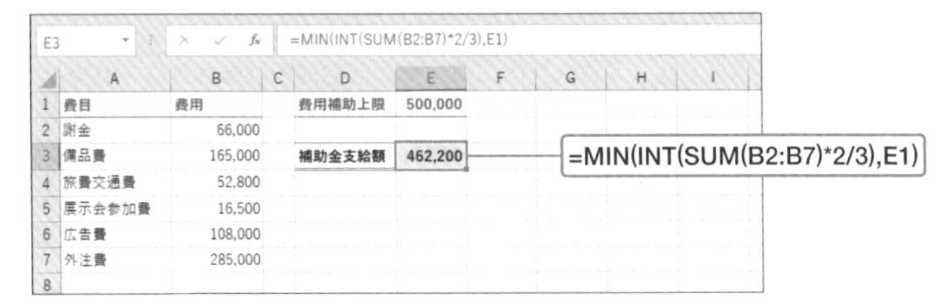
E3 =MIN(INT(SUM(B2:B7)*2/3),E1)

	A	B	C	D	E
1	費目	費用		費用補助上限	500,000
2	謝金	66,000			
3	備品費	165,000		補助金支給額	462,200
4	旅費交通費	52,800			
5	展示会参加費	16,500			
6	広告費	108,000			
7	外注費	285,000			
8					

=MIN(INT(SUM(B2:B7)*2/3),E1)

1 最終的に、引数に指定した数値の最小値を返します。

2 指定されたセル範囲を合計し、2/3を掛けた数値を返します。

=MIN(INT(費用合計の2/3の数値),E1)

3 数値の小数点以下を切り捨てた数値を返します。

=MIN(小数点以下を切り捨てた数値,E1)

4 引数に指定された2つの数値を比較し、小さい数値を返します。

関数を組み合わせる手順 Sec10

関数はいきなり組み合わせずに、途中経過のわかる作業用セルに個別に式を立てて動作確認を行います。その後、引数に指定しているセル参照を関数に置き換えて徐々に組み合わせます。

●作業用セルを利用した動作確認

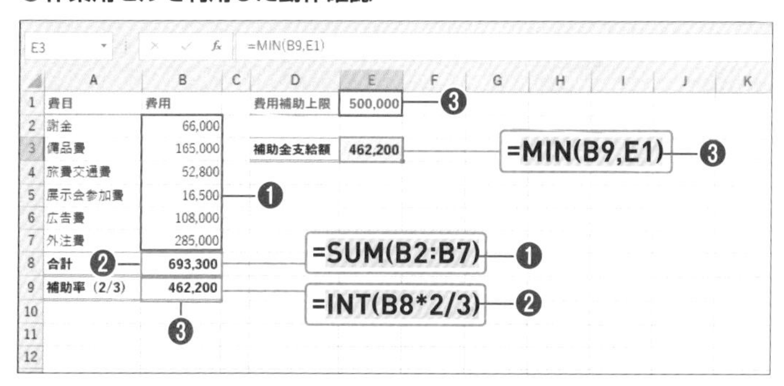

❶セル[B8]に費用のセル範囲[B2:B7]の合計を求めています。
❷セル[B9]では、❶の値を2/3倍した数値の小数点以下を切り捨てています。
❸セル[B9]とセル[E1]を比較し、少ない方の補助金を表示しています。

●関数の組み合わせ

外側の関数の引数に、内側の関数をコピーして代入します。

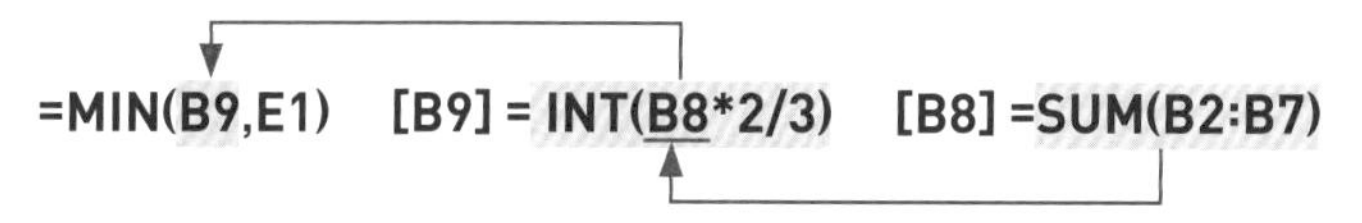

1 セル[B9]の<数式バー>で「=」を除く数式をドラッグし、

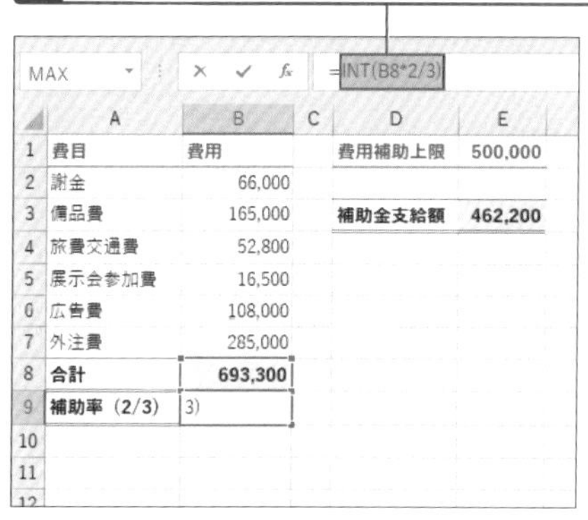

2 Ctrlキー＋Cキーを押して数式をコピーし、

3 Escキーを押して選択を解除します。必要に応じてEnterキーを押し、セル[B9]の数式を確定し直します。

MAX
=MIN(B9,E1)
MIN(数値1, [数値2], [数値3], ...)
A B C
1 費目 費用 費用補助上限 500,000
2 謝金 66,000
3 備品費 165,000 補助金支給額 B9,E1)
4 旅費交通費 52,800
5 展示会参加費 16,500
6 広告費 108,000
7 外注費 285,000
8 合計 693,300
9 補助率（2/3） 462,200

4 セル[E3]の＜数式バー＞で、「B9」をドラッグし、

5 Ctrlキー＋Vキーを押して数式を貼り付けると、

MAX
=MIN(INT(B8*2/3),E1)
MIN(数値1, [数値2], [数値3], ...)
A B C
1 費目 費用 費用補助上限 500,000
2 謝金 66,000
3 備品費 165,000 補助金支給額 2/3),E1)
4 旅費交通費 52,800
5 展示会参加費 16,500
6 広告費 108,000
7 外注費 285,000
8 合計 693,300
9 補助率（2/3） 462,200

6 セル[B9]の数式が代入されます。

7 Enterキーを押してセル[E3]の数式を確定し直します。

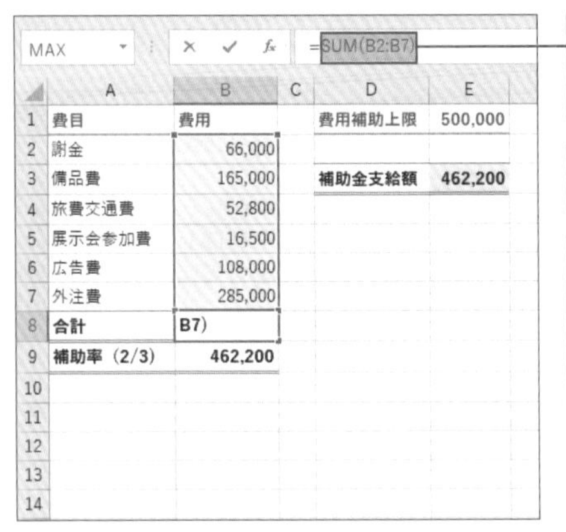

MAX
=SUM(B2:B7)
A B C D E
1 費目 費用 費用補助上限 500,000
2 謝金 66,000
3 備品費 165,000 補助金支給額 462,200
4 旅費交通費 52,800
5 展示会参加費 16,500
6 広告費 108,000
7 外注費 285,000
8 合計 B7)
9 補助率（2/3） 462,200

8 セル[B8]の＜数式バー＞で「=」を除く数式をドラッグし、

9 Ctrlキー＋Cキーを押して数式をコピーし、

10 Escキーを押して選択を解除し、必要に応じてEnterキーを押し、セル[B8]の数式を確定し直します。

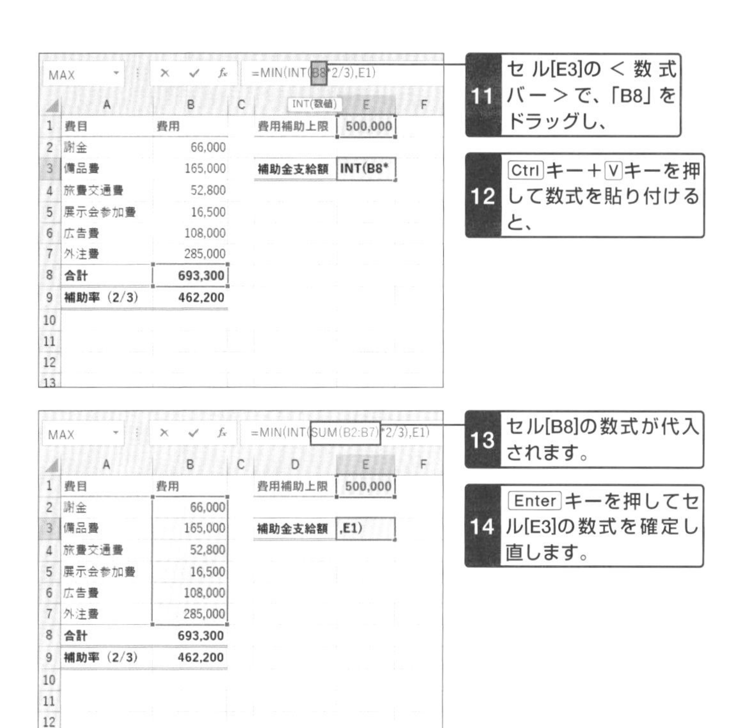
=MIN(INT(B8*2/3),E1)
INT(数値)
費用補助上限
500,000
補助金支給額
INT(B8*
11 セル[E3]の<数式バー>で、「B8」をドラッグし、
12 Ctrlキー+Vキーを押して数式を貼り付けると、
=MIN(INT(SUM(B2:B7)*2/3),E1)
,E1)
13 セル[B8]の数式が代入されます。
14 Enterキーを押してセル[E3]の数式を確定し直します。

E3
=MIN(INT(SUM(B2:B7)*2/3),E1)
費目
費用
謝金 66,000
備品費 165,000
旅費交通費 52,800
展示会参加費 16,500
広告費 108,000
外注費 285,000
合計 693,300
補助率（2/3） 462,200
費用補助上限 500,000
補助金支給額 462,200

15 関数の組み合わせが完成します。

Memo

無理に組み合わせない

関数を組み合わせるほど数式が長くなり、読み取りづらくなります。上記の例は、組み合わせたことで「2/3」の意味がわかりにくくなっています。一つの式にまとめるだけが組み合わせではありません。必要に応じて作業用セルは残します。

SECTION 011

互換性関数を知る

キーワード 互換性

古いバージョンの関数を利用する

バージョンアップごとに登場する新関数の中には、元々ある関数をベースに関数名を変更したり、機能を一部拡張したりしている場合があります。こうした「元々ある関数」を互換性関数といい、最新のExcelでも利用可能です。

●関数を直接入力する場合

数式オートコンプリートの一覧に互換性を示すアイコンが表示されます。

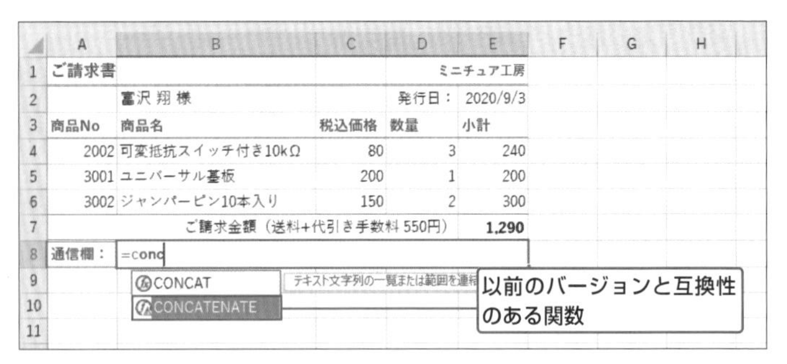

●<数式>タブの分類を利用する場合

<その他の関数>→<互換性>に分類されています。

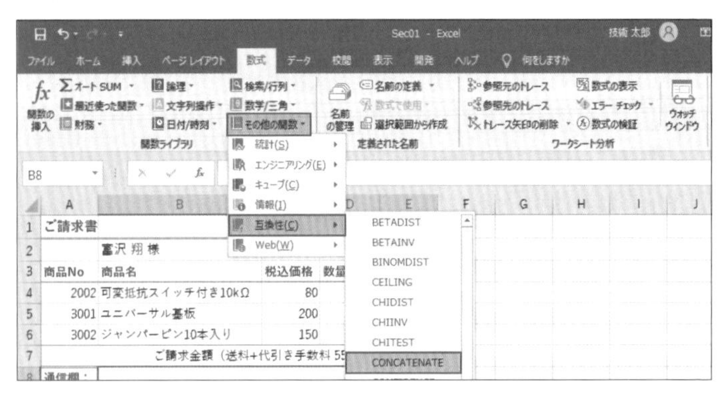

●<関数の挿入>ダイアログボックスを利用する場合

以前のバージョンであるかどうかを気にせずに関数を選択できます。

第2章

組み合わせで使える関数の技

SECTION 012

複数の条件をまとめて判定する

キーワード 条件判定

AND すべての条件を満たすかどうか判定する	**=AND(論理式1,論理式2,…)** [論理式]（条件）をすべて満たす場合は[TRUE]（真）、それ以外は[FALSE]（偽）を返します。
OR いずれかの条件を満たすかどうか判定する	**=OR(論理式1,論理式2,…)** [論理式]のいずれか1つを満たせば[TRUE]（真）、すべて満たさない場合に[FALSE]（偽）を返します。

目的 入社日と等級の条件を満たすかどうか判定する

2015/4/1以降入社で等級3未満を[TRUE]とする研修対象を判定します。

1 入社日と等級を条件に、

2 研修対象かどうか判定したい。

	A	B	C	D	E	F	G	H
1	社員名	入社日	所属	職位	等級	研修対象		基準日
2	浅間 良樹	2008/4/1	営業	係長	4	FALSE		2015/4/1
3	江原 由梨	2015/4/1	営業	主任	3	FALSE		
4	葛西 珠美	2019/4/1	営業	一般	1	TRUE		
5	飯尾 亮	2007/4/1	開発	課長	6	FALSE		
6	瀬川 由紀	2015/10/1	開発	課長	5	FALSE		
7	菊池 佑介	2015/4/1	開発	一般	2	TRUE		
8								

入社日判定に使う日付

方法

●条件の主語を明確にする

条件判定で最も重要なことは、条件の主語を明らかにすることです。ここでは、「入社日が」2015/4/1以降、かつ「等級が」3未満といい換えます。

●複数の条件に対する判定結果を1つに集約する

AND関数とOR関数には複数の条件を指定できますが、判定結果は[TRUE]か[FALSE]のどちらか1つに集約されます。

●日付の比較はセル参照が無難

引数に「A2>=2015/4/1」や「A2>="2015/4/1"」と指定しても正しく判定されません。「/」は除算、「"2015/4/1"」は文字列と見なされるためです。

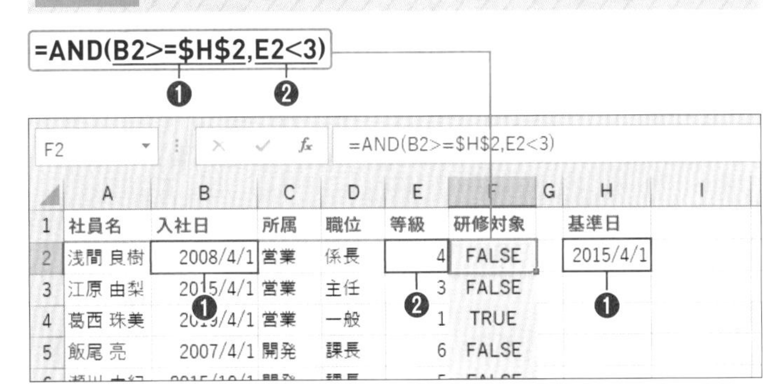

❶入社日が基準日以降かどうか判定します。セル[B2]以降の入社日と比較する基準日はセル[H2]に固定されているので、絶対参照を指定します。
❷セル[E2]以降の等級が3未満かどうか判定します。
セル[F2]の戻り値は、❶❷とも[FALSE]のため、[FALSE](研修非対象)です。

StepUp

基準日を直接引数に指定する

「"2015/4/1"」のような形式は「日付文字列」といいます。日付文字列を[論理式]で使えるようにするには、DATEVALUE関数を組み合わせます。以下では、AND関数をOR関数に変更して条件も緩和しています。

DATEVALUE	**=DATEVALUE(日付文字列)**
日付文字列を日付に変換する	[日付文字列]には日付と認識できる文字列を指定します。

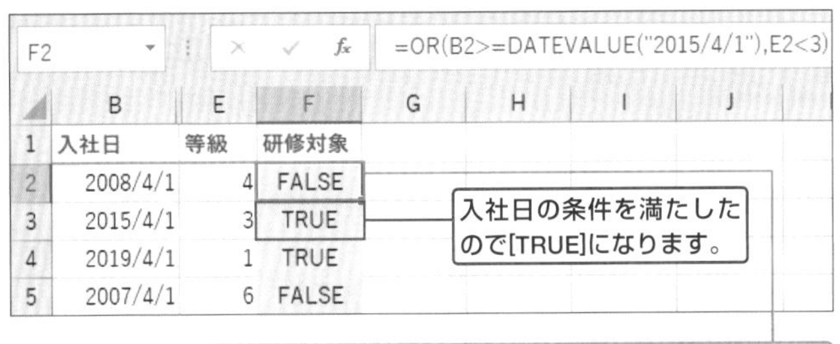

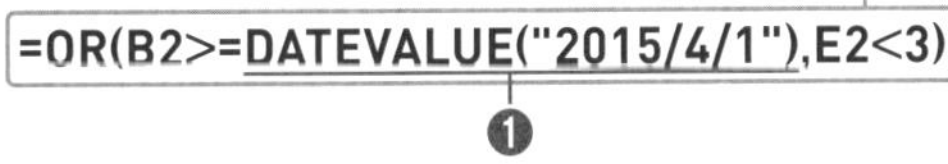

❶日付文字列「"2015/4/1"」を日付「2015/4/1」に変換しています。これで入社日と基準日は日付同士で比較できることになります。

SECTION 013

条件によって処理を2つに分ける

キーワード　条件判定　長さ0の文字列

IF 条件の判定に応じて処理を2つに分ける	=IF(論理式,値が真の場合,値が偽の場合)
	[論理式]に条件を指定し、条件の判定結果を論理値で返します。条件を満たす[TRUE]の場合は[値が真の場合]、条件を満たさない[FALSE]の場合は[値が偽の場合]を実行します。

目的　得点によって表示を変更する

得点が80点未満の場合は、フォロー対象として「○」を表示します。

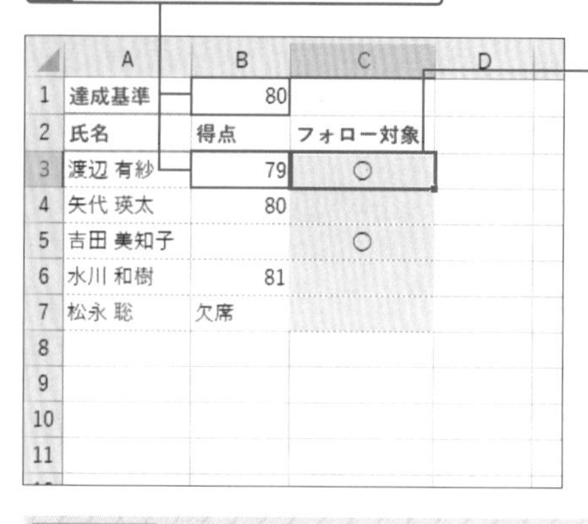

2 80点未満はフォロー対象に「○」を付けたい。

80点以上の場合の処理は指定されていません。

方法

●処理方法が指定されていない場合は何も表示しない

IF関数の処理方法が指定されていない場合は、暗黙の条件で「何も表示しない」と解釈します。

●長さ0の文字列で何も表示しないを実現する

引数に指定する「"○"」の「○」は1文字です。これを長さ1の文字列といいます。同様に、「""」は、長さ0の文字列となり、文字がないのでセルには何も表示されません。

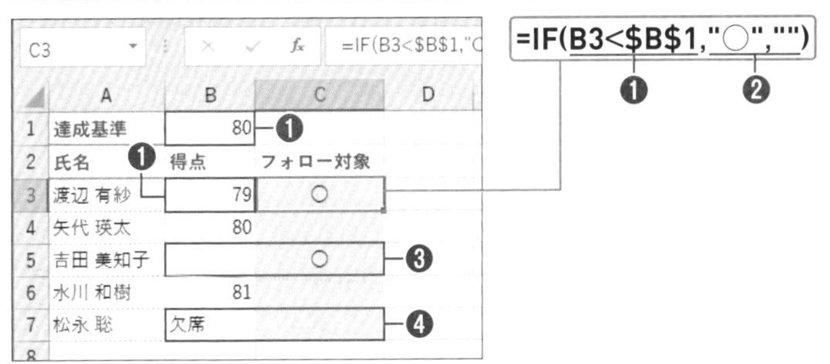

❶セル[B3]以降の得点が達成基準のセル[B1]の「80」点未満かどうか判定します。

❷得点が80点未満の場合は「○」を表示し、得点が80点以上の場合は、何も表示しません。

❸得点が空欄の場合は「0」と見なされ、「○」を表示します。

❹「欠席」は文字列です。文字列を数値と比較しても条件を満たさないので、FALSEと判定され、何も表示されません。

StepUp

文字列の判定をフォロー対象に含める

上記❹の状況をフォロー対象にするには、得点欄に文字列が入っている場合もTRUEと判定されるよう条件を追加します。

ISTEXT テスト対象が文字列かどうか判定する	=ISTEXT(テストの対象)
	[テストの対象]が文字列の場合は[TRUE]、文字列ではない場合は[FALSE]を返します。

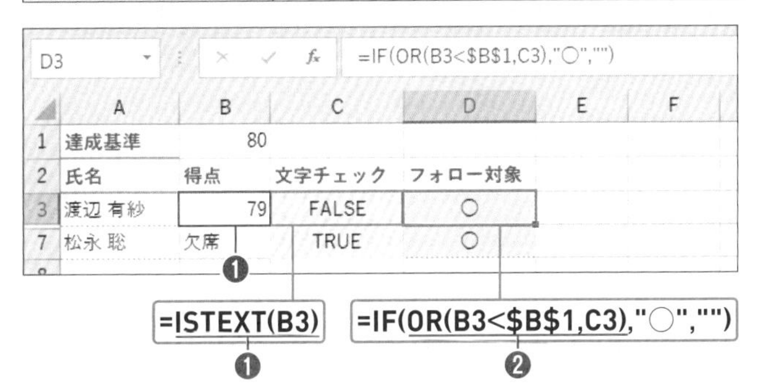

❶得点を入力するセルに文字列が入っているかどうか判定します。

❷2つの条件のいずれかが[TRUE]になれば「○」が表示されます。

SECTION 014

配列の行または列データを抽出する

キーワード 配列数式

INDEX 指定した配列の行または列データを抽出する	{=INDEX(配列,行番号,0)}
	指定した[配列]の上端行を1行目とし、指定した[行番号]の行データを抽出します。
	{=INDEX(配列,0,列番号)}
	指定した[配列]の左端列を1列目とし、指定した[列番号]の列データを抽出します。

目的 指定したNoの行データを抽出する

社員名簿から指定したNoの社員データを抽出します。

1 「No」に番号を入力したら、

2 Noに該当する行データをまとめて表示したい。

	A	B	C	D	E	F	G	H
1	No	社員番号	氏名	所属	内線	緊急連絡先	上長	
2	4	04PYY11	松本 夕子	総務	4412	090-2222-3333	佐藤 道隆	
3								
4	No	社員番号	氏名	所属	内線	緊急連絡先	上長	
5	1	01S3825	樫村 雅樹	企画	1211	080-1234-5678	田中 三咲	
6	2	02S4425	今井 蒼佑	営業	2258		鈴木 悠太	
7	3	02S4487	宇佐美 游	総務	2298	070-1111-8888		
8	4	04PYY11	松本 夕子	総務	4412	090-2222-3333	佐藤 道隆	
9	5	05PYA10	矢作 裕実	営業	5587	080-3333-4567	浅野 巧	
10								

方法

●配列数式で入力する

抽出結果を表示する配列の範囲を選択し、関数入力後に Ctrl キーと Shift キーを押しながら Enter キーを押し、配列数式として関数を確定します。

●INDEX関数の[列番号]は「0」を指定する

行データ全体を抽出するには、[列番号]を省略して「=INDEX(配列,行番号,)」と記述することもできますが、「0」を指定した方が明示的で読みやすいです。[行番号]の後ろの「,」を省略すると[#REF!]エラーになります。

❶抽出データを表示する配列[B2:G2]を選択してから関数を入力します。[配列]には、セル[B5]を1行目とする配列[B5:G9]を指定します。
❷[行番号]は抽出したい番号の入ったセル[A2]を指定します。[列番号]は「0」を指定して行データの抽出を明示し、配列数式として関数を確定します。
❸抽出元データ内の空白は、対応する要素（セル）に「0」を表示します。

Hint

動的配列数式を利用して行データを抽出する 365

動的配列数式を利用する場合は、セル[B2]に上記と同じINDEX関数を入力し、Enterキーを押します。

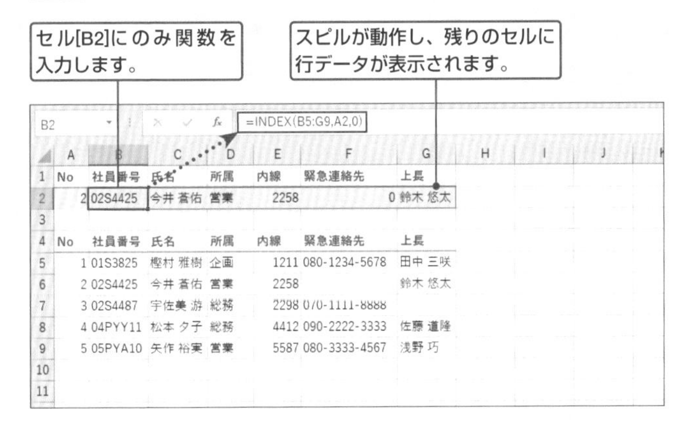

目的 指定した列データを抽出する

社員名簿から氏名と緊急連絡先の列データを抽出します。抽出方法は、行データを抽出する場合と同様ですが、INDEX関数は[行番号]を「0」にします。

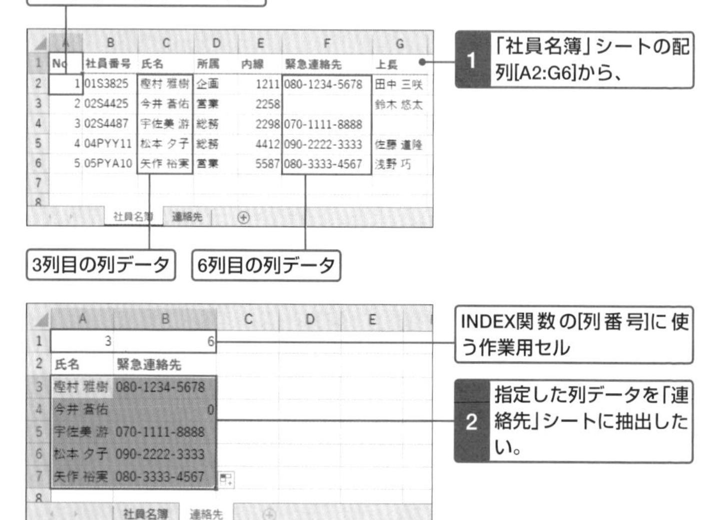

数式解説 Sec14_2

{=INDEX(社員名簿!$A$2:$G$6,0,連絡先!A1)}

❶ ❷

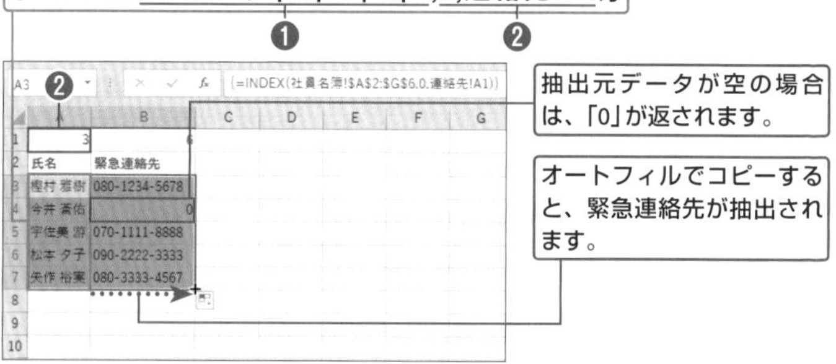

{=INDEX(社員名簿!$A$2:$G$6,0,連絡先!A1)}
抽出元データが空の場合は、「0」が返されます。
オートフィルでコピーすると、緊急連絡先が抽出されます。

❶「連絡先」シートの配列[A3:A7]を選択してからINDEX関数を入力します。[配列]には、「社員名簿」シートの配列[A2:G6]を絶対参照で指定します。

❷[行番号]は「0」とし、列データの抽出を明示します。[列番号]は、「連絡先」シートの作業用セル[A1]を指定し、配列数式として関数を確定します。

StepUp

社員名簿をテーブルにして、動的配列数式で入力する 365

社員名簿をテーブルにすると、INDEX関数の[配列]に絶対参照を指定しなくて済みます。さらに、動的配列数式の場合は、テーブルのデータ行の追加や削除に応じて抽出先データも自動更新されます。

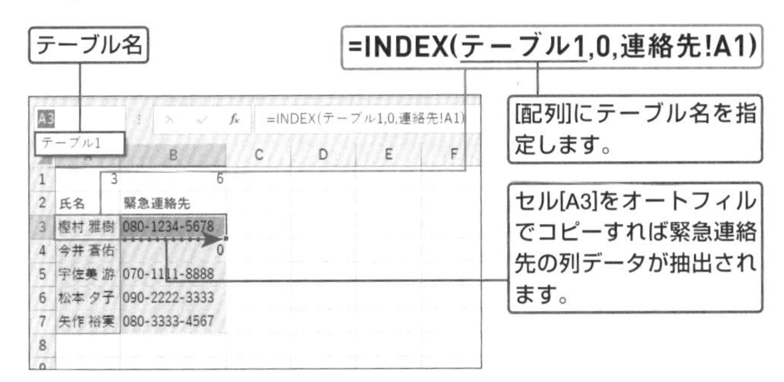

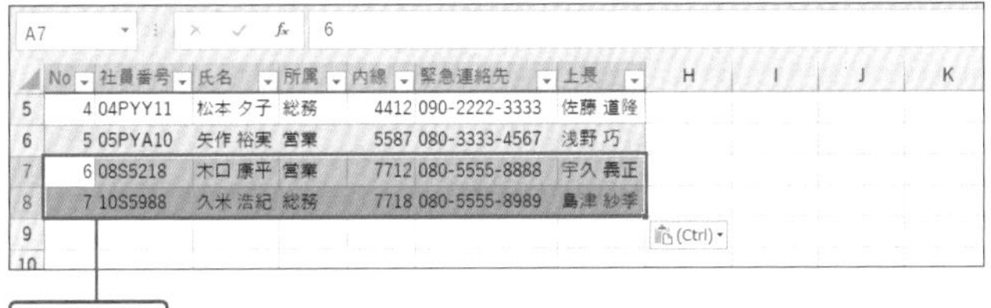

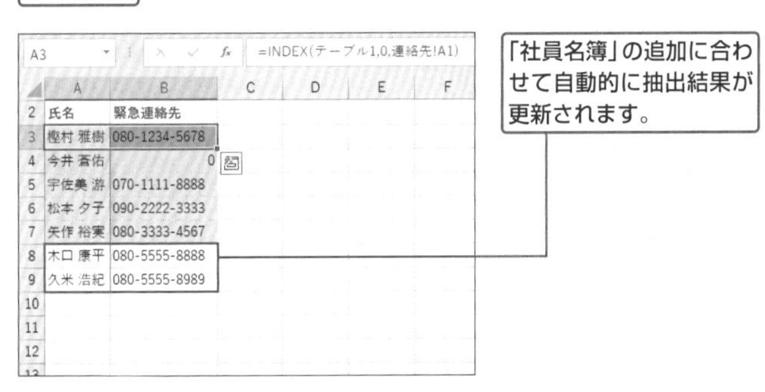

「社員名簿」の追加に合わせて自動的に抽出結果が更新されます。

配列数式の場合も[配列]を絶対参照に指定する必要はなくなりますが、追加データを反映するには、抽出結果を表示する範囲の取り直しが必要です。

参照セクション

Sec006　引数にテーブルを指定する
Sec008　配列数式を修正する
Sec009　動的配列数式を利用する

SECTION 015

配列内で条件に一致するデータの合計を求める

キーワード 配列の条件判定　集計

SUMPRODUCT 配列の要素同士を掛けて合計する	=SUMPRODUCT(配列1,配列2,…) 条件判定する式を[配列]に指定することにより、条件に合う要素は1、条件に合わない要素は0に変換します。条件判定によって、1と0に変換された[配列]の要素同士を掛けて合計します。

目的　すべての条件を満たす人数を求める

英語とPCの資格がどちらも空白になっている人数を求めます。

1 英語とPCの資格取得状況から、

2 英語とPCのいずれも資格を取得していない人数を求めたい。

	A	B	C	D	E	F	G
1	資格取得状況		※取得済みは○				
2	社員名	英語	PC		フォロー対象者数	2	名
3	沢渡 詩織	○	○				
4	須田 正巳						
5	曽根崎 拓海		○				
6	田中 護						
7	津川 雅子	○					

方法

●対応する要素同士を掛けて合計する

SUMPRODUCT関数は、各配列の対応する要素同士を掛け算し、掛けた値の合計値を返します。以下は、商品の価格と数量から合計金額を求める例です。

▼ SUMPRODUCT 関数の基本動作

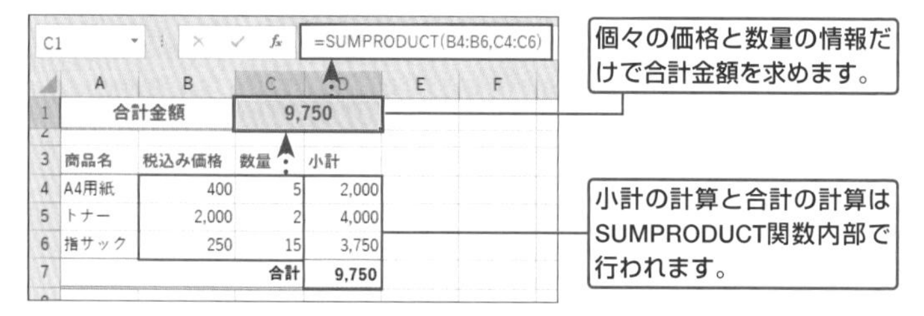

=SUMPRODUCT(B4:B6,C4:C6)

	A	B	C	D
1	合計金額		9,750	
3	商品名	税込み価格	数量	小計
4	A4用紙	400	5	2,000
5	トナー	2,000	2	4,000
6	指サック	250	15	3,750
7			合計	9,750

個々の価格と数量の情報だけで合計金額を求めます。
小計の計算と合計の計算はSUMPRODUCT関数内部で行われます。

●配列に条件を付け、配列を1と0に変換してから掛けて合計する

配列内の要素が空白かどうかを条件判定し、判定結果に応じて、配列を1と0に変換します。1と0に変換された各配列の要素同士を掛けて合計すると、条件をすべて満たす個数が求められます。

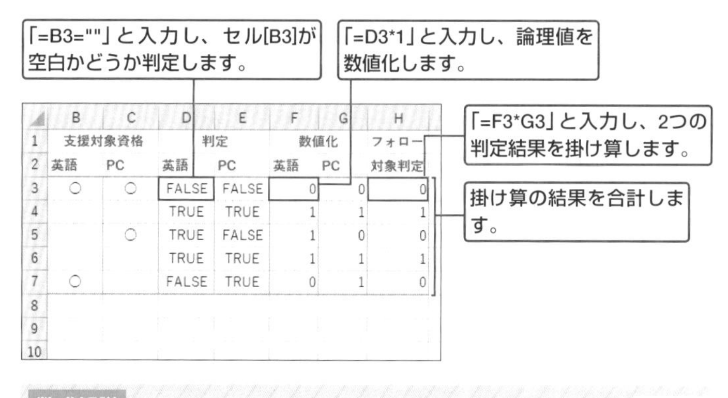

「=B3=""」と入力し、セル[B3]が空白かどうか判定します。
「=D3*1」と入力し、論理値を数値化します。
「=F3*G3」と入力し、2つの判定結果を掛け算します。
掛け算の結果を合計します。

	B	C	D	E	F	G	H
1	支援対象資格		判定		数値化		フォロー
2	英語	PC	英語	PC	英語	PC	対象判定
3	○	○	FALSE	FALSE	0	0	0
4			TRUE	TRUE	1	1	1
5		○	TRUE	FALSE	1	0	0
6			TRUE	TRUE	1	1	1
7	○		FALSE	TRUE	0	1	0
8							
9							
10							

数式解説 Sec15

```
=SUMPRODUCT((B3:B7="")*1,(C3:C7="")*1)
```

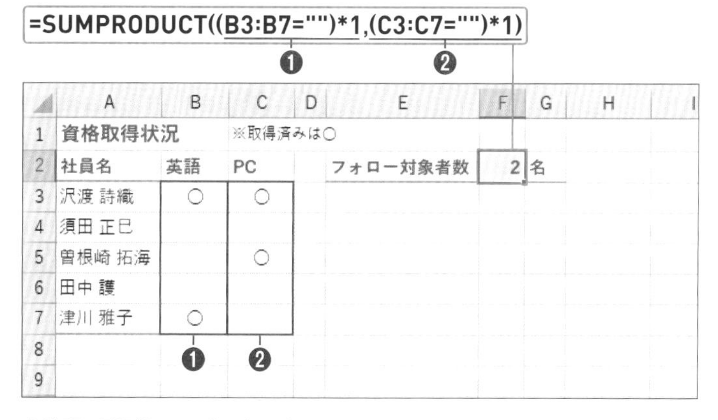

❶
❷

	A	B	C	D	E	F	G	H
1	資格取得状況		※取得済みは○					
2	社員名	英語	PC		フォロー対象者数	2	名	
3	沢渡 詩織	○	○					
4	須田 正巳							
5	曽根崎 拓海		○					
6	田中 護							
7	津川 雅子	○						
8		❶	❷					
9								

❶英語の配列[B3:B7]の各要素が空白かどうか判定します。判定結果は論理値となるため、1を掛けて数値化します。

❷PCの配列[C3:C7]を対象に、❶と同様に判定します。

❶と❷より、英語とPCの各要素が1と0に変換されます。ここでは、英語とPCの対応する要素同士が両方とも1（両方とも空白）の場合のみ、掛け算の結果が1となり、その合計は、資格を取得していない人数となります。

参照セクション
Sec007　配列数式を利用する

SECTION 016

文字列内を検索し、検索文字の文字位置を求める

キーワード 文字位置の検索

FIND 文字列内を検索する	=FIND(検索文字列,対象[,開始位置]) [検索文字列]が[対象]に指定した文字列内の何文字目にあるかを検索します。[開始位置]は検索を開始する[対象]の文字位置を指定しますが、省略すると[対象]の先頭から検索します。
SEARCH 文字列内を検索する	=SEARCH(検索文字列,対象[,開始位置]) 機能はFIND関数と同様ですが、[検索文字列]に指定できる文字列や検索結果が一部異なります。

目的 文字列内を検索する

取引先名に含まれる「会社」の文字位置と、2文字目に任意の1文字を挟んで「合」で始まり「会社」で終わる文字列の文字位置を検索します。

	A	B	C
1	取引先	会社	合?会社
2	合資会社未来アーキテクト	3	1
3	株式会社技術評論会	3	#VALUE!
4	ひまわり合同会社	7	5
5	サンフラワー株式会社	9	#VALUE!
6	合名会社安藤印刷所	3	1

1 取引先名を検索対象として、

2 「会社」や「合?会社」を検索したい。

方法

●FIND関数とSEARCH関数の相違点と一致点

次の表に示すとおり、ワイルドカードを利用したり、英字を検索したりしないのであれば、FIND関数もSEARCH関数も動作は同じです。

検索文字列	FIND関数	SEARCH関数
ワイルドカード	引数に指定できない	引数に指定できる
英字の小文字と大文字	区別して検索する	区別せずに検索する
半角文字と全角文字	区別して検索する	
長さ0の文字列「""」	[開始位置]に指定した値、または1を返す	

●検索文字列が見つからなかった場合

FIND関数、SEARCH関数ともに、検索文字列が検索対象の文字列内で見つからなかった場合は、[#VALUE!]エラーを返します。

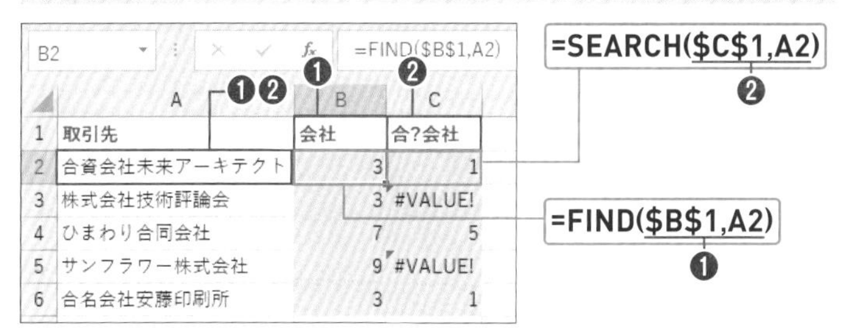

	A	B	C
1	取引先	会社	合?会社
2	合資会社未来アーキテクト	3	1
3	株式会社技術評論会	3	#VALUE!
4	ひまわり合同会社	7	5
5	サンフラワー株式会社	9	#VALUE!
6	合名会社安藤印刷所	3	1

❶[検索文字列]にセル[B1]、[対象]に取引先名の入ったセル[A2]を指定し、取引先名の先頭から「会社」の文字位置を検索します。

たとえば、「合資会社未来アーキテクト」の場合、文字列の先頭から数えて3文字目から4文字目が「会社」です。検索された最初の文字位置の「3」が返されます。

❷[検索文字列]にセル[C1]を指定します。2文字目の「?」は任意の1文字を示すワイルドカードです。検索対象は取引先名のセル[A2]です。

たとえば、「合資会社未来アーキテクト」の場合、文字列の1文字目から4文字目にある「合資会社」が「合?会社」に一致すると検索され、検索された最初の文字位置「1」が返されます。

Memo

＊や？を文字列として検索する

SEARCH関数において、ワイルドカードとして認識される「*」や「?」を文字列として検索するには、「~*」や「~?」のように「~」(チルダ)が必要です。しかし、ワイルドカードを指定できないFIND関数なら、「*」や「?」は、そのまま文字列として認識されるので、「~」(チルダ)は不要です。

「=FIND("*",A3)」とすると、4文字目の「*」が検索されます。

「=SEARCH("*",A3)」とすると、任意の文字列を検索します。

	A	B	C	D	E	F	G	H
1	対象文字列	FIND関数		SEARCH関数				
2	検索文字列	*	?	*	?	~*	~?	
3	123*56?8	4	7	1	1	4	7	
4								

「=SEARCH("~*",A3)」とすると、「*」の文字位置を検索します。

参照セクション
付録1　ワイルドカード　P.365

SECTION 017

指定したセルを起点に、条件に合うセルの位置を求める

キーワード　セルの位置検索

MATCH	=MATCH(検査値,検査範囲[,照合の種類])
検査値が指定した検索範囲の何番目にあるか検索する	[検査値]の[検査範囲]における位置を返します。位置の基準は[検査範囲]の先頭セルを1行目、または、1列目とします。[照合の種類]は検索方法を指定します。

照合の種類	検索方法
0	検査値と完全一致する位置
1（省略時）	検査値以下の近似値の位置（利用時は、[検査範囲]の昇順並べ替えが必要）
-1	検査値以上の近似値の位置（利用時は、[検査範囲]の降順並べ替えが必要）

目的　指定した日付の行位置を求める

指定した日付が日付データの何行目にあるかを検索します。

1 セル[A1]を1行目とするとき、

2 指定した日付は何行目にあるかを求めたい。

	A	B	C	D	E	F	G	H	I
1	日付	受付数		集計開始日	10月2日	3	行目		
2	10月1日	70		集計終了日	10月5日	6	行目		
3	10月2日	67							
4	10月3日	109		期間内受付合計	338				
5	10月4日	115							
6	10月5日	47							
7	10月6日	104							
8	10月7日	72							
9	10月8日	63							

方法

●MATCH関数は組み合わせて利用する

MATCH関数は通常、別の関数と組み合わせて使います。MATCH関数で得られる位置情報を使って、値を特定したり、集計範囲を決めたりします。

●位置の基準は［検査範囲］の先頭セルが1列目、または1行目になる

位置情報を求めるには基準が必要です。MATCH関数では、[検査範囲]に指定するセル範囲の先頭が基準であり、1行目、または、1列目と定義されています。なお、[検査範囲]に指定できるのは、1行または1列の範囲です。

MATCH関数の位置情報を利用した集計です。
Sec018 P.70,Sec033 P.104参照。

=MATCH(E1,A:A,0)

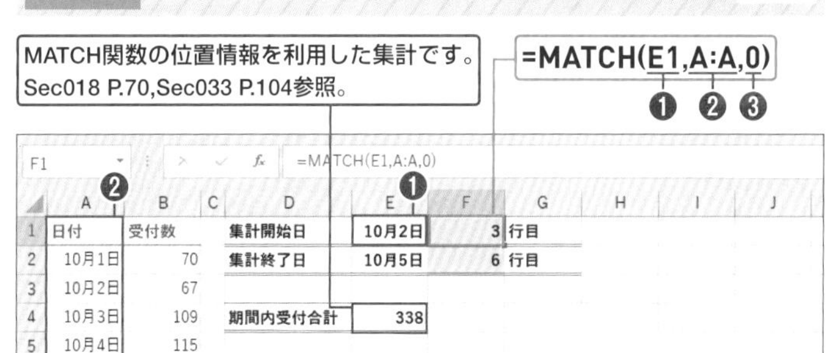

❶[検査値]に集計開始日のセル[E1]を指定します。
❷[検査範囲]は、日付の入ったA列を指定します。列番号[A]をクリックすると「A:A」と入力されます。セル[A1]が1行目です。
❸[照合の種類]には、「0」を指定し、集計開始日と一致する日付を検索します。10月2日は、セル[A1]から数えて3行目にあります。

Memo

XMATCH関数の利用 365

MATCH関数の後継にあたるXMATCH関数がMicrosoft 365にリリースされています。以下、MATCH関数との差異のみ記載します。

XMATCH	=XMATCH(検査値,検索範囲[,一致モード][,検索モード])
検査値が指定した範囲の何番目にあるか検索する	[一致モード]は、MATCH関数の[照合の種類]に相当しますが、省略時の既定が完全一致の「0」に変更され、ワイルドカードによるあいまい検索（「2」）が追加されています。[検索モード]は、検索の向きを指定できます。省略時は、MATCH関数と同様、[検査範囲]の先頭から末尾に向かって検索します。末尾から先頭への検索も可能です。

上記のMATCH関数をXMATCH関数に置き換えた例です。完全一致が既定となったので、第3引数の「0」は省略できます。

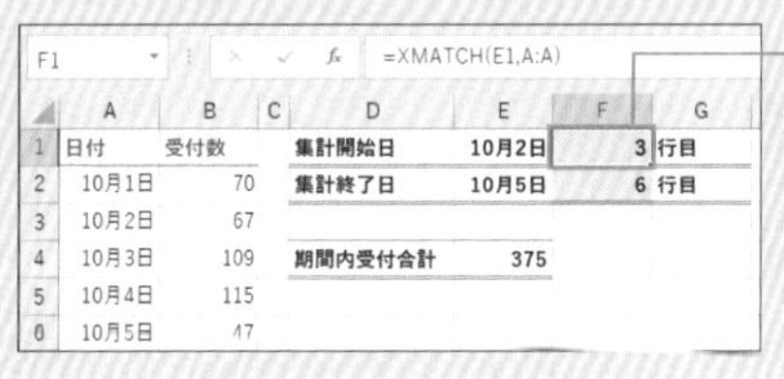

=XMATCH(E1,A:A)

参照セクション
Sec018　セル参照を操る
Sec034　指定した期間の合計を求める①

SECTION 018

セル参照を操る

キーワード　セル参照　セル範囲の参照

OFFSET	=OFFSET(参照,行数,列数)
基準のセル参照から行数と列数をずらした位置のセルを参照する	[参照]に指定したセルを0行0列目とします。[参照]に指定したセルから[行数]と[列数]をずらした位置のセル参照を返します。
OFFSET	=OFFSET(参照,行数,列数,高さ,幅)
移動したセルを起点に、行数と列幅で構成されるセル範囲を参照する	[参照][行数][列数]によって移動したセルを起点に、[高さ]と[幅]で指定する行数と列幅で構成されるセル範囲の参照を返します。

目的　指定した日付に対応する受付数のセルを参照する

指定した日付の位置情報に対応する受付数のセルを参照します。

1 MATCH関数で得た位置情報を利用して、

	A	B	C	D	E	F	G
1	日付	受付数		日付	日付の行位置	受付数	
2	10月1日	70		10月2日	3	67	
3	10月2日	67		10月5日	6	47	
4	10月3日	109					
5	10月4日	115					
6	10月5日	47					
7	10月6日	104					
8	10月7日	72					
9	10月8日	63					
10	10月9日	83					
11	10月10日	89					

2 日付に対応する受付数のセル[B3]やセル[B6]を参照したい。

方法

●[参照]に指定したセルが0行0列目になる

OFFSET関数は[参照]のセルが基準であり、0行0列目です。以下にOFFSET関数の動作を示します。同じ表でも基準によって戻り値が変化します。

▼ セル[B2]を基準にした場合

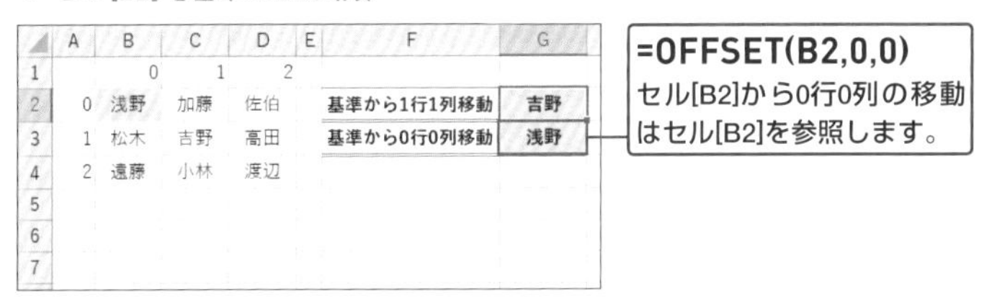

=OFFSET(B2,0,0)
セル[B2]から0行0列の移動はセル[B2]を参照します。

▼ セル[C3]を基準にした場合

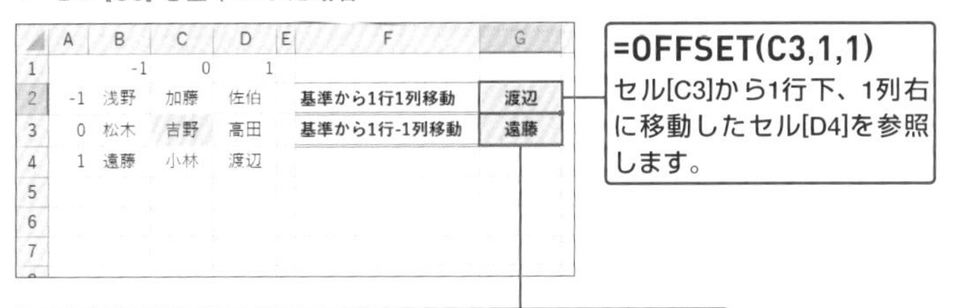

=OFFSET(C3,1,1)
セル[C3]から1行下、1列右に移動したセル[D4]を参照します。

=OFFSET(C3,1,-1)
セル[C3]から1行下、1列左に移動したセル[B4]を参照します。

●MATCH関数の位置情報を利用する場合の注意点

MATCH関数の基準は1行目、または、1列目です。OFFSET関数でMATCH関数の位置情報を利用する場合は、1行、または、1列分の調整が必要です。

▼ セル[A1]を基準とする場合

MATCH関数による「浅野」の行/列位置情報

	A	B	C	D	E	F	G
1	浅野	加藤	佐伯		検査値	浅野	
2	松木	吉野	高田		行位置	1	=MATCH(F1,A1:A3,0)
3	遠藤	小林	渡辺		列位置	1	=MATCH(F1,A1:C1,0)
4							
5	▼MATCH関数の位置情報を利用して「浅野」を参照						
6	浅野	=OFFSET(A1,F2-1,F3-1)					

=OFFSET(A1,F2-1,F3-1)
MATCH関数の位置情報から、行、列ともに「1」を引いて調整します。

> **Memo**
>
> **OFFSET関数のセル移動**
>
> OFFSET関数では、[行数]や[列数]に負の値を指定できます。負の値を指定すると、[参照]で指定した基準より上の行や左の列に移動します。ただし、移動先がワークシートからはみ出す場合は、[#REF!]エラーになります。

数式解説 Sec18_1

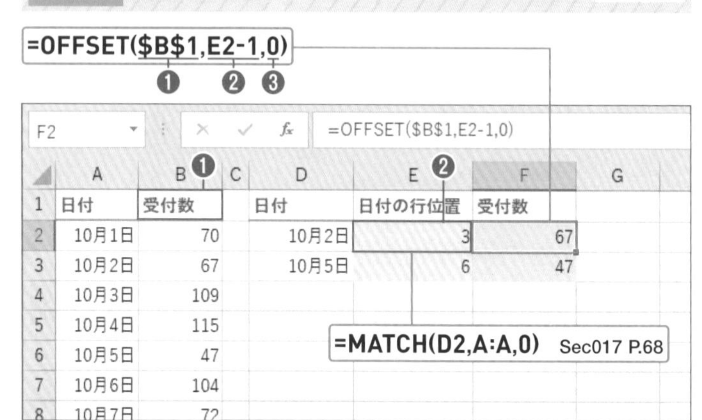

❶受付数のセル[B1]を[参照]に指定し、0行0列目とします。
❷MATCH関数で求めた日付の行位置のセル[E2]を[行数]に利用しますが、MATCH関数の基準の定義が異なるため、1を引いて調整します。
❸[参照]に受付数のセル[B1]を指定しているので、列は移動しません。よって、[列数]には「0」を指定します。

目的 指定した期間に対応する受付数のセル範囲を参照する

2つの日付の位置情報を元に、指定した期間に対応する受付数のセル範囲を参照します。

1 10月2日～10月5日の受付数のセル範囲を、

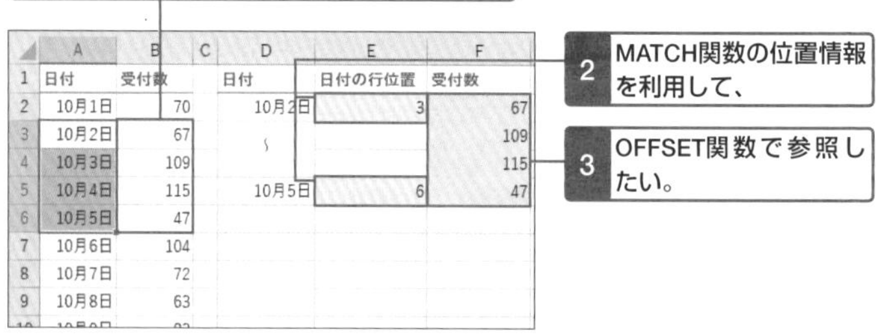

日付
受付数
日付の行位置
10月1日 70
10月2日 67
10月3日 109
10月4日 115
10月5日 47
10月6日 104
10月7日 72
10月8日 63
10月2日 3 67
109
115
10月5日 6 47
2 MATCH関数の位置情報を利用して、
3 OFFSET関数で参照したい。

Memo

OFFSET関数の用途

OFFSET関数は、何らかの計算によって値を返すのではなく、セル参照を返します。OFFSET関数で得たセル範囲はSUM関数などの集計関数と組み合わせることによって、集計範囲を自在に可動させることができます。

方法

●セル範囲を参照するため配列数式で入力する

OFFSET関数の[高さ]と[幅]を追加して、セル範囲を参照します。複数のセルをまとめて参照するので、配列数式で入力します。

数式解説

Sec18_2

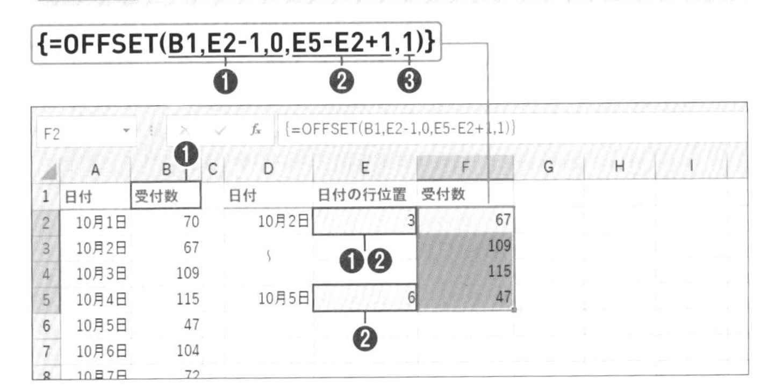

	A	B	C	D	E	F
1	日付	受付数		日付	日付の行位置	受付数
2	10月1日	70		10月2日	3	67
3	10月2日	67		｜		109
4	10月3日	109				115
5	10月4日	115		10月5日	6	47
6	10月5日	47				
7	10月6日	104				
8	10月7日	72				

❶P.72と同じです。[参照]、[行数]、[列数]により、セル[B3]が参照されます。セル[B3]は、セル範囲の起点となります。

❷2つの日付の行位置から、日付間の行数を求め、[高さ]に指定しますが、初日を参入するので、1を足して調整します。

❸受付数は1列のため、[幅]には「1」を指定します。

StepUp

動的配列数式を利用する 365

セル[F2]にOFFSET関数を入力すると、スピルによって、OFFSET関数に指定した[高さ]と[幅]に応じたセル参照が表示されます。

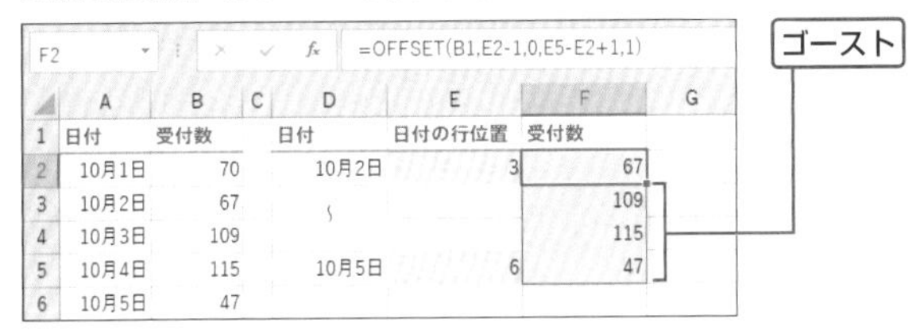

	A	B	C	D	E	F
1	日付	受付数		日付	日付の行位置	受付数
2	10月1日	70		10月2日	3	67
3	10月2日	67		｜		109
4	10月3日	109				115
5	10月4日	115		10月5日	6	47
6	10月5日	47				

参照セクション

Sec007 配列数式を利用する
Sec009 動的配列数式を利用する
Sec034 指定した期間の合計を求める①

SECTION 019

文字列をセル参照やセル範囲に変換する①

キーワード　参照文字列　セル参照

ADDRESS	=ADDRESS(行番号,列番号[,参照の種類][,参照形式][,シート名])
行番号と列番号からセル参照と同じ表記の文字列を作成する	セル[A1]を1行1列目とするとき、[行番号]と[列番号]からセル参照と同じ表記の文字列（参照文字列）を作成します。第3引数以降を省略すると、A1形式の絶対参照で表記された参照文字列になります。
INDIRECT	=INDIRECT(参照文字列)
文字列をセル参照に変換する	[参照文字列]にセル参照と同じ表記の文字列を指定し、数式で利用できるセル参照に変換して、そのセル参照を返します。

目的　日付に対応する受付数を参照する

受付数の参照文字列を作成した後、セル参照やセル範囲に変換します。

1 日付の行位置を元に、受付数の参照文字列を作成し、

2 参照文字列をセル参照に変換して、セルの値を参照したい。

	A	B	C	D	E	F	G	H	I
1	日付	受付数		日付	10月2日	10月5日			
2	10月1日	70		日付の行位置	3	6			
3	10月2日	67		セル参照の文字列	$B$3	$B$6			
4	10月3日	109		受付数	67	47			
5	10月4日	115							
6	10月5日	47		日付	受付数				
7	10月6日	104		10月2日	67				
8	10月7日	72		～	109				
9	10月8日	63			115				
10	10月9日	83		10月5日	47				
11	10月10日	89							
12									

3 2つの参照文字列からセル範囲に変換して、各セルの値を参照したい。

方法

●ADDRESS関数はINDIRECT関数とセットで使う

ADDRESS関数で「$B$3」のようなセル参照と同じ表記の文字列を作成したら、INDIRECT関数でセル[$B$3]として扱えるようにします。

●文字列演算子「&」を使ってセル範囲を作る

セル範囲「$B$3:$B$6」と認識されるように文字列を構成します。「&」を使うと、各文字列を順番に連結することができます。

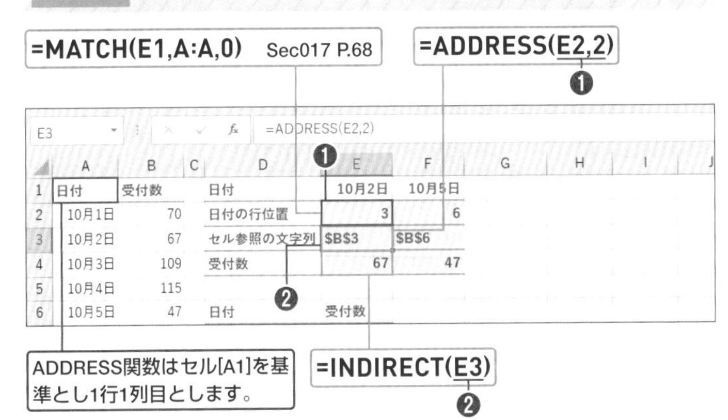

❶指定した日付に対応する行位置はMATCH関数で求めておき、これをADDRESS関数の[行番号]に指定します。[列番号]は、B列を表わす「2」を指定します。

❷INDIRECT関数では、セル[E3]に作成した参照文字列をセル[$B$3]に変換し、参照値の「67」を返します。

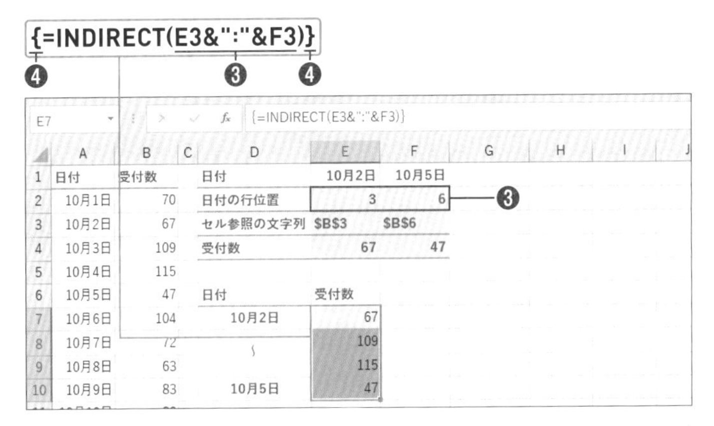

❸ADDRESS関数で作成した参照文字列を「&」で連結します。「E3&":"&F3」は文字列「$B$3:$B$6」と解釈されます。

❹複数のセルをまとめて参照するため、配列数式で入力します。

参照セクション

Sec007　配列数式を利用する
Sec017　指定したセルを起点に、条件に合うセルの位置を求める

第2章　組み合わせで使える関数の技

SECTION 020

文字列をセル参照やセル範囲に変換する②

キーワード　参照文字列　名前

INDIRECT 文字列を名前に変換する	=INDIRECT(参照文字列)
	[参照文字列]に、セル参照やセル範囲の代わりに付けた名前の文字列を指定し、数式で利用できるセル参照や名前に変換して、その参照を返します。

目的　セルに入力された文字列を名前として利用する

セルに入力されたクラス名を元にクラスのメンバーを参照します。

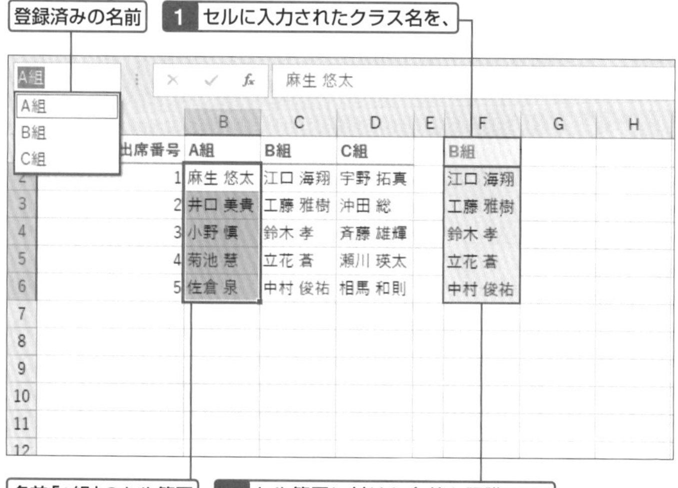

方法

●INDIRECT関数で文字列を名前に変換する

名前を登録していても、セルに入力された名前はたんなる文字列です。名前として認識させるには、INDIRECT関数が必要です。

●別の名前に変更すれば参照範囲も切り替わる

ここでは、3つのクラス名を名前として登録しています。クラス名を切り替えると、それぞれの名前に変換され、参照範囲が切り替わります。

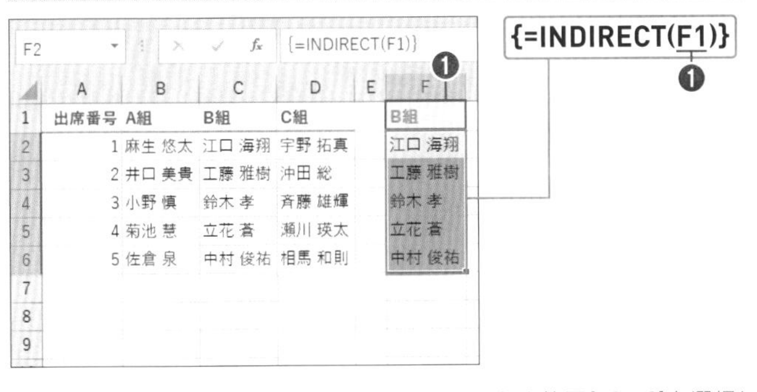
{=INDIRECT(F1)}
❶

❶あらかじめメンバー全員分を表示するためのセル範囲[F2:F6]を選択します。[参照文字列]に名前の文字列が入ったセル[F1]を指定し、配列数式として入力します。

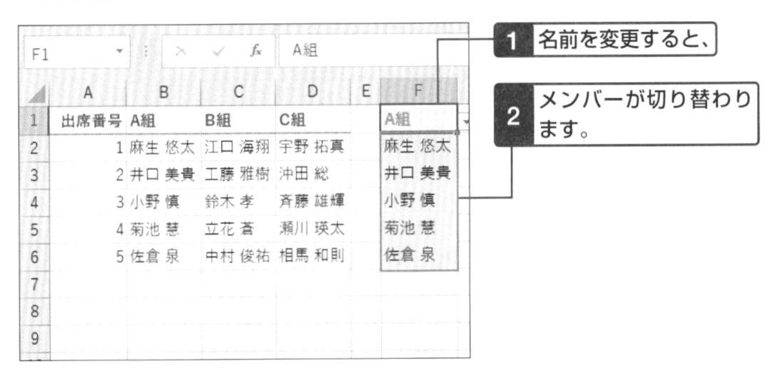
1 名前を変更すると、
2 メンバーが切り替わります。

Hint

名前の切り替えにリストを使用する

ここでは、入力規則のリスト機能を利用し、一覧からクラス名を選択できるようにしていますが、セル[F1]に直接「A組」「C組」と入力しても同様です。

Hint

動的配列数式も利用できる 365

Microsoft 365の場合は、セル[F2]のみ選択し「=INDIRECT(F1)」と入力して Enter キーを押すだけで、メンバー全員が過不足なく表示されます。

参照セクション
Sec005 引数に名前を指定する
Sec007 配列数式を利用する
Sec009 動的配列数式を利用する

SECTION 021

整数を操る

キーワード グループ分け 桁シフト 整数の分解

MOD 整数の割り算の余りを求める	=MOD(数値,除数) [数値]を[除数]で割ったときの整数商の余りを返します。[数値]も[除数]も正の整数の場合、余りは0 ～ [除数]-1の範囲になります。
INT 数値の小数点以下を切り捨てて整数にする	=INT(数値) [数値]の小数点以下を切り捨て、整数を返します。この機能を利用すると、数値の上位桁を取り出せます。

目的 グループ分けと整数の分解を行う

メンバーを3班にグループ分けします。また、西暦下2桁の入学年と2桁の番号で構成される学生番号から入学年と番号を分解して取り出します。

1 Noを利用して、 2 メンバーを3班にグループ分けしたい。

	A	B	C	D	E	F	G	H
1	No	学生番号	氏名	グループ	入学年	番号		
2	1	1828	青山 大樹	2	2018	28		
3	2	1925	渡辺 祥吾	3	2019	25		
4	3	1932	鈴木 由衣	1	2019	32		
5	4	1922	笠井 翔	2	2019	22		
6	5	2018	坂田 裕美	3	2020	18		
7	6	2014	安藤 美紗	1	2020	14		

3 学生番号を分解して、 4 入学年と番号を取り出したい。

方法

●数値の上位桁はINT関数、数値の下位桁はMOD関数で取り出す

10進数の整数は、10、100、1000という位取りの単位で割り算すると、数値の桁が右にシフトします。

数値「1234」を100で割る → 12.34 → 整数部は「12」
数値「1234」を100で割った余り →「34」

上記のとおり、右に桁シフトして小数点以下をカットした整数は元の数値の上位桁となり、位取りの単位で割った余りは、下位桁となります。

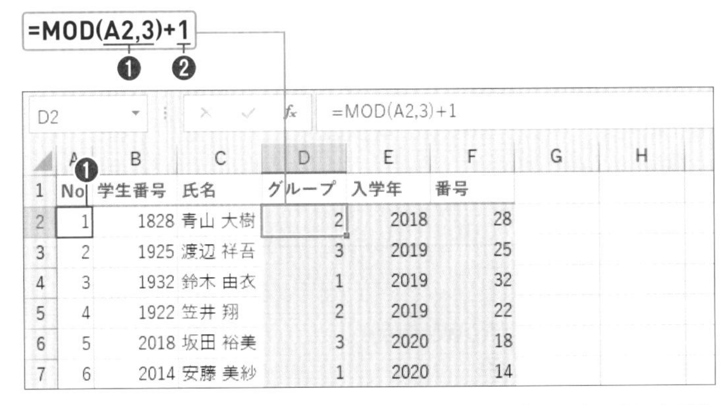

❶[数値]に「No」のセル[A1]、[除数]に「3」を指定し、「1÷3」の余りを計算します。他のセルも同様です。余りは0～2を繰り返します。
❷グループが1～3になるように、1を足して調整します。

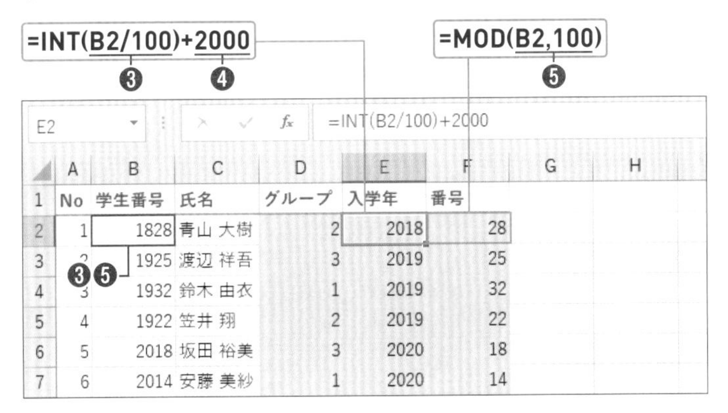

❸学生番号のセル[B3]を100で割った値を[数値]に指定します。「1828」が右に2桁シフトし、「18.28」となり、整数部の「18」が返されます。
❹2000を足して、西暦4桁に調整します。
❺学生番号のセル[B3]を100で割った余りを求め、学生番号の下2桁を取り出します。

Hint

MOD関数は偶数・奇数判定に利用できる

正の数値を2で割ったときの余りは0か1です。余りが0になる数値は偶数、余りが1になる数値は奇数と判定できます。

SECTION 022

連番を作成する

キーワード 連番作成

ROW 行番号を返す	=ROW([セル参照]) 指定したセルの行番号を返します。省略した場合は、ROW関数を入力しているセルの行番号を返します。
COLUMN 列番号を返す	=COLUMN([セル参照]) 指定したセルの列番号を返します。省略した場合は、COLUMN関数を入力しているセルの列番号を返します。
ROWS 行数を返す	=ROWS(配列) [配列]に指定したセル範囲の行数を返します。[配列]には空白セルの範囲を指定できます。
COLUMNS 列数を返す	=COLUMNS(配列) [配列]に指定したセル範囲の列数を返します。[配列]には空白セルの範囲を指定できます。

目的 表の行と列に連番を振る

表の列に1から始まる通し番号を振りたい。

	A	B	C	D	E	F	G	H	I	J
1	連番	1	2	3	4	5				
2	1	66.2	95.1	82.1	50.5	79.4				
3	2	74.8	77.1	81.6	79.1	61.8				
4	3	75.2	83.8	51.7	77.7	96.9				
5	4	62.9	57.1	53.4	95	60.5				
6	5	88.4	82.3	62.3	78.2	72.5				

表の行に1から始まる通し番号を振りたい。

方法

●ROW／COLUMN関数は関数入力セルの行／列番号を取得する

両関数とも引数を省略すると、関数を入力したセルの行／列番号を返します。戻り値と表示したい番号との差分は数値を足したり引いたりして調整します。

●ROWS関数とCOLUMNS関数はセル範囲の先頭を固定する

セル範囲の先頭のみ固定し、オートフィルで関数をコピーするたびにセル範囲を1つずつ拡張させます。

●関数で連番を作成するメリット

途中で行や列を削除しても、関数が再計算され、番号が振り直される点です。

数式解説 Sec22

●ROW関数とCOLUMN関数で1から始まる連番を作成する

=ROW()-1 ❶　**=COLUMN()-1** ❷

A2　=ROW()-1

	A	B	C	D	E	F	G	H	I
1	連番	1	2	3	4	5			
2	1	66.2	95.1	82.1	50.5	79.4			
3	2	74.8	77.1	81.6	79.1	61.8			
4	3	75.2	83.8	51.7	77.7	96.9			
5	4	62.9	57.1	53.4	95	60.5			
6	5	88.4	82.3	62.3	78.2	72.5			
7									

❶セル[A2]に入力したROW関数は「2」行目のため、1を引いて調整します。
❷セル[B1]に入力したCOLUMN関数は「2」列目のため、1を引いて調整します。

●ROWS関数とCOLUMNS関数で1から始まる連番を作成する

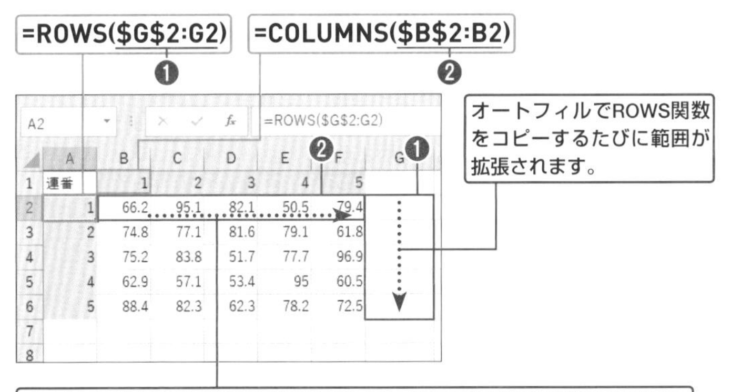
=ROWS($G$2:G2)
=COLUMNS($B$2:B2)
❶
❷
A2
=ROWS($G$2:G2)
オートフィルでROWS関数をコピーするたびに範囲が拡張されます。
オートフィルでCOLUMNS関数を右にコピーするたびに範囲が拡張されます。

❶ROWS関数の[配列]に「$G$2:G2」と入力して行数を求めます。値の入っていない空の範囲を指定できます。COLUMNS関数も同様です。
❷COLUMNS関数の[配列]に「$B$2:B2」と入力して列数を求めます。値の入った範囲を指定できます。ROWS関数も同様です。

SECTION 023

検索値を元にデータを検索する①

キーワード データ検索 スピル　　対応バージョン： 365

XLOOKUP 検索値を元にデータを検索する	=XLOOKUP(検索値,検索範囲,戻り範囲[,見つからない場合][,一致モード][,検索モード]) 365
	[一致モード]と[検索モード]の方法で、[検索値]を[検索範囲]で検索し、検索に該当する[戻り範囲]のデータを返します。該当データがない場合は、[見つからない場合]を表示します。

一致モード（省略時:0）	
0	完全一致
-1	完全一致、または、次に小さい項目
1	完全一致、または、次に大きい項目
2	ワイルドカード利用

検索モード（省略時:1）	
1	先頭から末尾へ
-1	末尾から先頭へ
-2	バイナリ検索 昇順並べ替えが必要
2	バイナリ検索 降順並べ替えが必要

目的 条件に応じた施設情報を検索する

方法

●検索する範囲と検索結果を表示する範囲をそれぞれ指定する

検索値に応じた検索範囲を指定します。検索結果は、施設名、定員、WiFi、WBの情報をまとめて表示できるように戻り範囲を指定します。

●検索データが見つからない場合を指定する

[見つからない場合]を指定すると、エラー表示を回避できます。

数式解説

●施設名で検索し、施設情報を表示する Sec23_1

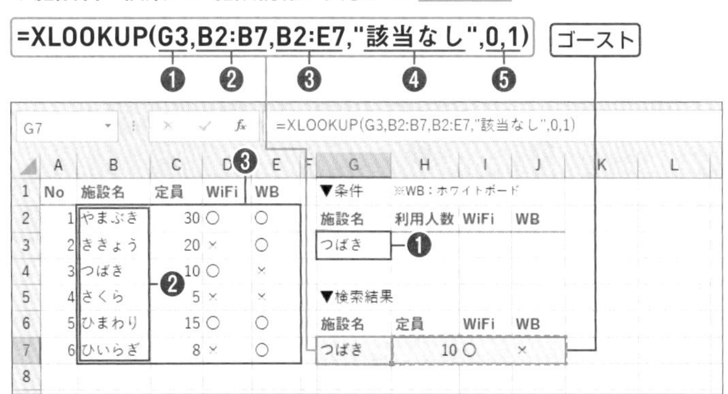

❶[検索値]に施設名のセル[G3]を指定します。
❷[検索範囲]に施設名のセル範囲[B2:B7]を指定します。
❸[戻り範囲]にセル範囲[B2:E7]を指定し、施設名、定員、WiFi、WBの4項目の情報を表示します。
❹検索されなかった場合は、「該当なし」と表示します。
❺[検索値]と完全一致するデータを[検索範囲]の先頭から検索するように、[一致モード]と[検索モード]を指定していますが、省略可能です。

XLOOKUP関数を入力して Enter キーを押すと、[戻り範囲]の列幅(ここでは、4項目分)に合わせて検索結果が表示されます。

●利用人数で検索し、利用人数を満たす施設情報を表示する Sec23_2

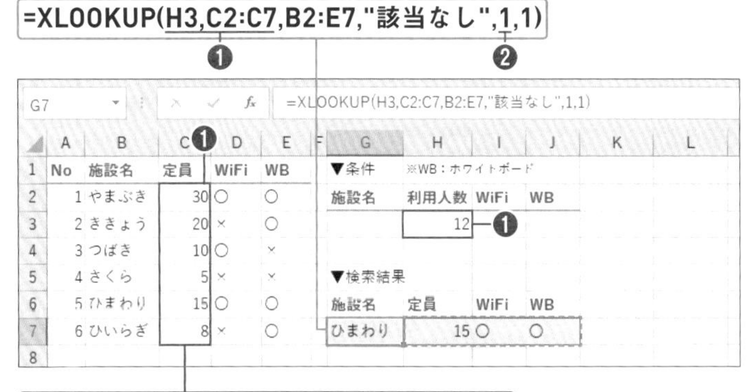

❶利用人数を定員で検索するため、[検索値]にセル[H3]、[検索範囲]にセル範囲[C2:C7]を指定します。
❷利用人数が一致しなかった場合は、利用人数以上で最も近いデータが検索されるように、[一致モード]に「1」を指定します。

●WiFiとWBがある施設を検索し、施設情報を表示する Sec23_3

=XLOOKUP(I3&J3,D2:D7&E2:E7,B2:E7,"該当なし",0,1)

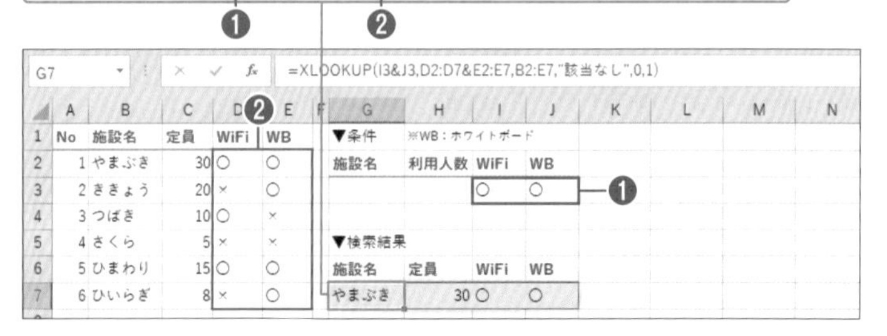

❶[検索値]に「I3&J3」と指定し、セル[I3]とセル[J3]の値を連結した文字列を検索値にします。ここでは、「"○○"」と解釈されます。
❷[検索範囲]は❶に合わせて指定します。WiFiのセル範囲[D2:D7]とWBのセル範囲[E2:E7]を「&」で連結することで、対応するセル同士の値が連結されます。

ここでは、表の先頭から検索し、WiFiとWBが「○○」に一致する「やまぶき」の行が検索されます。

=XLOOKUP(I3&J3,D2:D7&E2:E7,B2:E7,"該当なし",0,-1)

❸[検索モード]を「-1」に変更し、[検索範囲]の末尾から検索しています。その結果、WiFiとWBが「○○」に一致する「ひまわり」の行が検索されます。

参照セクション
Sec009 動的配列数式を利用する
Sec099 検索値を元にデータを検索する②
Sec100 検索値を元にデータを検索する③

第3章

データを集計する技

SECTION 024

年代別人数を求める

キーワード　数える

TRUNC 数値を指定した桁数で切り捨てる	**=TRUNC(数値[,桁数])** [数値]を[桁数]に対応する桁位置を切り捨てます。
COUNTIF 条件に合うセルの個数を求める	**=COUNTIF(範囲,検索条件)** [検索条件]を[範囲]で検索し、条件に一致するセルの個数を返します。[検索条件]には、数値、文字列、比較式、ワイルドカードを指定できます。
SUMPRODUCT 配列の要素を合計する	**=SUMPRODUCT(配列)** [配列]が1つの場合は、配列の要素の合計を返します。[配列]に条件判定する式を指定し、[配列]の要素を判定に応じて1と0に変換すれば、条件に合う個数が求められます。

切り捨てる桁位置	整数部		小数部	
	十の位	一の位	第一位	第二位
桁数	-2	-1	0	1

目的　年齢をもとに、年代別人数を求める

年齢の「10～19」を「10」代のようにまとめ、各年代の人数を求めます。

1 年齢を10歳単位に切り捨て、　2 年代別の人数を求めたい。

	A	B	C	D	E	F	G	H	I
1	氏名	年齢	年代		年代		人数		
2	村岡　沙紀	38	30		20	代	2		
3	外村　有紀	28	20		30	代	6		
4	松元　千郷	32	30		40	代	5		
5	宇宿　月菜	43	40		50	代	2		
6	田宮　悠子	59	50		60	代	8		
7	小椋　紗菜	44	40						

方法

●年齢はTRUNC関数で年代に仕分けする

年齢の一の位を切り捨てると、38歳なら「30」代になります。

●年代のカウントは、COUNTIF関数かSUMPRODUCT関数で行う

COUNTIF関数は、[範囲]に直接関数を指定できないので、C列の「年代」が必要ですが、SUMPRODUCT関数は、C列を使わなくてもカウントできます。

数式解説

●COUNTIF 関数で人数を求める Sec24_1

=TRUNC(B2,-1)　=COUNTIF($C$2:$C$27,E2)

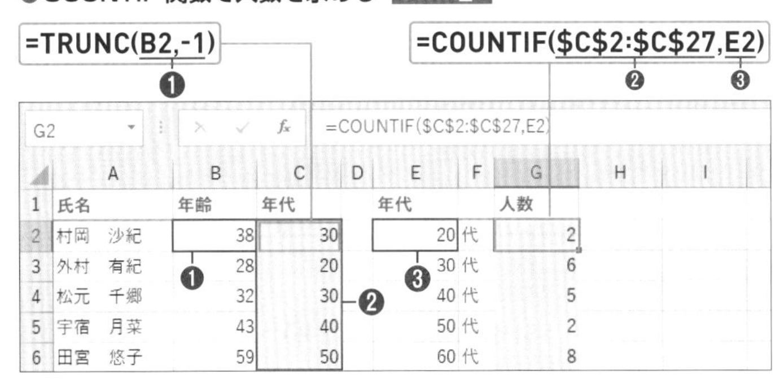

❶TRUNC関数の[数値]に年齢のセル[B2]、[桁数]に「-1」を指定し、年齢を10歳単位に切り捨て、年代を求めます。
❷COUNTIF関数の[範囲]に年代のセル範囲[C2:C27]を指定します。
❸[検索条件]に年代のセル[E2]を指定します。「20」代を❶で求めた年代で検索し、「20」代に一致するセルをカウントしています。

●SUMPRODUCT関数で人数を求める Sec24_2

=SUMPRODUCT((TRUNC($B$2:$B$27,-1)=E2)*1)

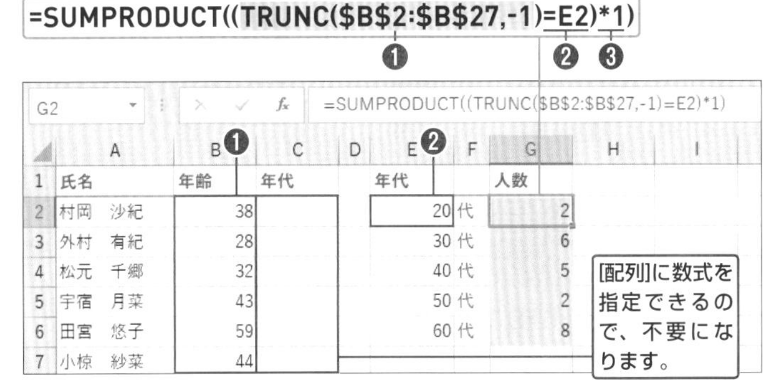

❶[配列]に条件判定する式を指定します。[配列]の左辺は、TRUNC関数で年齢の一の位を切り捨てた「年代」の配列となります。
❷❶の配列の各要素が年代のセル[E2]と等しいかどうか判定します。
❸判定結果に1を掛けて数値化します。「20」代に一致する要素が1になるので、要素の合計は20代の人数となります。

参照セクション
Sec007　配列数式を利用する

SECTION 025

誕生月ごとの人数を求める

キーワード 数える

MONTH 日付の月を整数で取り出す	=MONTH(シリアル値) [シリアル値]には日付の入ったセルや「"2020/7/16"」のように日付を「"」で囲んだ日付文字列を指定します。
COUNTIF 条件に合う個数を求める	=COUNTIF(範囲,検索条件) [検索条件]を[範囲]で検索し、[検索条件]に一致するセルの個数を返します。
SUMPRODUCT 配列の要素を合計する	=SUMPRODUCT(配列) [配列]が1つの場合は、配列の要素の合計を返します。[配列]に条件判定する式を指定し、[配列]の要素を判定に応じて1と0に変換すれば、条件に合う個数が求められます。

目的 生年月日をもとに、誕生月別の人数を求める

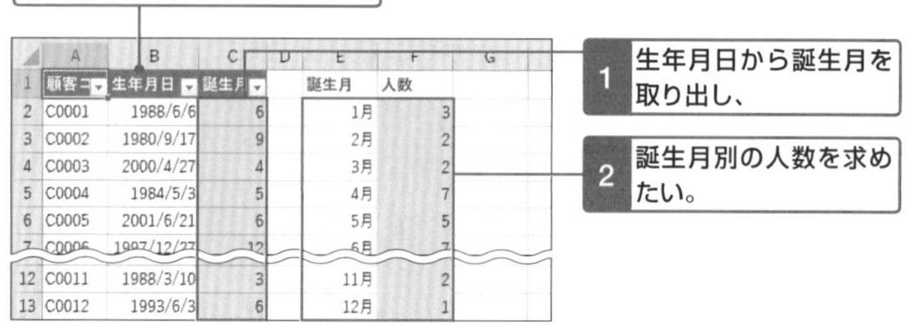

方法

●誕生月はMONTH関数で求める

日付と認識されるデータから、1月～12月の月数を取り出します。

●誕生月のカウントは、COUNTIF関数かSUMPRODUCT関数で行う

COUNTIF関数は、[範囲]に直接関数を指定できないので、C列の「誕生月」が必要ですが、SUMPRODUCT関数は、C列を使わなくてもカウントできます。

Memo

カウント対象はさまざまだがカウント方法は同じ

カウント方法は、Sec24と同じです。意図したとおりに数えられるように、カウントする対象を整えることがポイントです。

数式解説

●COUNTIF関数で人数を求める Sec25_1

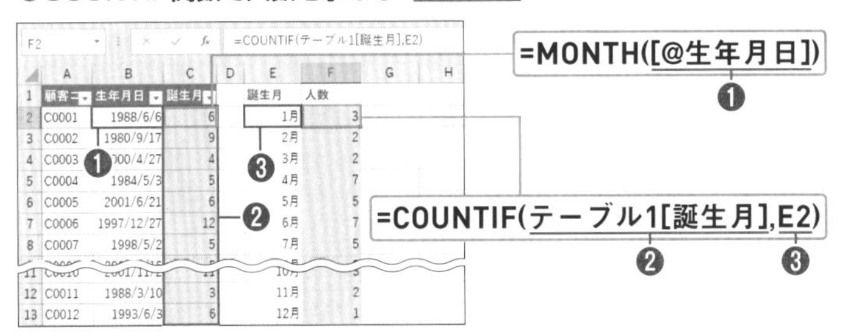

❶テーブル内のセルを選択すると、[@列見出し]の形式で表示されます。Enter キーで関数を確定すると、テーブル内のセルに関数が入力されます。
❷COUNTIF関数の[範囲]に、誕生月のセル範囲[C2:C27]を選択すると、「テーブル名[列見出し]」の形式で表示されます。
❸[検索条件]に誕生月のセル[E2]を指定します。「1」月を❶で求めた誕生月で検索し、「1」月に一致するセルをカウントします。

●SUMPRODUCT関数で人数を求める Sec25_2

=SUMPRODUCT((MONTH(テーブル1[生年月日])=E2)*1)

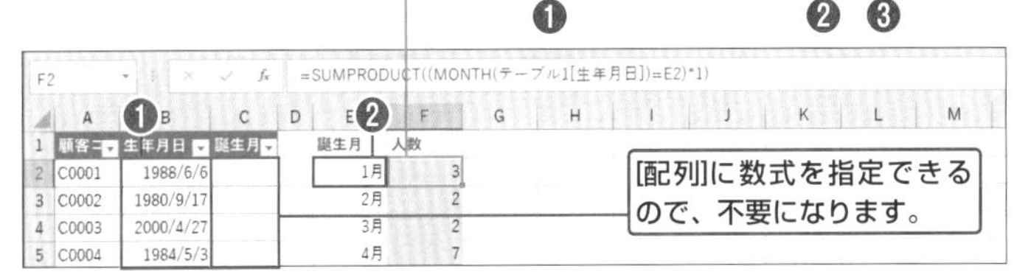

[配列]に数式を指定できるので、不要になります。

❶[配列]に条件判定する式を指定します。[配列]の左辺は、MONTH関数で日付の月を取り出した「誕生月」の配列となります。
❷❶の配列の各要素が誕生月のセル[E2]と等しいかどうか判定します。
❸判定結果に1を掛けて数値化します。「1」月に一致する要素が1になるので、要素の合計は1月の人数となります。

Memo

テーブルの数式

テーブル内のセルを利用した際の[@列見出し]などの形式は構造化参照といいます。この参照形式を使いたくない場合は、セル参照を直接入力します。

参照セクション
Sec024 年代別人数を数える

SECTION 026

データのエラー件数を数える

キーワード　数える　エラー件数

ISERROR エラーを判定し、判定結果を論理値で返す	=ISERROR(テストの対象) エラーかどうかを判定したいセルや数式を[テストの対象]に指定します。エラーの場合はTRUE、エラーでない場合はFALSEを返します。
SUMPRODUCT 配列の要素を合計する	=SUMPRODUCT(配列) [配列]が1つの場合は、配列の要素の合計を返します。[配列]に条件判定する式を指定し、[配列]の要素を判定に応じて1と0に変換すれば、条件に合う個数が求められます。

目的　エラーが発生しているセルを数える

氏名に発生しているエラー件数を求めます。

氏名は、顧客IDをもとに氏名検索する関数を入力しています。

	A	B	C	D	E	F	G	H	I
1	注文No	顧客ID	氏名	売上金額					
2	1	C1003	#N/A	69,690		エラー件数	4		
3	2	C0001	佐藤 玲央	46,650					
4	3	C0502	#N/A	46,410					
5	4	C0025	阿部 晋一	48,000					
6	5	C0072	#N/A	103,170					
7	6	C0109	#N/A	75,100					
8	7	C0042	藤井 夏樹	106,790					
9	8	C0008	中村 大雅	68,040					

1　氏名データに発生しているエラー件数を求めたい。

方法

●エラー判定はISERROR関数で行う

ISERROR関数は、数式で発生する様々なエラーを判定できます。論理値で返される結果に1を掛ければ、1と0の数値になります。

●エラーのカウント方法

エラー判定後に1を掛けた数値が1と0に集約されるので、SUM関数でも求めることができます。

数式解説

=SUMPRODUCT(ISERROR(C2:C12)*1)

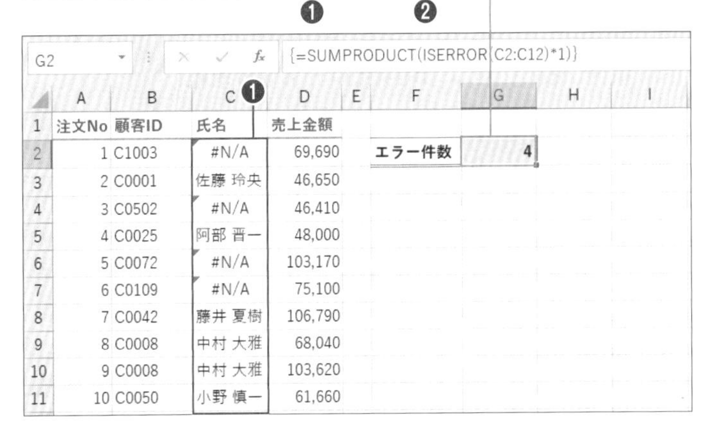

	A	B	C	D	E	F	G
1	注文No	顧客ID	氏名	売上金額			
2	1	C1003	#N/A	69,690		エラー件数	4
3	2	C0001	佐藤 玲央	46,650			
4	3	C0502	#N/A	46,410			
5	4	C0025	阿部 晋一	48,000			
6	5	C0072	#N/A	103,170			
7	6	C0109	#N/A	75,100			
8	7	C0042	藤井 夏樹	106,790			
9	8	C0008	中村 大雅	68,040			
10	9	C0008	中村 大雅	103,620			
11	10	C0050	小野 慎一	61,660			

❶[配列]に条件判定する式を指定します。ISERROR関数の[テストの対象]に氏名のセル範囲[C2:C12]を指定し、各要素がエラーかどうか判定します。❷判定結果に1を掛けて数値化します。エラーのセルが1になるので、要素の合計はエラー件数となります。

Memo

SUM関数やCOUNTIF関数で数える

COUNTIF関数での数え方はSec024、Sec025と同じです。[範囲]に数式は利用できないので、エラー判定用の作業用セルが必要です。SUM関数は、[数値]に数式を指定できますが、配列数式として入力する必要があります。

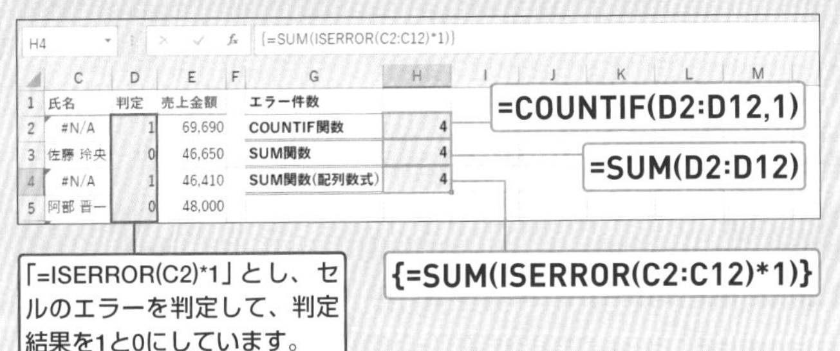

	C	D	E	F	G	H
1	氏名	判定	売上金額		エラー件数	
2	#N/A	1	69,690		COUNTIF関数	4
3	佐藤 玲央	0	46,650		SUM関数	4
4	#N/A	1	46,410		SUM関数(配列数式)	4
5	阿部 晋一	0	48,000			

参照セクション
Sec007　配列数式を利用する
Sec024　年代別人数を数える

SECTION 027

数式が入っているセルの個数を求める

キーワード 数える　数式の個数

ISFORMURA 数式が入っているかどうかを判定する	=ISFORMULA(テストの対象) 数式が入っているかどうか判定したいセルを[テストの対象]に指定します。セルに数式が入っている場合はTRUE、数式が入っていない場合はFALSEを返します。
SUMPRODUCT 配列の要素を合計する	=SUMPRODUCT(配列) [配列]が1つの場合は、配列の要素の合計を返します。[配列]に条件判定する式を指定し、[配列]の要素を判定に応じて1と0に変換すれば、条件に合う個数が求められます。

目的　指定した範囲に含まれる数式の数を求める

関数の戻り値として氏名が表示されている場合と、直接氏名が文字列として入っている場合があります。

	A	B	C	D	E	F	G	H	I	J
1	受付台帳			発信元情報			☆受領者の方へ			
2	No	日付	宛先	社員ID	氏名	受領者	※受付後は発信元情報を値にすること。			
3	1	5/25	吉田	05PYA10	矢作 裕実	花田	※チェック欄が0になっているか確認！			
4	2	5/25	森	02S3241	浅野 巧	花田				
5	3	5/25	森	01S2228	田中 三咲	花田	数式チェック	3		
6	4	5/25	吉田	02S4425	今井 蒼佑	森				
7	5	5/25	岡本(雅)	02S4487	宇佐美 游	森				
8	6	5/25	岡本(優)	04PYY11	松本 夕子	森				
9										
10										

1 氏名に含まれる数式の数を求めたい。

方法

●数式の判定はISFORMURA関数で行う

ISFORMURA関数は、セルに数式が入っているかどうかを判定できます。論理値で返される結果に1を掛ければ、1と0の数値に変換できます。

●数式のカウント方法

Sec024～Sec026と同じです。数式判定後に1を掛けた値が1と0に集約されるので、SUM関数でも求めることができます。

数式解説 Sec27

=SUMPRODUCT(ISFORMULA(E:E)*1)

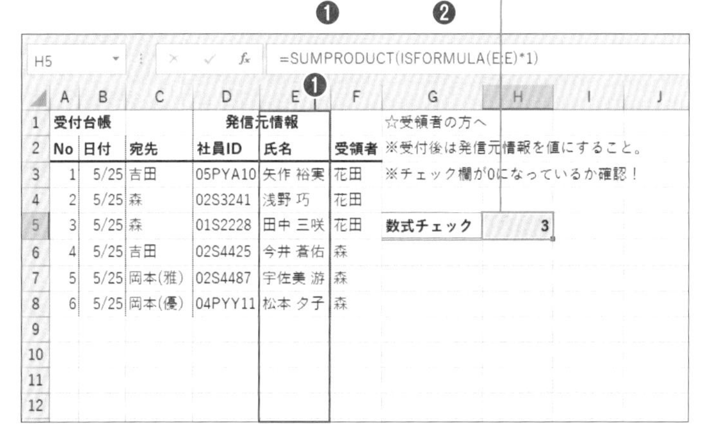

❶SUMPRODUCT関数の[配列]に条件判定する式を指定します。ここでは、ISFORMURA関数の[テストの対象]に氏名の入ったE列を指定し、各要素に数式が入っているかどうか判定します。

❷判定結果に1を掛けて数値化します。数式の入ったセルが1になるので、要素の合計は数式の入ったセルの個数となります。

Memo

引数を列単位で指定するときの注意

本節ではISFORMURA関数の引数に列を指定し、データの追加に備えています。列単位の指定は、式がシンプルになります。しかし、表のタイトルなど、データに直接関係のないセルが戻り値に影響を与えないことが列単位指定の条件です。たとえば、Sec024のTRUNC関数は、配列内に1つでも数値以外の値が含まれると「#VALUE!」エラーになるので列単位の指定はできません。

Memo

データの追加が見込まれる表はテーブルに変換した方がよい

データの追加が見込まれるのであれば、自動的に範囲が拡張されるテーブルを薦めます。しかしながら、テーブル機能が追加される前から運用されている表が少なくありませんし、積極的なテーブルへの更新も行われていないのが現状です。このような現状においては、列単位での指定も選択肢の1つとなります。

参照セクション
Sec006 引数にテーブルを指定する
Sec026 データのエラー件数を数える

SECTION 028

データの最頻値とその出現回数を求める

キーワード　数える　最頻値

MODE.MULT 複数の最頻値を求める	**{=MODE.MULT(数値1[,数値2]…)}** [数値]には、数値の入ったセル範囲を指定し、配列数式で入力します。最頻値の数はわからないので、縦方向のセル範囲を多めに選択します。選択した範囲より最頻値の数が少ない場合、余ったセルには[#N/A]エラーが表示され、最頻値が1つの場合は、範囲選択したすべてのセルに同じ値が表示されます。
COUNTIF 条件に合う個数を求める	**=COUNTIF(範囲,検索条件)** [検索条件]を[範囲]で検索し、[検索条件]に一致するセルの個数を返します。
MROUND 数値を指定した倍数で四捨五入する	**=MROUND(数値,倍数)** [数値]を[倍数]で割った余りが[倍数]の半分以上の場合は[倍数]の単位で切り上げ、半分未満は[倍数]単位で切り捨てます。

目的　1年間の最高気温の最頻値を求める

過去1年間の日ごとの最高気温データをもとに、最頻値を求めます。

出典：気象庁の統計データ（https://www.data.jma.go.jp/）をもとに加工して作成

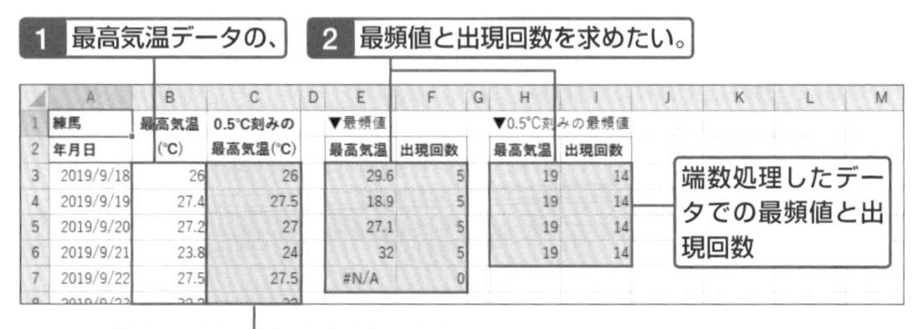

	A	B	C	D	E	F	G	H	I
1	練馬	最高気温	0.5℃刻みの		▼最頻値			▼0.5℃刻みの最頻値	
2	年月日	(℃)	最高気温(℃)		最高気温	出現回数		最高気温	出現回数
3	2019/9/18	26	26		29.6	5		19	14
4	2019/9/19	27.4	27.5		18.9	5		19	14
5	2019/9/20	27.2	27		27.1	5		19	14
6	2019/9/21	23.8	24		32	5		19	14
7	2019/9/22	27.5	27.5		#N/A	0			

方法

●許容範囲でデータをまとめると最頻値が見つけやすい

MROUND関数を利用すると、気温を0.5で割った余りが0.25以上になると0.5単位で切り上げ、0.25未満は0.5単位で切り捨てられます。すると、仮に5℃から30℃を0.1℃刻みにすると251ケースになりますが、0.5℃刻みにすると51ケースに絞られ、最頻値が見つかりやすくなります。

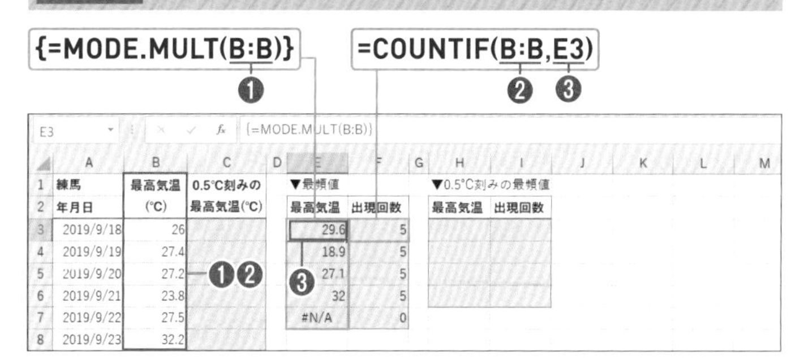

❶セル範囲[E3:E7]を範囲選択し、MODE.MULT関数を配列数式で入力します。引数に含まれる文字列は無視するため、[数値]には、B列を指定します。
❷COUNTIF関数では、条件に合わないセルはカウント対象から外れるため、[範囲]にはB列を指定します。
❸[検索条件]に最高気温の最頻値のセル[E3]を指定し、B列内で最高気温の出現回数を求めます。残りのセルも最頻値のため、出現回数は同じです。

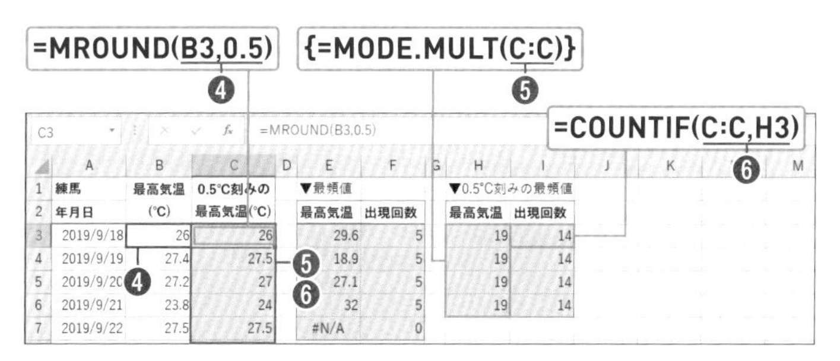

❹最高気温のセル[B2]を[数値]に指定し、0.5℃刻みで四捨五入します。
❺0.5℃刻みにまとめた最高気温のC列を対象に最頻値を求めます。
❻0.5℃刻みにまとめた最高気温のC列を[範囲]に指定し、❺で求めた気温のセル[H3]を条件に出現回数を求めます。

Memo

動的配列数式でMODE.MULT関数を入力する

MODE.MULT関数を使う際は、戻り値を表示するセル範囲を多めにとっておくのが定石です。しかし、動的配列数式なら、1つのセルに入力するだけで済むばかりか、ゴーストに過不足なく最頻値が表示されます(P.49)。

参照セクション
Sec009　動的配列数式を利用する

SECTION 029

重複しないデータ数を求める

キーワード 数える　重複データの除外

COUNTIF 条件に合う個数を求める	=COUNTIF(範囲,検索条件)
	[検索条件]を[範囲]で検索し、条件に一致するセルの個数を返します。[検索条件]には、数値、文字列、比較式、ワイルドカードを指定できます。

目的　氏名の重複を除外した実人数を求める

延べ55件の書類不備リストから、氏名の重複を除外した実人数を求めます。

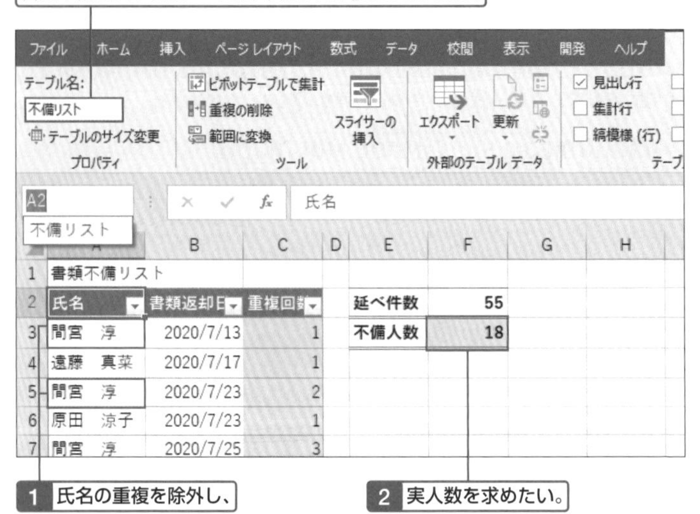

方法

●COUNTIF関数の[範囲]を1行ずつ拡張させながら重複をカウントする

[範囲]を1行ずつ拡張するには、範囲の先頭のセルを絶対参照で固定します。「間宮　淳」の出現回数は、セル範囲[$A$3:A3]を検索した時点で1回目、セル範囲[$A$3:A5]を検索した時点で2回目となります。

●実人数は重複回数が「1」の場合を数える

重複回数が「1」とは、[範囲]の中で新出の氏名であることを意味します。

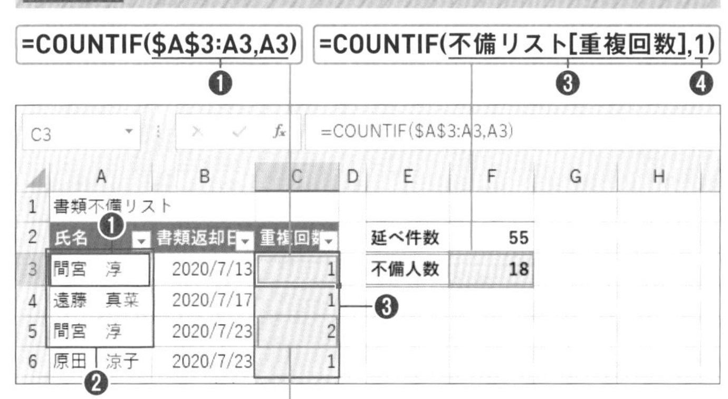

❶[範囲]にセル範囲[$A$3:A3]と入力し、[検索条件]にセル[A3]を指定します。「間宮　淳」が1回目と検索されます。
❷[範囲]は[$A$3:A5]に拡張され、[検索条件]はセル[A5]になります。ここでも「間宮　淳」が条件となり、拡張された範囲の中で2回目と検索されます。
❸[範囲]に重複回数のセル範囲[C3:C57]を指定すると、テーブルの参照形式により、「テーブル名[列見出し]」の形式で表示されます。
❹[検索条件]に「1」を指定し、実人数をカウントします。

Memo

テーブルの構造化参照をセル参照に変更する

セル範囲が[$A$3:A5]のように絶対参照と相対参照が混在する場合、テーブルの構造化参照では上手く指定できません。セル参照を手入力します。

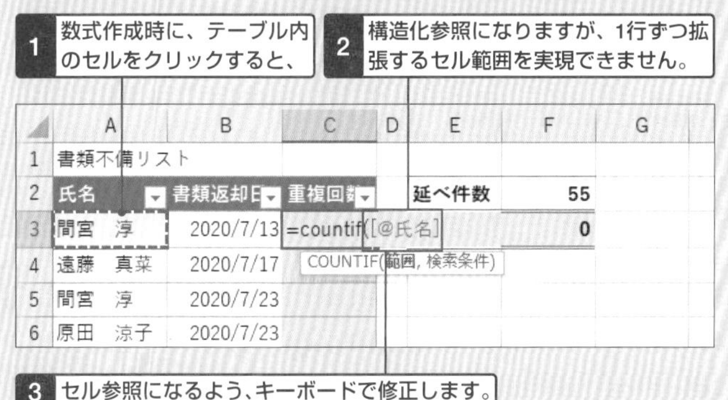

SECTION 030

1行おきに合計を求める

キーワード　合計　1行おき

SUMIF 検索条件に一致する数値の合計を求める	=SUMIF(範囲,検索条件[,合計範囲]) [検索条件]を[範囲]で検索し、検索されたセルに対応する[合計範囲]の数値を合計します。合計範囲が[範囲]と同じ場合は、[合計範囲]を省略できます。
MOD 整数の割り算の余りを求める	=MOD(数値,除数) [数値]を[除数]で割ったときの整数商の余りを返します。正の数値を2で割れば、余りは0か1になります。
ROW 行番号を返す	=ROW() ROW関数を入力している行番号が返されます。

目的　1行おきに数値を合計する

2行1組の表において、上段と下段の合計をそれぞれ求めます。

1　表の上段の合計を求めたい。下段も同様。

A2

	A	B	C	D	E	F
1	売上管理表		※上段：予算.下段：実績			
2		4月	5月	6月		作業用
3	東京	15,000	20,000	12,000		1
4		9,800	12,000	10,000		0
5	名古屋	10,000	13,500	8,500		1
6		7,500	9,800	8,000		0
7	大阪	17,000	23,000	15,000		1
8		15,000	15,000	12,000		0
9	予算合計	42,000	56,500	35,500		1
10	実績合計	32,300	36,800	30,000		0
11						
12						

方法

●表の上段と下段に1と0の目印を付ける

上段と下段に目印があれば、SUMIF関数で数値を合計する条件になります。ここでは、行番号を2で割った余りが1と0になることを利用します。

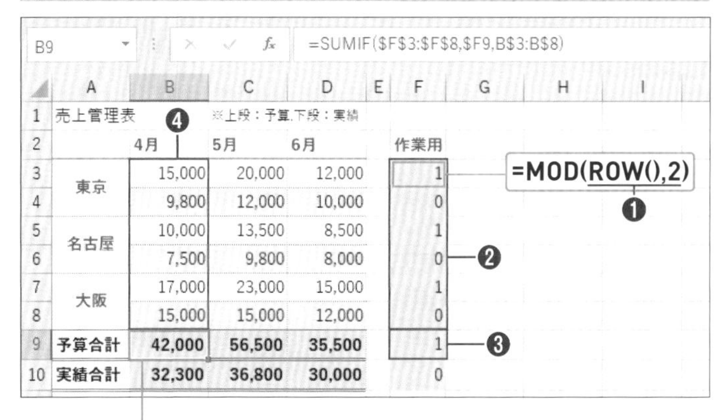

	A	B	C	D	E	F
1	売上管理表		※上段：予算,下段：実績			
2		4月	5月	6月		作業用
3	東京	15,000	20,000	12,000		1
4		9,800	12,000	10,000		0
5	名古屋	10,000	13,500	8,500		1
6		7,500	9,800	8,000		0
7	大阪	17,000	23,000	15,000		1
8		15,000	15,000	12,000		0
9	予算合計	42,000	56,500	35,500		1
10	実績合計	32,300	36,800	30,000		0

❶表と同じ行位置に作業用セルを準備し、ROW関数で行番号を求め、行番号を2で割った余りを求めます。ここでは、表の上段は1、下段は0となります。

❷❶で作成した1と0のセル範囲[F3:F8]をSUMIF関数の[範囲]に指定します。

❸[検索条件]に表の上段を表す「1」を指定しますが、関数をオートフィルでセル[D10]までコピーできるように、ここでは、セル[F9]を利用します。

❹[合計範囲]にセル範囲[B3:B8]を指定し、4月の上段行の合計を求めます。

Hint

SUMPRODUCT関数で集計する

要素同士を掛けて合計するSUMPRODUCT関数を利用すれば、1の行だけを集計できます。ここでは、下段の合計用に作業用セルを追加しています。

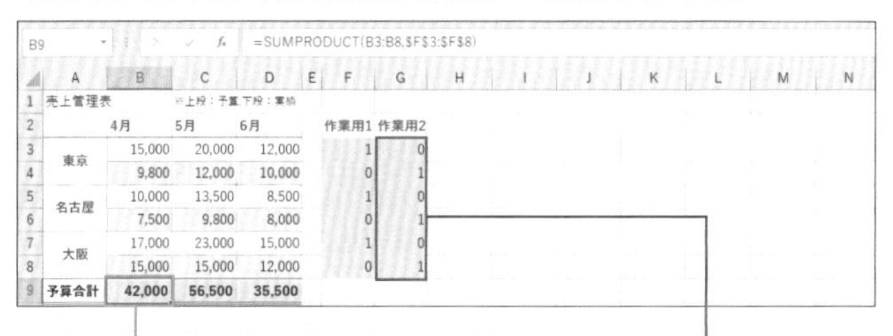

	A	B	C	D	E	F	G
1	売上管理表		※上段：予算,下段：実績				
2		4月	5月	6月		作業用1	作業用2
3	東京	15,000	20,000	12,000		1	0
4		9,800	12,000	10,000		0	1
5	名古屋	10,000	13,500	8,500		1	0
6		7,500	9,800	8,000		0	1
7	大阪	17,000	23,000	15,000		1	0
8		15,000	15,000	12,000		0	1
9	予算合計	42,000	56,500	35,500			

=SUMPRODUCT(B3:B8,$F$3:$F$8)

4月のセル範囲[B3:B8]と1と0に分類した[F3:F8]の要素同士を掛けて合計しています。

SECTION 031

指定した順位までの合計を求める

キーワード　合計　累計　順位

SUMIF 検索条件に一致する数値の合計を求める	=SUMIF(範囲,検索条件[,合計範囲]) [検索条件]を[範囲]で検索し、検索されたセルに対応する[合計範囲]の数値を合計します。合計範囲が[範囲]と同じ場合は、[合計範囲]を省略できます。
RANK.EQ (RANK) 数値の順位を求める	=RANK.EQ(数値,参照[,順序]) =RANK(数値,参照[,順序])　互換性関数 [参照]に指定した[セル範囲]における[数値]の順位を求めます。[順序]は「0」(省略可)で降順、「1」で昇順です。

目的　売上金額の高い順に順位を付け、順位順に売上を累計する

1 売上金額の高い順に順位を付け、

2 1位から順に、順位までの売上累計を求めたい。

	A	B	C	D	E	F	G	H	I
1	商品別売上集計表								
2	商品No	商品	売上金額	順位		順位	売上累計	構成比	
3	1001	エコバッグ	125,000	2		1	194,700	40.8%	
4	1002	ストラップ	24,200	5		2	319,700	66.9%	
5	1003	シュシュ	6,710	6		3	402,530	84.3%	
6	1004	チャーム	44,280	4		4	446,810	93.5%	
7	1005	ミトン	82,830	3		5	471,010	98.6%	
8	1006	帆布バッグ	194,700	1		6	477,720	100.0%	
9		合計	477,720						
10									
11									

方法

●SUMIF関数の[検索条件]に条件を直接指定する場合は、「"」で囲む

[検索条件]に2位までなどの範囲を条件とするには、「<=2」としますが、「<=」がセルに入力されていません。「"<="」にして直接指定します。

●文字列演算子「&」を使って[検索条件]を指定する

[検索条件]に「<=2」のように指定するには、「"<="」と順位の入ったセルを「&」で連結します。たとえば、「"<="&F4」は「<=2」と解釈されます。

数式解説 Sec31

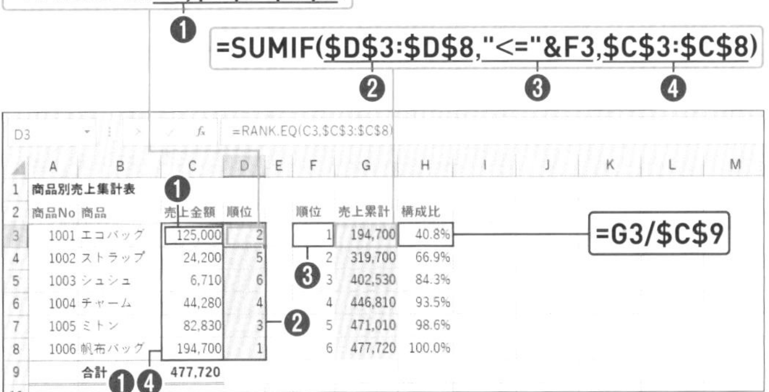

	A	B	C	D	E	F	G	H
1	商品別売上集計表							
2	商品No	商品	売上金額	順位		順位	売上累計	構成比
3	1001	エコバッグ	125,000	2		1	194,700	40.8%
4	1002	ストラップ	24,200	5		2	319,700	66.9%
5	1003	シュシュ	6,710	6		3	402,530	84.3%
6	1004	チャーム	44,280	4		4	446,810	93.5%
7	1005	ミトン	82,830	3		5	471,010	98.6%
8	1006	帆布バッグ	194,700	1		6	477,720	100.0%
9		合計	477,720					

❶売上金額のセル[C3]は、セル範囲[C3:C8]の中で何位なのかを求めます。
❷❶で求めた順位のセル範囲[D3:D8]をSUMIF関数の[範囲]に指定します。
❸[検索条件]に「"<="&F3」と指定し、関数をオートフィルでコピーしたときに、「<=1」「<=2」「<=3」など、「<=順位」となるようにします。
❹[合計範囲]にセル範囲[C3:C8]を指定します。たとえば、2位までの累計は、順位が1と2に該当する売上金額が合計されます。

Memo

売上金額を降順に並べる

同順位がない場合は、SUMIF関数の[検索条件]に1位から順位を指定すれば、売上金額を降順で並べ替えることができます。

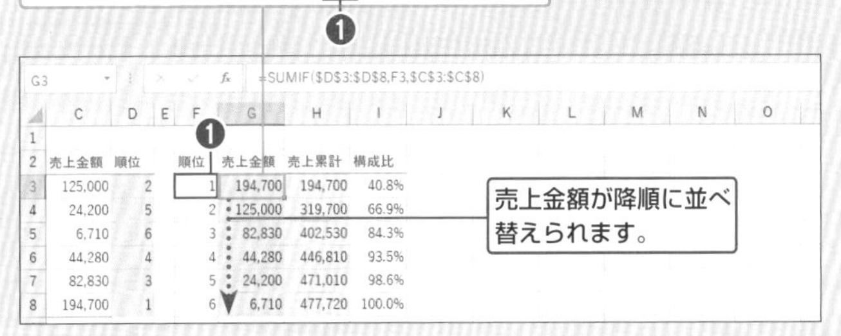

	C	D	E	F	G	H	I
1							
2	売上金額	順位		順位	売上金額	売上累計	構成比
3	125,000	2		1	194,700	194,700	40.8%
4	24,200	5		2	125,000	319,700	66.9%
5	6,710	6		3	82,830	402,530	84.3%
6	44,280	4		4	44,280	446,810	93.5%
7	82,830	3		5	24,200	471,010	98.6%
8	194,700	1		6	6,710	477,720	100.0%

❶「検索条件]にセル[F3]を指定すると、検索に一致する順位は1件です。合計対象も1件となり、順位に該当する売上金額が表示されます。

参照セクション
Sec003 3つのセル参照方式を使い分ける

SECTION 032

合計対象を切り替える

キーワード　合計　名前　範囲の切り替え

SUM 数値の合計を求める	=SUM(数値) [数値]には、数値や数値の入ったセルやセル範囲の他、セルやセル範囲の代わりに付けた名前を指定できます。
INDIRECT 文字列を名前に変換する	=INDIRECT(参照文字列) [参照文字列]にセル参照やセル範囲の代わりに付けた名前の文字列を指定し、数式で利用できるセル参照や名前に変換して、その参照を返します。

目的　名前によって合計対象を切り替える

入力した氏名に対応する売上合計を求めます。

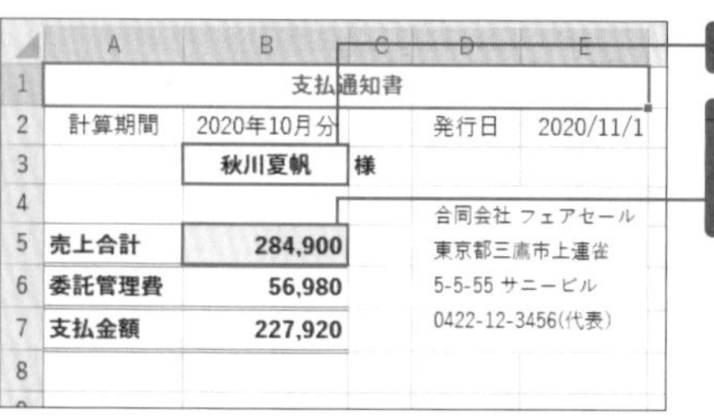

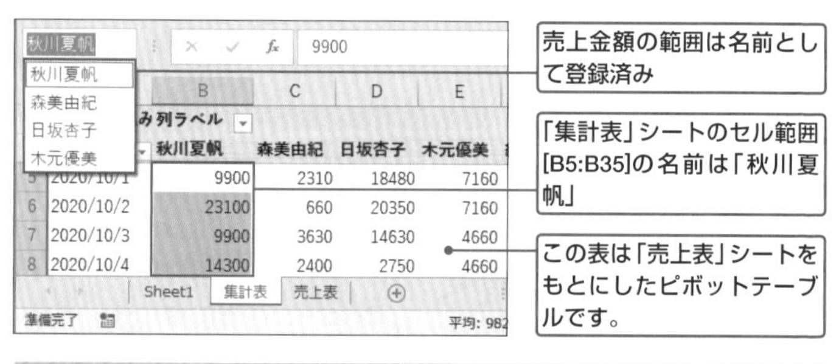

方法

●セルに入力した氏名をセル範囲に付けた名前と認識できるしくみを作る

集計表で登録する名前は、支払通知書に入力する氏名と一致させておきます。セルに入力した氏名はたんなる文字列ですが、INDIRECT関数を利用することで、セル範囲の代わりに付けた名前として認識されます。

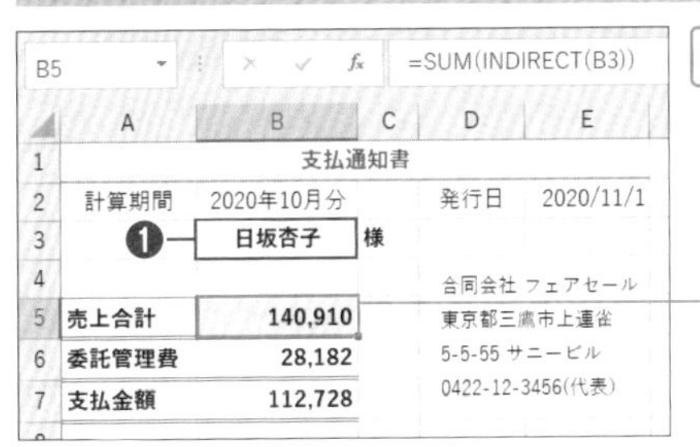

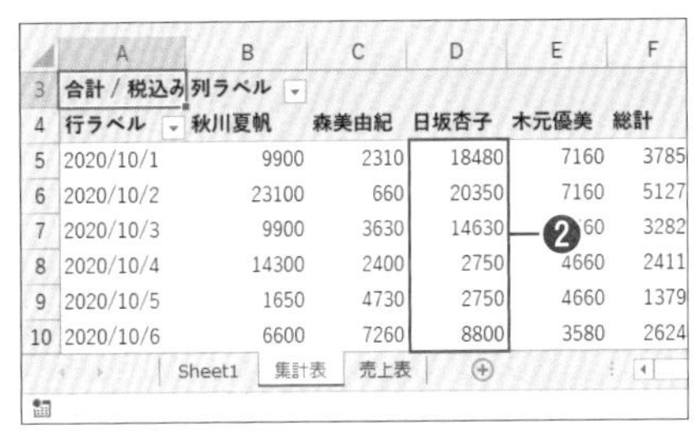

合計 / 税込み	列ラベル				
行ラベル	秋川夏帆	森美由紀	日坂杏子	木元優美	総計
2020/10/1	9900	2310	18480	7160	3785
2020/10/2	23100	660	20350	7160	5127
2020/10/3	9900	3630	14630	60	3282
2020/10/4	14300	2400	2750	4660	2411
2020/10/5	1650	4730	2750	4660	1379
2020/10/6	6600	7260	8800	3580	2624

❶セル[B3]に、名前として登録済みの氏名(「日坂杏子」)を入力します。
❷INDIRECT関数により、❶の氏名はセル範囲の代わりに付けた名前として認識され、ここでは、「集計表」シートのセル範囲[D5:D35]が合計対象となります。

Memo

ピボットテーブルは一時的な表と認識した上で使う

ピボットテーブルにも名前の設定は可能ですが、本来は分析用の一時的な表です。フィールドの入れ替えなどにより、表の構成を変えると、名前に設定したセル範囲の内容が変わるので、帳票の売上合計も意図しない値に変わります。ピボットテーブルにおける名前は、一時的な表であることを念頭に利用してください。

Memo

帳票などは関数を入れたまま放置しない

帳票類は、履歴として保存することも多いです。完成したらシートごとコピーして値に変換し、関数を入れたまま放置しないようにします。関数の再計算による意図しない更新を防ぐためです。

参照セクション
Sec005 引数に名前を指定する
Sec020 文字列をセル参照やセル範囲に変換する②
Sec111 姓と名の間に空白のある氏名を名前として利用する

SECTION 033

末尾までの合計を求める

キーワード 合計　可動式合計範囲

OFFSET 移動したセルを起点に、行数と列幅で構成されるセル範囲を参照する	=OFFSET(参照,行数,列数,高さ,幅) [行数]と[列数]に「0」を指定した場合は、[参照]に指定したセルを起点に、[高さ]と[幅]で指定した行数と列幅で構成されるセル範囲の参照を返します。
COUNTA 空白以外のセルの個数を数える	=COUNTA(値1[,値2],…) [値]に指定したセルやセル範囲に含まれる空白以外のセルの個数を数えます。
SUM 数値の合計を求める	=SUM(数値1[,数値2],…) [数値]に指定したセルやセル範囲に含まれる数値以外の値は合計対象から外されます。

目的　データ入力に合わせて合計範囲を拡張する

日々追加されるデータに応じて合計範囲を拡張し、伝票数を集計します。

1 データの追加に応じて、　2 集計値を自動更新したい。

	A	B	C	D	E	F	G	H	I
1	受付日	受付伝票数	処理伝票数			受付伝票数	処理伝票数	残件数	
2	10月1日	198	128		入力件数	4	3		
3	10月2日	システム停止	182		合計	898	538	360	
4	10月5日	420	228						
5	10月6日	280							
6	10月7日								
7	10月8日								
8	10月9日								

方法

●COUNTA関数で求める入力行数がOFFSET関数の[高さ]になる

COUNTA関数は、数値以外の値も数えるので、列見出しに沿ったデータを入力する表では、入力済みの行数となります。この入力行数は合計範囲の行数であり、データが追加されるたびに範囲が拡張されます。

●OFFSET関数でSUM関数の合計範囲を作る

OFFSET関数はセル参照を返すので、SUM関数の引数に指定できます。

数式解説 Sec33

❶COUNTA関数の[値]にB列を指定します。データの追加に応じて入力済み件数が更新されます。ただし、1行目の項目名分は差し引きます。
❷SUM関数の合計範囲の起点がセル[B2]になるよう、OFFSET関数の[参照]にセル[B2]、[行数]と[列数]には「0」を指定します。
❸❶で求めた入力件数をOFFSET関数の[高さ]に指定し、1列のデータのため、[幅]には「1」を指定します。

1 データを追加すると、 2 合計が更新されます。

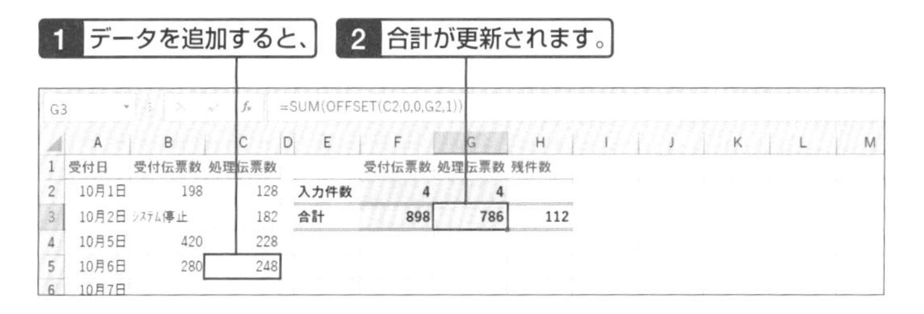

Memo

数式の検証でOFFSET関数が作るセル範囲を確認する

数式の検証方法は付録P.371を参照してください。ここでは、セル[G3]のSUM関数が参照するセル範囲、つまり、OFFSET関数が返すセル範囲を確認します。

▼ セル[C5]にデータを追加する前

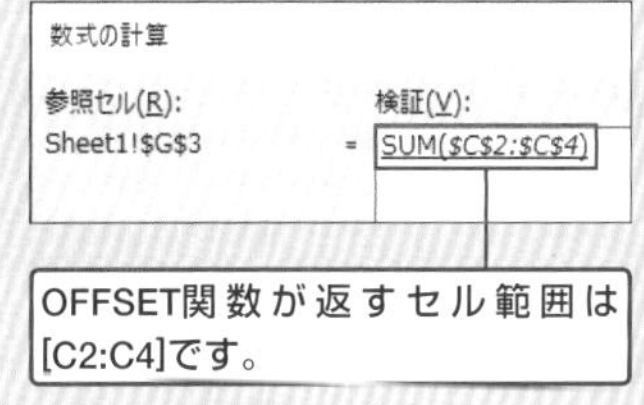

OFFSET関数が返すセル範囲は[C2:C4]です。

▼ セル[C5]にデータを追加した後

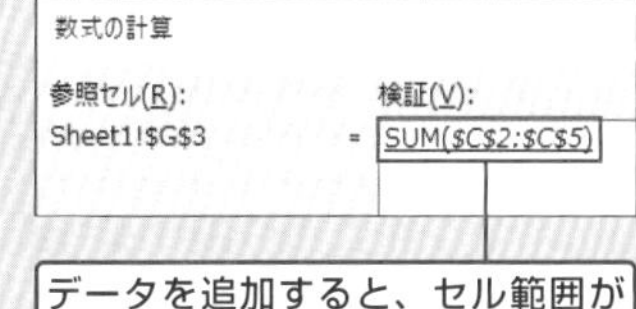

データを追加すると、セル範囲が[C2:C5]に拡張されます。

参照セクション
Sec018 セル参照を操る
付録5 数式検証

SECTION 034

指定した期間の合計を求める①

キーワード　合計　可動式合計範囲

OFFSET 移動したセルを起点に、行数と列幅で構成されるセル範囲を参照する	**=OFFSET(参照,行数,列数,高さ,幅)** [参照][行数][列数]によって移動したセル参照を起点に、[高さ]と[幅]で構成されるセル範囲の参照を返します。
MATCH 検査値が検索範囲の何番目にあるか検索する	**=MATCH(検査値,検査範囲,0)** [検査値]を[検査範囲]で検索し、完全一致する位置を返します。第3引数の[照合の種類]はP.68参照。
SUM 数値の合計を求める	**=SUM(数値)** [数値]にはセルやセル範囲の他、名前やセル参照を返す関数も指定可能です。

目的　合計範囲を自在に可動させる

指定した集計期間に応じた受付合計を求めます。

方法

●テーブル名の範囲

表をテーブルにすると、セル範囲の代わりに利用できるテーブル名が設定されます。テーブル名の範囲は、列見出し以外のデータの開始セルからデータの末尾セルまでです。

●MATCH関数で合計範囲の開始位置と終了位置を求める

MATCH関数の[検査範囲]にテーブルの列データを指定する場合は、列見出しを除くデータ開始セルが1行目となります。

数式解説 Sec34

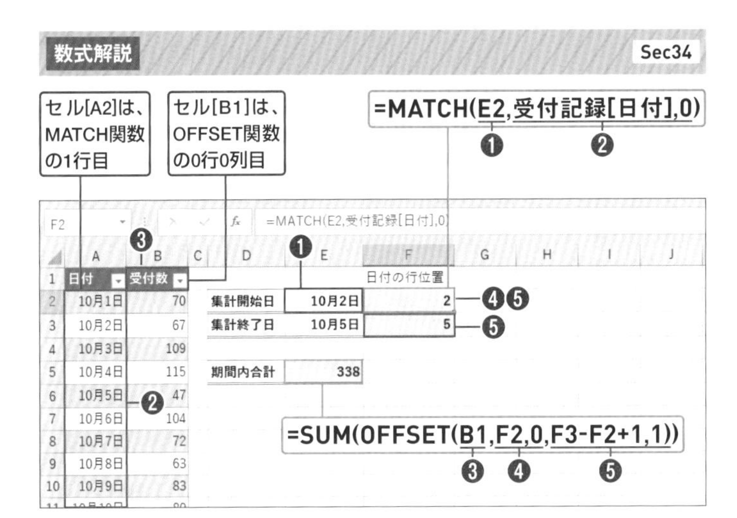

❶[検査値]に集計開始日のセル[E2]を指定します。
❷[検査範囲]は、「受付記録」テーブルの「日付」列を指定します。セル[A2]はMATCH関数の1行目です。[照合の種類]は完全一致検索の「0」を指定します。
❸[参照]に指定したセル[B1]は、OFFSET関数の0行0列目です。セル[B1]にすることで、MATCH関数との基準のずれは調整済みとなります。
❹[行数]にセル[F2]、列は移動しないので[列数]には「0」を指定します。
❺MATCH関数で求めた2つの日付の行位置から、日付間の行数を求め、[高さ]に指定しますが、初日を参入するので、1を足して調整します。集計対象は1列のため、[幅]には「1」を指定します。

Memo

テーブルの構造化参照をセル参照に変更する

テーブル内のセルをクリックすると、構造化参照で表示されますが、わかりやすい場合とわかりにくい場合があります。適宜、セル参照形式に手動で変更します。

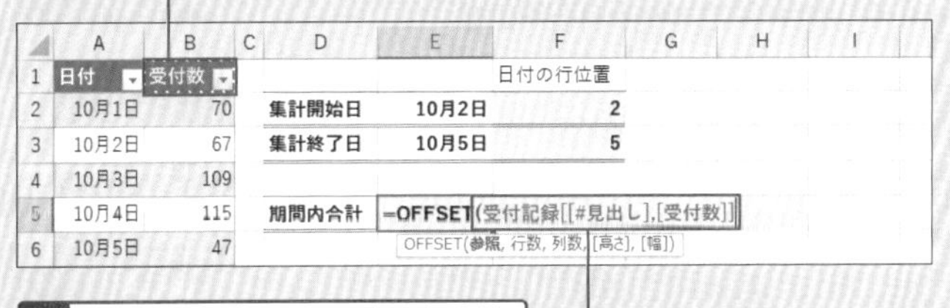

第3章 データを集計する技

SECTION 035

指定した期間の合計を求める②

キーワード　合計　可動式合計範囲　　　　対応バージョン：365

XLOOKUP 検索値をもとにデータを検索する	**=XLOOKUP(検索値,検索範囲,戻り範囲)** 365 [検索値]を[検索範囲]で検索し、検索に該当する[戻り範囲]のデータを返します。その他の引数は省略します（Sec023 P.82）。
SUM 数値の合計を求める	**=SUM(数値)** [数値]にはセルやセル範囲の他、名前やセル参照を返す関数も指定可能です。

目的　合計範囲を自在に可動させる

指定した集計期間に応じた受付合計を求めます。Sec034と同じ作例ですが、本節は、XLOOKUP関数で合計範囲を作成します。

=XLOOKUP(E2,受付記録[日付], 受付記録[受付数])
集計開始日の「10月2日」を受付記録テーブルの日付の列で検索し、該当する受付数「67」を表示しています。

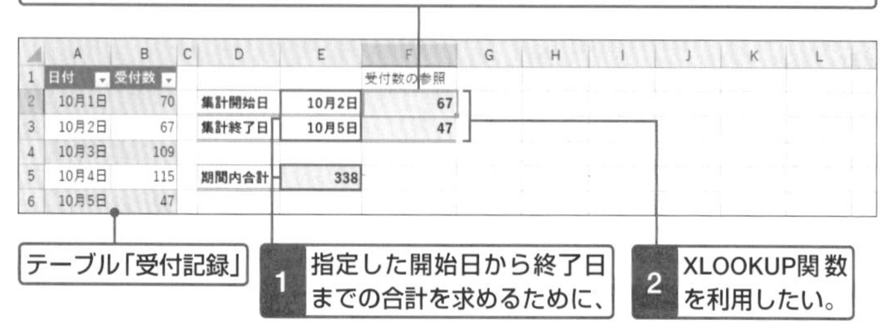

方法

●XLOOKUP関数はセル参照を返す

セル[F2]の「67」は、セル[B3]を参照しています。XLOOKUP関数がセル参照を返すということは、SUM関数の引数に指定できるということです。

1 SUM関数の引数にXLOOKUP関数を指定して関数を確定すると、

セル[F3]も同様です。XLOOKUP関数がセル[B6]を参照しています。

	E	F
1		受付数の参照
2	10月2日	=SUM(XLOOKUP(E2,受付記録[日付],受付記録[受付数]))
3	10月5日	47

第3章　データを集計する技

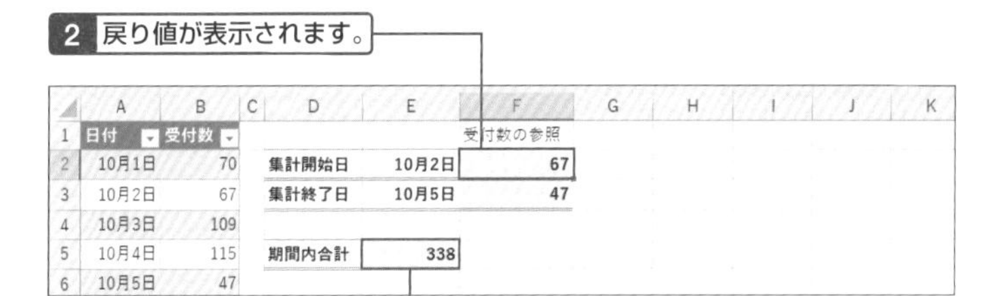

●XLOOKUP関数でセル範囲を作る

セル範囲は、「:」(コロン)を挟み、「開始セル:終了セル」で構成されます。セル[E5]の期間内合計は、「=SUM(B3:B6)」です。したがって、XLOOKUP関数を使ったSUM関数のセル範囲は次のようになります。

=SUM(B3:B6)
=SUM(セル[F2]のXLOOKUP関数:セル[F3]のXLOOKUP関数)

数式解説 Sec35

=SUM(XLOOKUP(E2,受付記録[日付], 受付記録[受付数]):XLOOKUP(E3, 受付記録[日付], 受付記録[受付数]))

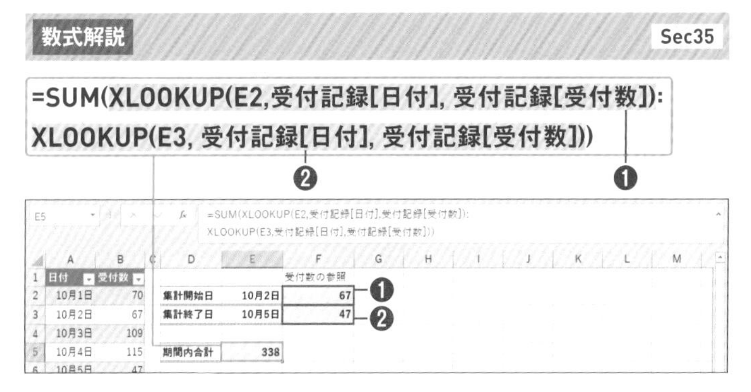

❶「=SUM(B3:B6)」のセル[B3]の参照を返すXLOOKUP関数を指定します。
❷セル[B6]の参照を返すXLOOKUP関数を指定します。
❶と❷は、セル[F2]と[F3]の関数をSUM関数の引数にコピー&ペーストすると効率よく数式を作成できます。

Memo

数式検証でセル参照を確認する

セル[F2]のSUM関数にXLOOKUP関数を組み合わせた式を検証すると(検証方法はP.371)、XLOOKUP関数が、セル[B3]を参照していることがわかります。

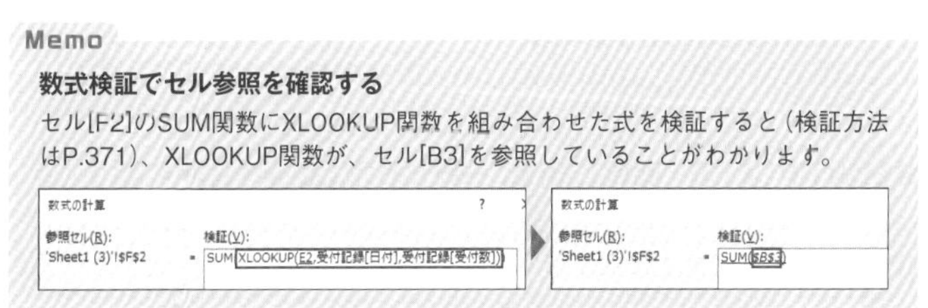

SECTION 036

日付ごとに集計する

キーワード 合計　日次集計

INT 数値の小数点以下を切り捨て整数にする	=INT(数値) 指定した[数値]の小数点以下を切り捨て、元の数値を超えない整数にします。数値以外を指定すると「#VALUE!」エラーになります。
SUMPRODUCT 配列の要素同士を掛けて合計する	=SUMPRODUCT(配列1,配列2,…) 条件判定する式を[配列]に指定することにより、条件に合う要素は1、条件に合わない要素は0に変換します。条件判定によって、1と0に変換された[配列]と他の[配列]の要素同士を掛けて合計します。

目的　売上を日次集計する

売上日と時刻が記録されている売上表をもとに、売上を日次集計します。

1 売上日時を、　2 売上日に集約し、　3 売上を日次集計したい。

	A	B	C	D	E	F	G
1	売上日時	売上金額	売上日		日付	売上金額	
2	2020/10/1 9:18:43	6,600	2020/10/1		2020/10/1	37,850	
3	2020/10/1 10:09:07	3,300	2020/10/1		2020/10/2	51,270	
4	2020/10/1 10:39:22	2,500	2020/10/1		2020/10/3	32,820	
5	2020/10/1 10:46:34	8,800	2020/10/1		2020/10/4	24,110	
6	2020/10/1 11:44:10	1,080	2020/10/1		2020/10/5	13,790	

方法

●日付は整数、時刻は0～1未満の小数で管理されている

Excelでは、1900年1月1日を1とする通し番号（整数）で日付を管理し、時刻は午前0時を0、正午を0.5など、0～1未満の小数で管理しています。

●INT関数で時刻を切り捨てる

売上日時をINT関数の[数値]に指定し、小数部の時刻を切り捨て、整数部の日付に整形します。

●SUMPRODUCT関数で日付に一致する売上金額を合計する

C列に求めた配列「売上日」の各要素が、セル[E2]以降の各日付と一致するかどうかを判定し、売上日を1と0の配列に変換します。日付ごとに1と0に変換された配列と売上金額の各要素を掛けて合計し、日次集計します。

数式解説 **Sec36**

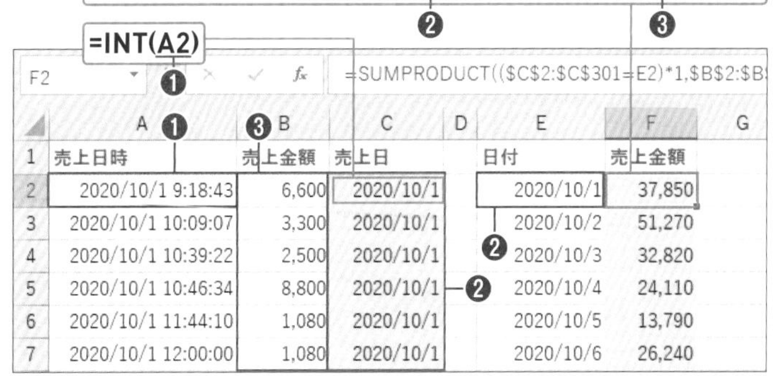
=SUMPRODUCT(($C$2:$C$301=E2)*1,$B$2:$B$301)
=INT(A2)
F2 =SUMPRODUCT(($C$2:$C$301=E2)*1,$B$2:B

	A	B	C	D	E	F	G
1	売上日時	売上金額	売上日		日付	売上金額	
2	2020/10/1 9:18:43	6,600	2020/10/1		2020/10/1	37,850	
3	2020/10/1 10:09:07	3,300	2020/10/1		2020/10/2	51,270	
4	2020/10/1 10:39:22	2,500	2020/10/1		2020/10/3	32,820	
5	2020/10/1 10:46:34	8,800	2020/10/1		2020/10/4	24,110	
6	2020/10/1 11:44:10	1,080	2020/10/1		2020/10/5	13,790	
7	2020/10/1 12:00:00	1,080	2020/10/1		2020/10/6	26,240	

❶売上日時のセル[A2]を[数値]に指定し、時刻を切り捨てて日付にします。
❷売上日の配列[C2:C301]の各要素がセル[E2]の日付に一致するかどうかを判定し、判定結果に1を掛けて数値化し、1と0の配列に変換します。
❸売上金額の配列[B2:B301]を[配列2]に指定し、❷の配列と対応する要素同士を掛けて合計することにより、指定した日付の売上が日次集計されます。

StepUp

INT関数をSUMPRODUCT関数に組み合わせる

SUMPRODUCT関数の[配列1]に指定した[C2:C301]はINT関数の戻り値のため、SUMPRODUCT関数の[配列1]にINT関数を直接指定することができます。

C列の「売上日」は削除しています。

E2 =SUMPRODUCT((INT($A$2:$A$301)=D2)*1,$B$2:$B$301)

	A	B	C	D	E	F	G	H
1	売上日時	売上金額		日付	売上金額			
2	2020/10/1 9:18:43	6,600		2020/10/1	37,850			
3	2020/10/1 10:09:07	3,300		2020/10/2	51,270			
4	2020/10/1 10:39:22	2,500		2020/10/3	32,820			
5	2020/10/1 10:46:34	8,800		2020/10/4	24,110			
6	2020/10/1 11:44:10	1,080		2020/10/5	13,790			
7	2020/10/1 12:00:00	1,080		2020/10/6	26,240			

=SUMPRODUCT((INT($A$2:$A$301)=E2)*1,$B$2:$B$301)
配列[C2:C301]の代わりに、INT関数を直接指定しています。

参照セクション
Sec015 配列内で条件に一致するデータの合計を求める

SECTION 037

1週間単位で集計する

キーワード 合計　週次集計

WEEKNUM 日付の週数を求める	**=WEEKNUM(日付[,週の基準])** [日付]が第何週目かを1～53の整数で求めます。[週の基準]に関わらず、翌年1月1日で週数は1にリセットされます。 ▼ 週の基準：日曜日の1は省略可
MOD 整数の割り算の余りを求める	**=MOD(数値,除数)** Sec021 P.78参照。[除数]を固定し、[数値]を[除数]から1ずつ増やすと、余りは0、1、2と1ずつ増加します。
INT 数値の小数点以下を切り捨てる	**=INT(数値)** [数値]に正の数値の割り算を指定すると、商の小数部が切り捨てられ、整数商が求められます。
SUMIF 条件に合う数値の合計を求める	**=SUMIF(範囲,検索条件,合計範囲)** [検索条件]を[範囲]で検索し、検索されたセルに対応する[合計範囲]の数値を合計します。

日	月	火	水	木	金	土
1か17	2か11	12	13	14	15	16

目的　売上を週次集計する

週の始まりを水曜日とし、1週間単位で売上金額を合計します。

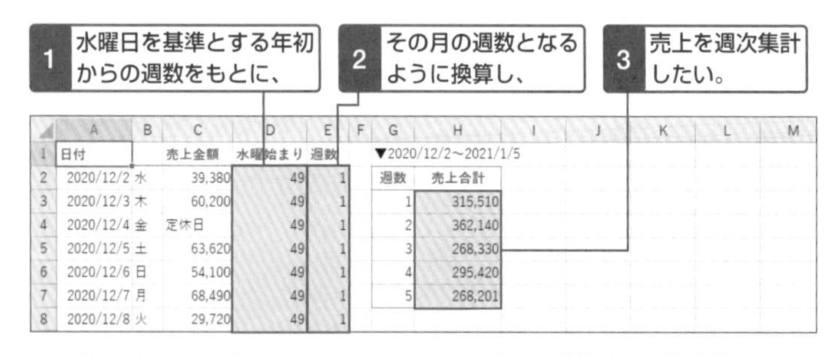

	A	B	C	D	E
1	日付		売上金額	水曜始まり	週数
2	2020/12/2	水	39,380	49	1
3	2020/12/3	木	60,200	49	1
4	2020/12/4	金	定休日	49	1
5	2020/12/5	土	63,620	49	1
6	2020/12/6	日	54,100	49	1
7	2020/12/7	月	68,490	49	1
8	2020/12/8	火	29,720	49	1

▼2020/12/2～2021/1/5

週数	売上合計
1	315,510
2	362,140
3	268,330
4	295,420
5	268,201

方法

●各日付の週数を各月初日の年初からの週数で割る

各日付の週数をその月の初日の週数で割ると、その月の1週目に換算されます。ここでは、各日付の週数を49（セル[D2]）で割りますが、割り算をINT関数に指定し、49で割り切れない際の小数部は破棄します。

●第2週以降は、MOD関数で余りを足す

ここでは、2020/12/9以降、1週間ごとに週数が50、51、52となりますが、49で割っただけでは1のままです。そこで、50を49で割った余り1や51を49で割った余り2を足して2週目、3週目となるようにします。

●最終週が年をまたぐ場合は年初の週数に52を足す

WEEKNUM関数では、翌年1月1日で週数が1にリセットされますが、翌年の数日間を前年の週に含めたい場合は、52を足します。

数式解説 Sec37

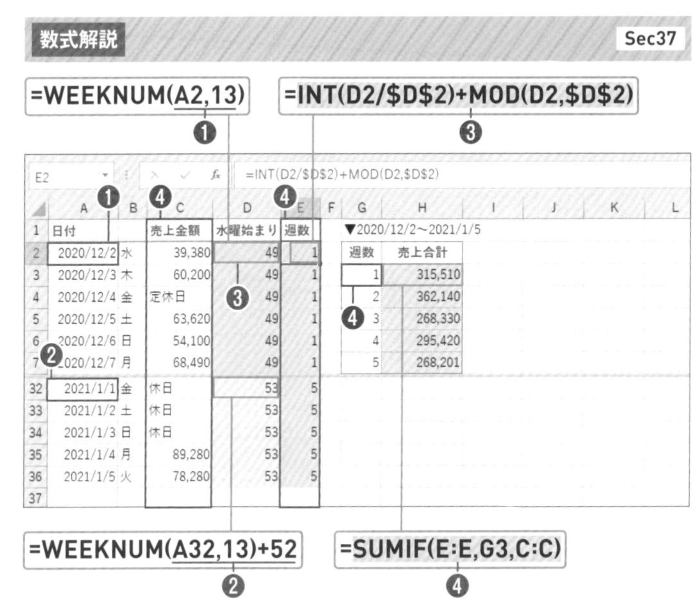

	A	B	C	D	E
1	日付		売上金額	水曜始まり	週数
2	2020/12/2	水	39,380	49	1
3	2020/12/3	木	60,200	49	1
4	2020/12/4	金	定休日	49	1
5	2020/12/5	土	63,620	49	1
6	2020/12/6	日	54,100	49	1
7	2020/12/7	月	68,490	49	1
32	2021/1/1	金	休日	53	5
33	2021/1/2	土	休日	53	5
34	2021/1/3	日	休日	53	5
35	2021/1/4	月	89,280	53	5
36	2021/1/5	火	78,280	53	5
37					

週数	売上合計
1	315,510
2	362,140
3	268,330
4	295,420
5	268,201

❶WEEKNUM関数の[日付]にセル[A2]、[週の基準]には、水曜日始まりに対応する「13」を指定し、指定した日付が年初から第何週目かを求めます。
❷翌年の日付を前年の週に含めるため、52を足します。年1回のため、日付の判定処理は行いません。
❸❶で求めた各週数をセル[D2]で割った整数商は1、余りは週ごとに0、1、2…となり、1週目から5週目まで求めます。
❹SUMIF関数の[範囲]にE列、[検索条件]にセル[G3]、[合計範囲]にC列を指定し、各週数に一致する売上金額を合計します。

Memo

1月の週数

1月の週数は、INT関数の戻り値が週ごとに1, 2, 3となりますが、MOD関数の戻り値は0になるので、式の変更はありません。

SECTION 038

曜日ごとに集計する

キーワード 合計 曜日集計

TEXT 値を、指定した表示形式の文字列に変換する	**=TEXT(値,表示形式)** [値]を、指定した[表示形式]の文字列に変換します。日付を曜日で表示するには、[表示形式]に「" aaa"」と指定します（その他の表示形式は付録 P.366）。
SUMPRODUCT 配列の要素同士を掛けて合計する	**=SUMPRODUCT(配列1,配列2,…)** 条件判定する式を[配列]に指定することにより、条件に合う要素は1、条件に合わない要素は0に変換します。条件判定によって、1と0に変換された[配列]と他の[配列]の要素同士を掛けて合計します。

目的 売上金額を曜日別に集計する

1 日付から曜日を求め、

2 売上金額を曜日別に集計したい。

	A	B	C	D	E	F	G	H
1	日付	売上金額	曜日		▼10月曜日別売上			
2	10月1日	37,850	木		曜日	売上合計		
3	10月2日	51,270	金		月	79,170		
4	10月3日	32,820	土		火	93,340		
5	10月4日	24,110	日		水	67,040		
6	10月5日	13,790	月		木	114,450		
7	10月6日	26,240	火		金	146,930		
8	10月7日	21,790	水		土	114,560		
9	10月8日	19,550	木		日	86,630		

方法

●TEXT関数で日付から曜日情報を取り出す

日付データには曜日情報が含まれます。ここではTEXT関数で曜日情報を文字列で取り出します。

●SUMPRODUCT関数で曜日に一致する売上金額を合計する

日付に対応する曜日の各要素が、セル[E3]以降の各曜日と一致するかどうかを判定し、曜日を1と0の配列に変換します。曜日ごとに1と0に変換された配列と売上金額の各要素を掛けて合計し、曜日別合計を求めます。

数式解説 Sec38

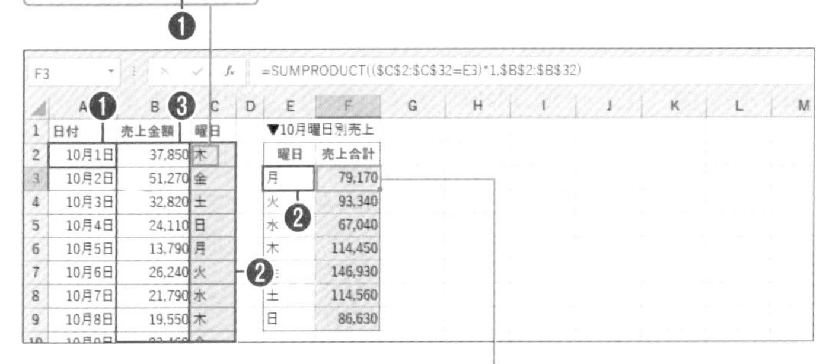

F3
=SUMPRODUCT(($C$2:$C$32=E3)*1,$B$2:$B$32)
日付
売上金額
曜日
▼10月曜日別売上
曜日
売上合計
10月1日 37,850 木
10月2日 51,270 金
10月3日 32,820 土
10月4日 24,110 日
10月5日 13,790 月
10月6日 26,240 火
10月7日 21,790 水
10月8日 19,550 木
月 79,170
火 93,340
水 67,040
木 114,450
146,930
土 114,560
日 86,630

=SUMPRODUCT(($C$2:$C$32=E3)*1,$B$2:$B$32)

❷ ❸

❶日付のセル[A2]から曜日を求めます。曜日の表示形式は「"aaa"」です。
❷曜日の配列[C2:C32]の各要素がセル[E3]の曜日に一致するかどうかを判定し、判定結果に1を掛けて数値化し、1と0の配列に変換します。
❸売上金額の配列[B2:B32]を[配列2]に指定し、❷の配列と対応する要素同士を掛けて合計することにより、指定した曜日の売上が集計されます。

StepUp

TEXT関数をSUMPRODUCT関数に組み合わせる

SUMPRODUCT関数の[配列1]に指定した[C2:C32]はTEXT関数の戻り値です。よって、TEXT関数を[配列1]に直接組み合わせることが可能です。

C列の「曜日」は削除しています。

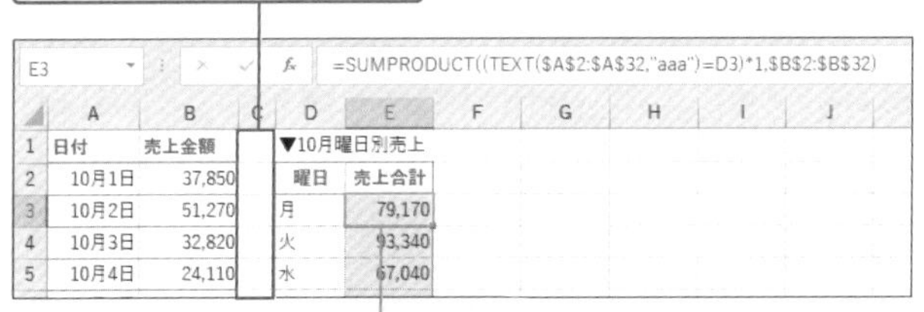

=SUMPRODUCT((TEXT($A$2:$A$32,"aaa")=D3)*1,$B$2:$B$32)
配列[C2:C32]の代わりに、TEXT関数を直接指定しています。

参照セクション
Sec015　配列内で条件に一致するデータの合計を求める
Sec036　日付ごとに集計する

SECTION 039

一覧表から縦横の集計表を作成する

キーワード　合計　クロス集計表

SUMPRODUCT 配列の要素同士を掛けて合計する	=SUMPRODUCT(配列1,配列2,配列3,…) 条件判定する式を[配列]に指定することにより、条件に合う要素は1、条件に合わない要素は0に変換します。すべての配列を条件判定した場合、対応する要素同士がすべて1の場合の個数を求めることができます。
MONTH 日付の月を整数で取り出す	=MONTH(シリアル値) [シリアル値]に指定した日付の月数を1 ～ 12の整数で返します。

目的　指定した月の所属別不備理由別集計表を作成する

不備リストをもとに、9月の所属ごとの書類不備を理由別に集計します。

方法

●3つの条件をすべて満たす件数が集計される

3つの条件とは、「月数」「所属」「不備理由」です。たとえば、セル[H3]には、不備リストをもとに、月数が9月、かつ、所属が広報部、かつ、不備理由が承認漏れに一致する件数が集計されます。

●複合参照を利用する

集計表の項目名は集計の条件に利用します。セル[H3]の数式をオートフィルでコピーできるように、縦項目名は列を固定、横項目名は行を固定します。

=MONTH(D3) ❶

名前「月数」を利用せずに、SUMPRODUCT関数の[配列1]に直接MONTH関数を組み合わせます。

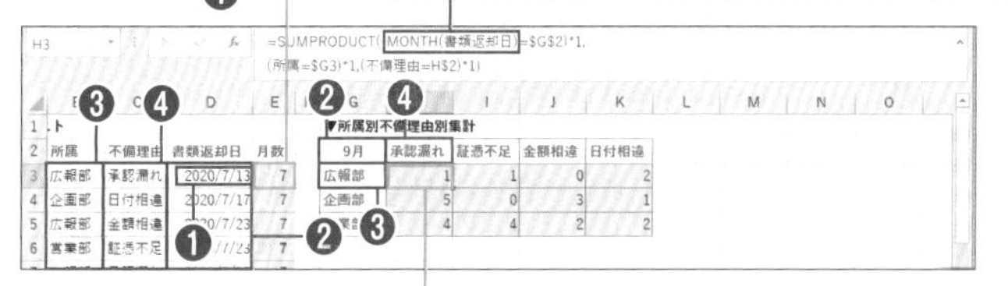

=SUMPRODUCT((MONTH(書類返却日)=$G$2)*1,(所属=$G3)*1,(不備理由=H$2)*1) ❸ ❹ ❷

❶書類返却日のセル[D3]から日付の月数を求めます。
❷名前「書類返却日」の各要素の月数がセル[G2]の月数に一致するかどうかを判定し、判定結果に1を掛けて数値化し、1と0の配列に変換します。
❸名前「所属」の各要素をセル[G3]の所属で判定します。
❹名前「不備理由」の各要素をセル[H2]の不備理由で判定します。
❷❸❹より、1と0に変換された配列の対応する要素同士を掛けて合計します。3つの条件に一致する件数が求められます。

Memo

作業用セルを使う

SUMPRODUCT関数の[配列1]にMONTH関数を組み合わせるのが難しいと感じる場合は、「(月数=$G$2)*1」と指定し、動作を確認してください。

Memo

COUNTIFS関数を使う

COUNTIFS関数では、[範囲]に数式は指定できません。

COUNTIFS	=COUNTIFS(範囲1,検索条件1,範囲2,検索条件2,…)
すべての条件に合う個数を求める	COUNTIF関数(P.96)と使い方は同様ですが、範囲と検索条件はペアで指定します。

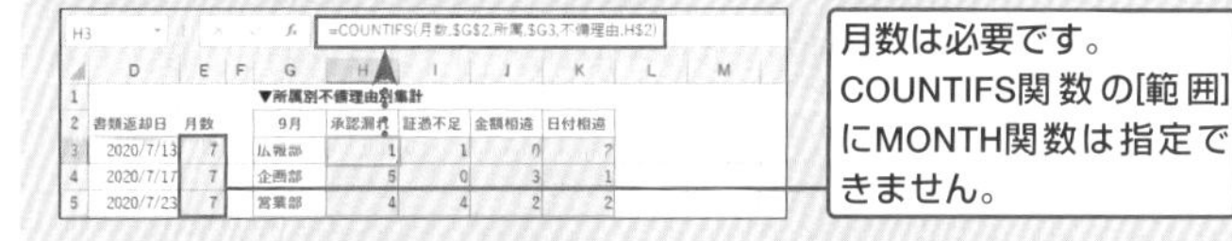

月数は必要です。COUNTIFS関数の[範囲]にMONTH関数は指定できません。

参照セクション
Sec003 3つのセル参照方式を使い分ける Sec005 引数に名前を指定する

SECTION 040

アンケートを集計する

キーワード　合計　アンケート集計

COUNTIF 条件に合う個数を求める	=COUNTIF(範囲,検索条件) [検索条件]を[範囲]で検索し、条件に一致するセルの個数を返します。[検索条件]には、数値、文字列、比較式、ワイルドカードが指定できます。
TEXT 値を、指定した表示形式の文字列に変換する	=TEXT(値,表示形式) [値]を、指定した[表示形式]の文字列に変換します。[値]をそのまま文字列に変換するときは、[表示形式]に「"@"」を指定します（その他の表示形式は付録 P.366）。

目的　数字で複数回答しているアンケートを集計する

同じセルに複数回答しているアンケートを回答番号ごとに集計します。

1 同じセルに複数回答しているアンケート結果を、

2 回答者と番号に分類して集計したい。

	A	B	C	D	E	F	G	H	I	J	K
1	▼順不同複数回答				▼アンケート集計						
2	回答者	回答	文字列		回答者	1	2	3	4		
3	A01	3,2	3,2		A01	0	1	1	0		
4	A02	4,1,2	4,1,2		A02	1	1	0	1		
5	A03	2	2		A03	0	1	0	0		
6	A04	2,2	2,2		A04	0	1	0	0		
7	A05	3,1,4,8	3,1,4,8		A05	1	0	1	1		
8					集計	2	4	2	2		
9											

回答を文字列に変換するための作業用セル

方法

●0文字以上の任意の文字列を表すワイルドカード「*」を利用して検索する

同じセルに複数の番号が入力されている場合は、たとえば「*1*」のように、セル内のどこかに1が含まれていることを検索条件にします。

●数値と見なされた回答はTEXT関数を使って文字列に変換する

セル[B5]は、回答が1つのため、数値と見なされています。検索条件は、ワイルドカードを利用した文字列のため、回答も文字列にする必要があります。

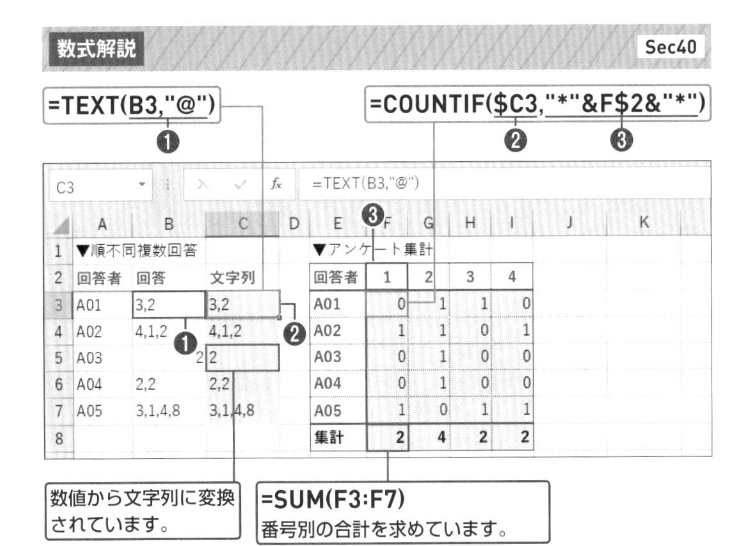

	A	B	C	D	E	F	G	H	I
1	▼順不同複数回答				▼アンケート集計				
2	回答者	回答	文字列		回答者	1	2	3	4
3	A01	3,2	3,2		A01	0	1	1	0
4	A02	4,1,2	4,1,2		A02	1	1	0	1
5	A03	2	2		A03	0	1	0	0
6	A04	2,2	2,2		A04	0	1	0	0
7	A05	3,1,4,8	3,1,4,8		A05	1	0	1	1
8					集計	2	4	2	2

❶TEXT関数の[値]に回答のセル[B3]、[表示形式]に「"@"」を指定し、セルの値を文字列に変換します。[値]が文字列の場合はそのまま返されます。
❷COUNTIF関数の[範囲]に文字列に変換したセル[C3]を指定します。
❸[検索条件]に「*1*」と解釈されるように「"*"&F2&"*"」と指定します。

StepUp

配列数式を利用してまとめて集計する

上の例ではセル範囲[F8:I8]にSUM関数で回答番号別の合計を求めていますが、COUNTIF関数を配列数式で入力しても同様の集計ができます。
Microsoft 365であれば、セル[F3]に同様の式を入力して Enter キーを押すだけで、スピルによりセル[I3]まで集計結果が表示されます。

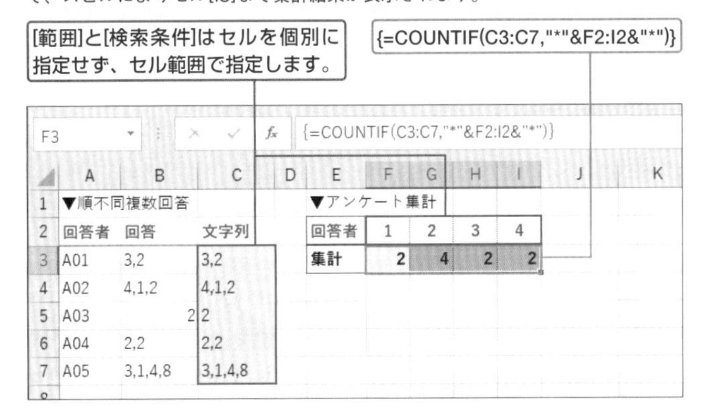

	A	B	C	D	E	F	G	H	I
1	▼順不同複数回答				▼アンケート集計				
2	回答者	回答	文字列		回答者	1	2	3	4
3	A01	3,2	3,2		集計	2	4	2	2
4	A02	4,1,2	4,1,2						
5	A03	2	2						
6	A04	2,2	2,2						
7	A05	3,1,4,8	3,1,4,8						

移動平均を求める

キーワード 平均　後方移動平均

OFFSET 移動したセルを起点に、行数と列幅で構成されるセル範囲を参照する	**=OFFSET(参照,行数,列数,高さ,幅)** [行数]と[列数]に「0」を指定した場合は、[参照]に指定したセルを起点に、[高さ]と[幅]に指定した行数と列幅で構成されるセル範囲の参照を返します。
AVERAGE 数値の平均を求める	**=AVERAGE(数値)** [数値]にはセル、セル範囲、名前、数式などが指定できますが、数値と認識できる値が平均対象です。
IF 条件の判定に応じて処理を2つに分ける	**=IF(論理式,値が真の場合,値が偽の場合)** [論理式]に指定した条件が成立する場合は[値が真の場合]、条件が成立しない場合は[値が偽の場合]を実行します。

目的　株価の移動平均を求める

株価について、指定した日数の後方移動平均を求めます。

1 指定した日数の、

2 後方移動平均を求めたい。

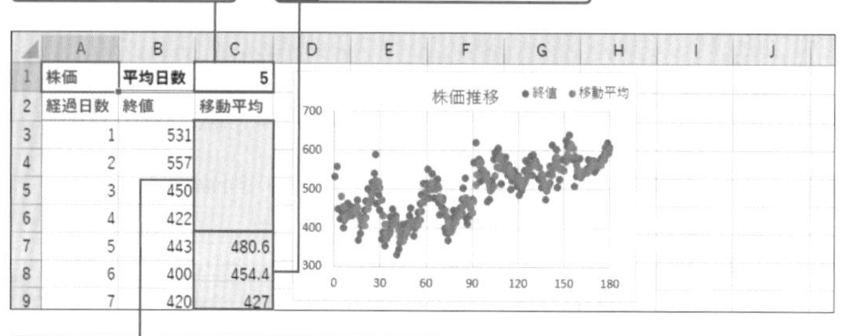

移動平均日数が不足しているセルには何も表示しないようにします。

方法

●後方移動平均は当該日以前のデータを使う

後方移動平均の後方とは過去データを指します。たとえば、5日移動平均であれば、当該日を含めた過去5日分のデータで平均を求めます。

●OFFSET関数の[高さ]に負の値を指定して起点から上を範囲にする

移動平均を取る日数をセル範囲の[高さ]として指定しますが、後方移動平均のため、マイナスを付けて起点から上の行がセル範囲になるようにします。

● OFFSET関数で作成したセル範囲をAVERAGE関数の[数値]に指定する

OFFSET関数はセル範囲を返すのでAVERAGE関数の引数に指定できます。

数式解説 Sec41

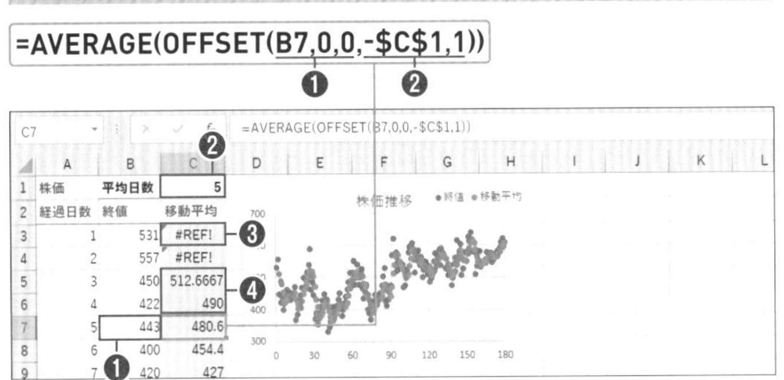

❶OFFSET関数の[参照]にセル[B7]、[行数]と[列数]には「0」を指定します。つまり、AVERAGE関数の平均範囲の起点はセル[B7]です。
❷[高さ]にはセル[C1]をマイナスで指定し、[幅]には「1」を指定します。❶のセルを起点に上方向のセル範囲[B3:B7]が返されます。
❸セル[B3]を起点に上方向に5行とると、ワークシートの範囲外になるため[#REF!]エラーが発生します。
❹セル[C1]に指定した日数を下回るセルでは、文字列を含むセル範囲[B1:B5]や[B2:B6]を参照するため、正しい移動平均は得られません。

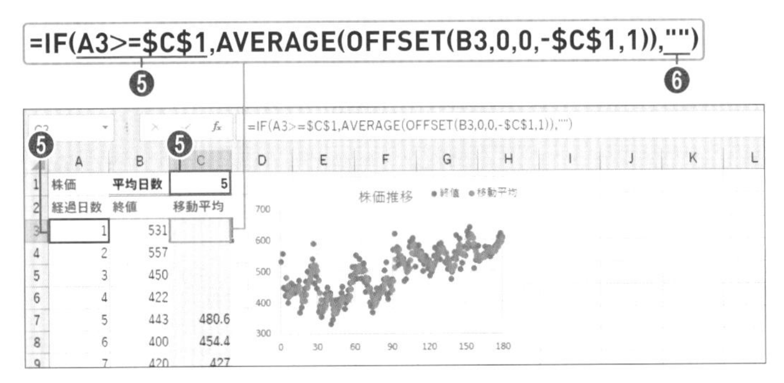

❺エラーと不正な値の表示を回避するためIF関数を組み合わせます。[論理式]に「A3>=$C$1」と指定し、経過日数が平均日数以上かどうか判定します。
❻経過日数が指定した平均日数に達しない場合は、セルに何も表示しません。

参照セクション
Sec033　末尾までの合計を求める

最大値と最小値を除く平均を求める

キーワード　平均

DSUM 一覧表形式の表に複数の条件を付けて合計する	**=DSUM(データベース,フィールド,条件)** 一覧表形式の[データベース]から条件に合う行を絞り、指定した列の合計を求めます。[フィールド]には、合計を求める列の列見出しを指定します。[条件]は、ワークシート上に条件表を作成し、条件表のセル範囲を指定します。
MAX 数値の最大値を求める	**=MAX(数値)** [数値]に指定したセル範囲内で数値の最大値を求めます。[数値]に含まれる文字列や空白は無視されます。
MIN 数値の最小値を求める	**=MIN(数値)** [数値]に指定したセル範囲内で数値の最小値を求めます。[数値]に含まれる文字列や空白は無視されます。

目的　売上の最大値と最小値を除く1日あたりの平均売上を求める

1ヵ月分の売上表から、条件に合うデータを対象に、1日あたりの売上金額を求めます。ここで、1ヵ月は、どの月も30日として計算します。

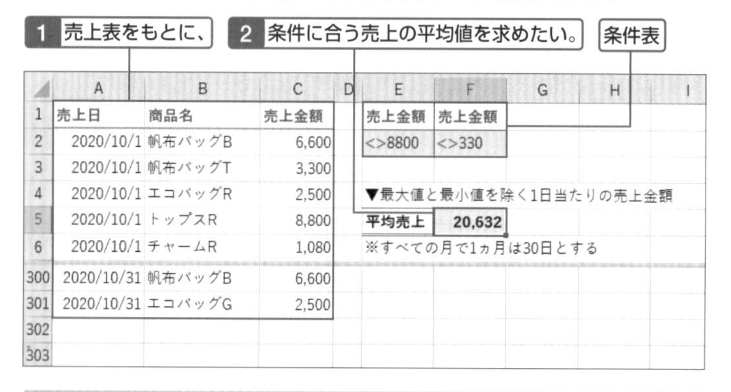

方法

●AVERAGEが付く関数は１行あたりの平均を求める

同日データが複数ある表にAVERAGEが付く関数を利用しても1日あたりの平均にはなりません。ここでは、条件に合う売上を合計して30日で割って求めます。

●条件表の作り方

条件表は、データベースの列見出しと条件とで構成されます。条件表の列見出しは条件の主語になり、その下に条件の内容を表す値や式を入力します。

▼ 条件表の概要

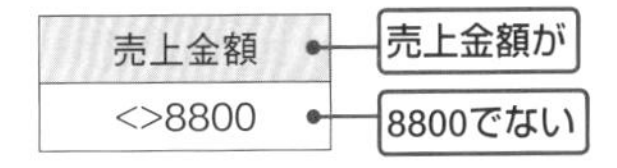

●AND条件は同じ行、OR条件は行を変えて指定する

複数の条件をすべて満たすAND条件の場合は、条件を同じ行に入力します。複数の条件のいずれか1つを満たすOR条件の場合は、行を変えて入力します。下図のように、条件表には、必要な分だけ同じ列見出しが使えます。

▼ AND 条件

売上金額	売上金額
<>8800	<>330

売上金額が8800でない、
かつ、売上金額が330でない

▼ OR 条件

商品名
チャームR
トップスR

商品名がチャームR、
または、トップスR

▼ AND 条件と OR 条件

日付	商品名
2020/10/15	チャームR
2020/10/15	トップスR

日付が2020/10/15で商品名がチャームR、または、日付が2020/10/15で商品名がトップスR

●データベースの列見出しと条件表の列見出しは一致させる

条件表に使う列見出しは、データベースの列見出しのコピーを利用します。

▼ 検索できるのは、列見出しが一致している場合だけ

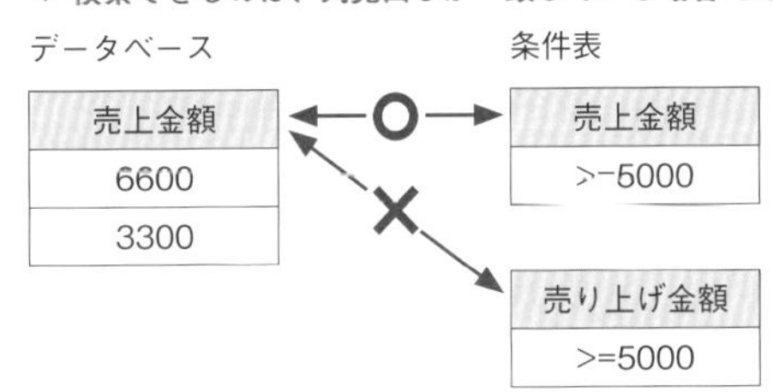

●条件表の空白と、条件表に利用していない列見出しは条件なしになる

条件表の空白と、条件を指定しない列見出しは、条件なしです。条件を付ける場合は、条件がすべて空白にならないように指定します。

▼ 条件なし

日付	売上金額
>=2020/10/15	>=5000

条件表にない商品名は条件なしです。日付、売上金額とも空白があるため、集計の条件は「なし」となります。

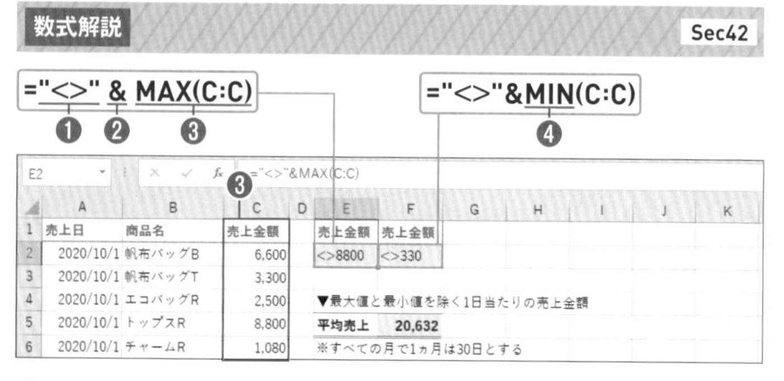

❶「<>」は「～でない」ことを表す比較演算子です。ダブルクォーテーションで囲んで指定します。
❷文字列演算子「&」は、❶と❸を連結します。
❸MAX関数の[数値]に、売上金額のC列を指定し、売上金額の最大値を求めます。❶❷❸より、「売上金額が最大値でない」という条件になります。
❹セル[E2]の式をコピーして、関数名を「MIN」に変更し、「売上金額が最小値でない」ことを条件にします。

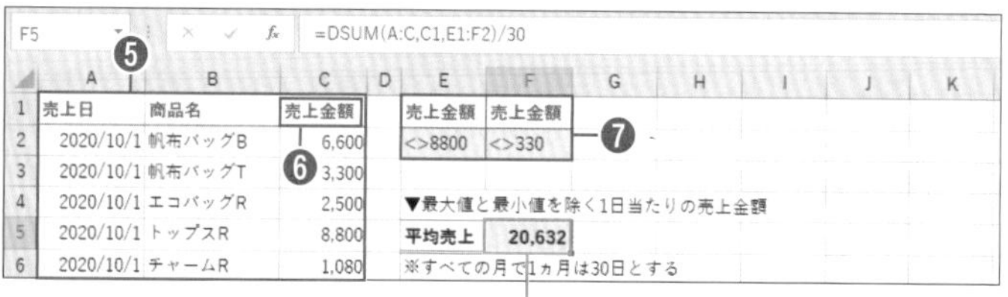

=DSUM(A:C,C1,E1:F2)/30

❺売上表のA列からC列を[データベース]に指定します。
❻集計対象の列見出しのセル[C1]を[フィールド]に指定します。
❼条件表のセル範囲[E1:F2]を[条件]に指定します。
❽1日あたりの売上金額にするため、30で割ります。

Memo

列全体を指定する場合の前提条件

引数に列全体を指定する場合は、集計に影響する無関係な値が列内に含まれていないことが前提です。仮に、表の作成日など、売上金額に無関係な値がC列に含まれていたとすると、作成日はMAX関数の集計対象になるので、正しい最大値は求められなくなります。前提が崩れる場合は、セル範囲を指定します。

StepUp

データベース関数でさまざまな条件付き集計を行う

Dで始まるデータベース関数は、11種類あり、[関数の挿入]ダイアログボックスから選択できます。引数の指定方法はすべて共通です。条件が同じであれば、関数名を変更するだけでさまざまな集計値を求めることができます。

▼ データベース関数の種類

条件表により絞られたデータ行を対象に、指定した列の集計値を求めます。

関数名	集計内容	関数名	集計内容
DSUM	合計	DVAR	不偏分散
DAVERAGE	平均	DVARP	分散
DMAX	最大値	DSTDEV	標本標準偏差
DMIN	最小値	DSTDEVP	標準偏差
DCOUNT	数値の個数	DGET	条件に一致する唯一のデータを取得
DCOUNTA	空白以外のセルの個数		

以下の図は、売上の最大値と最小値を除いたデータ行を対象に求めたさまざまな集計値です。関数名以外の引数はすべて共通です。

=関数名(A:C,C1,E1:F2)

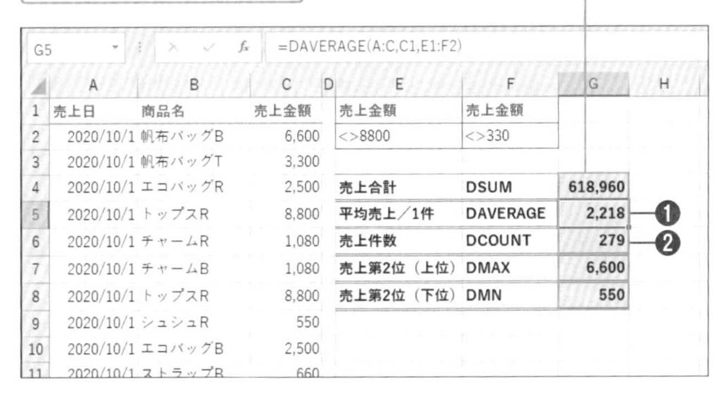

❶DAVERAGE関数を使うと、売上表の1行あたりの売上金額になります。
❷DCOUNTA関数を利用しても同じ結果になります。

SECTION 043

二峰性のデータ分布を分離する

キーワード 中央値 データ分布 対応バージョン: 2019 365

<table>
<tr><td rowspan="2">FREQUENCY
指定した階級の度数を求める</td><td>=FREQUENCY(データ配列,区間配列)</td></tr>
<tr><td>数値の入ったセル範囲を[データ配列]に指定し、[区間配列]に指定された階級に入る度数を求めます。[区間配列]には、区間の上限値を入力し、階級は以下のように認識します。
区間配列 | 階級
10 | 10以下
20 | 10を超え、20以下
30 | 20を超え、30以下
　 | 30以上</td></tr>
<tr><td rowspan="2">MEDIAN
データの中央値を求める</td><td>=MEDIAN(数値)</td></tr>
<tr><td>数値の入ったセル範囲を[数値]に指定します。指定したセル範囲内の数値を小さい順、または、大きい順に並べたときに中央に位置する値を求めます。数値の数が偶数の場合は、中央に位置する2つの数値の平均値が返されます。</td></tr>
<tr><td rowspan="2">MAXIFS
条件に合う数値の最大値を求める</td><td>=MAXIFS(最大範囲,条件範囲1,条件1,…)
2019 365</td></tr>
<tr><td>[条件]を[条件範囲]で検索し、条件を満たす[最大範囲]の数値を対象に最大値を求めます。条件は複数指定可能ですが、[条件範囲]と[条件]はペアで指定します。</td></tr>
<tr><td rowspan="2">MINIFS
条件に合う数値の最小値を求める</td><td>=MINIFS(最小範囲,条件範囲1,条件1,…)
2019 365</td></tr>
<tr><td>MAXIFS関数と同様です。
条件を満たす[最小範囲]の数値を対象に最小値を求めます。</td></tr>
</table>

Memo

度数分布表

個別に確認できない量のデータは、一定のデータ区間に振り分けて、区間に入るデータ数を見ることでデータの分布状態を把握します。区間に集まったデータ数を度数といい、各度数をまとめた表を度数分布表といいます。

目的　二峰性のデータ分布を得点の高低で層別に分離する

50件の得点データの分布は二峰性を示しており、二峰性の谷付近の階級は「50」(40点を超え50点以下)です。階級「50」までに25件含まれていることから、中央値を境界に得点の低い層と高い層に分離します。

1 二峰性の得点分布を得点の低い層と高い層に分離したい。

2 分離の境界を得点データの中央値にしたい。

	A	B	C	D	E	F	G	H	I	J	K
1	得点		階級	度数		得点データの代表値					
2	43		10	1		データ数	50				
3	35		20	8		平均値	48.24				
4	14		30	11		中央値	47				
5	26		40	4		最小値	0				
6	31		50	1		最大値	93				
7	25		60	3		中央値未満の最大値	43				
8	14		70	6		中央値以上の最小値	51				
9	25		80	11							
10	20		90	4							
11	22			1							
12	21										
13	32										

3 分離後の得点範囲を知りたい。

方法

●MEDIAN関数で中央値を求める

中央値は、値の大きいデータ順、または、小さいデータ順に並べたときに、真ん中に並ぶ値です。データが偶数個の場合は、中央の2つの値の平均をとります。ここでは、25個目と26個目に並ぶデータの平均値が中央値です。

●得点の低い層は、最低点から中央値未満の最高得点になる

得点の低い層の得点範囲は、最低点から中央値未満の最高得点になります。50件あるので、小さい方から25番目の得点が中央値未満の最大値です。並べ替えをせずに求めるには、MAXIFS関数の条件に中央値未満を指定します。

●得点の高い層は、中央値以上の最低得点から最高点になる

得点の高い層も低い層と同様です。中央値以上の最小値は、小さい方から26番目の得点です。並べ替えをせずに求めるには、MINIFS関数の条件に中央値以上を指定します。

Hint

データバーで数値の大小を把握する

度数分布表を選択し、<ホーム>タブ→<条件付き書式>→<データバー>により、データバーを設定すると、データ分布を視覚的に把握しやすくなります。

数式解説 Sec43

●得点データ全体を対象に、データを分析する

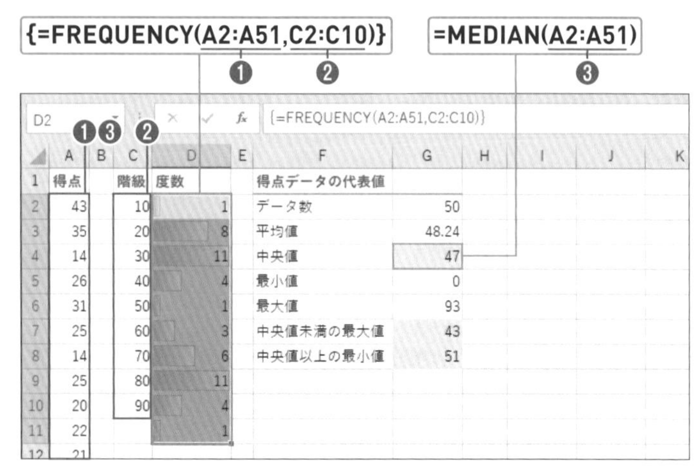

❶度数を求めるセル範囲[D2:D11]を範囲選択し、FREQUENCY関数を配列数式で入力します。ここでは、得点データのセル範囲[A2:A51]を[データ配列]に指定します。

❷セル範囲[C2:C10]を[区間配列]に指定し、得点データを10点おきに区分けして度数を求めます。

❸MEDIAN関数により、得点データの中央値を求めます。

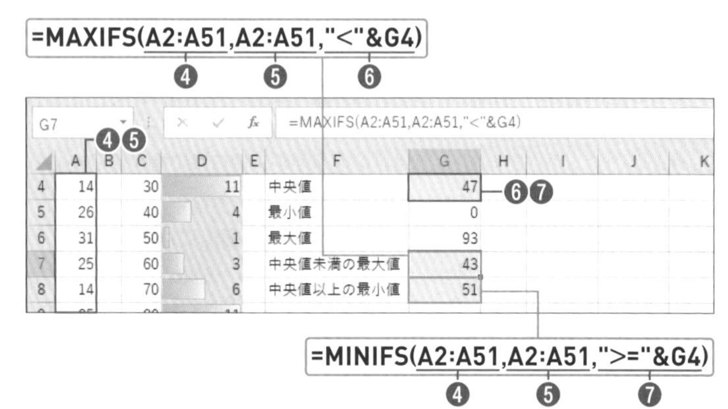

❹MAXIFS関数、MINIFS関数ともに、最大値／最小値を求める範囲は得点データのセル範囲[A2:A51]です。

❺[条件範囲]も得点データのセル範囲[A2:A51]です。
❻MAXIFS関数の最大値を求める条件は、得点データが中央値未満であることです。「"<"&G4」と指定し、「<47」(47点未満)となります。
❼MINIFS関数の最小値を求める条件は、得点データが中央値以上であることです。「">="&G4」は、「>=47」(47点以上)となります。

●得点の低い層を分離する

ワークシートをコピーし、0点から43点が網羅されるように階級を指定します。

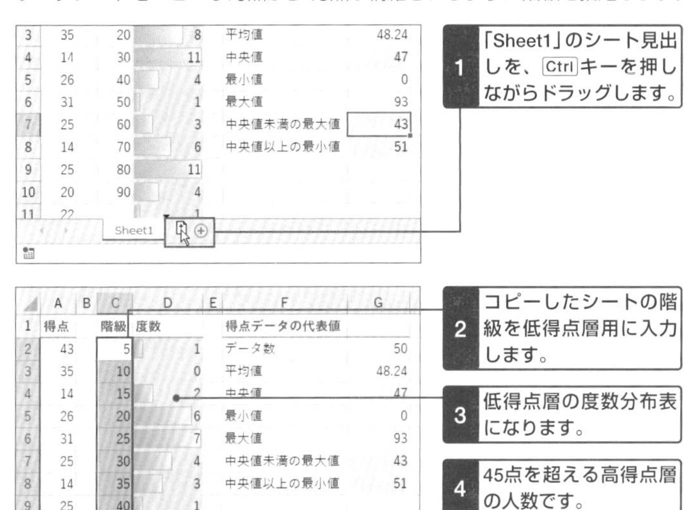

●得点の高い層を分離する

同様に、ワークシートをコピーし、51点から93点が網羅されるように階級を指定します。

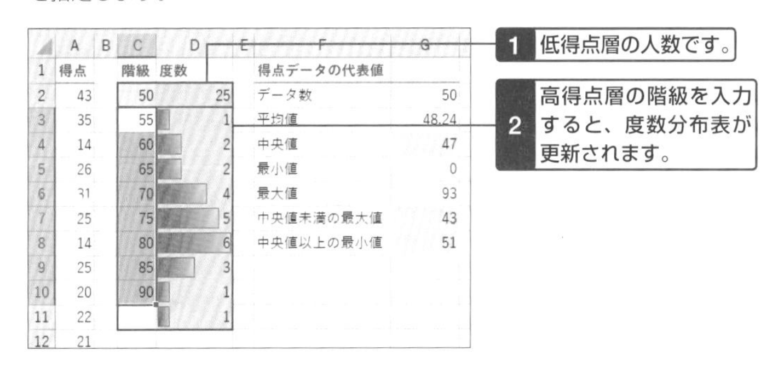

SECTION 044

金種表を作成する

キーワード 金種表

INT 小数点以下を 切り捨て整数にする	=INT(数値) [数値]に割り算を指定すると、整数商が求められます。 金額を金種で割った整数商は金種の枚数になります。
MOD 整数の割り算の余りを 求める	=MOD(数値,除数) [数値]を[除数]で割った整数商の余りを求めます。 金額を金種で割った余りは、残額になります。
SUM 数値を合計する	=SUM(数値) [数値]には合計したいセル範囲を指定します。

目的 立替金の精算に必要な金種の枚数を求めます。

1 請求金額から1万円札の枚数を求める式を入力し、

	A	B	C	D	E	F	G	H
1	運営費 立替精算表							
2	金種枚数		ダミー	2	22	14	27	19
3	申請者	立替金額	100,000	¥10,000	¥1,000	¥100	¥10	¥1
4	春日 瑞樹	7,826		0	7	8	2	6
5	高山 優子	13,285		1	3	2	8	5
6	笹野 耕史	4,283		0	4	2	8	3
7	遊川 早矢香	18,295		1	8	2	9	5
8								
9								

数式を1種類にするためのダミー金種

2 オートフィルで他の金種枚数も求めたい。

方法

●金種の枚数は高い金種から求める

以下に立替金額が「12300円」の金種枚数の計算を示します。ここでは、INT関数で割り算を行い、MOD関数で残金を求めます。

❶12300 ÷ 10000= 1 余り2300 → 1万円札は1枚、残金2300円
❷2300 ÷ 1000= 2 余り300 → 千円札は2枚、残金300円
❸300 ÷ 100= 3 → 100円玉は3枚

●最高立替金額を上回る架空金種で数式を1つにする

先述の❶は、INT関数だけで1万円札の枚数がわかりますが、❷❸は、残金をMOD関数で求めてから、各金種で割ります。そこで、十万円という架空の金種を用意して、次のように計算すれば、❶は、❷❸と同じ式になります。架空金種は0枚になるよう、全額が余る金額に設定します。

12300 ÷ 100000 = 0 余り 12300 → 架空金種は0枚、残金12300円
12300 ÷ 10000 = 1 余り 2300 → 1万円札は1枚、残金2300円

数式解説　Sec44

=SUM(D4:D7)
❺

❸
=INT(MOD($B4,C$3)/D$3)
❶ ❷ ❹

D4　=INT(MOD($B4,C$3)/D$3)

	A	B	C	D	E	F	G	H	I
1	運営費 立替精算表								
2	金種枚数		ダミー	2	22	14	27	19	
3	申請者	立替金額	100,000	¥10,000	¥1,000	¥100	¥10	¥1	
4	春日 瑞樹	7,826		0	7	8	2	6	
5	高山 優子	13,285		1	3	2	8	5	
6	笹野 耕史	4,283		0	4	2	8	3	
7	遊川 早矢香	18,295		1	8	2	9	5	
8									

❶MOD関数の[数値]に請求金額のセル[B4]を指定します。
❷MOD関数の[除数]に金種のセル[C3]を指定します。
❸立替金額を金種で割った余りを求めています。
❹❸で求めた残金を、枚数を求めたい金種のセル[D3]で割ります。他のセルにコピーできるように、セル[B4]は列のみ絶対参照、セル[C3][D3]は行のみ絶対参照を指定します。
❺セル範囲[D4:D7]を合計して必要な金種の枚数を求めます。

Memo

ダミーの金種を非表示にする

ダミーの金種の列を非表示にするには、列番号[C]を右クリックし、一覧から[非表示]を選択します。

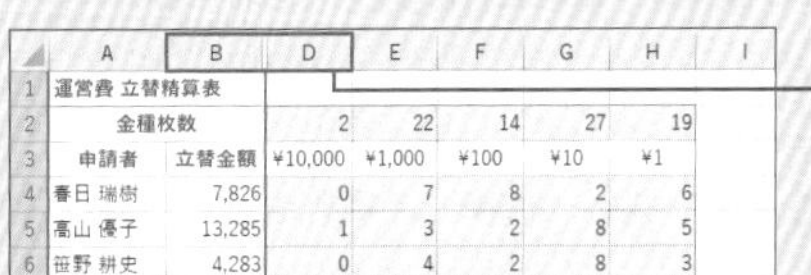

	A	B	D	E	F	G	H	I
1	運営費 立替精算表							
2	金種枚数		2	22	14	27	19	
3	申請者	立替金額	¥10,000	¥1,000	¥100	¥10	¥1	
4	春日 瑞樹	7,826	0	7	8	2	6	
5	高山 優子	13,285	1	3	2	8	5	
6	笹野 耕史	4,283	0	4	2	8	3	
7	遊川 早矢香	18,295	1	8	2	9	5	

C列を非表示にして表の見栄えを整えています。

SECTION 045

不正値を除くワースト3の値を求める

キーワード　評価　順位の値

SMALL 配列内の小さい方から数えた順位の値を求める	=SMALL(配列,順位) 数値の入ったセル範囲を[配列]に指定し、指定した[順位]の値を求めます。[配列]に同じ値が複数ある場合は、順位を変えても同じ値になります。
COUNTIF 条件に合うセルの個数を求める	=COUNTIF(範囲,検索条件) [検索条件]を[範囲]で検索し、条件に一致するセルの個数を求めます。
SUM 累計を求める	=SUM(数値) セル範囲の始点を絶対参照で固定し、オートフィルでコピーするたびに合計範囲を1つずつ拡張させます。

目的　0未満の不正値を除くワースト3の値を求める

測定値に含まれる0未満の不正値を除外し、かつ、ワースト3に同じ値が続かないようにします。

1 測定値の中から、　2 不正値を除くワースト3の値を求めたい。

	A	B	C	D	E	F	G	H
1	No	測定値				同値の数		
2	1	3		不正値の数	<0	3		
3	2	33		ワースト1位の測定値	3	3		
4	3	27		ワースト2位の測定値	6	2		
5	4	25		ワースト3位の測定値	7	2		
6	5	19						
7	6	40						
8	7	59						

方法

●ワースト１位は、不正値の数の次の順位になる

測定値を昇順（小さい順）に並べ替えると、0未満の不正値が3個あることがわかります。ワースト1位は、下から4番目の順位です。

●ワースト２位は、不正値からワースト１位までの累計の次の順位になる

ワースト2位の値は、不正値の数とワースト1位の数を除外した次の順位となり、下から7番目です。ワースト3位以降も同様です。

▼ 測定値の昇順並べ替え

0未満の値が3つあります。

下から4番目がワースト1位ですが、6番目までワースト1位が続いています。

	A	B	C	D	E	F	G	H
1	No	測定値				同値の数		
2	50	-41		不正値の数	<0	3		
3	99	-18		ワースト1位の測定値	3	3		
4	147	-18		ワースト2位の測定値	6	2		
5	1	3		ワースト3位の測定値	7	2		
6	25	3						
7	28	3						
8	57	6						
9	93	6						
10	34	7						

ワースト2位は下から7番目です。不正値の数からワースト1位の数を累計した次の順位になります。

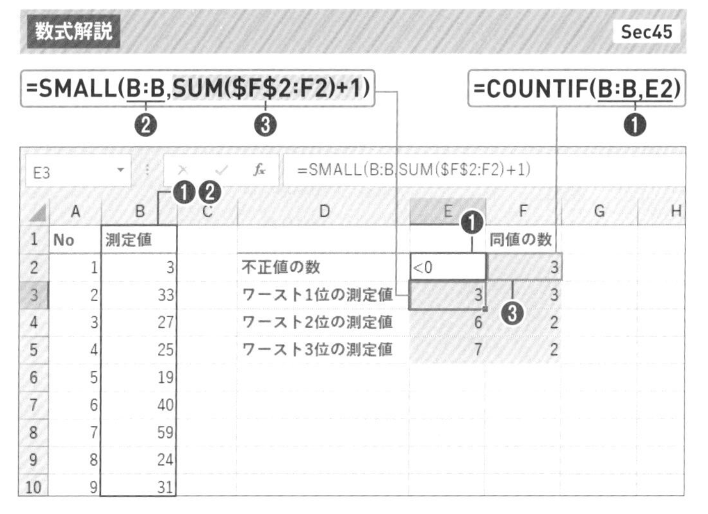

❶COUNTIF関数で測定値に含まれる0未満の不正値の数を求めます。以降は、ワースト1位の値の数など、同値の個数を求めます。

❷SMALL関数の[配列]に測定値のみが入っていることを前提にB列を指定します。セル[B1]の文字列はSMALL関数で無視されます。

❸SUM関数で、不正値の数と同値の数を累計し、1を足して次の順位が指定されるようにします。

SECTION 046

合格者偏差値を求める

キーワード 評価 偏差値

AVERAGEIF 条件に一致する数値の平均を求める	=AVERAGEIF(範囲,条件,平均対象範囲) [条件]を[範囲]で検索し、条件に一致したセルに対応する[平均対象範囲]の平均値を求めます。
DSTDEV 条件に一致する標本標準偏差を求める	=DSTDEV(データベース,フィールド,条件) 引数の指定方法と使い方はSec042を参照してください。
IF 条件の判定に応じて処理を2つに分ける	=IF(論理式,値が真の場合,値が偽の場合) [論理式]に指定した条件が成立する場合は[値が真の場合]、条件が成立しない場合は[値が偽の場合]を実行します。

目的 合格者の偏差値を求める

合格者を対象に、得点の偏差値を求めます。合否は判定済みです。

1 合格者の得点を対象に、 2 合格者偏差値を求めたい。

	A	B	C	D	E	F	G	H	I
1	受験番号	合否	得点	合格者偏差値		▼合格者集計			
2	IP01	合格	368	49.44		平均点	369.23		
3	IP02	合格	353	42.63		標準偏差	22.03		
4	IP03		227						
5	IP04	合格	388	58.52		▼条件表			
6	IP05		332			合否			
7	IP06		210			合格			
8	IP07	合格	363	47.17					
9	IP08		267						
10	IP09		270						

DSTDEV関数で使う条件表

方法

合格者の偏差値は次の数式で求めます。数式内の合格者平均点はAVERAGEIF関数、合格者の標準偏差はDSTDEV関数で求めます。

$$合格者偏差値 = \frac{10 \times (得点 - 合格者平均点)}{合格者の標準偏差} + 50$$

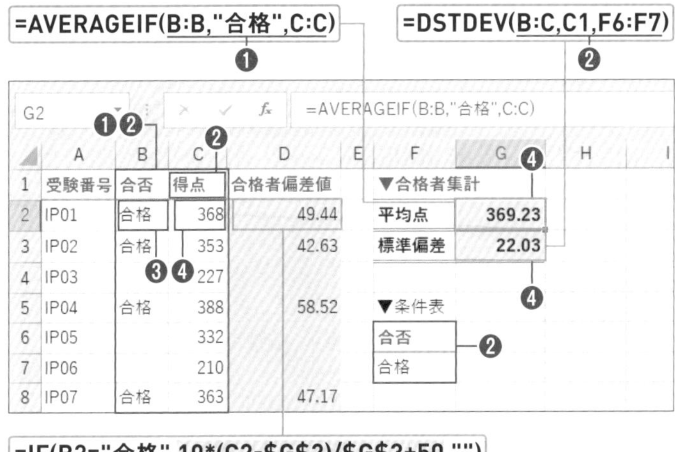

❶AVERAGEIF関数では、合否欄のB列で「合格」を検索し、「合格」のセルに対応する得点（C列）の平均値を求めます。
❷DSTDEV関数では、B列とC列をデータベースとし、条件表から「合否」が「合格」である行に絞り、合格者得点の標準偏差を求めます。
❸合格者のみ偏差値が表示されるように、B列の合否欄が「合格」であるかどうかを条件にします。
❹合格の場合は、偏差値の式により偏差値を求めます。
❺合格者以外は何も表示しないよう、「""」（長さ0の文字列）を指定します。

Memo

受験者偏差値を求める

偏差値は、平均点が偏差値「50」になるように調整されています。受験者全員を対象にした場合の偏差値は次のようになります。平均点はAVERAGE関数で求め、全員の偏差値を求めるのでIF関数は不要です。

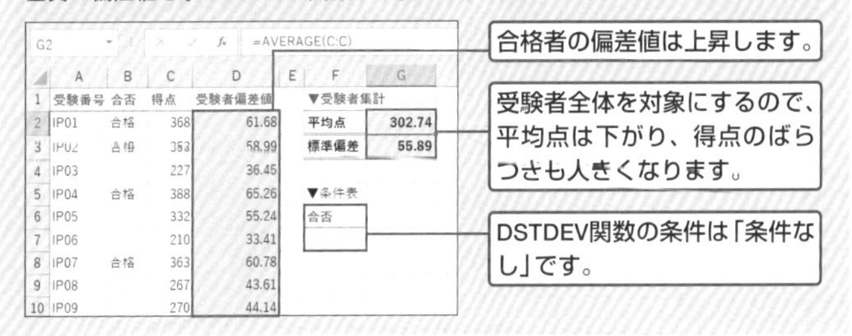

SECTION 047

集計期間を切り替える

キーワード　集計期間の切り替え

集計期間に応じて集計対象を切り替える	
CHOOSE インデックスに対応する操作を行う	**=CHOOSE(インデックス,値1,値2,値3,…)** 1から始まる整数の[インデックス]に対応する[値N]が実行されます。[値N](N=1,2,3…)に数式を指定すると、インデックスに応じて数式が切り替わります。 [インデックス] / 1 / 2 / 3 / … [値N] / [値1] / [値2] / [値3] / …
MATCH 検査値が検査範囲の何番目にあるか検索する	**=MATCH(検査値,検査範囲,0)** [検査範囲]の先頭を1列(行)目とするとき、[検査値]を[検査範囲]で検索し、[検査値]に完全一致する位置を返します。第3引数の[照合の種類]はSec017 P.68参照。
COUNTIF 条件に合うセルの個数を求める	**=COUNTIF(範囲,検索条件)** [検索条件]を[範囲]で検索し、条件に一致するセルの個数を求めます。
集計期間の元になる週数、月数を求める	
WEEKNUM 日付の週数を求める	**=WEEKNUM(日付[,週の基準])** 指定した[日付]が年初から第何週目かを1～53の整数で求めます。[週の基準]を省略、または、1を指定した場合は日曜日始まりです。詳細はSec037 P.112参照。
MONTH 日付の月を整数で取り出す	**=MONTH(シリアル値)** [シリアル値]には日付を指定し、日付の月数を1～12の整数で取り出します。
集計期間を切り替える	
INDIRECT 文字列を名前に変換する	**=INDIRECT(参照文字列)** [参照文字列]にセル参照やセル範囲の代わりに付けた名前の文字列を指定し、数式で利用できるセル参照や名前に変換して、その参照を返します。

目的 相談件数を週次、月次に切り替えて集計する

1行1件の相談受付記録表を元に、相談件数を週次や月次で集計します。

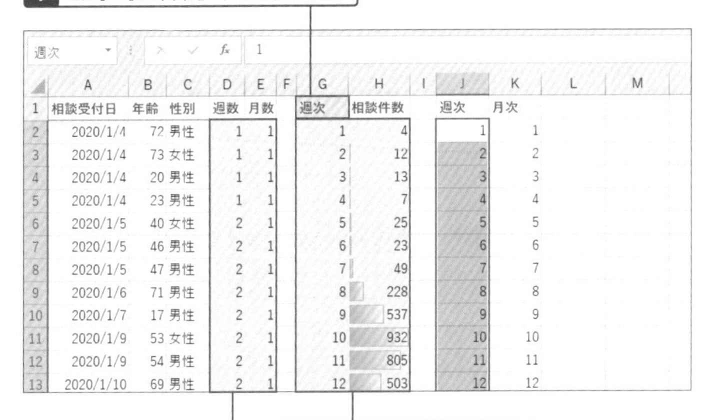

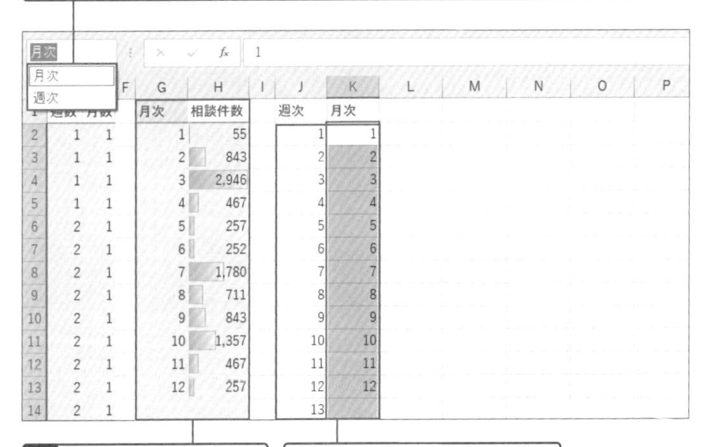

J列とK列に入力している週数や月数に「週次」「月次」と名前を付けています。
3 セル[G1]を「月次」にした場合は、月数と月ごとの集計に切り替えたい。
セル[G1]の集計方法に応じて、セル[G2]以降に、週数や月数を表示させるための作業用データ

方法

●CHOOSE関数で集計方法を選択する

週次に1、月次に2のインデックスを割り当て、[値1]には週ごとの集計、[値2]には月ごとの集計を指定します。集計はCOUNTIF関数を利用します。

=CHOOSE(インデックス,週次の相談件数,月次の相談件数)

●MATCH関数でCHOOSE関数のインデックスを求める

セル[G1]の「週次」または「月次」が[検査値]になります。[検査範囲]は、配列定数を利用し、{"週次","月次"}とします。セル[G1]が「週次」なら「1」、「月次」なら「2」となります。

●INDIRECT関数で週数と月数の表示を切り替える

セル範囲[G2:G54](1年分の週数が表示できる範囲)にINDIRECT関数を入力し、セル[G1]の「週次」「月次」に応じて、週数と月数を切り替えます。具体的には、J列とK列に準備した名前付きデータの参照を切り替えます。

数式解説 Sec47

●相談受付日から週数と月数を求める/週次と月次の表示を切り替える

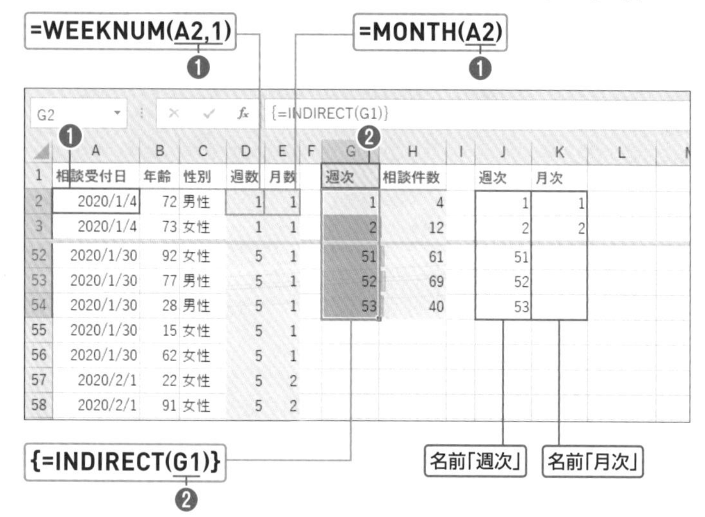

❶相談受付日をもとに、WEEKNUM関数で、週の始まりを日曜日とする年初からの週数を求めます。同様に、月数はMONTH関数で求めます。
❷セル[G1]の「週次」を名前「週次」に変換します。名前「週次」の1~53を参照できるように、セル範囲[G2:G54]に配列数式で入力します。

●集計期間に応じて集計方法を切り替える

=CHOOSE(MATCH($G$1,{"週次","月次"},0),
COUNTIF(D:D,G2),COUNTIF(E:E,G2))

	A	B	C	D	E	F	G	H	I	J	K	L	M
1	相談受付日	年齢	性別	週数	月数		週次	相談件数		週次	月次		
2	2020/1/4	72	男性	1	1		1	4		1	1		
3	2020/1/4	73	女性	1	1		2	12		2	2		
4	2020/1/4	20	男性	1	1		3	13		3	3		

「月次」の場合は、CHOOSE関数の[値2]が実行され、月数に一致する件数を求めています。

	A	B	C	D	E	F	G	H	I	J	K	L	M
1	相談受付日	年齢	性別	週数	月数		月次	相談件数		週次	月次		
2	2020/1/4	72	男性	1	1		1	55		1	1		
3	2020/1/4	73	女性	1	1		2	843		2	2		
4	2020/1/4	20	男性	1	1		3	2,946		3	3		

❶セル[G1]を[検査値]、配列定数{"週次","月次"}を[検査範囲]に指定し、セル[G1]の値に一致する配列定数の列位置を求めます。
❷セル[G1]が「週次」の場合は、❶のMATCH関数の戻り値が「1」になるため、CHOOSE関数の[値1]が実行されます。
❸セル[G1]が「月次」の場合は、CHOOSE関数の[値2]が実行されます。

❷のCOUNTIF関数は、セル[G2]の週数を[検索条件]に、週数のD列を検索し、週数に一致する件数を求めます。
❸のCOUNTIF関数は、セル[G2]が月数に切り替わります。これを[検索条件]とし、月数のE列を検索し、月数に一致する件数を求めます。

Memo

集計方法の切り替えにMATCH関数を利用する理由

週次か月次の場合は、IF関数を利用し、セル[G1]が「週次」なら1、「月次」なら2と処理できます。しかし、四半期、年次など、集計期間が追加されると、IF関数のままでは、数字を割り当てる式が複雑になります。MATCH関数なら、必要に応じて{"週次","月次","四半期"}とすれば、数字の割り当てが可能です。

参照セクション
Sec001 関数の基礎をマスターする
Sec050 条件ごとに処理を分ける②

SECTION 048

損益分岐点を求める

キーワード　評価　損益分岐点

MINVERSE 逆行列を求める	{=MINVERSE(配列)} [配列]にはセル範囲を指定します。逆行列を求めるセル範囲は[配列]に指定するセル範囲と同じ構成を指定し、配列数式で入力します。
MMULT 行列積を求める	{=MMULT(配列1,配列2)} 2つの配列を掛け算します。[配列1]と[配列2]に指定するセル範囲の構成は、[配列1]の列数と[配列2]の行数が同じになるようにします。

目的　損益分岐点客数と損益分岐点売上高を求める

総費用（変動費と固定費の合計）を回収する損益分岐点を求めます。

1 変動費、固定費、客単価の条件を、

2 行列式に表し、

	A	B	C	D	E	F
1	損益分岐点の算出					
2	変動諸経費／人	600				
3	固定費	200,000				
4	平均客単価	1,000		※BEP：損益分岐点		
5						
6	600*客数－BEP=－200000	600	-1	客数	-200,000	
7	1000*客数－BEP = 0	1,000	-1	BEP	0	
8						
9	損益分岐点客数	-0.003	0.0025	-200,000	500	
10	損益分岐点売上高	-2.5	1.5	0	500,000	
11						

3 総費用を回収できる客数と売上高を求めたい。

方法

●売上高 = 変動費 + 固定費 + 利益 で構成される

損益分岐点（Break Even Point 略してBEP）は、利益が0の売上高や数量であり、総費用と等しくなります。本節では次の式が成立します。

総費用 ＝ 600×客数 ＋ 200,000
売上高 ＝ 1,000 × 客数

●損益分岐点は、費用線と売上線の交点になる

前述の2つの式と次のグラフより、損益分岐点は連立方程式を解けばよいことがわかります。ここでは、連立方程式を解く手段として行列式を使います。

▼ 利益図表：損益分岐点を表すグラフ

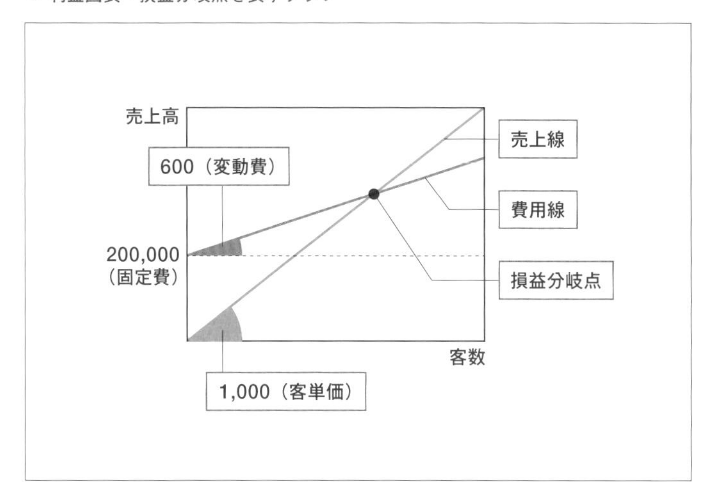

●変動費、固定費、売上高の関係を行列式で表す

行列式になるよう、前述の2つの式を変形します。また、損益分岐点では、総費用＝売上高になるため、損益分岐点と書き換えます。

600×客数 － 損益分岐点 = －200,000
1,000 × 客数 － 損益分岐点 ＝ 0

2つの数式を行列式で書き表すと次のようになります。ここからは客数をx, 損益分岐点をyと表記します。

$$\begin{bmatrix} 600 & -1 \\ 1,000 & -1 \end{bmatrix}\begin{bmatrix} x \\ y \end{bmatrix}=\begin{bmatrix} -200,0000 \\ 0 \end{bmatrix}$$

ここで、$\begin{bmatrix} 600 & -1 \\ 1,000 & -1 \end{bmatrix}=A$　$\begin{bmatrix} -200,0000 \\ 0 \end{bmatrix}=B$ とおき、両辺にA^{-1}を掛けて式を変形します。なお、は単位行列Eとなり、これは1と同じ意味です。

$$A\cdot\begin{bmatrix} x \\ y \end{bmatrix}=B \rightarrow A\cdot A^{-1}\cdot\begin{bmatrix} x \\ y \end{bmatrix}=B\cdot A^{-1} \rightarrow E\cdot\begin{bmatrix} x \\ y \end{bmatrix}=B\cdot A^{-1} \rightarrow \begin{bmatrix} x \\ y \end{bmatrix}=B\cdot A^{-1}$$

この式のA^{-1}は行列Aの逆行列で、MINVERSE関数で求めます。
そして、行列BとA^{-1}の掛け算はMMULT関数で求めます。

{=MINVERSE(B6:C7)}

❷

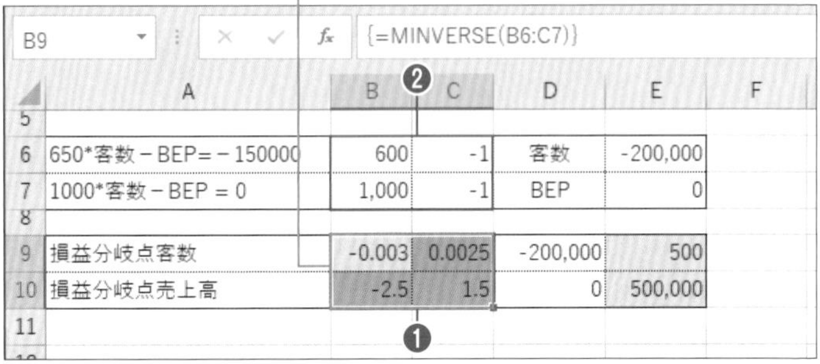

	A	B	C	D	E	F
5						
6	650*客数－BEP=－150000	600	-1	客数	-200,000	
7	1000*客数－BEP = 0	1,000	-1	BEP	0	
8						
9	損益分岐点客数	-0.003	0.0025	-200,000	500	
10	損益分岐点売上高	-2.5	1.5	0	500,000	
11						

❶配列数式で入力するため、逆行列を求めるセル範囲[B9:C10]を範囲選択します。

❷[配列]に行列Aのセル範囲[B6:C7]を指定します。

{=MMULT(B9:C10,D9:D10)}

❹　❺

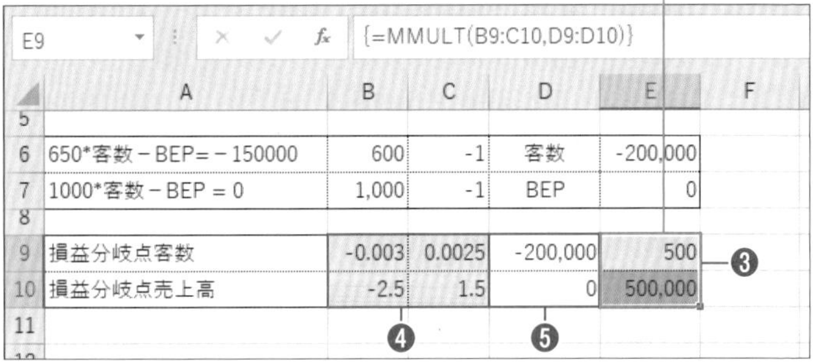

	A	B	C	D	E	F
5						
6	650*客数－BEP=－150000	600	-1	客数	-200,000	
7	1000*客数－BEP = 0	1,000	-1	BEP	0	
8						
9	損益分岐点客数	-0.003	0.0025	-200,000	500	
10	損益分岐点売上高	-2.5	1.5	0	500,000	
11						

❸配列数式で入力するため、行列積を求めるセル範囲[E9:E10]を範囲選択します。

❹[配列1]に逆行列A^{-1}のセル範囲[B9:C10]を指定します。

❺[配列2]に行列Bのセル範囲[D9:D10]を指定します。

Hint

損益分岐点をシミュレーションする

本例の変動費、固定費、客単価を変化させると、損益分岐点が変化します。また、欲しい利益がある場合は、利益分を固定費に上乗せすれば、指定した利益を確保するための客数や売上高を求めることができます。

第4章

データを判定する技

SECTION 049

条件ごとに処理を分ける①

キーワード　複数の分岐処理

IF 条件の判定に応じて処理を分ける	偽の場合1 **=IF(論理式1,真の場合1,IF(論理式2,真の場合2,偽の場合2))**
	IF関数の基本動作はSec013 P.58参照。 IF関数の[偽の場合1]にIF関数を組み合わせることにより、条件に応じて処理を3つに分けます。条件判定は、外側のIF関数の[論理式1]から判定され、条件が成立しなかった場合に、内側のIF関数の[論理式2]で条件判定が行われます。

目的　課題完了数に応じて評価を3つに分ける

課題を8以上完了した場合はA、5以上でB、5未満はCと評価します。

1 課題完了数に応じて、　2 評価を付けたい。

	A	B	C	D	E	F	G	H	I
1	社員研修評価表					▼評価基準表			
2	社員ID	氏名	課題完了数	評価		課題完了数	8以上	5以上	5未満
3	20AI01	渋沢 瑛士	10	A		評価	A	B	C
4	20AI02	佐田 将	5	B					
5	20AI03	飯島 絵梨	4	C					
6	20AI04	渡部 謙一	7	B					
7	20AI05	大島 和也	8	A					
8									

方法

●数値の範囲を条件にする場合は大きい順か小さい順に判定する

作例の評価基準表に従い、外側のIF関数で「課題完了数が8以上」を判定し、内側のIF関数で「課題完了数が5以上（8未満）」を判定します。

●条件と処理内容を整理する

以下のような表を作ると条件と処理内容を整理できます。

<table>
<tr><td rowspan="3">IF(</td><td>論理式1</td><td>真の場合1</td><td colspan="5">偽の場合1：課題完了数が8未満の処理</td><td rowspan="3">)</td></tr>
<tr><td>課題完了数>=8</td><td>"A"</td><td rowspan="2">IF(</td><td>論理式2</td><td>真の場合2</td><td>偽の場合2</td><td rowspan="2">)</td></tr>
<tr><td colspan="2">課題完了数が8以上の処理はここで終了</td><td>課題完了数>=5</td><td>"B"</td><td>"C"</td></tr>
</table>

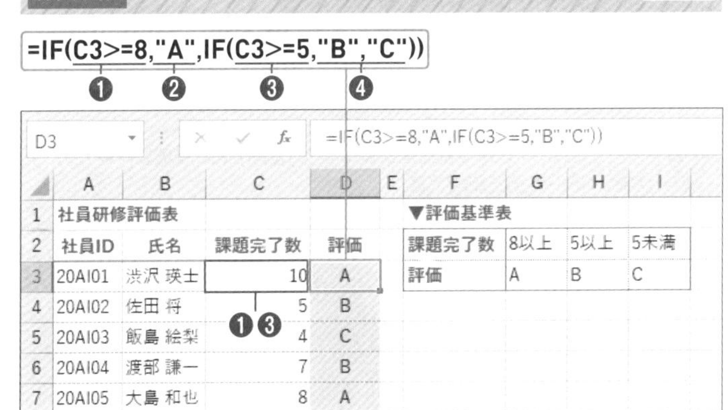

❶[論理式1]に「C3>=8」と指定し、課題完了数が8以上かどうか判定します。
❷[真の場合1]に「"A"」と指定します。ここで❶の条件が成立した場合の処理は終了です。
❸❶の条件が成立しない、すなわち、課題完了数が8未満の処理を行います。[論理式2]に「C3>=5」と指定し、課題完了数が5以上8未満かどうか判定します。
❹[真の場合2]に「"B"」、[偽の場合2]に「"C"」と指定し、評価を分けます。

Memo

数値の小さい順に判定する場合

課題完了数の少ない順に判定することも可能ですが、作例のように処理を分ける根拠となる表がある場合は、表との対応が付きやすい処理を推奨します。

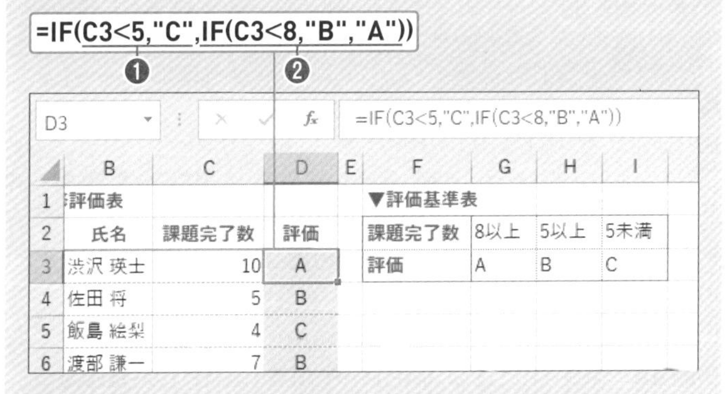

❶先に課題完了数が5未満かどうか判定し、C評価の処理を行います。
❷課題完了数が5以上のうち、8未満かどうかを判定します。5以上8未満はB評価、それ以外、つまり8以上はA評価となります。

SECTION 050

条件ごとに処理を分ける②

キーワード 複数の分岐処理　　対応バージョン：2019 365

IFS 条件を個別に判定して処理を行う	=IFS(論理式1,値が真の場合1,[論理式2,値が真の場合2]…) 2019 365
	[論理式]と[値が真の場合]をペアにして、条件と条件を満たす処理を指定します。[論理式]や[値が真の場合]の指定方法はIF関数と同様です（Sec013 P.58参照）。

目的　日付を四半期に分ける

相談受付日の月数に応じて1月～3月を第1四半期の「Q1」として、以降3か月ごとにQ2、Q3、Q4と期間を分けます。

1 相談受付日の月数をもとに、　2 期間を四半期に分けたい。

	A	B	C	D	E	F	G	H	I	J	K	L	M
1	相談受付日	年齢	性別	週数	月数	四半期		四半期	相談件数		週次	月次	四半期
2	2020/1/4	72	男性	1	1	Q1		Q1	3,844		1	1	Q1
3	2020/1/4	73	女性	1	1	Q1		Q2	976		2	2	Q2
4	2020/1/4	20	男性	1	1	Q1		Q3	3,334		3	3	Q3
5	2020/1/4	23	男性	1	1	Q1		Q4	2,081		4	4	Q4
10234	2020/12/31	19	女性	53	12	Q4							
10235	2020/12/31	26	女性	53	12	Q4							
10236	2020/12/31	72	女性	53	12	Q4							
10237													

方法

●条件と条件を満たす処理をペアで指定する

IFS関数は、複雑なIF関数の入れ子構造を解消した関数です。指定したペアの順に判定して処理を行います。最初の[論理式1]を満たさなければ、次のペアの[論理式2]と[値が真の場合2]に処理が移ります。

●IF関数の[値が偽の場合]に相当する引数はない

IFS関数では、論理式を満たさなければ、次のペアに処理対象を移すことでIF関数の[値が偽の場合]を代用しています。

●最後まで条件を満たさない場合はTRUEを[論理式]に指定する

条件と条件を満たす処理をペアで指定する関係上、条件を満たさないことを条件とする[論理式]が必要です。「TRUE」は、すべての条件を満たさないことが真であるとして、強制的にペアの[値が真の場合]を実行します。

数式解説 Sec50

=IFS(E2<4,"Q1",E2<7,"Q2",E2<10,"Q3",TRUE,"Q4")

❶ ❷ ❸ ❹

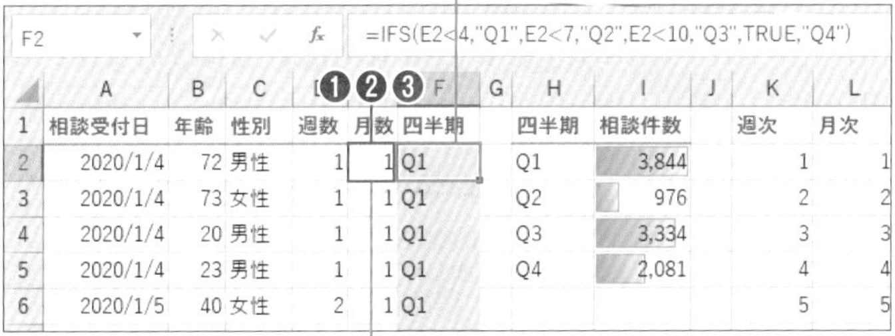

F2 =IFS(E2<4,"Q1",E2<7,"Q2",E2<10,"Q3",TRUE,"Q4")

	A	B	C	D	E	F	G	H	I	J	K	L
1	相談受付日	年齢	性別	週数	月数	四半期		四半期	相談件数		週次	月次
2	2020/1/4	72	男性	1	1	Q1		Q1	3,844		1	1
3	2020/1/4	73	女性	1	1	Q1		Q2	976		2	2
4	2020/1/4	20	男性	1	1	Q1		Q3	3,334		3	3
5	2020/1/4	23	男性	1	1	Q1		Q4	2,081		4	4
6	2020/1/5	40	女性	2	1	Q1					5	5

=MONTH(A2)
相談受付日から月数を取り出します。Sec047 P.138 参照。

❶月数のセル[E2]が4未満の場合は「Q1」と表示するよう、[論理式1]に「E2<4」、[値が真の場合1]に「"Q1"」と指定します。
❷❶を満たさない場合に❷のペアの処理が移ります。ここでは、月数が4以上7未満の場合は「Q2」と表示する処理を指定します。
❸❶❷を満たさない場合に❸のペアに処理が移ります。ここでは、月数が7以上10未満の場合は「Q3」と表示する処理を指定します。
❹❶❷❸の条件をすべて満たさない場合、[論理式4]をTRUEとし、強制的に[値が真の場合4]を実行します。ここでは、「Q4」と表示する処理を指定します。

Memo

IF関数で処理する場合

作例の処理をIF関数で指定する場合は、IF関数を3つ組み合わせます。関数が3つ組み合わせられるので、閉じカッコの数に注意が必要となります。

=IF(E2<4,"Q1",IF(E2<7,"Q2",IF(E2<10,"Q3","Q4")))

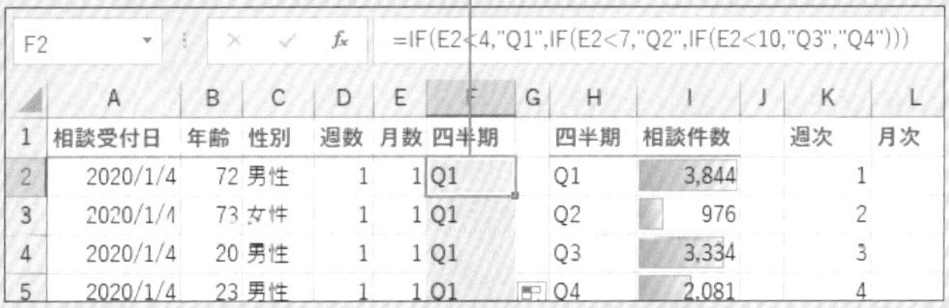

F2 =IF(E2<4,"Q1",IF(E2<7,"Q2",IF(E2<10,"Q3","Q4")))

	A	B	C	D	E	F	G	H	I	J	K	L
1	相談受付日	年齢	性別	週数	月数	四半期		四半期	相談件数		週次	月次
2	2020/1/4	72	男性	1	1	Q1		Q1	3,844		1	
3	2020/1/4	73	女性	1	1	Q1		Q2	976		2	
4	2020/1/4	20	男性	1	1	Q1		Q3	3,334		3	
5	2020/1/4	23	男性	1	1	Q1		Q4	2,081		4	

左から順に月数が4未満の場合を満たさなければ、2番目のIF関数の処理に移り、月数が4以上7未満を満たさなければ、3番目のIF関数に処理が移ります。

SECTION 051

複数条件を付けて処理を2つに分ける

キーワード　複数条件　2つの分岐処理

IF 条件を判定して処理を2つに分ける	=IF(論理式,値が真の場合,値が偽の場合) [論理式]にAND関数やOR関数を指定すると、複数の条件をまとめて判定できます。基本動作はSec013 P.58参照。
AND すべての条件を満たすかどうか判定する	=AND(論理式1,論理式2,…) [論理式]にOR関数を指定し、いずれか一つを満たす条件とすべて満たす条件を組み合わせることも可能です。基本動作はSec012 P.56参照。
OR いずれかの条件を満たすかどうか判定する	=OR(論理式1,論理式2,…) AND関数と同様です。条件内容に応じてAND関数との組み合わせが可能です。基本動作はSec012 P.56参照。

目的　書類選考の条件を満たす場合は通過と表示する

書類選考通過の条件は、勤務経験、土日出勤、週4日以上のいずれかに○があることと、誤字脱字がないことです。

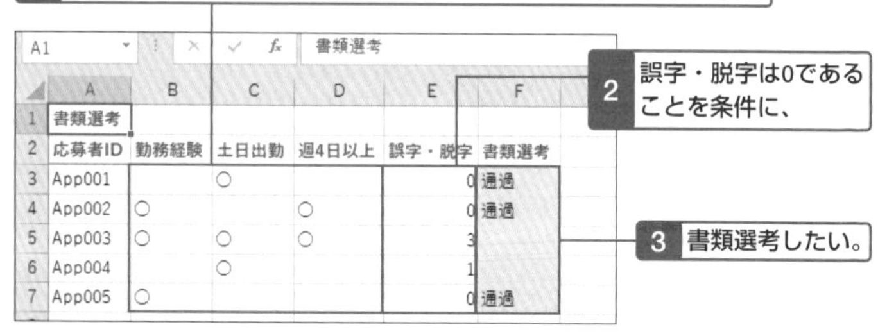

方法

●AND条件にOR条件を組み合わせる

4つの条件のうち、勤務経験、土日出勤、週4日以上の条件はいずれかを満たせばよいのでOR条件です。OR条件を満たし、かつ、誤字・脱字が0であることは、AND条件です。

●AND関数やOR関数は複数の条件を1つの結果に集約する

AND関数やOR関数を利用した条件判定では、すべての条件がTRUEまたはFALSEに集約されます。

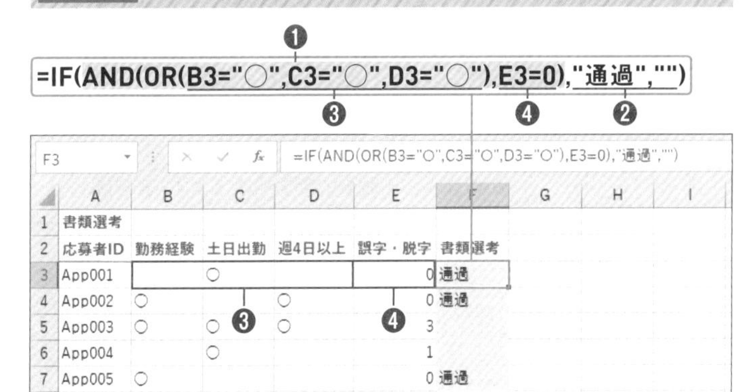

	A	B	C	D	E	F
1	書類選考					
2	応募者ID	勤務経験	土日出勤	週4日以上	誤字・脱字	書類選考
3	App001		○		0	通過
4	App002	○		○	0	通過
5	App003	○	○	○	3	
6	App004		○		1	
7	App005	○			0	通過

❶IF関数の[論理式]です。

❷条件を満たす場合は「通過」と表示します。条件を満たさない場合の処理は指定されていないため、暗黙の了解で長さ0の文字列を指定します。

❸勤務経験、土日出勤、週4日以上の各セルに○が入力されているかどうかを個別に判定し、OR関数により、3つの条件の判定結果を1つにまとめます。

❹誤字・脱字が0かどうか判定します。

❸の判定と❹の判定はAND関数によって1つの結果に集約され、どちらも条件が成立する場合のみTRUEとなります。

Hint

OR関数の代わりにCOUNTIF関数を利用する

勤務経験、土日出勤、週4日以上のいずれも「○」の有無で判定しているため、○の数が1個以上あれば条件を満たすことになります。

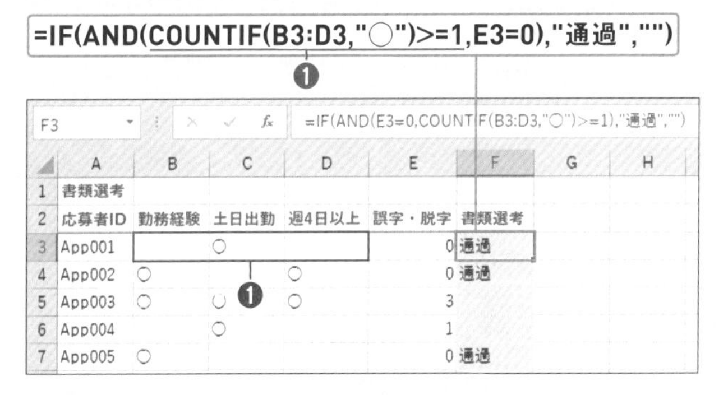

	A	B	C	D	E	F
1	書類選考					
2	応募者ID	勤務経験	土日出勤	週4日以上	誤字・脱字	書類選考
3	App001		○		0	通過
4	App002	○		○	0	通過
5	App003	○	○	○	3	
6	App004		○		1	
7	App005	○			0	通過

❶OR関数の代わりにCOUNTIF関数を利用します。セル範囲[B3:D3]にある「○」の数を求め、1以上かどうか判定します。

SECTION 052

ブック内に指定したシートがあるかどうか判定する

キーワード シートの有無の判定

SHEET 指定したシート名のシート番号を返す	=SHEET(値) [値]には、シート名を文字列で指定します。文字列の入ったセルを指定しても正しい結果になりません。
TEXT 値を指定した表示形式の文字列に変換する	=TEXT(値,表示形式) [値]を、指定の[表示形式]の文字列に変換します。任意の文字列に変換するには、「"@"」を指定します。

目的 指定したシートの位置を検索する

指定したシート名が左端のシートから数えて何番目にあるかを検索します。

1 シート名を指定して、 2 ブック内のシート位置を検索したい。

方法

●SHEET関数の[値]にはセル参照を指定せず、文字列を指定する

SHEET関数の[値]にセル参照を指定すると、戻り値は指定したセルがあるシート位置になります。セルに入力した値をシート名として認識させるには、TEXT関数でセルの値を文字列として取り出します。

●SHEET関数の戻り値は非表示シートも含まれる

戻り値のシート位置とブック内のシート位置がずれている場合は、ブック内に非表示シートがあります。

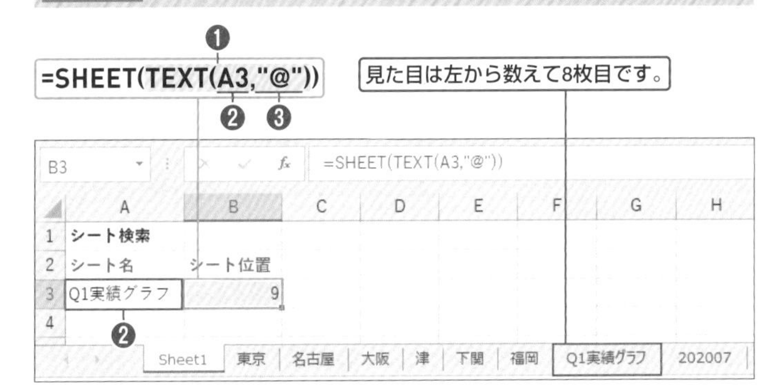

❶SHEET関数の[値]にTEXT関数を指定します。

❷TEXT関数の[値]にシート名を入力したセル[A3]を指定します。

❸TEXT関数の[表示形式]には任意の文字列を示す「"@"」を指定し、セル内の値をそのまま文字列に変換します。

「Q1実績グラフ」シートは、9枚目ですが、見た目は8枚目です。ブック内に非表示シートがあると判断できます。

StepUp

名前が設定されているシートを検索する

SHEET関数は、セル範囲に付けた名前でも検索できます。名前で検索する場合は、TEXT関数の代わりにINDIRECT関数を利用してセル範囲に付けた名前であることを認識させます。以下のブックは、全5シート（非表示シートなし）で「集計表」シート内のセル範囲に名前「集計ひな形」を設定しています。

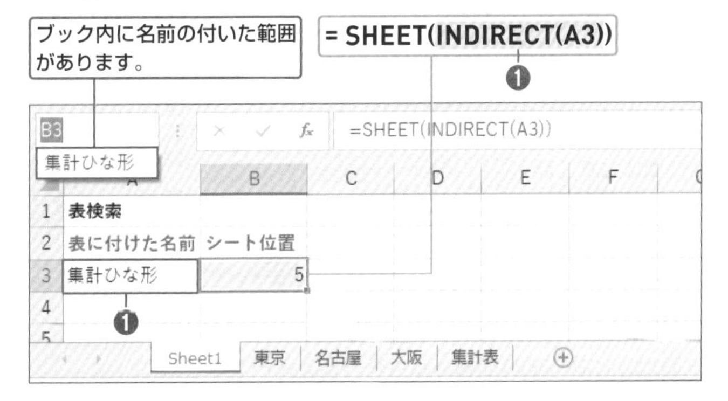

❶SHEET関数の[値]にINDIRECT関数を指定し、セル[A3]の値をセル範囲に付けた名前と認識して、ブック内のシート位置を求めます。

SECTION 053

エラー表示を回避する

キーワード　シートの有無の判定

IFERROR エラー値を指定した値で表示する	**=IFERROR(値,エラーの場合の値)** [値]がエラーの場合は、[エラーの場合の値]を表示します。
IF 条件を判定して処理を2つに分ける	**=IF(論理式,値が真の場合,値が偽の場合)** [論理式]にISERROR関数を指定すると、エラーの場合とエラー以外の場合の処理に分けることができます。
ISERROR テストの対象がエラーかどうか判定する	**=ISERROR(テストの対象)** [テストの対象]がエラーかどうか判定します。エラーの場合はTRUE、エラーでない場合はFALSEを返します。

目的　ブック内に指定したシートがない場合は「存在しません」と表示する

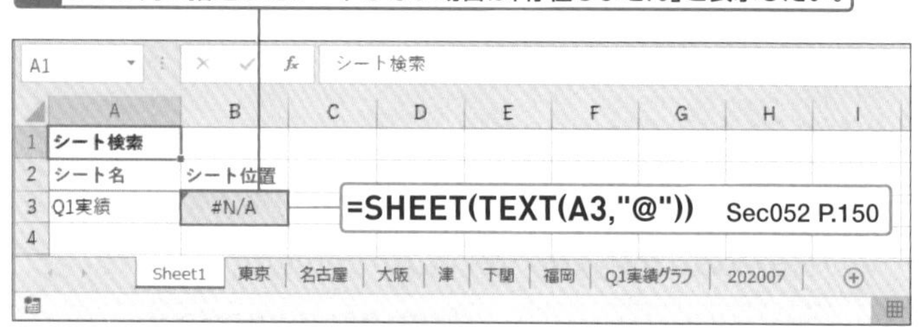

方法

●エラーになってから処理を加える

ブック内に存在しないシート名を指定すると[#N/A]エラーになります。エラー値を確認してから、エラー値を回避するためのIFERROR関数、または、IF関数とISERROR関数を肉付けするように追加します。

●IFERROR関数の[値]とISERROR関数の[テストの対象]はSHEET関数

エラーかどうかを判定する対象は、SHEET関数の戻り値です。

●IF関数とISERROR関数の組み合わせは式が長くなる

IF関数の中に同じSHEET関数が2つ指定されます。1つは、IF関数の[論理式]に指定するISERROR関数の引数、もう1つは、[値が偽の場合]、つまり、ISERROR関数の判定がエラーではない場合です。

数式解説

●IFERROR関数の場合 Sec53_1

= IFERROR(SHEET(TEXT(A3,"@")),"存在しません")

❷

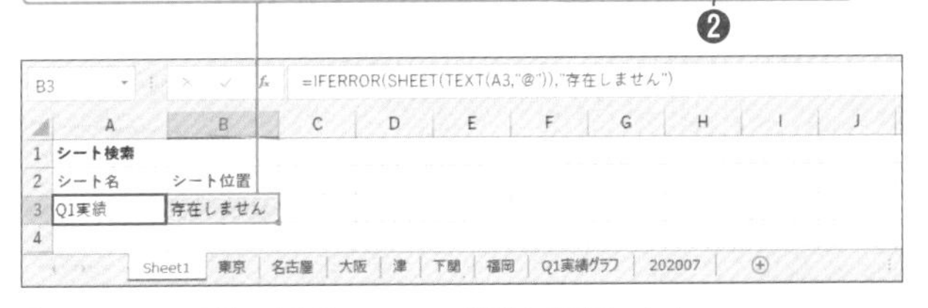

❶IFERROR関数の[値]にSHEET関数を指定します。

❷[エラーの場合の値]に「"存在しません"」と指定します。ここでは、ブック内に「Q1実績」シートはないため、「存在しません」と表示されます。

●IF関数とISERROR関数の組み合わせの場合 Sec53_2

=IF(ISERROR(SHEET(TEXT(A3,"@"))),"存在しません",SHEET(TEXT(A3,"@")))

❷ ❸ ❹

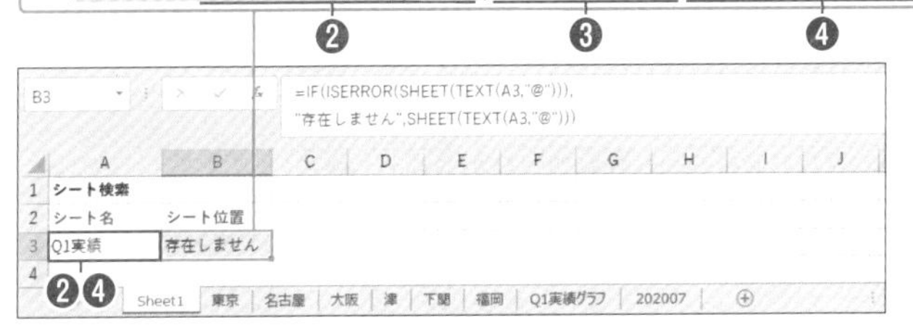

❶IF関数の[論理式]にISERROR関数を指定します。

❷ISERROR関数の[テストの対象]にSHEET関数を指定し、エラーかどうか判定します。

❸ISERROR関数の戻り値がエラーの場合は[値が真の場合]が実行され、「存在しません」と表示します。

❹ISERROR関数の戻り値がエラーでない場合は、SHEET関数の戻り値を表示するため、[値が偽の場合]にSHEET関数を指定します。

Memo

IFERROR関数とISERROR関数の使い分け

エラーを回避するだけなら、IFERROR関数、エラー判定後に処理を2つに分けるときは、IF関数にISERROR関数を組み合わせます。なお、令和に入ってもExcel97-2003形式のファイルが当時のまま運用されています。当時のエラー回避はIF関数とISERROR関数の組み合わせのため、少なくとも読めるようにしておく必要があります。

SECTION 054

未記入項目がある場合はメッセージを表示する

キーワード 未記入の処理

SUMPRODUCT 配列の要素を合計する	**=SUMPRODUCT(配列)** [配列]が1つの場合は、配列の要素の合計を返します。[配列]に条件判定する式を指定し、[配列]の要素を判定に応じて1と0に変換すれば、条件に合う個数が求められます。
TRIM 余分な空白を削除する	**=TRIM(文字列)** 指定した1つの[文字列]の単語間の最初の空白文字を1つ残し、残りの余分な空白文字を削除します。見た目が空白に見えるセルに含まれる空白文字も削除します。
IF 条件を判定して処理を2つに分ける	**=IF(論理式,値が真の場合,値が偽の場合)** 基本動作はSec013 P.58参照。[論理式]の戻り値は論理値です。戻り値が論理値になる典型例は比較式です。比較式の左辺、右辺には、数式や関数を指定できます。

目的 空白文字のみのセルを未記入として認識しメッセージを表示する

セミナー申し込みフォームの未記入をチェックします。

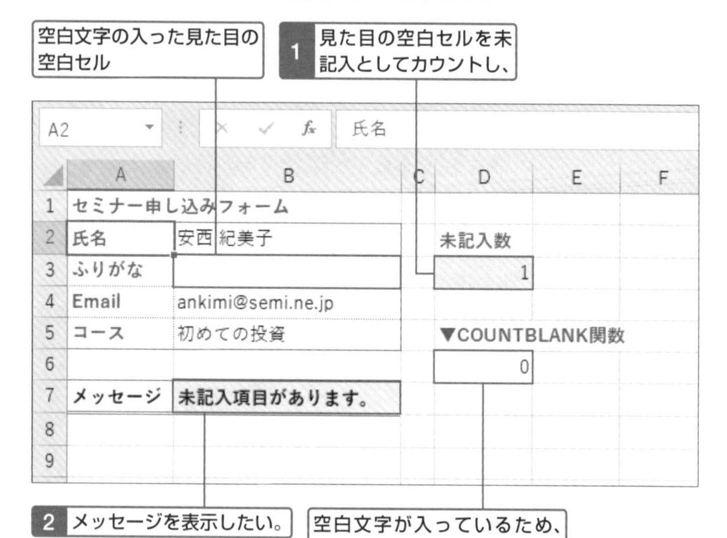

第4章 データを判定する技

方法

●SUMPRODUCT関数で申し込みフォームの空白をチェックする

TRIM関数で余分な空白を削除した申し込みフォームを配列とみなし、各要素が空白かどうか判定します。判定結果に1を掛けて1と0で構成される配列とし、配列の要素を合計すれば未記入数が求められます。

●SUMPRODUCT関数にTRIM関数を組み合わせる

TRIM関数は通常、1つの文字列が操作対象ですが、SUMPRODUCT関数と組み合わせることにより、配列を指定できます。つまり、TRIM(B2:B5)と指定でき、個々の要素(セル)に対してTRIM関数が実行可能となります。

数式解説 Sec54

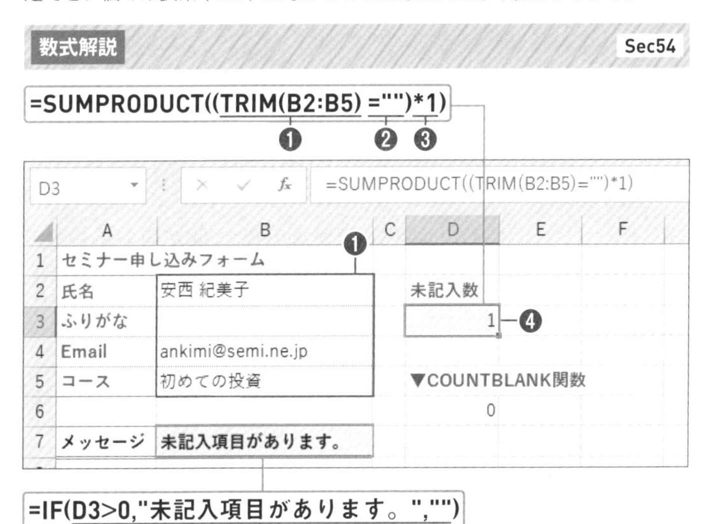

❶セル範囲[B2:B5]を配列と見なし、TRIM関数の[文字列]に指定します。セル[B3]では、余分な空白が削除され、空白セルになります。
❷余分な空白文字を削除した配列の個々の要素が空白かどうかを判定します。空白セルとなったセル[B3]は、比較式「=""」でTRUEになります。
❸判定結果に1を掛けて数値化します。TRUEは1に変換されます。
❹未記入数のセル[D3]が0より大きい、つまり、未記入がある場合は、「未記入項目があります。」とメッセージを表示します。未記入がない場合は、何も表示しません。

参照セクション
Sec015 配列内で条件に一致するデータの合計を求める
Sec024 年代別人数を求める

SECTION 055

データ型をチェックする

キーワード　データ型

関数	書式・説明
TYPE 指定した値のデータ型を整数で返す	**=TYPE(値)** 指定した[値]のデータ型を、対応する整数で返します。
DATEVALUE 日付文字列を日付に変換する	**=DATEVALUE(日付文字列)** [日付文字列]には日付と認識できる文字列を指定します。TEXT関数で変換した日付文字列を指定できます。
TEXT 値を、指定した表示形式の文字列に変換する	**=TEXT(値,表示形式)** [値]を、指定した[表示形式]の文字列に変換します。日付を西暦で表示するには、[表示形式]に「"yyyy/m/d"」と指定します（その他の表示形式は付録 P.366参照）。
IF 条件によって処理を分ける	**=IF(論理式,値が真の場合,値が偽の場合)** [論理式]に指定した条件が成立する場合は[値が真の場合]を実行し、成立しない場合は[値が偽の場合]を実行します。

データ型	数値	文字列	論理値	エラー値	配列
戻り値	1	2	4	16	64

目的　日付が入力されているかどうかチェックする

入会日が日付として入力されていない場合は「確認」と表示します。

1 入会日をもとに、

2 入会日が日付でない場合は確認と表示したい。

	B	C	D	E	F	G	H
1	氏名	入会日	データ型	入会日チェック			
2	青山 春樹	2019/3/27	1	2019/3/27			
3	吉村 一哉	20190412	1	#VALUE!	確認		
4	湯浅 倫美	2019/7/16	1	2019/7/16			
5	近藤 華		1	#VALUE!	確認		
6	木村 佑月	R2.8.11	1	2020/8/11			
7	斉藤 耕哉	2020-09-25	1	2020/9/25			
8							
9							
10							

単純にTYPE関数で入会日のデータ型を調べても、数値、日付、空白ともに数値と見なされ1になります。

方法

●TEXT関数で入会日を日付文字列に変換する

日付は数値の一種なのでTYPE関数で1が返るのは当然です。ここでは、まず、TEXT関数で入会日の各値を日付文字列に変換します。

●日付文字列をDATEVALUE関数で日付に戻せるかどうかを調べる

TEXT関数で変換した日付文字列をDATEVALUE関数の引数に指定して、日付として認識されるかどうかをチェックします。

数式解説 Sec55

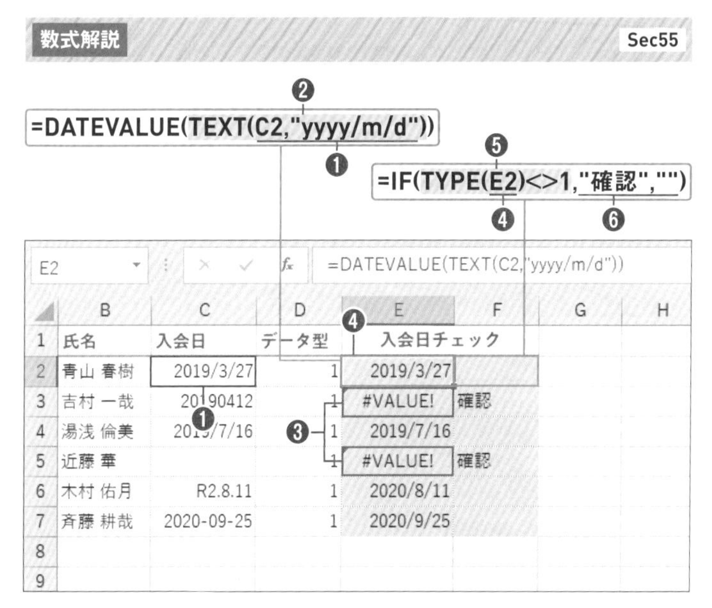

❶TEXT関数の[値]に入会日のセル[C2]、[表示形式]に「"yyyy/m/d"」と指定し、入会日を西暦の日付文字列に変換します。
❷❶の日付文字列をDATEVALUE関数の[日付文字列]に指定し、日付に変換します。
❸DATEVALUE関数で日付として認識できなかった場合は[#VALUE！]エラーになります。
❹TYPE関数の[値]にDATEVALUE関数で求めた値のセル[E2]を指定し、データ型を求めます。日付として認識される場合は、データ型は1になります。
❺IF関数の[論理式]では、TYPE関数の戻り値が1以外かどうかを判定します。
❻判定結果に応じ、TYPE関数の戻り値が1以外の場合は「確認」と表示し、1の場合は何も表示しません。

SECTION 056

成績順位の上位70%を合格と判定する

キーワード 順位による分岐処理

PERCENTRANK.INC データの順位を百分率で求める	**=PERCENTRANK.INC(配列,数値)** 指定した[数値]の[配列]内での順位を、下から数えた百分率で返します。
IF 条件を判定して処理を2つに分ける	**=IF(論理式,値が真の場合,値が偽の場合)** 基本動作はSec013 P.58参照。[論理式]の戻り値は論理値です。戻り値が論理値になる典型例は比較式です。比較式の左辺、右辺には、数式や関数を指定できます。

目的 得点の上位70%を合格と判定する

1 得点をもとに、 2 上位70%を合格と判定したい。

	A	B	C	D	E	F
1	成績表					
2	氏名	得点	合否		▼合否基準	
3	青山 公佳	834	合格		下位30%は不合格	
4	井上 祥佑	595				
5	宇佐美 翔	778	合格			
6	雨宮 香澄	579				
21	矢川 雄輝	600	合格			
22	吉野 達也	605	合格			
23						
24						

方法

●上位70%を下位30%以上と言い換える

PERCENTRANK.INC関数は、下位から数えた順位を返すため、上位70%を合格にするには、得点が下位30%以上である、と言い換えます。

●無関係な値が入らないことを前提に列単位で指定する

PERCENTRANK.INC関数の[配列]には、得点データを指定します。得点に無関係な数値が入り込まない前提があれば、列単位で指定できます。絶対参照の指定が不要になり、データの追加にも対応可能です。

=IF(PERCENTRANK.INC(B:B,B3)>=30%,"合格","")

❷ ❶ ❸

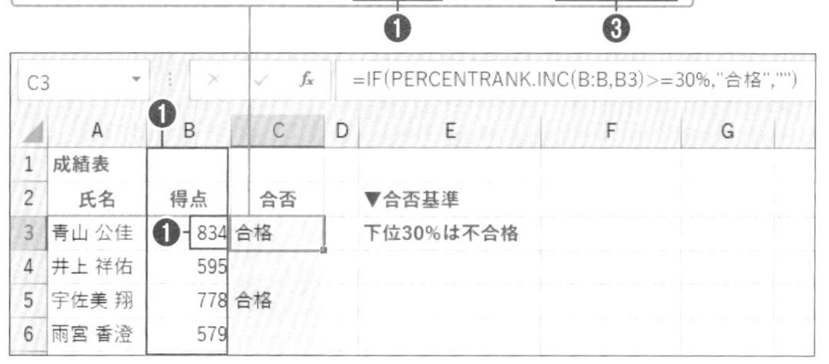

❶PERCENTRANK.INC関数の[配列]に得点の入ったB列全体を指定し、[値]に指定したセル[B3]の順位を百分率で求めます。

❷IF関数の[論理式]です。❶で求めた百分率の順位が下から30%以上かどうか判定します。

❸条件を満たす場合は「合格」と表示します。条件を満たさない場合の処理は指定されていないため、暗黙の了解で長さ0の文字列を指定します。

Memo

合否基準の得点を求める

合否基準の下位30%の得点は、PERCENTILE.INC関数で求めます。この関数は、下位30%相当の得点を抽出するのではなく、下位30%に位置する値を計算します。計算値はパーセンタイル値（百分位数）といいます。

PERCENTILE.INC 百分位数を求める	**=PERCENTILE.INC(配列,率)** [配列]の数値を小さい方から並べたときの[率]に位置する値を求めます。[率]は0～1（0%～100%）で指定します。

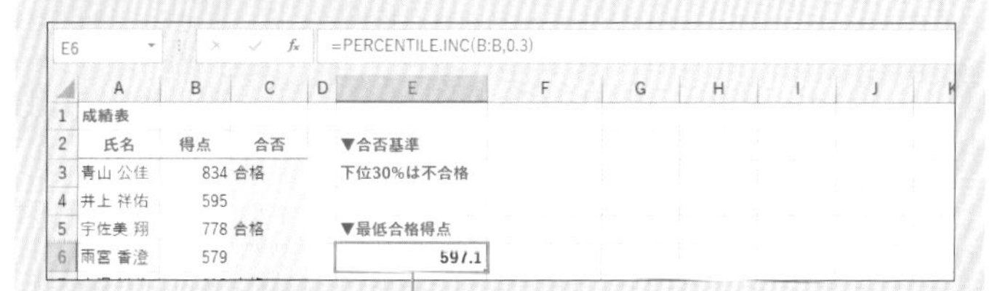

=PERCENTILE.INC(B:B,0.3)
得点データを小さい順に並べ、下位30%に位置する値を計算して求めています。

SECTION 057

誤差を許容して2つの数値を比較する

キーワード　数値比較

IF 条件を判定して処理を2つに分ける	=IF(論理式,値が真の場合,値が偽の場合) [論理式]にAND関数やOR関数を指定すると、複数の条件をまとめて判定できます。基本動作はSec013 P.58参照。
AND すべての条件を満たすかどうか判定する	=AND(論理式1,論理式2,…) [論理式]に指定したすべての条件が成立する場合のみTRUEを返します。IF関数の[論理式]に組み合わせると、判定結果を論理値以外の値を返すことができます。

目的　測定値が理論値の±1%を超えたら再測定と表示する

1 理論値と測定値を比較し、

	A	B	C	D	E
1	測定結果				
2	No	理論値	測定値	誤差判定	
3	1	50.30	49.22	再測定	
4	2	50.80	50.55		
5	3	50.70	---	再測定	
6	4	50.20	50.35		
7	5	50.50		再測定	
8	6	50.40	50.66		
9					
10					
11					

2 誤差が±1%を超えていたら再測定と表示したい。

方法

●誤差±1%以内の判定はAND関数で行う

条件は主語を付けて、文言を省略せずに整理します。ここでは、測定値が理論値の0.99倍以上、かつ、測定値が理論値の1.01倍以下かどうかです。

●IF関数の[論理式]にAND関数を組み合わせる

AND関数の戻り値は論理値のため、IF関数の[論理式]にAND関数を直接指定します。

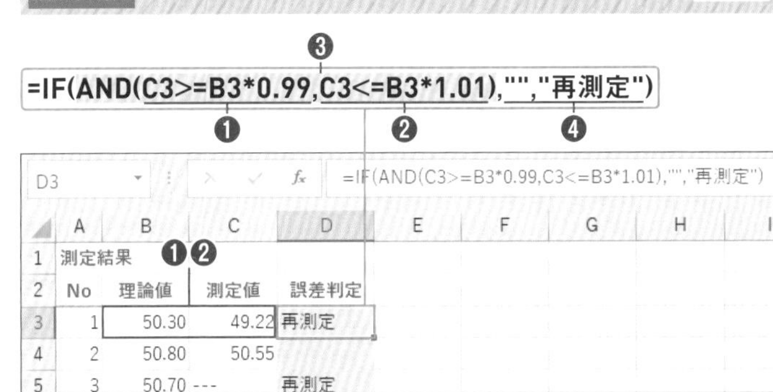

❶測定値のセル[C3]は、理論値のセル[B3]の0.99倍以上かどうか判定します。
❷測定値のセル[C3]は、理論値のセル[B3]の1.01倍以下かどうか判定します。
❸IF関数の[論理式]です。AND関数の戻り値によって処理を分岐します。
❹測定値が理論値の±1%以内の場合は、長さ0の文字列を指定し、何も表示しません。±1%を超えたら「再測定」と表示します。

Hint

2つの数値の同値比較

2つの数値が等しいかどうかを判定するにはDELTA関数を利用します。戻り値は1、または、0ですが、1はTRUE、0はFALSEに対応するのでIF関数の[論理式]に指定できます。

DELTA 2つの数値を比較する	**=DELTA(数値1[,数値2])** [数値1]と[数値2]（省略した場合は0）を比較し、等しい場合は1、等しくない場合は0を返します。

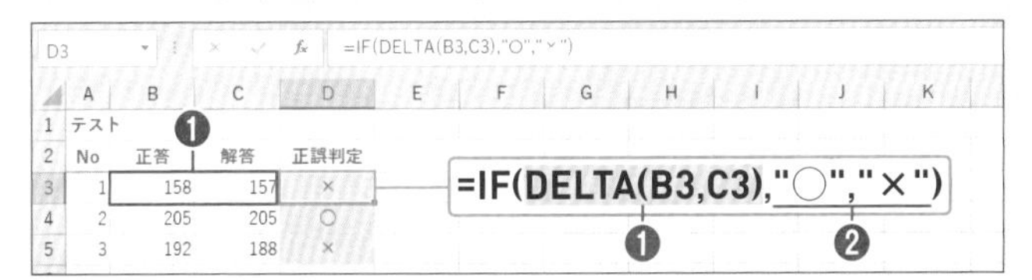

❶IF関数の[論理式]にDELTA関数を指定します。DELTA関数では、正答と解答の数値を比較し、等しい場合は1、等しくない場合は0を返します。
❷DELTA関数の戻り値の1と0は、TRUEとFALSEと解釈され、1の場合は「○」を表示し、0の場合は「×」を表示します。

参照セクション
Sec051 複数条件を付けて処理を2つに分ける

SECTION 058

全角／半角は区別せずに2つの文字列を比較する

キーワード 文字列比較

関数	書式・説明
EXACT 2つの文字列が等しいかどうか判定する	**=EXACT(文字列1,文字列2)** [文字列1]と[文字列2]が、一致する場合はTRUE、一致しない場合はFALSEを返します。文字列の全角と半角、英字の大文字、小文字の違いを区別します。
IF 条件を判定して処理を2つに分ける	**=IF(論理式,値が真の場合,値が偽の場合)** [論理式]にEXACT関数を指定すると、文字列が一致する場合と一致しない場合の処理に分けることができます。
JIS 文字列を全角に変換する	**=JIS(文字列)** [文字列]を全角文字に変換します。

目的 フリガナの読みが一致しているかどうか判定する

全角と半角が混在するフリガナの読みが一致しているかどうか判定します。

1 2つのフリガナの読みを比較し、

2 読みが一致しない場合は「確認」と表示したい。

	A	B	C	D	E
1	データチェック				
2	氏名	フリガナA	フリガナB	文字列比較	
3	結城 加奈子	ユウキ カナコ	ﾕｳｷ ｶﾅｺ		
4	角田 佳史	ツノダ ヨシフミ	ｶｸﾀ ﾖｼﾌﾐ	確認	
5	倉田 正敬	クラタ マサタカ	クラタ ﾏｻﾀｶ		
6	谷口 翔	タニグチ カケル	タニグチ ショウ	確認	
7	東 真紀	ヒガシ マキ	アズマ ﾏｷ	確認	

方法

●JIS関数で全角文字に変換したフリガナ同士を比較する

全角と半角を無視して読みを比較するには、JIS関数で2つのフリガナを全角文字に変換し、これをEXACT関数で比較します。

●IF関数の[論理式]にEXACT関数を組み合わせる

EXACT関数の戻り値は論理値のため、IF関数の[論理式]に組み合わせることにより、判定結果を論理値以外の値で表示することができます。

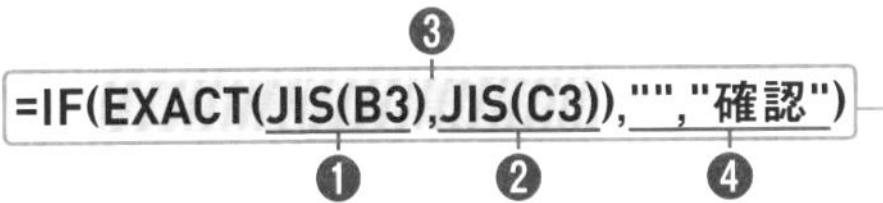

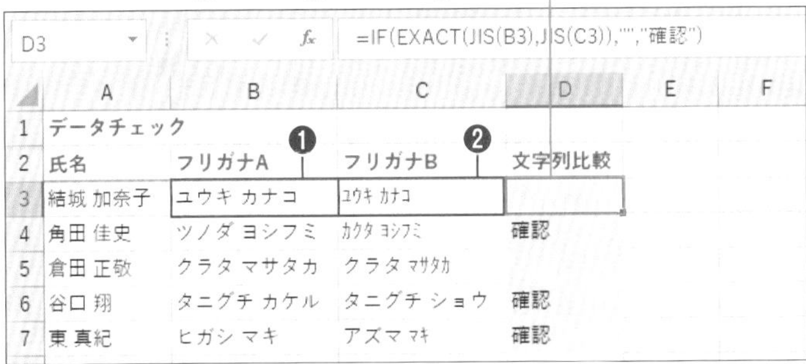

❶フリガナAのセル[B3]をJIS関数の[文字列]に指定し、カタカナを全角文字に変換します。全角に変換した文字列をEXACT関数の[文字列1]に指定します。
❷フリガナBのセル[C3]についても❶と同様です。
❸IF関数の[論理式]です。EXACT関数の戻り値により、処理を分けます。
❹フリガナの読みが同じ場合は、長さ0の文字列を指定し、何も表示しません。読みが異なる場合は、「確認」と表示します。

Memo

ASC関数で半角文字に揃えてから比較する

カタカナの読みを比較する場合、JIS関数をASC関数に置き換えて、半角カタカナに揃えてから比較することもできます。

ASC 文字列を半角に変換する	=ASC(文字列) [文字列]を半角文字に変換します。半角のない文字列（ひらがな、漢字）はそのままの値を返します。

=IF(EXACT(ASC(B3),ASC(C3)),"","確認")

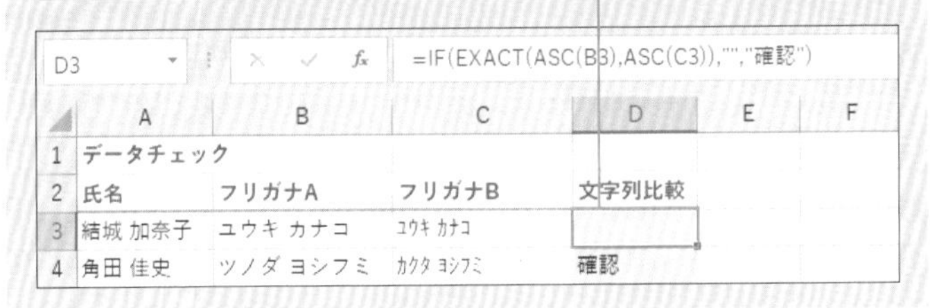

SECTION 059

番号の偶数と奇数で2班に分ける

キーワード　偶数と奇数の判定

ISODD 数値が奇数かどうか判定する	=ISODD(数値) [数値]が奇数の場合はTRUE、偶数の場合はFALSEを返します。
IF 条件を判定して処理を2つに分ける	=IF(論理式,値が真の場合,値が偽の場合) [論理式]に指定する条件が成立する場合は[値が真の場合]、条件が成立しない場合は[値が偽の場合]を実行します。
RIGHT 文字列の右端から文字を取り出す	=RIGHT(文字列[,文字数]) 指定した[文字列]の右端（末尾）から指定した[文字数]を取り出します。[文字数]を省略すると、1文字を取り出します。

目的　学生番号の末尾2桁を利用して2班に分ける

学生番号の末尾2桁を取り出し、偶数、奇数判定をして2班に分けます。

1 学生番号の末尾2桁をもとに、
2 1班と2班に分けたい。

	A	B	C	D	E	F	G
1	班分け						
2	学生番号	氏名	班分け				
3	2020EC01	麻生 春奈	1班				
4	2020EC02	伊藤 将太	2班				
5	2020EC03	西本 葉子	1班				
14	2020EC12	佐倉 康平	2班				
15	2020EC13	深山 果歩	1班				
16	2020EC14	作本 夏樹	2班				

方法

●RIGHT関数で末尾2桁を取り出し、ISODD関数で判定する

RIGHT関数の戻り値は「01」などの文字列ですが、ISODD関数で内部的に「1」と解釈され、偶数と奇数の判定を行うことができます。

●IF関数の[論理式]にISODD関数を組み合わせ

ISODD関数の戻り値は論理値のため、IF関数の[論理式]に組み合わせることにより、判定結果を論理値以外の値で表示することができます。

=IF(ISODD(RIGHT(A3,2)),"1班","2班")

❶ RIGHT(A3,2) ❷ ISODD(RIGHT(A3,2)) ❸ "1班","2班"

C3 =IF(ISODD(RIGHT(A3,2)),"1班","2班")

	A	B	C
1	班分け		
2	学生番号	氏名	班分け
3	2020EC01	麻生 春奈	1班
4	2020EC02	伊藤 将太	2班
5	2020EC03	西本 葉子	1班
6	2020EC04	森田 修宏	2班

❶学生番号の末尾2桁を取り出すため、RIGHT関数の[文字列]にセル[A3]、[文字数]には「2」を指定し、取り出した値をISODD関数の[数値]に指定します。
❷IF関数の[論理式]です。ISODD関数の戻り値により、処理を分けます。
❸奇数の場合は「1班」、偶数の場合は「2班」と表示されます。

Memo

ISEVEN関数で偶数の判定を利用することもできる

ISODD関数は奇数かどうかを判定しますが、ISEVEN関数は偶数かどうかを判定します。戻り値は逆になるため、作例の場合はIF関数の処理を入れ換えます。

ISEVEN 数値が偶数かどうか判定する	**=ISEVEN(数値)** [数値]が偶数の場合はTRUE、偶数の場合はFALSEを返します。

=IF(ISEVEN(RIGHT(A3,2)),"2班","1班")

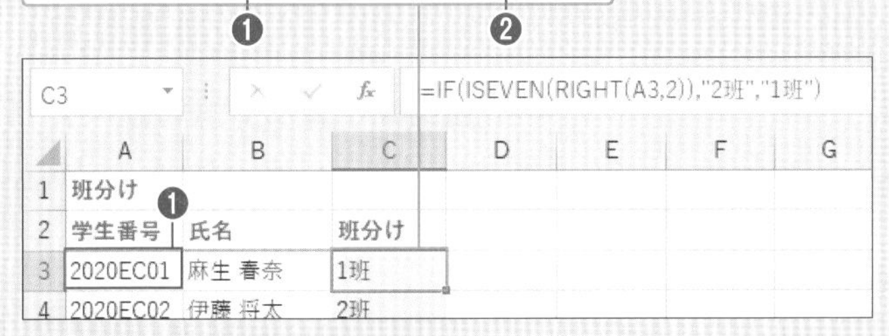

❶ISODD関数の代わりにISEVEN関数に置き換えます。
❷ISEVEN関数の戻り値は偶数の場合にTRUEとなるため、IF関数の処理を入れ換え、偶数の場合は「2班」、奇数の場合は「1班」となるようにします。

SECTION 060

情報関数を利用する

キーワード IS関数 情報関数

ISBLANK	引数が空白かどうか判定します。
ISNA ISERR ISERROR	引数がエラーかどうか判定しますが、判定できるエラー値が異なります。ISNAは[#N/A]のみ、ISERRは[#N/A]を除くエラー値、ISERRORはエラー値全般を判定します。
ISNUMBER	引数が数値かどうかを判定します。
ISTEXT ISNONTEXT	ISTEXTは引数が文字列かどうか、ISNONTEXTは引数が文字列以外かどうかを判定します。
ISLOGICAL	引数が論理値かどうか判定します。
ISREF	引数がセル参照かどうか判定します。
ISFORMURA	引数が数式かどうか判定します。
ISODD ISEVEN	ISODDは引数が奇数かどうか、ISEVENは引数が偶数かどうか判定します。

目的・数式解説 数式が残っていないかどうか確認する Sec60

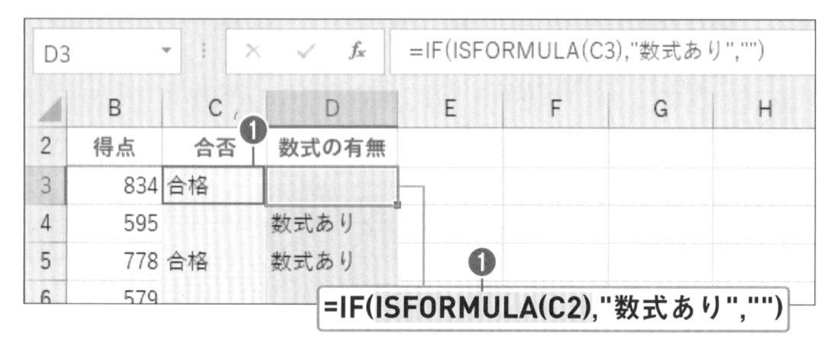

❶IF関数の[論理式]にISFORMURA関数を組み合わせ、セル[C2]以降の各セルに数式が入力されている場合は「数式あり」と表示します。

方法

●IS関数をIF関数の[論理式]に組み合わせる

ISで始まる関数はIS関数と呼ばれ、戻り値は論理値です。IF関数の[論理式]に組み合わせると論理値以外の値でIS関数の結果を表示できます。

第5章

日付・時刻を計算する技

SECTION 061

日付を令和元年と表示する

キーワード 和暦表示

IF 条件を判定して処理を2つに分ける	**=IF(論理式,値が真の場合,値が偽の場合)** [論理式]にAND関数を指定すると、複数の条件をまとめて判定できます。基本動作はSec013 P.58参照。
AND すべての条件を満たすかどうか判定する	**=AND(論理式1,論理式2,…)** 日付が期間内かどうかを判定する場合は、日付が開始日以降、かつ、日付が開始日以下と指定します。基本動作はSec012 P.56参照。
TEXT 値を指定した表示形式の文字列に変換する	**=TEXT(値,表示形式)** [値]を指定の[表示形式]の文字列に変換します。和暦の日付文字列は「"ggge年m月d日"」を指定します。

目的 条件に応じた施設情報を検索する

パソコンの使用環境によって令和1年となる和暦を令和元年と表示します。

方法

●IF関数の[論理式]にAND関数を組み合わせ、日付の令和元年を判定する

日付が令和元年かどうか判定します。令和元年は2019/5/1以降、同年12/31までです。ここでは、セル[D2]とセル[E2]を利用します。

●TEXT関数で和暦にする

和暦年を元号で表示する場合は「ggge」を指定しますが、日付が令和元年の場合は、「令和元年」と指定します。月日の表示形式は「m月d日」です。

Memo

令和元年の対応

パソコンの使用環境によっては、セルの表示形式を変更すれば令和元年と表示されます。

```
=IF(AND(A2>=$D$2,A2<=$E$2),
TEXT(A2,"令和元年m月d日"),TEXT(A2,"ggge年m月d日"))
```

❶ ❷ ❸

	A	B	C	D	E	F	G	H	I
1	日付	和暦表示		令和元年の期間					
2	2019/3/25	平成31年3月25日		2019/5/1	2019/12/31				
3	2019/5/2	令和元年5月2日							
4	2019/12/31	令和元年12月31日							
5	2020/1/1	令和2年1月1日							

❶IF関数の[論理式]にAND関数を組み合わせ、日付のセル[A2]が令和元年の期間内かどうか判定します。
❷❶の判定結果がTRUEの場合は、「令和元年」と表示されるように、TEXT関数の[表示形式]に「"令和元年m月d日"」を指定します。
❸❷と同様にTEXT関数を指定しますが、令和元年以外は、元号の表示形式「ggge」を指定します。

StepUp

令和元年の期間を引数に直接指定する

AND関数で「2019/5/1」「2019/12/31」を日付として認識させるには、VALUE関数を利用します。P.156のDATEVALUE関数も利用可能です。

VALUE 文字列を数値に変換する	=VALUE(文字列)
	文字列扱いの数字を[文字列]に指定し、計算可能な数値に変換します。日付文字列の数値(シリアル値)変換に利用可能です。

```
=IF(AND(A2>=VALUE("2019/5/1"),A2<=VALUE("2019/12/31")),
TEXT(A2,"令和元年m月d日"),TEXT(A2,"ggge年m月d日"))
```

	A	B	C	D	E	F	G	H
1	日付	和暦表示						
2	2019/3/25	平成31年3月25日						
3	2019/5/2	令和元年5月2日						
4	2019/12/31	令和元年12月31日						

セル参照は不要になります。

SECTION 062

65歳に達する日を求める

キーワード 年齢計算

DATE 日付データを作成する	**=DATE(年,月,日)** [年][月][日]に指定する整数をもとに、日付データ（シリアル値）を作成します。
YEAR 日付の年を取り出す	**=YEAR(シリアル値)** [シリアル値]に指定する日付データ（シリアル値）から西暦4桁の「年」を整数で取り出します。
MONTH 日付の月を取り出す	**=MONTH(シリアル値)** [シリアル値]に指定する日付データ（シリアル値）から「月」を1～12の整数で取り出します。
DAY 日付の日を取り出す	**=DAY(シリアル値)** [シリアル値]に指定する日付データ（シリアル値）から「日」を1～月末日の整数で取り出します。

目的 生年月日から満65歳の前日を求める

	A	B	C
1	氏名	生年月日	65歳に達する日
2	田中 真由子	1956/4/25	2021/4/24
3	斉藤 一哉	1958/3/20	2023/3/19
4	吉本 祐子	1960/10/18	2025/10/17
5	遠藤 由香里	1968/7/3	2033/7/2
6	筒香 聡	1959/5/3	2024/5/2
7			
8			
9			

1 生年月日から、

2 満65歳の前日を求めたい。

方法

●DATE関数にYEAR／MONTH／DAY関数を組み合わせる

DATE関数は3つの整数からシリアル値を作成します。その3つの整数は、YEAR／MONTH／DAY関数の戻り値です。以下の関係が成立します。

=DATE(YEAR(シリアル値),MONTH(シリアル値),DAY(シリアル値))

▼ 65歳に達する日

=DATE(YEAR(生年月日)+65,MONTH(生年月日),DAY(生年月日)-1)

=DATE(YEAR(B2)+65,MONTH(B2),DAY(B2)-1)

❶ ❷ ❸

C2 =DATE(YEAR(B2)+65,MONTH(B2),DAY(B2)-1)

	A	B	C	D	E	F
1	氏名	生年月日	65歳に達する日			
2	田中 真由子	1956/4/25	2021/4/24			
3	斉藤 一哉	1958/3/20	2023/3/19			
4	吉本 祐子	1960/10/18	2025/10/17			
5	遠藤 由香里	1968/7/3	2033/7/2			
6	簡香 聡	1959/5/3	2024/5/2			

❶YEAR関数で生年月日のセル[B2]から生年の「1956」を取り出し、65年後の「65」を足して、DATE関数の[年]に指定します。
❷MONTH関数で生年月日の「4」月を取り出し、DATE関数の[月]に指定します。
❸DAY関数は生年月日の「25」日を取り出し、1を引いて前日とし、DATE関数の[日]に指定します。

Memo

日付を年月日に分解し、加工して、もう一度日付(シリアル値)に戻す

YEAR／MONTH／DAY関数は日付を年、月、日に分解、DATE関数は年、月、日から日付を形成します。この関係性を押さえておけば、分解した年、月、日を加工してから、別の日付に作り替えることが可能です。

Memo

65歳に達した月末日を求める

月末は、翌月1日の前日です。65歳に達した月末日とは、生年月日の年に65、月に1をそれぞれ加え、日は1として日付を作り直し、作り直した日付から1日を引いた日付です。

=DATE(YEAR(B2)+65,MONTH(B2)+1,1)-1

❶ ❷

C2 =DATE(YEAR(B2)+65,MONTH(B2)+1,1)-1

	A	B	C	D	E	F	G	H
1	氏名	生年月日	65歳の月末日					
2	田中 真由子	1956/4/25	2021/4/30					
3	斉藤 一哉	1958/3/20	2023/3/31					
4	吉本 祐子	1960/10/18	2025/10/31					

❶生年月日をもとに分解した月の翌月1日となります。
❷生年月日をもとに分解した年、月、日から65年後の誕生月の翌月1日から1を引いて、65歳に達した月の月末日になります。

SECTION 063

本日時点の満年齢を求める

キーワード　年齢計算

DATEDIF 開始日から終了日までの期間を返す	**=DATEDIF(開始日,終了日,単位)** [開始日]から[終了日]までの期間を、指定した[単位]で返します。

単位	種類
"Y"	満年数
"M"	満月数
"D"	満日数
"YM"	1年未満の月数
"YD"	1年未満の日数
"MD"	1ヵ月未満の日数

TODAY 本日の日付を求める	**=TODAY()** パソコンの内部時計を参照して本日の日付を返します。引数には何も指定してはいけません。

目的　生年月日から現時点の満年齢を求める

	A	B	C
1	氏名	生年月日	満年齢
2	田中 真由子	1956/4/25	64
3	斉藤 一哉	1958/3/20	62
4	吉本 祐子	1960/10/18	60
5	遠藤 由香里	1968/7/3	52
6	简香 聡	1959/5/3	61
7			
8			

1 生年月日から、

2 満年齢を求めたい。

方法

●開始日は生年月日、終了日は本日、単位は満年数を指定する

生年月日から現時点の満年齢を求めるには、生年月日から本日までの年数を求めます。単位は小文字でも指定可能です。

●TODAY関数の代わりにNOW関数を利用できる

TODAY関数の代わりに現在の日付と時刻を求めるNOW関数を利用することもできます。NOW関数も内部時計を参照するため、引数はありません。

=DATEDIF(B2,TODAY(),"Y")
❶ B2　❷ TODAY()　❸ "Y"

C2　=DATEDIF(B2,TODAY(),"Y")

	A	B	C	D	E
1	氏名	生年月日	満年齢		
2	田中 真由子	1956/4/25	64		
3	斉藤 一哉	1958/3/20	62		
4	吉本 祐子	1960/10/18	60		
5	遠藤 由香里	1968/7/3	52		
6	筒香 聡	1959/5/3	61		

❶[開始日]に生年月日のセル[B2]を指定します。
❷[終了日]に、本日の日付を求めるTODAY関数を指定します。
❸満年数を求めるため、[単位]には「"Y"」を指定します。

Memo

DAYS関数は満日数を求める

DAYS関数の戻り値は、DATEDIF関数において、単位を「"D"」にした場合と同様です。しかし、DAYS関数で求めた満日数から満年数を求めるのは推奨しません。1年365日で計算すると、うるう年の誤差が発生します。

DAYS 2つの期間の満日数を求める	**=DAYS(終了日,開始日)**　2016以降 [終了日][開始日]の順に指定して、2つの期間の満日数を求めます。

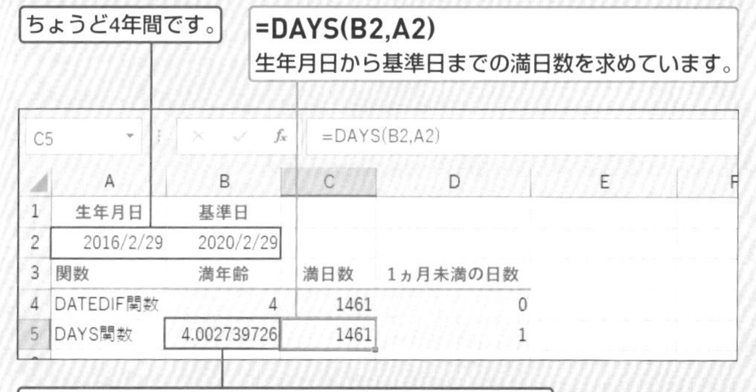

ちょうど4年間です。
=DAYS(B2,A2)
生年月日から基準日までの満日数を求めています。
C5
=DAYS(B2,A2)
生年月日
基準日
2016/2/29
2020/2/29
関数
満年齢
満日数
1ヵ月未満の日数
DATEDIF関数
4
1461
0
DAYS関数
4.002739726
1461
1
1年を365日で換算するとうるう年の誤差が発生します。

SECTION 064

指定した月の営業日を書き出す

キーワード　営業日

WORKDAY.INTL	=WORKDAY.INTL(開始日,日数,週末[,祭日])
指定した営業日数後の日付を求める	[開始日]から[週末]と[祭日]を除く[日数]後の日付を求めます。[週末]は定休日（曜日）に対する番号（右ページMemo）、または、曜日文字列で指定します（P.182）。[日数]に1を指定すると、翌営業日が求められます。
ROWS	=ROWS(配列)
指定した範囲の行数を求める	[配列]に指定するセル範囲の始点のセルを固定し、オートフィルでコピーするたびにセル範囲を1つずつ拡張させて行数をカウントアップします。

目的　2021年5月の営業日を書き出す

定休日は毎週火曜日と水曜日とし、定休日以外の休日表は入力済みです。

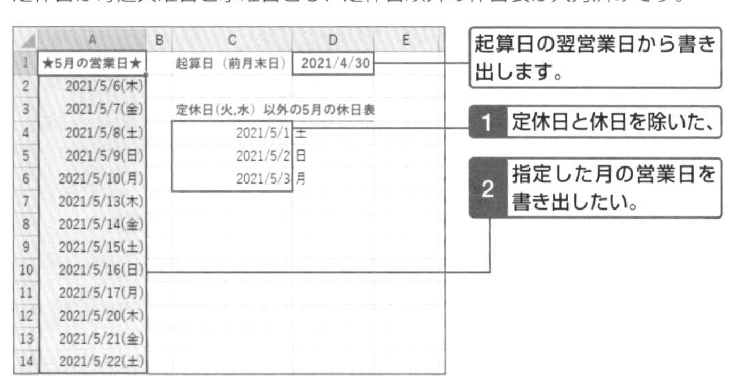

方法

●前月末日の翌営業日が当月の初営業日になる

前月末日を起算日とする1営業日後が、当月の初営業日です。WORKDAY.INTL関数に当てはめると次の構成になります。

=WORKDAY.INTL(前月末日,1,火曜水曜の定休日,定休日以外の休日)

●ROWS関数で営業日数をカウントアップする

当月の営業日を書き出すには、起算日からの[日数]を1,2,3…とカウントアップさせます。ここではROWS関数でカウントアップします。

```
=WORKDAY.INTL($D$1,ROWS($B$2:B2),4,$C$4:$C$6)
```

❶ ❷ ❸ ❹

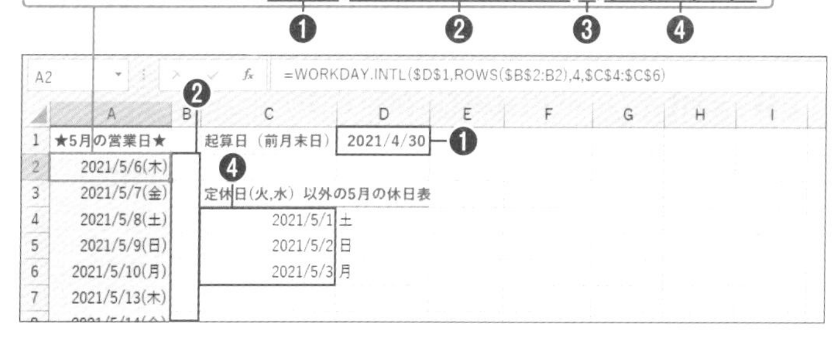

❶［開始日］に起算日のセル［D1］を指定します。

❷［日数］にROWS関数を指定します。オートフィルで下方向にコピーするたびに1ずつカウントアップします。

❸［週末］に「4」を指定し、毎週火曜と水曜を除外します。

❹［祭日］に休日表のセル範囲［C4:C6］を指定します。

Memo

［週末］に指定する値

WORKDAY.INTL関数とNETWORKDAYS.INTL関数の［週末］の指定方法は同じです。関数を入力しながら選択することができます。

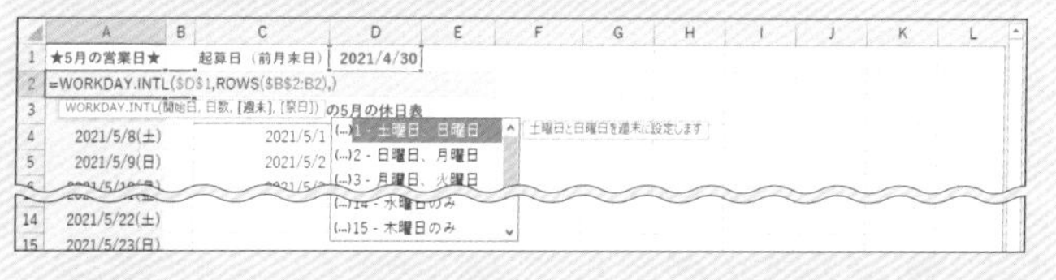

▼［週末］の曜日番号

1（省略）	2	3	4	5	6	7
土日	日月	月火	火水	水木	木金	金土
11	12	13	14	15	16	17
日	月	火	水	木	金	土

Memo

ROWS関数の［配列］に指定するセル範囲は任意

ここでは、関数を入力したセル［A2］と同じ行位置のセル［B2］をROWS関数の引数に利用していますが、任意に選択できます。

参照セクション
Sec022　連番を作成する

SECTION 065

締め日から起算した翌月末日を求める

キーワード 月末日

EOMONTH 月末日を求める	=EOMONTH(開始日,月)
	[開始日]から[月]数後の月末日を求めます。[月]は「0」を開始日の月（当月）とし、負の数は過去の月末日、正の数は未来の月末日を求めます。
DAY 日付の日を取り出す	=DAY(シリアル値)
	[シリアル値]に指定した日付の日を1～月末日のいずれかの整数で取り出します。
IF 条件に応じて処理を2つに分ける	=IF(論理式,値が真の場合,値が偽の場合)
	[論理式]に指定した条件が成立する場合は[値が真の場合]、条件が成立しない場合は[値が偽の場合]を実行します。

目的 毎月20日で締め、翌月末日を求める

請求額の支払日は、請求日を20日で締め、翌月末日払いとします。

1 請求日から、

2 20日締めの翌月末日を求めたい。

	A	B	C	D	E	F	G
1	支払先	請求日	金額	20日締め、翌月末日			
2	クルネット	2021/5/20	258,000	2021/6/30	水		
3	ナレッジ商会	2021/5/21	308,700	2021/7/31	土		
4	技術商店	2021/7/20	237,000	2021/8/31	火		
5	河西印刷所	2021/8/21	458,970	2021/10/31	日		
6	ロジテック	2021/11/20	329,775	2021/12/31	金		
7							
8							

方法

●請求日が20日を超えているかどうかを判定し、支払日を決定する

条件判定に応じた処理はIF関数で行います。IF関数の[論理式]に指定する条件は、DAY関数で取り出した請求日の日が20を超えているかどうかです。

●20日を超える支払日は、請求日の翌々月末日になる

請求日の日が20を超えると翌月扱いとなるため、支払日は請求日の翌々月末日です。EOMONTH関数の[月]に「2」を指定し、翌々月末日を求めます。

=IF(DAY(B2)>20,EOMONTH(B2,2),EOMONTH(B2,1))

❶ DAY(B2)>20　❷ EOMONTH(B2,2)　❸ EOMONTH(B2,1)

D2　=IF(DAY(B2)>20,EOMONTH(B2,2),EOMONTH

	A	B	C	D	E
1	支払先	請求日	金額	20日締め、翌月末日	
2	クルネット	2021/5/20	258,000	2021/6/30	水
3	ナレッジ商会	2021/5/21	308,700	2021/7/31	土
4	技術商店	2021/7/20	237,000	2021/8/31	火
5	河西印刷所	2021/8/21	458,970	2021/10/31	日
6	ロジテック	2021/11/20	329,775	2021/12/31	金
7					

❶IF関数の[論理式]です。DAY関数により、請求日のセル[B2]から日を取り出し、20を超えているかどうか判定します。
❷IF関数の[値が真の場合]にEOMONTH関数を指定し、請求日の翌々月末日が表示されるよう、[開始日]にセル[B2]、[月]に「2」を指定します。
❸IF関数の[値が偽の場合]も同様です。請求日の翌月末日になるようEOMONTH関数を指定します。

Memo

EOMONTH関数の戻り値

EOMONTH関数の戻り値はシリアル値がそのまま表示されます。適宜、セルの表示形式を変更します。作例は、あらかじめセルの表示形式を設定済みです。

セルの表示形式を日付に変更します。

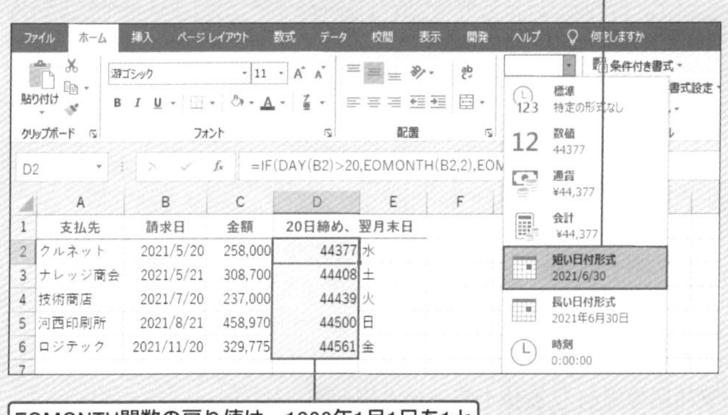

指定日が休日の場合は、直前の営業日に繰り上げる

キーワード　指定日の繰り上げ

関数	書式・説明
WEEKDAY 曜日を番号で表示する	**=WEEKDAY(シリアル値,種類)** [シリアル値]に指定した日付の曜日を[種類]で指定した週初めの曜日を1とする7までの曜日番号で返します。

種類	週初	種類	週初	種類	週初
1,17	日	11	月	14	木
2	月	12	火	15	金
3	月（0）	13	水	16	土

※[種類]が3の場合のみ、月～土を0～6で表示します。

関数	書式・説明
WORKDAY.INTL 指定した営業日数後の日付を求める	**=WORKDAY.INTL(開始日,日数,週末[,祭日])** [週末]に1を指定すると、土日を除きます。[日数]に-1を指定すると1営業日前になります。Sec064 P.174参照。
IF 条件に応じて処理を2つに分ける	**=IF(論理式,値が真の場合,値が偽の場合)** [論理式]に1か0のいずれかになる戻り値を指定すると、1はTRUE（真）、0はFALSE（偽）と見なして各処理を実行します。
COUNTIF 条件に合うセルの個数を求める	**=COUNTIF(範囲,検索条件)** [検索条件]を[範囲]内で検索し、条件に合うセルの個数を求めます。

目的　支払予定日が土日や休日の場合は支払日を1営業日繰り上げる

方法

●支払日の算出① 支払予定日の土日判定

最初は、支払予定日が土日かどうかの判定を行い、土日の場合は1営業日前に繰り上げて補正します。

●支払日の算出② 補正日の休日判定

補正日が休日かどうか、COUNTIF関数で補正日を休日表内で検索します。COUNTIF関数の戻り値は、休日なら1、営業日なら0のどちらかです。

●IF関数の[論理式]にCOUNTIF関数を組み合わせる

ここでのCOUNTIF関数の戻り値は1か0のどちらになるため、IF関数の[論理式]にCOUNTIF関数のみ指定します。1(休日)の場合は、WORDKDAY.INTL関数で1営業日前に繰り上げます。

数式解説 Sec66

=IF(WEEKDAY(A2,2)>5,WORKDAY.INTL(A2,-1,1),A2)

❶ WEEKDAY(A2,2)>5 ❷ WORKDAY.INTL(A2,-1,1) ❸ A2

C2: =IF(WEEKDAY(A2,2)>5,WORKDAY.INTL(A2,-1,1),A2)

	A	B	C	D	E	F	G
1	支払予定日		補正日	支払日		★休日★	
2	2021/6/30	水	2021/6/30	2021/6/29		2021/6/30	創立記念日
3	2021/7/31	土	2021/7/30	2021/7/29		2021/7/30	特別休暇
4	2021/8/31	火	2021/8/31	2021/8/31		2021/12/29	年末休暇
5	2021/10/31	日	2021/10/29	2021/10/29		2021/12/30	年末休暇
6	2021/12/31	金	2021/12/31	2021/12/28		2021/12/31	年末休暇

=IF(COUNTIF($F$2:$F$6,C2),WORKDAY.INTL(C2,-1,1,$F$2:$F$6),C2)

❹ COUNTIF($F$2:$F$6,C2) ❺ WORKDAY.INTL(C2,-1,1,$F$2:$F$6) ❻ C2

❶IF関数の[論理式]で支払予定日のセル[A2]が土日かどうか判定します。判定には、曜日番号を使います。WEEKDAY関数の[種類]を「2」にすると、土日が6,7になります。

❷IF関数の[値が真の場合]にWORKDAY.INTL関数を指定し、[日数]に「-1」、[週末]に土日を除く「1」として、支払予定日の1営業日前を求めます。

❸IF関数の[値が偽の場合]には、支払予定日をそのまま指定します。

❹IF関数の[論理式]です。COUNTIF関数で補正日のセル[C2]を休日表のセル範囲[F2:F6]で検索し、補正日が休日表にあるかどうか判定します。

❺IF関数の[値が真の場合]にWORKDAY.INTL関数を指定し、土日、休日を除く1営業日前を表示します。

❻IF関数の[値が偽の場合]には、補正日をそのまま指定します。

Memo

補正日の算出に休日表を使わない理由

補正日を求めるWORKDAY.INTL関数に[祭日]を指定しなかったのは、補正日用のIF関数は土日のみ判定しているためです。たとえば、休日表の検索にヒットするセル[A2]と[A6]はIF関数の判定でTRUEになりません。

SECTION 067

締切日の翌日17時までは有効とする

キーワード 有効期限

MIN 数値の最小値を求める	**=MIN(数値1,数値2)** [数値1]と[数値2]に1つずつ数値を指定すると、2値のうち、小さい方の数値を選択する使い方が可能です。
TIME 時刻を作成する	**=TIME(時,分,秒)** [時][分][秒]に指定する正の整数をもとに、時刻データ(シリアル値)を作成します。
IF 判定によって処理を2つに分ける	**=IF(論理式,値が真の場合,値が偽の場合)** [論理式]の条件が成立する場合は[値が真の場合]、条件が成立しない場合は[値が偽の場合]を実行します。

目的 提出日時が締め切りの翌日17時を過ぎたら採点対象外とする

提出日時が締め切り以内は提出日、締め切りの翌日17時までは、締切日として扱い、それ以外は採点対象外とします。

1 提出日時をもとに、 2 提出日を求めたい。

	A	B	C	D	E	F
1	レポート提出状況				締切日	
2	学生番号	本人提出日時	提出日		2021/5/11	
3	2020EC01	2021/5/6 10:00	2021/5/6			
4	2020EC02	2021/5/11 15:00	2021/5/11		締切以前は本人提出日、	
5	2020EC03	2021/5/12 14:00	2021/5/11		締切日から翌日17時までは締切	
6	2020EC04	2021/5/12 17:10	採点対象外		締切日の翌日17時を過ぎた場合は	
7	2020EC05	2021/5/13 10:00	採点対象外			
8						

方法

●TIME関数で17時を作る

締切日の翌日17時のうち、翌日は1日足すだけです。17時は、17時0分0秒と読み替え、TIME(17,0,0)と指定して作成します。

●MIN関数で2つの数値を比較する

IF関数の[値が偽の場合]にMIN関数を組み合わせます。MIN関数の引数に、提出日時と締切日の2つの日付を指定し、古い日付が選ばれるようにします。

=IF(B3>$E$2+1+TIME(17,0,0),"採点対象外",MIN(B3,$E$2))

❷ ❶ ❸ ❹

C3 =IF(B3>$E$2+1+TIME(17,0,0),"採点対象外",MIN(B3,$E$2))

	A	B	C	D	E	F	G
1	レポート提出状況				締切日		
2	学生番号	本人提出日時	提出日		2021/5/11		
3	2020EC01	2021/5/6 10:00	2021/5/6				
4	2020EC02	2021/5/11 15:00	2021/5/11		締切以前は本人提出日、		
5	2020EC03	2021/5/12 14:00	2021/5/11		締切日から翌日17時までは締切日を入力する		
6	2020EC04	2021/5/12 17:10	採点対象外		締切日の翌日17時を過ぎた場合は、採点対象外とす		
7	2020EC05	2021/5/13 10:00	採点対象外				

❶締切日のセル[E2]に1を足して締め切り翌日とし、TIME関数で17時を作成し、締め切り翌日17時とします。
❷IF関数の[論理式]です。本人提出日時のセル[B3]と締め切り翌日17時を比較し、提出日時が締め切り翌日17時を過ぎているかどうか判定します。
❸提出日時が締め切り翌日17時を過ぎていたら「採点対象外」を表示します。
❹期限内の場合は、MIN関数により、提出日時か締切日を表示します。

StepUp

提出日に表示する本人提出日時の時刻をカットする

セル範囲[C3:C7]は、セルの表示形式により日付のみ表示していますが、実際には時刻も付いたままです。時刻をカットするには、INT関数で時刻に相当する小数部を切り捨てる(Sec036 P.110)、または、TEXT関数で日付のみに整形した日付文字列をDATEVALUE関数でシリアル値に戻します。

=IF(B3>$E$2+1+TIME(17,0,0),"採点対象外",
MIN(DATEVALUE(TEXT(B3,"yyyy/m/d")),$E$2))

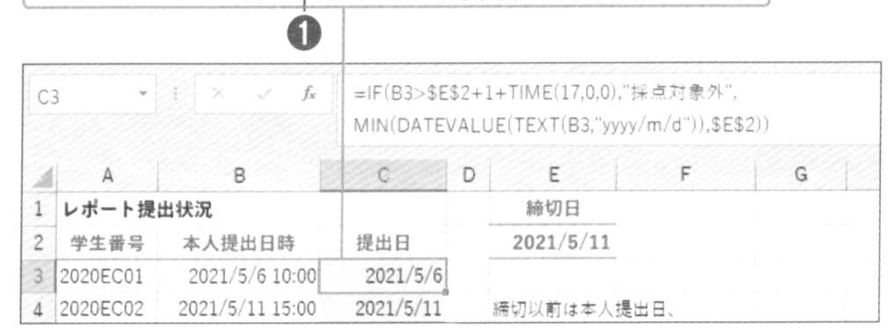

C3 =IF(B3>$E$2+1+TIME(17,0,0),"採点対象外",MIN(DATEVALUE(TEXT(B3,"yyyy/m/d")),$E$2))

	A	B	C	D	E	F	G
1	レポート提出状況				締切日		
2	学生番号	本人提出日時	提出日		2021/5/11		
3	2020EC01	2021/5/6 10:00	2021/5/6				
4	2020EC02	2021/5/11 15:00	2021/5/11		締切以前は本人提出日、		

❶時刻情報を持つセル[B3]を日付のシリアル値に変換します。
なお、DATEVALUE関数は省略可能です。MIN関数では、TEXT関数で変換した日付文字列を日付として解釈するためです。

SECTION 068

今月の営業日数を求める

キーワード 営業日数

<table>
<tr><td rowspan="2">NETWORKDAYS.
INTL
指定した期間の営業日数を求める</td><td>=NETWORKDAYS.INTL(開始日,終了日,週末[,祭日])</td></tr>
<tr><td>[週末]と[祭日]を除く[開始日]から[終了日]までの営業日数を求めます。[週末]は定休日（曜日）に対する番号（P.175 Memo）か7桁の曜日文字列を指定します。
▼ 火、木、土が休日の場合："0101010"
<table><tr><td>月</td><td>火</td><td>水</td><td>木</td><td>金</td><td>土</td><td>日</td></tr><tr><td>0</td><td>1</td><td>0</td><td>1</td><td>0</td><td>1</td><td>0</td></tr></table></td></tr>
<tr><td rowspan="2">EOMONTH
月末日を求める</td><td>=EOMONTH(開始日,月)</td></tr>
<tr><td>[開始日]から[月]数後の月末日を求めます。[月]は「0」を開始日の月（当月）とし、負の数は過去の月末日、正の数は未来の月末日を求めます。</td></tr>
<tr><td rowspan="2">TODAY
本日の日付を求める</td><td>=TODAY()</td></tr>
<tr><td>パソコンの内部時計を参照して本日の日付を返します。引数には何も指定してはいけません。</td></tr>
</table>

目的　毎週火、金を定休日とする今月の営業日数を求める

年間を通じて定休日以外の休みはありません。

	A	B	C
1	今月の営業日数	毎週火曜、金曜は定休日	
2	月初日	2020/10/1	
3	月末日	2020/10/31	
4	営業日数	22	
5			
6			

1 日付を自動更新させ、
2 今月の営業日数を求めたい。

方法

●月初日は、当月1日とし、前月末日の翌日として求める

EOMONTH関数の[月]に-1を指定して、前月末日を取得し、1を足して当月1日とします。[開始日]にはTODAY関数を指定し、毎月自動更新します。

●曜日文字列でさまざまなパターンの定休日を指定する

曜日文字列は、月曜から始まり、1と0の7桁で構成されます。1が定休日、0が営業日です。定休日が火、金の場合は「"0100100"」と指定します。

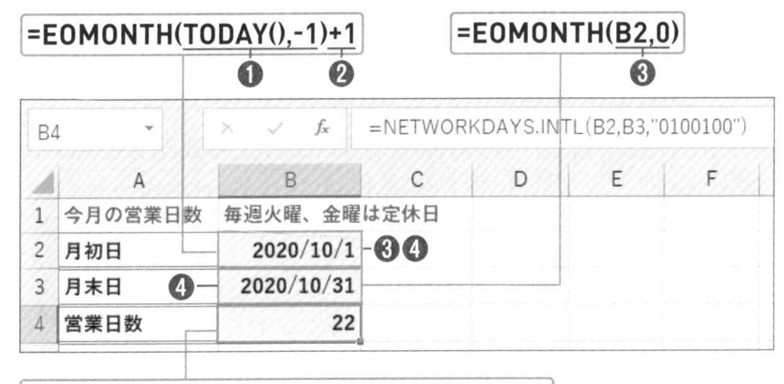

=NETWORKDAYS.INTL(B2,B3,"0100100")
❹ ❺

❶EOMONTH関数の[開始日]にTODAY関数を指定して、毎月自動更新されるようにするとともに、[月]に「-1」を指定して、前月末日を求めます。
❷当月1日とするため、前月末日に1を足します。
❸[開始日]に月初日のセル[B2]、[月]に「0」を指定して当月末日を求めます。
❹NETWORKDAYS.INTL関数の[開始日]と[終了日]に❷❸で求めた月初日と月末日を指定します。
❺毎週火、金を定休日とする曜日文字列を指定し、稼働日数から除外します。

Hint

土日が休日の場合は、NETWORKDAYS関数も利用できる

NETWORKDAYS関数は、土日と指定した休日を除く稼働日数を求めます。関数名が少し短くなり、[週末]はありません。

NETWORKDAYS 土日と休日を除く稼働日数を求める	=NETWORKDAYS(開始日,終了日[,祭日]) 土日と[祭日]を除く、[開始日]から[終了日]までの稼働日数を求めます。

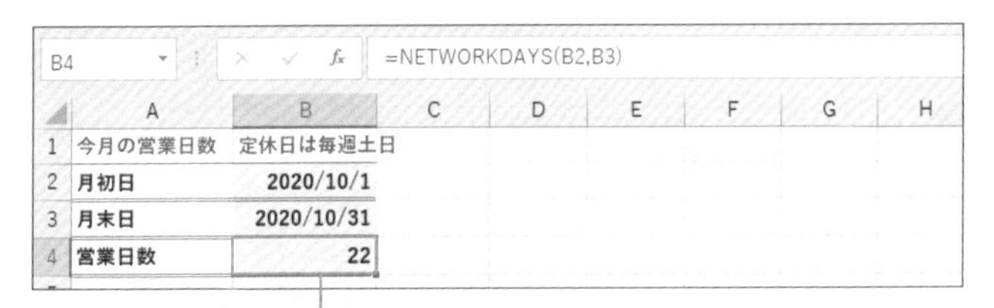

=NETWORKDAYS(B2,B3)
土日を除く月初日から月末日までの営業日数を求めています。

SECTION 069

今年の最終営業日と翌年最初の営業日を求める

キーワード 最終日　初日

WORKDAY.INTL 指定した営業日数後の日付を求める	**=WORKDAY.INTL(開始日,日数,週末[,祭日])** [開始日]から[週末]と[祭日]を除く[日数]後の日付を求めます。[週末]はP.175，P.182参照。
NETWORKDAYS.INTL 指定した期間の営業日数を求める	**=NETWORKDAYS.INTL(開始日,終了日,週末[,祭日])** [週末]と[祭日]を除く[開始日]から[終了日]までの営業日数を求めます。[週末]はP.175，P.182参照。
EOMONTH 月末日を求める	**=EOMONTH(開始日,月)** 当月末日は[月]に「0」を指定します。Sec068 P.182参照。

目的　今年の最終営業日と翌年の初営業日を求める

定休日は毎週土日とし、土日以外の休日は休日表に示します。

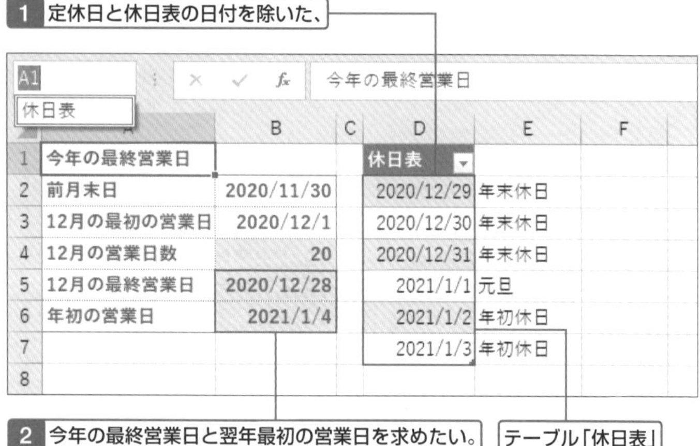

方法

●今年の最終営業日は、翌年最初の営業日の１営業日前になる

翌年の初営業日は、12月の営業開始から、12月の営業日数後です。12月の最終営業日は、12月の営業日数の１営業日前です。[週末]の1は土日を指します。省略できますが、指定した方が式の明示性が高まります。

=NETWORKDAYS.INTL(B3,EOMONTH(B3,0),1,休日表)
❶

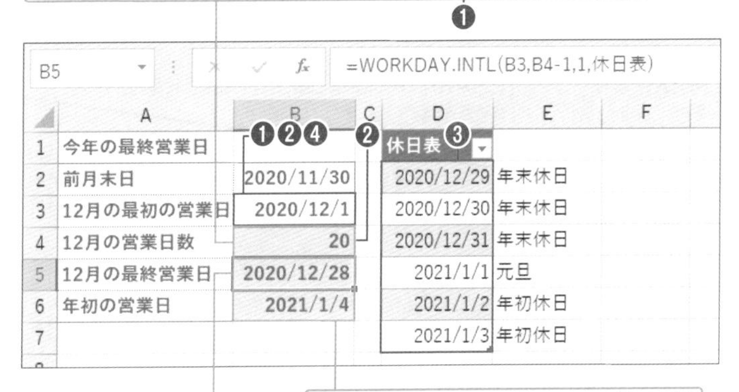

=WORKDAY.INTL(B3,B4,1,休日表)
❹

=WORKDAY.INTL(B3,B4-1,1,休日表)
❷ ❸

❶[終了日]にEOMONTH関数を直接組み合わせていますが、Sec068と同様です。土日と休日を除く12月最初の営業日から月末日までの営業日数を求めます。
❷WORKDAY.INTL関数の[開始日]にセル[B3]、[日数]に❶で求めた営業日数の1営業日前となるように「B4-1」と指定します。
❸[週末]に「1」を指定して、毎週土日を営業日から除外し、さらに[祭日]にテーブル名「休日表」を指定して休日表の日付を営業日から除外します。
❹年初の営業日は、❸の1営業日後のため、「B4-1+1」でセル[B4]となります。最終営業日の翌営業日として「=WORKDAY.INTL(B5,1,1,休日表)」も可能です。

Memo

土日を定休日とする場合はWORKDAY関数も利用できる

WORKDAY関数は、土日と指定した休日を除く稼働日数後の日付を求めます。たとえば、セル[B5]は、「=WORKDAY(B3,B4-1,休日表)」となります。

WORKDAY 土日と休日を除く稼働日数後の日付を求める	=WORKDAY(開始日,日数[,祭日]) 土日と[祭日]を除く、[開始日]から[日付]後の稼働日を求めます。

参照セクション
Sec068 今月の営業日数を求める

SECTION 070

最終利用日を求める

キーワード 最終日　　対応バージョン：2019 365

MAXIFS 条件に合う数値の最大値を求める	=MAXIFS(最大範囲,条件範囲1,条件1…) 2019 365
	[条件]を[条件範囲]で検索し、条件を満たす[最大範囲]の数値を対象に最大値を求めます。条件に合うセルがない場合は、[最大範囲]で最大値を求める対象がなくなり、0を返します。
IF 条件に応じて処理を2つに分ける	=IF(論理式,値が真の場合,値が偽の場合)
	[論理式]に指定した条件が成立する場合は、[値が真の場合]を実行し、条件が成立しない場合は[値が偽の場合]を実行します。

目的 利用者の最終利用日を求める

利用記録一覧から、各利用者の最終利用日を求めます。

1 利用記録をもとに、 2 各利用者の、 3 最終利用日を求めたい。

	A	B	C	D	E	F	G	H
1	★Web会議端末利用記録							
2	利用日	氏名		利用者名	最終利用日			
3	2021/6/25	村田 華子		村田 華子	2021/8/20			
4	2021/6/26	岡倉 樹		岡倉 樹	2021/8/14			
5	2021/6/29	村田 華子		澤村 拓馬	2021/6/30			
6	2021/6/30	岡倉 樹		鈴木 多佳子	2021/8/6			
7	2021/6/30	澤村 拓馬		上川 孝也	2021/8/17			
8	2021/7/1	岡倉 樹		児玉 美玖				
9	2021/7/2	鈴木 多佳子						

方法

●指定した利用者名の利用日の最大値が最終利用日となる

MAXIFS関数により、セル[D3]からセル[D8]に指定した各利用者名をB列の氏名で検索し、該当する利用者名に対応する利用日の最大値を求めます。

●利用者名が検索されない場合は何も表示しない

利用者名が検索されない場合、MAXIFS関数の戻り値は0になります。これをIF関数の[論理値]に指定し、MAXIFS関数の戻り値が0の場合は、長さ0の文字列を指定し、何も表示しないようにします。

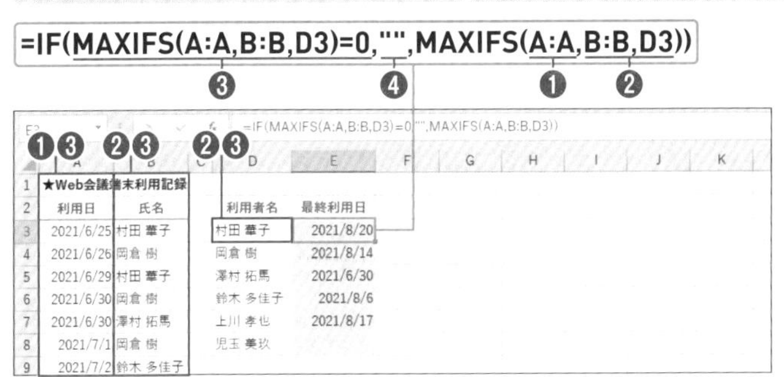

❶MAXIFS関数の[最大範囲]に利用日のA列を指定します。
❷MAXIFS関数の[条件範囲]に氏名のB列、[条件]にセル[D3]を指定します。
❶❷より、村田 華子をB列で検索し、村田 華子のセルに対応する利用日の最大値、すなわち、最終利用日を求めます。
❸IF関数の[論理式]です。MAXIFS関数は❶❷と同様です。MAXIFS関数の戻り値が0とは、利用者名が氏名欄で検索されなかったことを意味します。
❹利用者名が氏名欄に存在しない場合は、何も表示しません。

Memo

MAX関数と配列数式を利用して最終利用日を求める

MAX関数の[数値]に条件式を指定し、指定した利用者の利用日と0の配列に変換します。条件式の戻り値は論理値のため、通常は1を掛けて数値化しますが、ここでは、利用日が数値として扱えるため、利用日を直接掛けて数値化します。

{=MAX(($B$3:$B$35=D3)*$A$3:$A$35)}

❶ ❷

❶氏名のセル範囲[B3:B35]を配列とみなし、配列内の各要素が利用者名のセル[D3]と一致するかどうか判定します。指定した利用者名はTRUE、それ以外はFALSEになります。
❷判定結果に利用日のセル範囲[A3:A35]を掛け、❶で指定した利用者名の利用日と0の配列に変換します。この配列内の最大値は指定した利用者の最終利用日となります。

SECTION 071

スケジュール表に定休日を書き込む

キーワード スケジュール表

関数	書式・説明
WEEKDAY 曜日を番号で表示する	**=WEEKDAY(シリアル値[,種類])** Sec066 P.178参照。[種類]を省略した場合は、日曜日始まりの1 ～ 7の曜日番号となります。
IF 条件に応じて処理を2つに分ける	**=IF(論理式,値が真の場合,値が偽の場合)** [論理式]に指定した条件が成立する場合は[値が真の場合]、成立しない場合は[値が偽の場合]を実行します。
EOMONTH 月末日を求める	**=EOMONTH(開始日,0)** [開始日]に指定した日付（当月）の月末日を求めます。第2引数の指定方法は、Sec068 P.182参照。

目的 翌月初旬を表示しない月間スケジュール表に定休日を表示する

月末処理された月間スケジュール表の毎週月曜日に「定休日」と表示します。

月初は手入力します。

1 毎週月曜日を「定休日」と表示したい。

A2 日付

	A	B	C	D
1	スケジュール表		月末日	2020/11/30
2	日付	曜日	予定	
3	2020/11/1	日		
4	2020/11/2	月	定休日	
31	2020/11/29	日		
32	2020/11/30	月	定休日	
33				
34				

2 翌月初旬は表示しないようにしたい。

方法

●IF関数の［論理式］にWEEKDAY関数を組み合わせる

指定した日付が月曜日かどうかは、WEEKDAY関数の曜日番号で判定します。[種類]を省略した場合の月曜日の曜日番号は2です。

●月末日の処理は毎月29日以降のセルで実施する

最短の月末日は28日のため、29日以降のセルで前日が月末日に達しているかどうかを判定します。

数式解説

●月末処理を行い、毎週月曜日に定休日と表示する Sec71_1

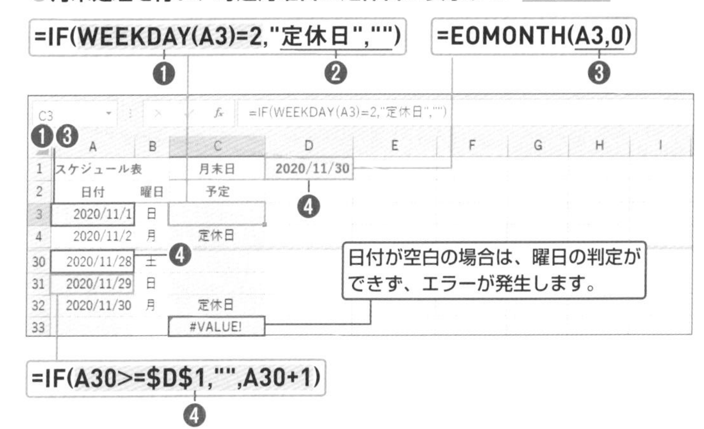

❶IF関数の[論理式]です。WEEKDAY関数を指定し、日付のセル[A3]が月曜日の曜日番号「2」であるかどうか判定します。

❷月曜日の場合は[値が真の場合]を実行し、「"定休日"」と表示します。[値が偽の場合]は暗黙の了解で長さ0の文字列を指定し、月曜以外は何も表示しません。

❸月初日のセル[A3]をもとに、EOMONTH関数で月末日を求めます。

❹毎月29日以降のセルに月末日の判定を行います。前日のセル[A30]と月末日のセル[D1]を比較し、月末日に達した場合は何も表示せず、月末日でない場合は、前日に1日足します。

●月末のエラー処理を行う Sec71_2

=IF(A31="","",IF(WEEKDAY(A31)=2,"定休日",""))

❺

C31 =IF(A31="","",IF(WEEKDAY(A31)=2,"定休日",""))

	A	B	C	D
1	スケジュール表		月末日	2020/11/30
2	日付	曜日	予定	
3	2020/11/1	日		
30	2020/11/28	土		
31	2020/11/29	日		
32	2020/11/30	月	定休日	
33 ❺				

❺月末に発生するエラーのため、セル[C31]以降でエラー処理を行います。ここでは、日付のセル[A31]が空白の場合は、何も表示しない処理を追加します。

SECTION 072

スケジュール表に定休日以外の休業日を書き込む

キーワード スケジュール表

IF 条件によって処理を2つに分ける	**=IF(論理式,値が真の場合,値が偽の場合)** [論理式]に1または0の戻り値を指定すると、1はTRUE(真)、0はFALSE(偽)と見なして各処理を実行します。
COUNTIF 条件に合うセルの個数を求める	**=COUNTIF(範囲,検索条件)** [検索条件]を[範囲]内で検索し、条件に合うセルの個数を求めます。
WEEKDAY 曜日を番号で表示する	**=WEEKDAY(シリアル値[,種類])** Sec066 P.178参照。[種類]を省略した場合は、日曜日始まりの1～7の曜日番号となります。

目的 月間スケジュール表に定休日と定休日以外の休日を表示する

毎週月曜日の定休日の他に、休日表の日付に休業日と表示します。

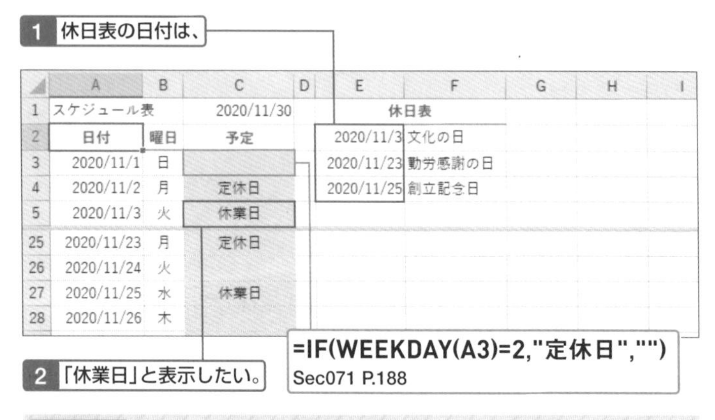

方法

●定休日の判定の次に休業日判定を行う

定休日判定を行っているIF関数の[値が偽の場合]に休業日の判定を組み合わせます。

●COUNTIF関数でスケジュール表の日付を休日表で検索する

スケジュール表の日付が休日表内の検索にヒットすれば、COUNTIF関数の戻り値は1になり、検索にヒットしなければ、戻り値は0になります。

●IF関数の[論理式]にCOUNTIF関数を組み合わせる

COUNTIF関数の戻り値は1か0のどちらになるため、IF関数の[論理式]にCOUNTIF関数のみ指定します。1(休日)の場合は、休業日と表示します。

数式解説 Sec72

❶
=IF(WEEKDAY(A3)=2,"定休日",
IF(COUNTIF($E$2:$E$4,A3),"休業日",""))
❷ ❸

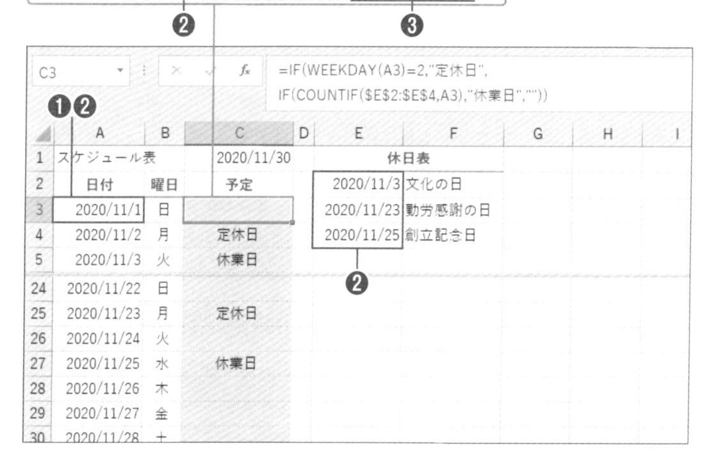

❶日付のセル[A3]の曜日番号が月曜日の曜日番号「2」であるかどうか判定し、曜日番号が「2」の場合は「定休日」と表示します。
❷IF関数の[値が偽の場合]にIF関数を組み合わせ、[論理式]にCOUNTIF関数を指定します。COUNTIF関数では、セル[A3]の日付を休日表のセル範囲[E2:E4]で検索します。
❸COUNTIF関数の戻り値が1の場合は、「休業日」と表示します。COUNTIF関数の戻り値が0の場合は、何も表示しません。

Memo

2020/11/23の判定

2020/11/23は月曜日であり、かつ、休日表にも存在します。本節では、先に定休日の判定を行っているため、定休日と表示されます。

参照セクション

Sec049 条件ごとに処理を分ける①
Sec066 指定日が休日の場合は、直前の営業日に繰り上げる
Sec071 スケジュール表に定休日を書き込む

SECTION 073

海外の現地時間を求める

キーワード 時刻計算

関数	書式・説明
TIME 時刻を作成する	**=TIME(時,分,秒)** [時][分][秒]に指定する正の整数をもとに、時刻データ（シリアル値）を作成します。
SIGN 数値の符号を求める	**=SIGN(数値)** 指定した[数値]が正の場合は1、負の場合は-1、0の場合は0を返します。
ABS 数値の絶対値を求める	**=ABS(数値)** 指定した[数値]の符号を除く数値の大きさを返します。たとえば、数値が-8なら、8を返します。
MOD 割り算の余りを求める	**=MOD(小数部のある正の数値,1)** 基本動作はSec021 P.78参照。小数部のある正の数値を1で割った余りは、小数部の数値になります。

目的 日本時間との時差をもとに海外現地時間を求める

日本時間との時差の単位は「時」で、遅れはマイナス、進みはプラスです。

1 日本時間との時差をもとに、

=NOW()
現在の日付と時刻を求めています。

	A	B	C	D	E	F
1	海外支部時差表	日本時間	2020/10/30 19:35			
2	海外支部	時差(h)	現地時間			
3	ローマ	-8	2020/10/30 11:35			
4	上海	-1	2020/10/30 18:35			
5	ネパール	-3.25	2020/10/30 16:20			
6	ホノルル	-19	2020/10/30 0:35			
7	シドニー	1	2020/10/30 20:35			

2 海外の現地時間を求めたい。

方法

●時差の「時」単位を時刻単位に変換する

時単位の場合、「分」以下は小数部で表されます。MOD関数で小数部を取り出し、60を掛けて分単位に変換します。

●TIME関数で時差を時刻表示にする

TIME関数の[時][分]に負の値を指定することはできないため、ABS関数で大きさだけに変換します。[時]に指定する数値の小数部は無視されます。

●SIGN関数で日本時間との時差を計算する

SIGN関数の[数値]に時差を指定すると、戻り値は-1または1になります。TIME関数にSIGN関数を掛けて、日本時間との時差を足し引きします。

現地時間 = 日本時間 ±1×時差

SIGN関数の戻り値（±1）

TIME関数で時刻表示に変換した時差（時差）

数式解説 Sec73

```
=$C$1+SIGN(B3)*TIME(ABS(B3),MOD(ABS(B3),1)*60,0)
```

❶ $C$1　❷ SIGN(B3)　❸ ABS(B3)　❹ MOD(ABS(B3),1)*60,0

C3　=$C$1+SIGN(B3)*TIME(ABS(B3),MOD(ABS

	A	B	C
1	海外支部時差表	日本時間	2020/10/30 19:35
2	海外支部	時差(h)	現地時間
3	ローマ	-8	2020/10/30 11:35
4	上海	-1	2020/10/30 18:35
5	ネパール	-3.25	2020/10/30 16:20
6	ホノルル	-19	2020/10/30 0:35
7	シドニー	1	2020/10/30 20:35

❶セル[C1]の日本時間はNOW関数で現在の日付と時刻を求めます。
❷時差のセル[B3]の符号を求め、遅れは-1、進みは1となります。
❸TIME関数の[時]に負の値は指定できないため、ABS関数で符号なしの大きさに変換します。[時]に指定する数値の小数点以下は切り捨てられます。
❹TIME関数の[分]にMOD関数を指定します。ABS関数で正の値になった時差を1で割り、小数部を取り出して60を掛け、分単位に変換します。[秒]は0とします。
なお、本節で求めている現地時間は、サマータイムを考慮していません。

Memo

ABS(MOD(時差),1)とは指定できない

MOD関数では、割る数の符号に合わせて余りを求める仕様のため、たとえば「-3.25」を1で割ると、整数商を-4とし、余りは0.75と計算されます。数値の小数部を取り出すには、[数値]に正の値を指定する必要があります。

SECTION 074

利用時間を15分単位に切り捨てたり切り上げたりする

キーワード 時刻の端数処理

TIME 時刻を作成する	=TIME(時,分,秒) [時][分][秒]に指定する正の整数をもとに、時刻データ（シリアル値）を作成します。
MROUND 数値を指定した倍数に四捨五入する	=MROUND(数値,倍数) [数値]を[倍数]で割った余りが[倍数]の半分以上の場合は、[倍数]単位で切り上げ、半分未満は[倍数]単位で切り捨てます。

目的 利用時間の端数を15分単位にする

利用時間の分を15単位に切り捨てたり切り上げたりします。

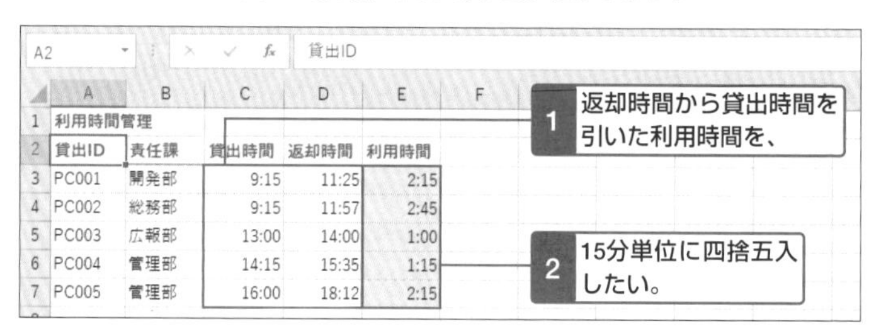

方法

●MROUND関数の［倍数］をTIME関数で作成する

MROUND関数の[倍数]には、15分単位になるよう「TIME(0,15,0)」と指定し、TIME関数で15分を作成します。

Memo

時刻文字列で15分を作成する

TIME関数の代わりに「"0:15"」と指定することもできます。時刻「"」(ダブルクォーテーションで囲んだ文字列を時刻文字列といいます。

Hint

時刻の切り上げと切り捨て

時刻のシリアル値は0以上1未満の小数のため、時刻計算では誤差が発生する場合があります。計算誤差を解消するには、右ページのStepUpの他、TEXT関数で秒を切り捨てる方法もあります(Sec079 P.204参照)。

=MROUND(D3-C3,TIME(0,15,0))

❶ ❷

E3 =MROUND(D3-C3,TIME(0,15,0))

	A	B	C	D	E
1	利用時間管理				
2	貸出ID	責任課	貸出時間	返却時間	利用時間
3	PC001	開発部	9:15	11:25	2:15
4	PC002	総務部	9:15	11:57	2:45

❶返却時間のセル[D3]から貸出時間のセル[C3]を引いた利用時間を[数値]に指定します。ここでの利用時間は「2:10」です。
❷[倍数]にはTIME関数を指定し、15分単位とします。
「2:10」の10分は、15分の半分の7.5分より大きいため、15分単位に切り上げられ、2:15となります。

StepUp

利用時間を15分単位に切り上げる

数値を指定した単位に切り上げるにはCEILING.MATH関数を利用しますが、稀に計算誤差が発生します。以下のように、本来1:00となるべきところ1:15となるのは、「1:00+1秒未満の微小値」(1:00より大きい)と認識されたためです。そこで、利用時間から1秒を引き算し、切り上げを防止します。

CEILING.MATH 数値を指定した倍数に切り上げる	=CEILING.MATH(数値,基準値[,モード]) [数値]を[基準値]単位に切り上げます。[モード]は[数値]が負の数の場合に機能しますが、通常は省略します。

=CEILING.MATH(D3-C3,TIME(0,15,0))

❶

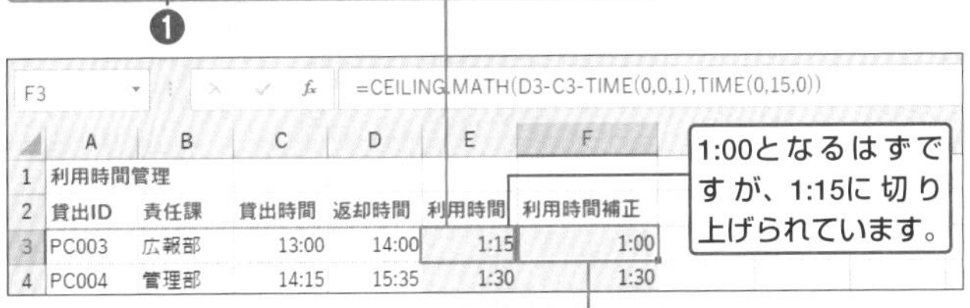

F3
=CEILING.MATH(D3-C3-TIME(0,0,1),TIME(0,15,0))
1 利用時間管理
2 貸出ID 責任課 貸出時間 返却時間 利用時間 利用時間補正
3 PC003 広報部 13:00 14:00 1:15 1:00
4 PC004 管理部 14:15 15:35 1:30 1:30
1:00となるはずですが、1:15に切り上げられています。

=CEILING.MATH(D3-C3-TIME(0,0,1),TIME(0,15,0))

❶関数名をMROUNDからCEILING.MATHに変更し、利用時間を15分単位に切り上げます。
❷TIME関数で1秒を作成し、利用時間から引いて計算誤差を解消します。

SECTION 075

時刻の秒を切り捨てる

キーワード 時刻の端数処理

TEXT 値を指定した表示形式の文字列に変換する	=TEXT(値,表示形式) [値]を指定した[表示形式]の文字列に変換します。時刻を時分で表示するには、[表示形式]に「"h:mm"」と指定します（その他の表示形式は付録 P.366参照）。
TIMEVALUE 時刻文字列を時刻に変換する	=TIMEVALUE(時刻文字列) [時刻文字列]には時刻と認識できる文字列を指定します。TEXT関数で変換した時刻文字列を指定できます。変換範囲は0時から23時59分59秒までです。
AVERAGE 数値の平均値を求める	=AVERAGE(数値1[,数値2,…]) [数値]に指定したセル範囲の数値の合計をセル範囲の数値の個数で割った値を返します。

目的 各作業の平均所要時間の秒を切り捨てる

同じ作業を3回繰り返し、1回あたりの平均作業時間から秒を切り捨てます。

1 各作業の所要時間をもとに、

	A	B	C	D	E	F	G	H
1	作業分析		所要時間					
2	作業	1回目	2回目	3回目	平均作業時間			
3	作業1	1:25:05	1:08:09	1:12:10	1:15:00			
4	作業2	2:22:15	2:18:45	2:18:08	2:19:00			
5	作業3	0:45:50	0:47:15	0:43:42	0:45:00			
6	作業4	1:42:22	1:48:22	1:38:15	1:43:00			
7	作業5	2:15:42	2:18:47	2:13:42	2:16:00			
8	作業6	3:18:20	3:05:12	3:19:48	3:14:00			

2 秒を切り捨てた平均作業時間を求めたい。

方法

●TEXT関数で、秒を省略した時刻形式の文字列に変換する

各作業の所要時間の平均値はAVERAGE関数で求め、この平均値をTEXT関数の[値]に指定して、「時:分」形式の時刻文字列に変換します。

●TIMEVALUE関数で時刻に変換する

TEXT関数で作成した時刻文字列をTIMEVALUE関数で再び時刻に戻します。戻り値はシリアル値となるため、セルに時刻の表示形式を設定します。

=TIMEVALUE(TEXT(AVERAGE(B3:D3),"h:mm"))

E3 =TIMEVALUE(TEXT(AVERAGE(B3:D3),"h:mm"))

	A	B	C	D	E
1	作業分析		所要時間		
2	作業	1回目	2回目	3回目	平均作業時間
3	作業1	1:25:05	1:08:09	1:12:10	1:15:00
4	作業2	2:22:15	2:18:45	2:18:08	2:19:00
5	作業3	0:45:50	0:47:15	0:43:42	0:45:00
6	作業4	1:42:22	1:48:22	1:38:15	1:43:00
7	作業5	2:15:42	2:18:47	2:13:42	2:16:00
8	作業6	3:18:20	3:05:12	3:19:48	3:14:00

❶セル範囲[B3:D3]をAVERAGE関数の[数値]に指定し、所要時間の平均値を求めます。この平均値をTEXT関数の[値]に指定します。
❷TEXT関数の[表示形式]に「"h:mm"」と指定し、秒を省略した「時:分」形式の時刻文字列を求めます。
❸❷の時刻文字列をTIMEVALUE関数の[時刻文字列]に指定し、時刻に変換します。セル範囲[E3:E8]には、時刻の表示形式を設定しています。

Hint

VALUE関数でも時刻に変換できる

TIMEVALUE関数の代わりにVALUE関数を利用できます。なお、以下の図に示すように、TIMEVALUE関数は、24時間以上の時刻は表示できないため、24時間以上を時刻形式で表示する場合はVALUE関数を使用します。

VALUE 文字列を数値に変換する	**=VALUE(文字列)** 文字列扱いの数字を[文字列]に指定し、計算可能な数値に変換します。時刻文字列の数値(シリアル値)変換に利用可能です。

▼ 24 時間以上の表示形式："[h]:mm"

=TIMEVALUE(TEXT(B3,"[h]:mm"))

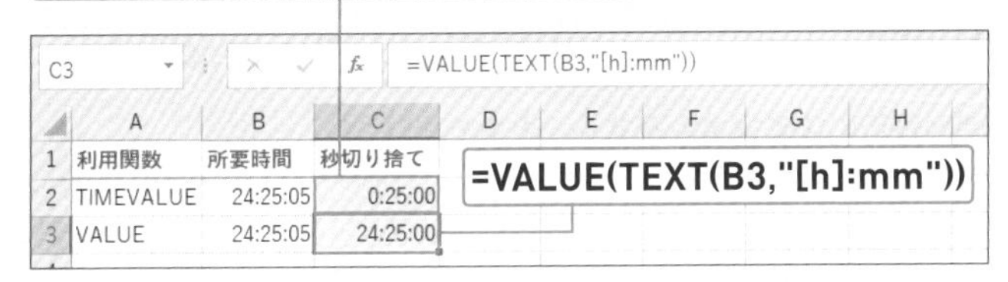

C3
=VALUE(TEXT(B3,"[h]:mm"))
利用関数
所要時間
秒切り捨て
TIMEVALUE
24:25:05
0:25:00
VALUE
24:25:05
24:25:00
=VALUE(TEXT(B3,"[h]:mm"))

SECTION 076

勤務時間から残業代を求める

キーワード 勤務時間

HOUR 時刻の時を整数で取り出す	=HOUR(シリアル値) [シリアル値]に指定された時刻の「時」を整数で取り出します。取り出す範囲は0時～23時です。
MINUTE 時刻の分を整数で取り出す	=MINUTE(シリアル値) [シリアル値]に指定された時刻の「分」を整数で取り出します。取り出す範囲は0分～59分です。
DAY 24時間ごとの日数を取り出す	=DAY(シリアル値) [シリアル値]に指定された24時間以上の時刻データから24時間ごとに1日として日数を取り出します。
CHOOSE インデックスに対応する値を返す	=CHOOSE(インデックス,値1,値2,値3) 1から始まる[インデックス]に対応する[値N]（N=1,2,3）を返します。

目的 休日と時間外労働に対する賃金を計算する

社員ごとに休日と時間外の賃金を求めます。社員によって単価が異なります。

1 休日及び時間外労働時間から、

	A	B	C	D	E	F	G	H	I	J	K
1			労働時間		賃金			▼区分別時間単価			
2	社員ID	区分	休日	時間外	休日	時間外		区分	休日	時間外	
3	ZAP001	1	3:15	35:30	10,969	110,938		1	3,375	3,125	
4	ZAP002	3	1:00	8:00	4,725	35,000		2	4,050	3,750	
5	ZAP003	2	8:15	25:00	33,413	93,750		3	4,725	4,375	
6	ZAP005	1	7:15	22:15	24,469	69,531					
7											

2 区分に応じた、 3 賃金を求めたい。

方法

●時刻表示のまま賃金計算することはできない

時刻は「24:00」を1日と換算するシリアル値で管理されています。たとえば、12:00に時給1000円を掛けても、12:00は0.5と扱われ、500円と計算されます。12×1000=12000という計算にはなりません。

●時刻表示の労働時間をDAY／HOUR／MINUTE関数で整数に変換する

労働時間「35:30」は、1日と11時間30分です。この1と11と30を整数で取り出すには、DAY関数、HOUR関数、MINUTE関数を使います。

●区分による単価の選択は、CHOOSE関数で行う

区分をCHOOSE関数の[インデックス]に指定し、[値1]から[値3]に各区分の時間単価を割り当て、整数で取り出した労働時間と掛けて賃金を求めます。

数式解説 Sec76

●時刻表示の労働時間を時単位の数値に変換する

=DAY(C3)*24+HOUR(C3)+MINUTE(C3)/60

❶ ❷ ❸

E3 =DAY(C3)*24+HOUR(C3)+MINUTE(C3)/60

	A	B	C	D	E	F	G	H	I	J
1			労働時間		賃金			▼区分別時間単価		
2	社員ID	区分	休日	時間外	休日	時間外		区分	休日	時間外
3	ZAP001	1	3:15	35:30	3.25	35.50		1	3,375	3,125
4	ZAP002	3	1:00	8:00	1.00	8.00		2	4,050	3,750
5	ZAP003	2	8:15	25:00	8.25	25.00		3	4,725	4,375
6	ZAP005	1	7:15	22:15	7.25	22.25				

❶休日の労働時間のセル[C3]をDAY関数の[シリアル値]に指定し、24時間を掛けて日数を時単位にします。

❷❶と同じセル[C3]をHOUR関数の[シリアル値]に指定し、「時:分」の「時」を整数で取り出します。

❸❶と同じセル[C3]をMINUTE関数の[シリアル値]に指定し、「時:分」の「分」を整数で取り出し、時単位にするため60で割ります。

●区分に応じた時間単価を掛けて賃金を計算する

=(DAY(C3)*24+HOUR(C3)+MINUTE(C3)/60)
***CHOOSE($B3,I$3,I$4,I$5)**

❸ ❶ ❷

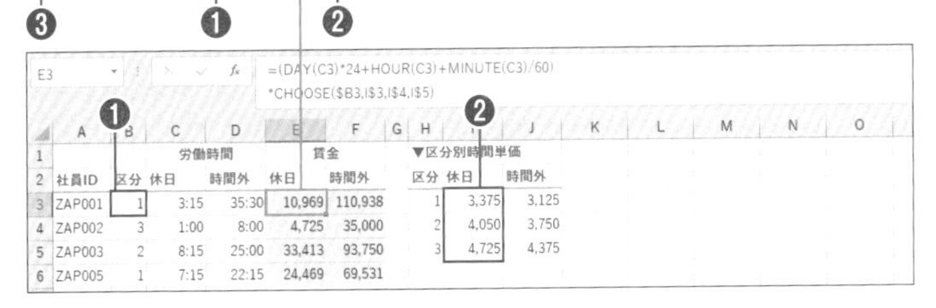

E3 =(DAY(C3)*24+HOUR(C3)+MINUTE(C3)/60)*CHOOSE($B3,I$3,I$4,I$5)

	A	B	C	D	E	F	G	H	I	J
1			労働時間		賃金			▼区分別時間単価		
2	社員ID	区分	休日	時間外	休日	時間外		区分	休日	時間外
3	ZAP001	1	3:15	35:30	10,969	110,938		1	3,375	3,125
4	ZAP002	3	1:00	8:00	4,725	35,000		2	4,050	3,750
5	ZAP003	2	8:15	25:00	33,413	93,750		3	4,725	4,375
6	ZAP005	1	7:15	22:15	24,469	69,531				

❶CHOOSE関数の[インデックス]に区分のセル[B3]を指定します。

❷CHOOSE関数の[値1]に休日の区分1に対応する時間単価のセル[I3]を指定し、同様に、[値2]にはセル[I4]、[値3]にセル[I5]を指定します。

❸時単位に変換した労働時間に区分に応じた時間単価を掛けて賃金を求めます。

SECTION 077

休日出勤の勤務時間を求める

キーワード 勤務時間

方法 1	
WEEKDAY 曜日を番号で表示する	**=WEEKDAY(シリアル値,種類)** Sec066 P.178参照。[種類]に2を指定すると、月曜日始まりとなり、土日の曜日番号は6,7になります。
SUMPRODUCT 配列の要素同士を掛けて合計する	**=SUMPRODUCT(配列1,配列2,…)** 条件判定する式を[配列]に指定することにより、条件に合う要素は1、条件に合わない要素は0に変換します。
方法 2	
TEXT 値を指定した表示形式の文字列に変換する	**=TEXT(値,表示形式)** [値]を[表示形式]の文字列に変換します。日付を曜日で表示するには、[表示形式]に「" aaa"」と指定します（その他の表示形式は付録 P.366参照）。
SUMIF 条件に合う数値を合計する	**=SUMIF(範囲,検索条件,合計範囲)** [検索条件]を[範囲]で検索し、検索されたセルに対応する[合計範囲]の数値を合計します。

目的 土日の勤務時間を求める

勤怠表から土日の勤務時間を求めます。ここでは2通りの方法で求めます。

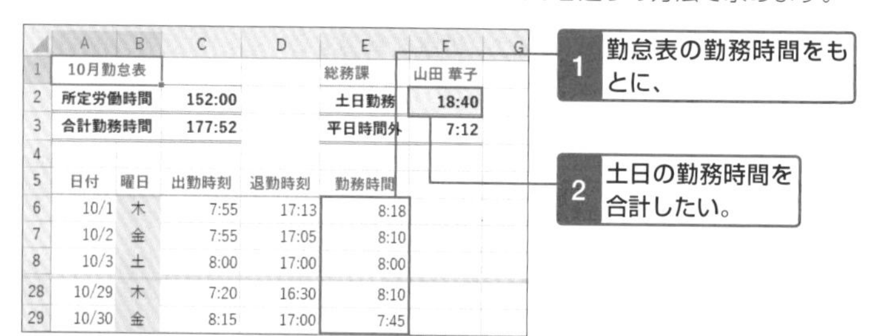

方法1

●SUMPRODUCT関数の配列に条件を付け、配列を1と0に変換する

上記の土日判定の式を[配列]に指定し、条件に合う要素は1、条件に合わない要素は0となるように変換します。1と0で構成される配列に勤務時間の配列の要素を個々に掛けて合計します。

方法2

●SUMIF関数で曜日が「土」または「日」の勤務時間を合計する

日付に対応する曜日はTEXT関数で求めておきます。SUMIF関数で、「土」または「日」を条件に曜日を検索し、一致するセルの勤務時間を合計します。

数式解説

●SUMPRODUCT関数とWEEKDAY関数を利用する Sec77_1

=SUMPRODUCT((WEEKDAY(A6:A29,2)>5)*1,E6:E29)

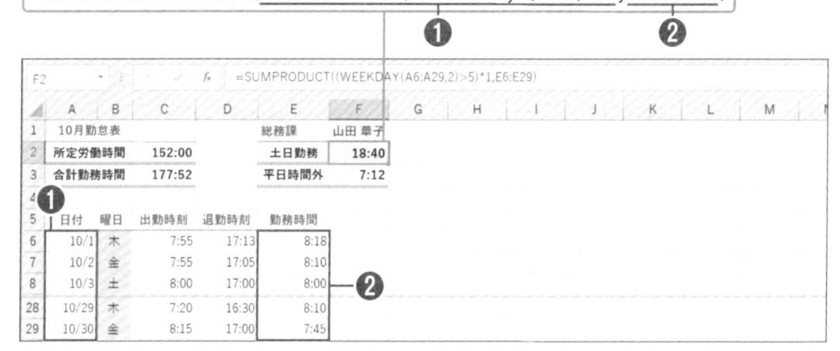

❶SUMPRODUCT関数の[配列1]にWEEKDAY関数を使った比較式を指定します。WEEKDAY関数では、日付のセル範囲[A6:A29]の各要素の曜日番号が5より大きいかどうか判定し、判定結果に1を掛けて数値化します。
❷勤務時間のセル範囲[E6:E29]を[配列2]に指定し、❶の[配列1]と対応する要素同士を掛けて合計します。❶では、曜日番号が5より大きい要素が1となるので、勤務時間は土日を対象に合計されます。

●TEXT関数とSUMIF関数を利用する Sec77_2

=SUMIF(B6:B29,"土",E6:E29)+SUMIF(B6:B29,"日",E6:E29)

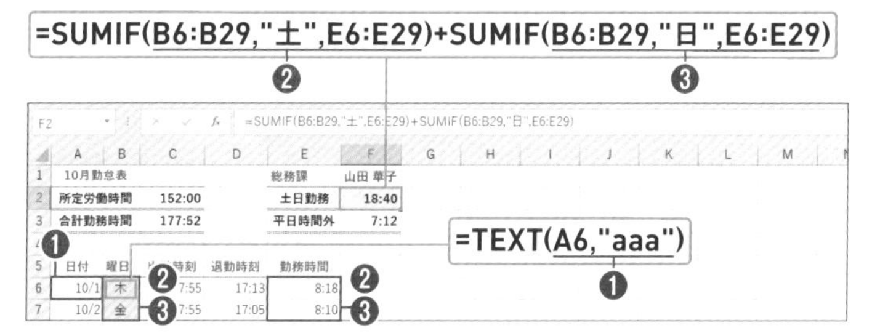

❶TEXT関数を利用して日付から曜日を求めます。
❷土曜日の「土」を条件に曜日のセル範囲[B6:B29]を検索し、[合計範囲]に勤務時間のセル範囲[E6:E29]を指定し、土曜日に一致する勤務時間を合計します。
❸検索条件を日曜日に変更し、日曜日の勤務時間を求め、❷と合計します。

始業時刻を9時以降15分単位で調整する

キーワード　勤務時間

MAX 指定した数値の最大値を求める	=MAX(数値1,数値2) [数値1]と[数値2]に1つずつ数値を指定した場合、2値のうち大きい方が選択されます。
TEXT 値を指定の表示形式の文字列に変換する	=TEXT(値,表示形式)*1 [値]を[表示形式]の文字列に変換した後、1を掛けて数値に戻します。時刻を時分で表示するには、[表示形式]に「"h:mm"」と指定します。
CEILING.MATH 数値を指定した倍数に切り上げる	=CEILING.MATH(数値,基準値[,モード]) [数値]を[基準値]単位に切り上げます。[モード]は[数値]が負の数の場合に機能しますが、通常は省略します。

目的　出勤時刻の秒を切り捨て9時以降15分単位に切り上げる

9:01未満は9:00と見なし、9:01以降は15分単位に切り上げます。

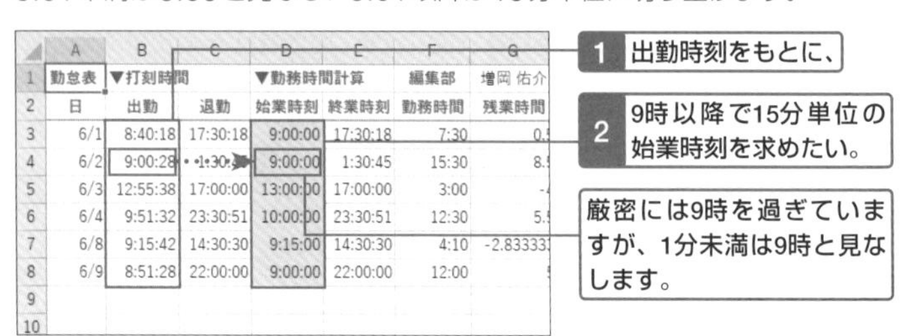
1 出勤時刻をもとに、
2 9時以降で15分単位の始業時刻を求めたい。
厳密には9時を過ぎていますが、1分未満は9時と見なします。

方法

●TEXT関数で秒を切り捨てた出勤時刻を作成する

秒の切り捨ては、TEXT関数で時刻の表示形式を「時:分」形式にします。戻り値が文字列のため、1を掛けて数値化します。

●秒を切り捨てた出勤時刻を15分単位に切り上げる

数値の切り上げはCEILING.MATH関数を使います。15分はTIME関数で作成可能ですが、ここでは、時刻文字列の「"0:15"」を利用します。

●MAX関数で、調整後の出勤時刻と9時を比較して遅い方を選択する

15分単位の出勤時刻と午前9時の2つの値を比較して遅い方（数値の大きい方）を選択します。9時より前の出勤時刻は9時に調整されます。

●秒を切り捨てた出勤時刻を15分単位に調整する

```
=CEILING.MATH(TEXT(B3,"h:mm")*1,"0:15")
```

❶ TEXT(B3,"h:mm")　❷ *1　❸ "0:15"

D3　fx　=CEILING.MATH(TEXT(B3,"h:mm")*1,"0:15")

	A	B	C	D	E	F	G
1	勤怠表	▼打刻時間		▼勤務時間計算		編集部	増岡 佑介
2	日	出勤	退勤	始業時刻	終業時刻	勤務時間	残業時間
3	6/1	8:40:18	17:30:18	8:45:00	17:30:18	7:40	0.6666667

❶TEXT関数の[値]に出勤のセル[B3]、[表示形式]に「"h:mm"」と指定し、出勤時刻の秒を切り捨てた「時:分」形式の時刻文字列に変換します。
❷❶の時刻文字列に1を掛けて、計算可能な時刻に戻します。
以上により、秒を切り捨てた出勤時刻はCEILING.MATH関数の[数値]に指定します。
❸CEILING.MATH関数の[基準値]に「"0:15"」と指定し、15分単位で出勤時刻を切り上げます。

●15分単位に調整した出勤時刻と9時を比較し、始業時刻を求める

```
=MAX(CEILING.MATH(TEXT(B3,"h:mm")*1,"0:15"),"9:00")
```

❶ CEILING.MATH(TEXT(B3,"h:mm")*1,"0:15")　❷ "9:00"

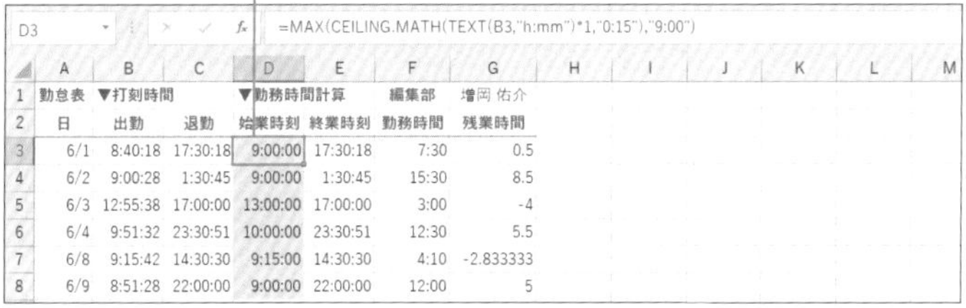

D3　fx　=MAX(CEILING.MATH(TEXT(B3,"h:mm")*1,"0:15"),"9:00")

	A	B	C	D	E	F	G
1	勤怠表	▼打刻時間		▼勤務時間計算		編集部	増岡 佑介
2	日	出勤	退勤	始業時刻	終業時刻	勤務時間	残業時間
3	6/1	8:40:18	17:30:18	9:00:00	17:30:18	7:30	0.5
4	6/2	9:00:28	1:30:45	9:00:00	1:30:45	15:30	8.5
5	6/3	12:55:38	17:00:00	13:00:00	17:00:00	3:00	-4
6	6/4	9:51:32	23:30:51	10:00:00	23:30:51	12:30	5.5
7	6/8	9:15:42	14:30:30	9:15:00	14:30:30	4:10	-2.833333
8	6/9	8:51:28	22:00:00	9:00:00	22:00:00	12:00	5

❶MAX関数の[数値1]に15分単位に調整した出勤時刻を指定します。
❷MAX関数の[数値2]に午前9時を表す「"9:00"」を指定します。どちらか遅い方を選択します。たとえば、セル[D3]は、CEILING.MATH関数によって「8:45」に調整されますが、MAX関数によって「9:00」に調整されます。

Memo

時刻文字列の数値化

TEXT関数で整えた時刻文字列に1を掛ける方法以外に、TIMEVALUE関数やVALUE関数を使う方法もあります(P.197)。

参照セクション
Sec075　時刻の秒を切り捨てる

勤務時間と残業時間を求める

キーワード　勤務時間

IF 条件に応じて処理を2つに分ける	=IF(論理式,値が真の場合,値が偽の場合)
	[論理式]に指定する条件が成立する場合は[値が真の場合]、成立しない場合は[値が偽の場合]を実行します。
TEXT 値を指定の表示形式の文字列に変換する	=TEXT(値,表示形式)*1
	[値]を[表示形式]の文字列に変換した後、1を掛けて数値に戻します。時刻を時分で表示するには、[表示形式]に「"h:mm"」と指定します。
FLOOR.MATH 数値を指定した倍数に切り捨てる	=FLOOR.MATH(数値,基準値[,モード])
	[数値]を[基準値]単位に切り捨てます。[モード]は[数値]が負の数の場合に機能しますが、通常は省略します。

目的　勤務時間は10分単位に調整し、残業時間は時単位で求める

休憩は1時間、所定労働時間は7時間とします。

1 出勤時刻と退勤時刻から、　2 勤務時間と残業時間を求めたい。

	A	B	C	D	E	F	G	H	I	J	K
1	勤怠表			編集部	増岡 佑介						
2	日	出勤時刻	退勤時刻	勤務時間	残業時間(h)		所定労働時間	7:00			
3	6/1	9:00:00	17:30:18	7:30	0.5		休憩時間	1:00			
4	6/2	9:00:00	1:30:45	15:30	8.5						
5	6/3	13:00:00	17:00:00	3:00	-4						
6	6/4	10:00:00	23:30:51	12:30	5.5						
7	6/8	9:15:00	14:30:30	4:10	-2.83333333						
8	6/9	9:00:00	22:00:00	12:00	5						
9											

退勤には24時を超える時刻があります。

方法

●勤務時間を10分単位に切り捨てる

FLOOR.MATH関数で勤務時間を10分単位に切り捨てます。ただし、勤務時間は計算誤差を防ぐ処置を行う必要があります。

●勤務時間の表示形式を揃えた時刻文字列で誤差を防ぐ

勤務時間は退勤時刻から出勤時刻と休憩時間を差し引いて求めますが、時刻の計算は誤差が発生しやすいため、ここでは、TEXT関数で「時:分」に揃えた時刻文字列を値に戻して計算誤差を防ぎます。

▼ 計算誤差の例：退室 - 入室の計算

1 同じ結果ですが、

2 小数点以下第16位の桁で誤差が発生しています。

	A	B	C	D	E	F
1	時刻計算の誤差		▼時刻表示	▼シリアル値		
2	入室	退室	退室-入室	退室-入室	FLOOR.MATH	
3	8:00	9:00	1:00	0.0416666666666667	1:00	
4	8:20	9:20	1:00	0.0416666666666666	0:50	
5	8:30	9:30	1:00	0.0416666666666666	0:50	

計算誤差により、FLOOR.MATH関数の戻り値に大きな影響が出ます。

▼ 時刻文字列に変換後、1 を掛けて数値化した場合

=TEXT(B3-A3,"h:mm") Sec078 P.202と同様

誤差が解消します。

	A	B	C	D	E	F
1	時刻計算の誤差		▼時刻表示	▼シリアル値		
2	入室	退室	退室-入室	退室-入室	FLOOR.MATH	
3	8:00	9:00	1:00	0.0416666666666667	1:00	
4	8:20	9:20	1:00	0.0416666666666667	1:00	
5	8:30	9:30	1:00	0.0416666666666667	1:00	
6						

●24時をまたぐ退勤時刻には1日を足して調整する

時刻は24時を過ぎると0時にリセットされます。たとえば、25:00は、24時間分が1日に繰り上がり、残った1:00が表示されます。よって、24時をまたぐ退勤の場合は、1日を足して調整します。

数式解説 Sec79

●「時:分」形式の時刻文字列を数値に変換し、10分単位に切り捨てる

=FLOOR.MATH(TEXT(C3-B3-"1:00","h:mm")*1,"0:10")

❶ ❷

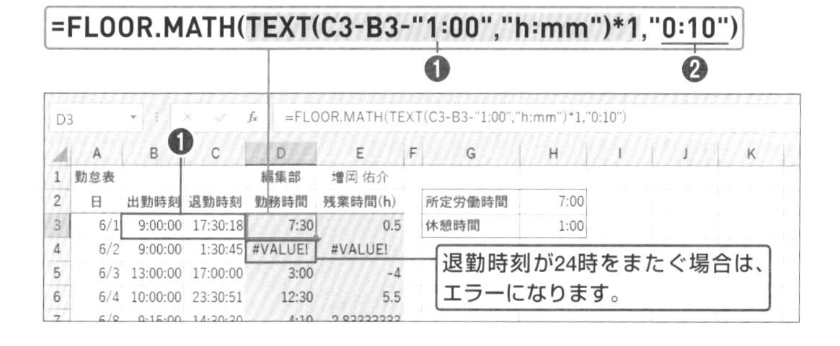

	A	B	C	D	E	F	G	H
1	勤怠表			編集部	増岡 佑介			
2	日	出勤時刻	退勤時刻	勤務時間	残業時間(h)		所定労働時間	7:00
3	6/1	9:00:00	17:30:18	7:30	0.5		休憩時間	1:00
4	6/2	9:00:00	1:30:45	#VALUE!	#VALUE!			
5	6/3	13:00:00	17:00:00	3:00	-4			
6	6/4	10:00:00	23:30:51	12:30	5.5			

❶TEXT関数で、退勤時刻から出勤時刻と休憩時間を引いた「C3-B3-"1:00"」を「時:分」形式の時刻文字列に変換し、これに1を掛けて数値化します。
❷❶の値をFLOOR.MATH関数の[数値]に指定し、[基準値]には「"0:10"」を指定して、10分単位の勤務時間に切り捨てます。

●エラーを解消し、残業時間を時単位で求める

=IF((C3-B3)<0,FLOOR.MATH(TEXT(C3+1-B3-"1:00","h:mm")*1,"0:10"),FLOOR.MATH(TEXT(C3-B3-"1:00","h:mm")*1,"0:10"))

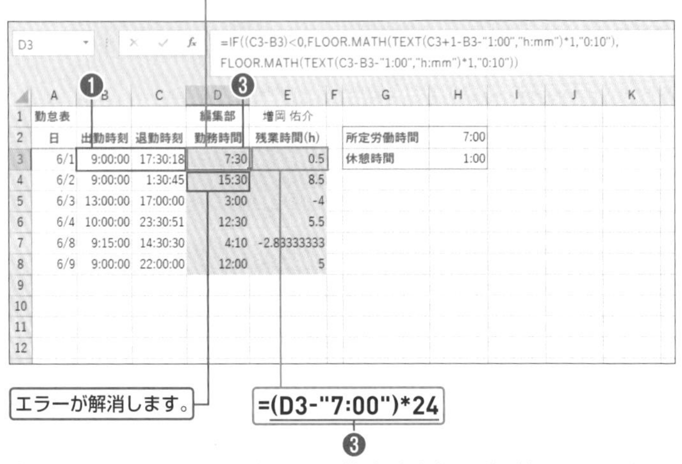

D3: =IF((C3-B3)<0,FLOOR.MATH(TEXT(C3+1-B3-"1:00","h:mm")*1,"0:10"),FLOOR.MATH(TEXT(C3-B3-"1:00","h:mm")*1,"0:10"))

	A	B	C	D	E	F	G	H
1	勤怠表			編集部	増岡 佑介			
2	日	出勤時刻	退勤時刻	勤務時間	残業時間(h)		所定労働時間	7:00
3	6/1	9:00:00	17:30:18	7:30	0.5		休憩時間	1:00
4	6/2	9:00:00	1:30:45	15:30	8.5			
5	6/3	13:00:00	17:00:00	3:00	-4			
6	6/4	10:00:00	23:30:51	12:30	5.5			
7	6/8	9:15:00	14:30:30	4:10	-2.83333333			
8	6/9	9:00:00	22:00:00	12:00	5			

エラーが解消します。

=(D3-"7:00")*24

❶IF関数の[論理式]に退勤時刻から出勤時刻が引いた値が負になるかどうかを判定します。
❷❶の判定結果が負になる場合は、退勤時刻が24時をまたいでいるため、1日を足して調整します。
❸❷で求めた勤務時間から所定労働時間の7時間を引きます。これに24時間を掛けると時単位の数値になります。

Memo

時刻形式を数値にする利点

残業時間を求める際、勤務時間が所定労働時間に満たない場合はマイナスになりますが、時刻形式で負の値を表示することはできません。時刻が負の値になるとセル幅いっぱいに「#」が表示されるエラーになります。これを防ぐには、24を掛けて時単位の数値にします。エラーも発生せず、負の値も表示されます。

参照セクション
Sec075　時刻の秒を切り捨てる
Sec078　始業時刻を9時以降15分単位で調整する

第6章

データを整理・整形する技

SECTION 080

文字種を揃える

キーワード　表記ゆれの処理

UPPER 英字を大文字に変換する	=UPPER(文字列) 指定した[文字列]に含まれる英字を大文字に変換します。全角英字は全角のまま大文字に変換されます。
ASC 文字列を半角英数字に変換する	=ASC(文字列) 指定した[文字列]に含まれる英数カナを半角に変換します。ひらがな、漢字はそのまま返します。

目的　英数字を半角大文字に揃える

入力者によってばらつきのある文字列を半角、かつ、大文字に揃えます。

1 表記統一されていない文字列を、

2 半角、かつ、大文字に揃えたい。

	A	B	C	D	E	F	G	H
1	情報資産管理			▼文字種整形				
2	点検日	ｷｬﾋﾞﾈｯﾄNo	資産ID	ｷｬﾋﾞﾈｯﾄNo	資産ID	状態	点検者	
3	11/9	ＭＦ０１	ＩＦ－００２	MF01	IF-002	要整理	吉田	
4	11/9	mm03	pif001	MM03	PIF001	良	吉田	
5	11/17	ＨＣ上	ＩＦ－００５	HC上	IF-005	整理要	浜岡	
6	11/26	備品専用		備品専用		良	中谷	
7								
8								
9								
10								
11								

方法

●表記ゆれを２段階で処理する

全角と半角の混在、及び、大文字と小文字の混在を２段階で処理します。ここでは、ASC関数で半角に統一し、UPPER関数で大文字に統一します。

●処理順は問わない

ASC関数とUPPER関数の処理順は問いません。戻り値は同じです。

●処理対象外の文字はそのまま表示される

ひらがな、漢字など、ASC関数、UPPER関数の処理対象外の文字列を指定しても、エラーにはならず、そのまま表示されます。

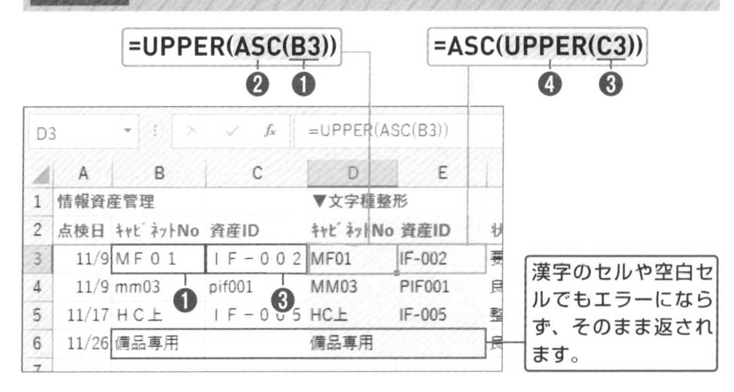
=UPPER(ASC(B3))
❷ ❶
=ASC(UPPER(C3))
❹ ❸
漢字のセルや空白セルでもエラーにならず、そのまま返されます。

❶ ASC関数の[文字列]にｷｬﾋﾞﾈｯﾄNoのセル[B3]を指定します。
❷❶で半角に揃えた文字列がUPPER関数の処理対象文字列となります。
❶❷により、先に半角文字に揃えてから、英字を大文字に揃えます。
❸ UPPER関数の[文字列]に資産IDのセル[C3]を指定します。
❹❸で大文字に揃えた文字列がASC関数の処理対象文字列となります。
❸❹により、先に英字を大文字に揃えてから、半角文字に揃えます。

Hint

英字の先頭を大文字に揃えたり、小文字に揃えたりする

PROPER関数とLOWER関数もUPPER関数と同様に文字種を揃えます。

PROPER 英字の先頭を大文字に変換する	**=PROPER(文字列)** [文字列]に含まれる英字文字列の各単語の先頭を大文字に変換します。
LOWER 小文字に変換する	**=LOWER(文字列)** [文字列]に含まれる英字を小文字に変換します。

=PROPER(ASC(B3))
英字の先頭が大文字に揃います。

=LOWER(ASC(C3))
英字が小文字に揃います。

	A	B	C	D	E	F	G
1	情報資産管理			▼文字種整形			
2	点検日	ｷｬﾋﾞﾈｯﾄNo	資産ID	先頭大文字	小文字	状態	点検者
3	11/9	ＭＦ０１	ＩＦ－００２	Mf01	if-002	要整理	吉田
4	11/9	mm03	pif001	Mm03	pif001	良	吉田
5	11/17	ＨＣ上	ＩＦ－００５	Hc上	if-005	整理要	浜岡
6	11/26	備品専用		備品専用		良	中谷

SECTION 081

セル内の改行とすべてのスペースを削除する

キーワード　表記ゆれの処理

CLEAN 制御文字を削除する	**=CLEAN(文字列)** 指定した[文字列]に含まれる制御文字を削除します。
JIS 文字列を全角文字に変換する	**=JIS(文字列)** 指定した[文字列]を全角文字に変換します。
SUBSTITUTE 文字列を置き換える	**=SUBSTITUTE(文字列,検索文字列,置換文字列[,置換対象])** [文字列]に含まれる[検索文字列]を[置換文字列]に置き換えます。[置換対象]を省略すると、文字列全体が置換対象となります。

目的　所属部課を空白なしで1行に揃える

セル内改行や空白文字により、セル内の中央付近に2段表示された所属部課を空白なしで1行表示に揃えます。

1 所属の2段表示を、

2 空白なしで1行表示にしたい。

	A	B	C	D	E	F
1	第33期新入社員配属先一覧					
2	氏名	所属	整形後の所属			
3	澤村 達也	法人部 第一営業	法人部第一営業			
4	松井 雄一郎	業務部 情報システム課	業務部情報システム課			
5	瑞石 江梨子	人材開発部 キャリアデザイン課	人材開発部キャリアデザイン課			

方法

●CLEAN関数で制御文字全般を削除する

制御文字とは、動作などに使用される特殊文字で、作例では「セル内で改行する」という動作に対応する特殊な文字が入っています。CLEAN関数によって、セル内改行を削除して1行に整形します。

●JIS関数で全角に統一する

文字列に含まれる空白文字は、全角か半角か、見た目では判断できません。そこで、JIS関数によって文字列を全角に統一します。

●SUBSTITUTE関数で全角の空白文字を長さ0の文字列にする

JIS関数で全角に揃えた文字列を対象に、全角の空白文字を検索して、長さ0の文字列に変換することにより、空白文字を削除します。

●表記ゆれの処理順

ここでは、SUBSTITUTE関数を使う前にJIS関数で文字列を全角に処理しておく必要がありますが、CLEAN関数はどのタイミングでも処理可能です。

=SUBSTITUTE(CLEAN(JIS(B3)),"　","")
=CLEAN(SUBSTITUTE(JIS(B3),"　",""))

数式解説 Sec81

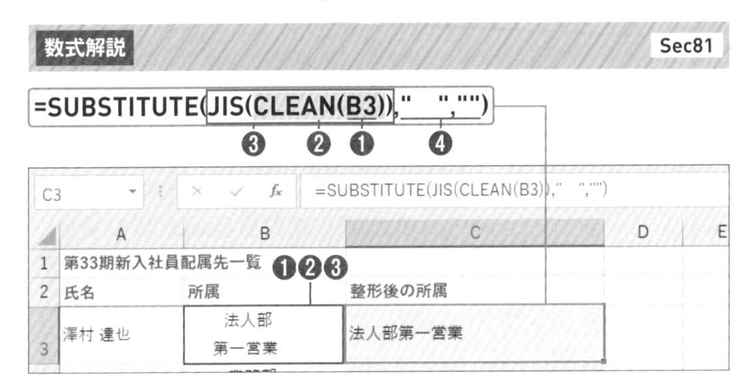

❶CLEAN関数の[文字列]にセル[B3]を指定し、セル内の改行文字を削除します。
❷❶で制御文字を削除した文字列がJIS関数の処理対象文字列です。
❸❶❷により、セル内改行を削除し、全角に統一された文字列がSUBSTITUTE関数の処理対象文字列です。
❹[検索対象]に「"　"」、[置換対象]に「""」と指定し、[文字列]に含まれるすべての全角空白文字を検索して、長さ0の文字列に置き換えます。

Memo

SUBSTITUTE関数の置換対象

SUBSTITUTE関数の[置換対象]は、指定した文字列に複数の置換対象がある場合に、置換対象を特定する引数です。下の図は、「エクセル・エクセル・エクセル」から「エクセル」を検索し、指定した置換対象を「Excel」に置換しています。

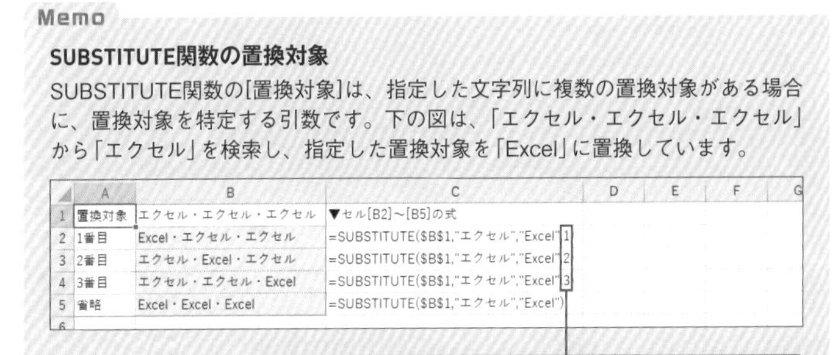

	A	B	C
1	置換対象	エクセル・エクセル・エクセル	▼セル[B2]～[B5]の式
2	1番目	Excel・エクセル・エクセル	=SUBSTITUTE($B$1,"エクセル","Excel",1)
3	2番目	エクセル・Excel・エクセル	=SUBSTITUTE($B$1,"エクセル","Excel",2)
4	3番目	エクセル・エクセル・Excel	=SUBSTITUTE($B$1,"エクセル","Excel",3)
5	省略	Excel・Excel・Excel	=SUBSTITUTE($B$1,"エクセル","Excel")

[置換対象]は、文字列の先頭から検索文字列の見つかった順を数値で指定します。

SECTION 082

類似表現を1つにまとめる

キーワード 表記ゆれの処理

SEARCH 文字列内を検索する	**=SEARCH(検索文字列,対象)** 基本動作はSec016 P.66参照。[検索文字列]が[対象]の文字列内の何文字目にあるかを検索します。
IFERROR エラーを回避する	**=IFERROR(値,エラーの場合の値)** [値]がエラーの場合は、[エラーの場合の値]を表示します。
SUM 数値を合計する	**=SUM(数値)** 指定した[数値]に含まれる文字列は無視しますが、エラー値が含まれる場合は、そのエラー値が返ります。
IF 条件に応じて処理を2つに分ける	**=IF(論理式,値が真の場合,値が偽の場合)** [論理式]に指定した条件が成立する場合は[値が真の場合]、成立しない場合は[値が偽の場合]を実行します。

目的 打ち合わせの類似表現を「打ち合わせ」に統一する

送り仮名の違いや意味が類似する表現を「打ち合わせ」に統一します。

1 出張目的をもとに、

2 「打ち合わせ」に類似する表現を検索し、

	A	B	C	D	E	F	G	H	I	J
1	出張目的「打ち合わせ」表記統一			▼表記ゆれチェック			▼統一		▼類似表現	
2	場所	出張目的	移動	打*せ	MTG	会議	出張目的		打合せ	
3	本社	打ちあわせ	A社→直帰	1			打ち合わせ		打ち合せ	
4	本社	企画会議	新宿（営）			3	打ち合わせ		打ちあわせ	
5	A社	取引先訪問	帰社				取引先訪問		MTG	
6	大阪（営）	打合せ後C社へ	C社	1			打ち合わせ		会議	
7	新宿（営）	朝MTG	B社→帰社		2		打ち合わせ			
8	新宿（営）	B社で打ち合せ	B社→帰社	4			打ち合わせ			
9										

3 表現を統一したい。

方法

●送り仮名の違いはワイルドカード「*」で対応する

打ち合せ、打合せのような送り仮名の相違は、共通文字と0文字以上の任意の文字列を表す「*」で表現します。ここでは、「打*せ」とします。

●ワイルドカードを指定できるSEARCH関数で類似表現を検索する

類似表現の内、会議やMTGはFIND関数でも検索可能ですが、ここでは、ワイルドカードを指定できるSEARCH関数で文字列を検索します。

●IFERROR関数でエラーを長さ0の文字列に処理する

SEARCH関数では、文字列内に検索文字列がない場合、[#VALUE!]エラーが返されます。ここでは、SUM関数で類似表現を集計するため、IFERROR関数でエラーを処理しておきます。

●SUM関数で類似表現を集計し、IF関数で表記を統一する

SEARCH関数の検索結果をSUM関数で集計し、戻り値が0より大きい場合は、「打ち合わせ」に表記を統一し、戻り値が0の場合は元の文字列をそのまま表示します。

数式解説 Sec82

```
=IFERROR(SEARCH(D$2,$B3),"")
```

❷ ❶ ❷

D3 =IFERROR(SEARCH(D$2,$B3),"")

	A	B	C	D	E	F	G	H	I
1	出張目的「打ち合わせ」表記統一			▼表記ゆれチェック			▼統一		▼類似表現
2	場所	出張目的	移動	打*せ	MTG	会議	出張目的		打合せ
3	本社	打ちあわせ	A社→直帰	1			打ち合わせ		打ち合せ
4	本社	企画会議	新宿（営）			3	打ち合わせ		打ちあわせ
5	A社	取引先訪問	帰社				取引先訪問		MTG
6	大阪（営）	打合せ後C社へ	C社						
7	新宿（営）	朝MTG	B社→						
8	新宿（営）	B社で打ち合せ	B社→帰社				打ち合わせ		

```
=IF(SUM(D3:F3)>0,"打ち合わせ",B3)
```

❹ ❸ ❺

❶SEARCH関数の[検索文字列]にセル[D2]、[対象]にセル[B3]を指定し、出張目的に「打*せ」が何文字目にあるかを検索します。MTGや会議も同様です。
❷❶の戻り値がエラー値になる場合は、何も表示しないよう、[エラーの場合の値]に長さ0の文字列を指定します。
❸SUM関数の[数値]にSEARCH関数の検索結果のセル範囲[D3:F3]を指定し、類似表現を集計します。
❹IF関数の[論理式]に❸の集計結果が0より大きいかどうか判定する条件式を指定します。
❺条件が成立する場合は、「打ち合わせ」に表記を統一します。出張目的に類似表現がない場合は、出張目的をそのまま表示します。

参照セクション
Sec003 3つのセル参照方式を使い分ける
Sec016 文字列内を検索し、検索文字の文字位置を求める

SECTION 083

表記を株式会社に統一する

キーワード 表記ゆれの処理　名寄せ

類語の文字位置を検索する　Sec082 P.212 参照	
SEARCH 文字列内を検索する	**=SEARCH(検索文字列,対象)** 基本動作はSec016 P.66参照。[検索文字列]が[対象]の文字列内の何文字目にあるかを検索します。
IFERROR エラーを回避する	**=IFERROR(値,エラーの場合の値)** [値]がエラーの場合は、[エラーの場合の値]を表示します。
文字列の置換位置と置換文字数を求める	
MIN 最小値を求める	**=MIN(数値)** 指定した[数値]の最小値を求めます。
LEN 文字列の文字数を求める	**=LEN(文字列)** 指定した[文字列]の文字数を求めます。文字数は全角／半角を問わず1文字と数えます。
MATCH 検査値が検索範囲の何番目にあるか検索する	**=MATCH(検査値,検査範囲,0)** [検査値]を[検査範囲]で検索し、完全一致する位置を返します。[検査範囲]は、1行、または、1列のセル範囲を指定します。第3引数の[照合の種類]はP.68参照。
INDEX 行と列の交点のデータを取り出す	**=INDEX(配列,行番号,列番号)** 指定した[配列]の先頭を1行1列目とするとき、[行番号]と[列番号]の交点のデータを取り出します。
文字列を置き換える	
REPLACE 文字列を置き換える	**=REPLACE(文字列,開始位置,文字数,置換文字列)** [文字列]を、先頭から数えた[開始位置]（文字位置）から指定した[文字数]を[置換文字列]に置き換えます。文字数は全角／半角を問わず、1文字と数えます。

Memo

置換対象文字列は、全角文字に揃っていることを前提とする

作例のA列に入力されている会社名は、あらかじめ、JIS関数で全角文字に統一済みであることを前提とします。全角文字に統一することで、半角の「ｶ)」などの検索を省いています。

目的　株式会社を表すさまざまな表記を「株式会社」に統一する

さまざまな表記の会社名を統一します。

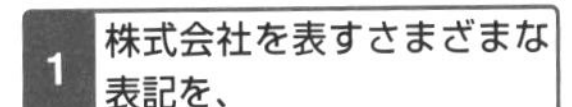
1
株式会社を表すさまざまな表記を、

2 元の表記の文字位置や文字数に応じて、

	A	B	C	D	E	F	G	H	I	J
1	類語の文字数	2	3	1	2	3				
2	会社名／類語	カ）	（カ）	㈱	株）	（株）	文字位置	列位置	文字数	会社名統一
3	カ）吉沢産業	1					1	1	2	株式会社吉沢産業
4	（株）吉沢産業				2	1	1	5	3	株式会社吉沢産業
5	北野鉄鋼（株）				6	5	5	5	3	北野鉄鋼株式会社
6	㈱吉沢産業			1			1	3	1	株式会社吉沢産業
7	（カ）吉沢産業	2	1				1	2	3	株式会社吉沢産業
8	株）吉沢産業				1		1	4	2	株式会社吉沢産業
9	北野鉄鋼（カ）	6	5				5	2	3	北野鉄鋼株式会社
10	北野鉄鋼㈱			5			5	3	1	北野鉄鋼株式会社
11										
12										

=IFERROR(SEARCH(B$2,$A3),"")
会社名に含まれる類語を検索し、類語の文字位置を求めています。

3 「株式会社」に統一したい。

方法

●類語の文字位置と文字数を調べてREPLACE関数で置き換える

会社名の先頭や末尾に付いている「カ)」、「（カ）」、「㈱」、「株）」、「（株）」について、どの類語がどこに、何文字付いているかを調べます。ここでは、類語の検索位置と、類語の文字数を求めたセル範囲[B1:F1]を利用します。

▼ 北野鉄鋼㈱：「㈱」は類語の３列目にあり、１文字である。

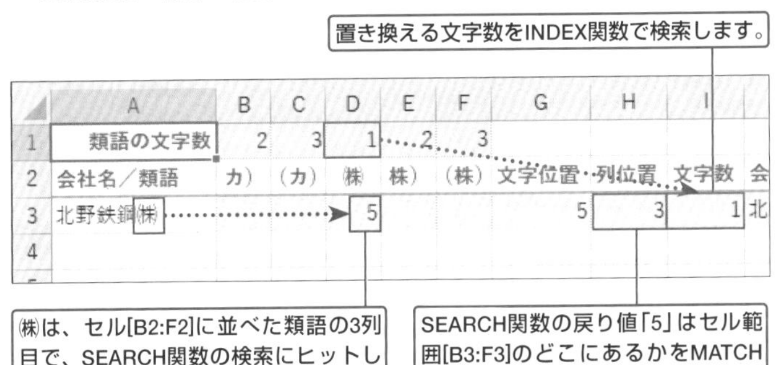
置き換える文字数をINDEX関数で検索します。
類語の文字数
会社名／類語
カ）
（カ）
㈱
株）
（株）
文字位置
列位置
文字数
北野鉄鋼㈱
㈱は、セル[B2:F2]に並べた類語の3列目で、SEARCH関数の検索にヒットします。
SEARCH関数の戻り値「5」はセル範囲[B3:F3]のどこにあるかをMATCH関数で検索します。

●類語が複数検索される場合は、MIN関数で値の小さい方を利用する

類語の「カ)」と「(カ)」、及び、「株)」と「(株)」は、以下のように、両方とも類語として検索されます。このような場合は、文字の先頭から数えて先に検索された文字位置、すなわち、SEARCH関数の戻り値が小さい方を、置き換えの文字位置として利用します。

▼ 類語が複数検索される場合

小さい方の値が置き換えの文字位置となるようMIN関数を利用します。

	A	B	C	D	E	F	G	H	I	
1	類語の文字数	2	3	1	2	3				
2	会社名／類語	カ)	(カ)	㈱	株)	(株)	文字位置	列位置	文字数	会
3	(株) 吉沢産業				2	1	1	5	3	株
4	(カ) 吉沢産業	2	1				1	2	3	株
5										
6										
7										
8										

数式解説 Sec83

●会社名に付いた類語の文字数と類語の文字位置を求める

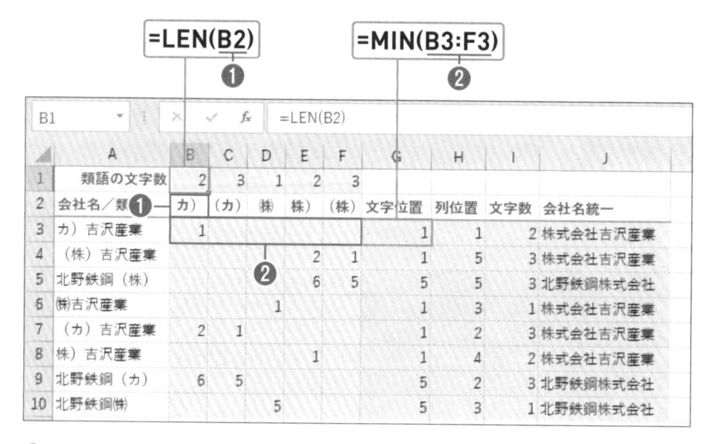

	A	B	C	D	E	F	G	H	I	J
1	類語の文字数	2	3	1	2	3				
2	会社名／類語	カ)	(カ)	㈱	株)	(株)	文字位置	列位置	文字数	会社名統一
3	カ) 吉沢産業	1					1	1	2	株式会社吉沢産業
4	(株) 吉沢産業				2	1	1	5	3	株式会社吉沢産業
5	北野鉄鋼 (株)				6	5	5	5	3	北野鉄鋼株式会社
6	㈱吉沢産業			1			1	3	1	株式会社吉沢産業
7	(カ) 吉沢産業	2	1				1	2	3	株式会社吉沢産業
8	株) 吉沢産業				1		1	4	2	株式会社吉沢産業
9	北野鉄鋼 (カ)	6	5				5	2	3	北野鉄鋼株式会社
10	北野鉄鋼㈱			5			5	3	1	北野鉄鋼株式会社

❶LEN関数の[文字列]に類語の入ったセル[B2]を指定し、類語の文字数を求めます。

❷MIN関数の[数値]に、類語の検索結果のセル範囲[B3:F3]を指定し、会社名に付いた類語の文字位置を求めます。

●類語の列位置と、列位置に対応する文字数を検索する

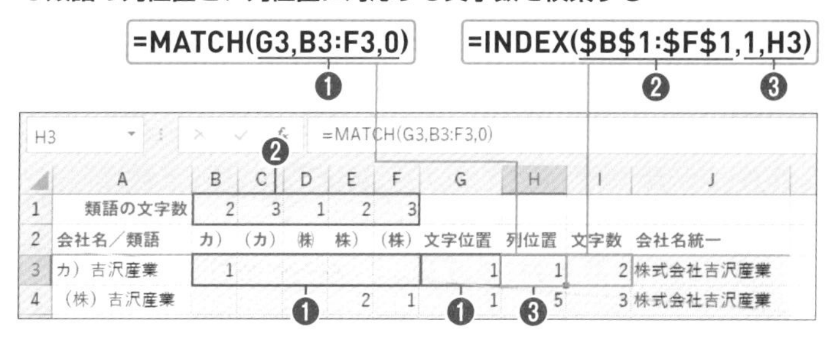

❶MATCH関数では、会社名の類語検索によって検索された文字位置（セル[G3]）が、類語検索結果のセル範囲[B3:F3]のどこに位置するかを求めます。
❷INDEX関数の[配列]に、類語の文字数を入力したセル範囲[B1:F1]を指定します。
❸[配列]が1行のため、[行番号]は1を指定し、[列番号]はMATCH関数で求めた列位置のセル[H3]を指定します。

ここでは、「カ）吉沢産業」の「カ）」が会社名の1文字目でヒットし、「カ）」は、類語を並べたセル範囲[B2:F2]の1列目にあり、その文字数は2文字と検索されます。

●会社名に付いた類語を「株式会社」に置き換える

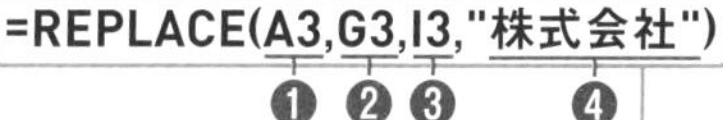

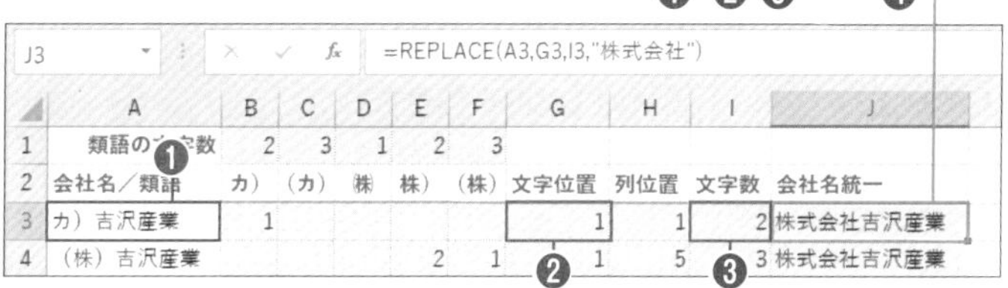

❶置き換え元の会社名の入ったセル[A3]を[文字列]に指定します。
❷置き換えを開始する文字位置の入ったセル[G3]を[開始位置]に指定します。
❸置き換える文字数の入ったセル[I3]を[文字数]に指定します。
❹[置換文字列]に「"株式会社"」を指定します。

Memo

データクレンジング

データの表記ゆれを修正したり、類語をまとめたりするなど、一連のデータ統一作業は、データクレンジングと呼ばれます。データクレンジングは、一度で終わりません。たとえば、本節では、会社名のみ入力されている場合は、類語の置き換え対象から漏れます。漏れたデータは別のクレンジングを試す、という具合に何度かクレンジングを繰り返しながらデータを整えていきます。

SECTION 084

重複データを除去する

キーワード 重複の除去　名寄せ　　対応バージョン：2019 365

重複データをチェックし、新出データの行位置を求める	
TEXTJOIN 区切り文字を挿入しながら文字列を連結する	**=TEXTJOIN(区切り文字,空の文字は無視,文字列1,文字列2…)** 2019 365 文字列ごとに[区切り文字]を挟みながら、指定した[文字列]を連結します。[空の文字は無視]は、[文字列]が空白セルの場合に区切り文字を入れないときはTRUE、区切り文字を入れる場合はFALSEを指定します。
COUNTIF 検索条件に一致するセルの個数を求める	**=COUNTIF(範囲,検索条件)** [検索条件]で検索する[範囲]を1つずつ拡張できるように、[範囲]に指定するセル範囲の始点を絶対参照で固定します。Sec029 P.96参照。
IF 条件に応じて処理を2つに分ける	**=IF(論理式,値が真の場合,値が偽の場合)** [論理式]に指定した条件が成立する場合は[値が真の場合]を実行し、成立しない場合は[値が偽の場合]を実行します。
ROW 行番号を求める	**=ROW()** 引数を省略すると、ROW関数を入力したセルの行番号を返します。
新出データのみ書き出して重複を除去する	
SMALL 配列内の小さい方から数えた順位の値を求める	**=SMALL(配列,順位)** 数値の入ったセル範囲を[配列]に指定し、指定した[順位]の値を求めます。[配列]に含まれる文字列は無視します。
INDEX 行と列の交点のデータを取り出す	**=INDEX(配列,行番号,列番号)** 指定した[配列]の先頭を1行1列目とするとき、[行番号]と[列番号]の交点のデータを取り出します。

Memo

TEXTJOIN関数の代わりにCONCATENATE関数を利用する

CONCATENATE関数の場合は、連結する順に指定します。たとえば、セル[A3]とセル[B3]を「-(ハイフン)」で連結する場合は次のように指定します。

=CONCATENATE(A3,"-",B3)

目的　顧客データの重複を除去する

会社名と氏名が同一の場合は重複データとします。重複データをチェックし、新出の顧客データのみ書き出します。

1 会社名と氏名をもとに、　**2** 重複のない顧客データのみ書き出したい。

	A	B	C	D	E	F	G	H
1	顧客データの重複除去			新出			行位置	
2	会社名-統一済	氏名	会社名と氏名	行位置			転記	新顧客データ
3	株式会社吉沢産業	中山 志誠	株式会社吉沢産業-中山 志誠	3		1	3	株式会社吉沢産業-中山 志誠
4	株式会社吉沢産業	中山 志誠	株式会社吉沢産業-中山 志誠			2	5	北野鉄鋼株式会社-鈴木 誠也
5	北野鉄鋼株式会社	鈴木 誠也	北野鉄鋼株式会社-鈴木 誠也	5		3	7	株式会社吉沢産業-鈴木 誠也
6	株式会社吉沢産業	中山 志誠	株式会社吉沢産業-中山 志誠			4	9	北野鉄鋼株式会社-小松 由梨
7	株式会社吉沢産業	鈴木 誠也	株式会社吉沢産業-鈴木 誠也	7		5	10	北野鉄鋼株式会社-斉藤 崇
8	株式会社吉沢産業	鈴木 誠也	株式会社吉沢産業-鈴木 誠也					
9	北野鉄鋼株式会社	小松 由梨	北野鉄鋼株式会社-小松 由梨	9				
10	北野鉄鋼株式会社	斉藤 崇	北野鉄鋼株式会社-斉藤 崇	10				
11								

方法

●TEXTJOIN関数で「-」を挟みながら会社名と氏名を連結する

重複データの判定材料となる複数の文字列はTEXTJOIN関数で1つにまとめます。「-」を挟んでおくと、重複データの除去後に複数の文字列に再分割する際の目印として使えます。

●COUNTIF関数の[範囲]を1行ずつ拡張させながら重複をチェックする

TEXTJOIN関数で連結した「会社名と氏名」の出現回数について、COUNTIF関数の[範囲]を1行ずつ拡張しながら、新出か重複かをチェックします。

●新出データの場合はROW関数で行番号を表示する

COUNTIF関数の戻り値が1の場合が新出データとなります。新出データの場合は、ROW関数で行番号を表示し、重複データの場合は、長さ0の文字列を指定して何も表示しないようにします。

●SMALL関数で行番号の小さい順に並べ、INDEX関数でデータを取り出す

新出データに表示された行番号は、SMALL関数で小さい順に並べれば、飛び飛びに表示されている行番号をひとまとめにできます。INDEX関数では、行番号の位置にある会社名と氏名を取り出します。

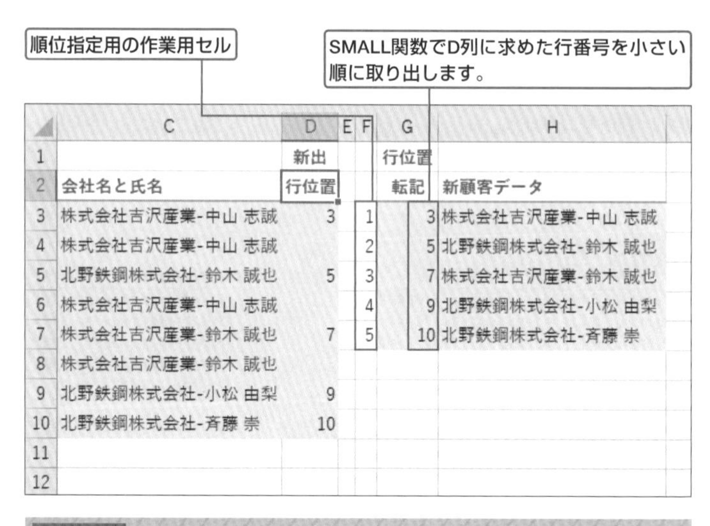

数式解説

Sec84

●新出データの場合は行番号を表示する

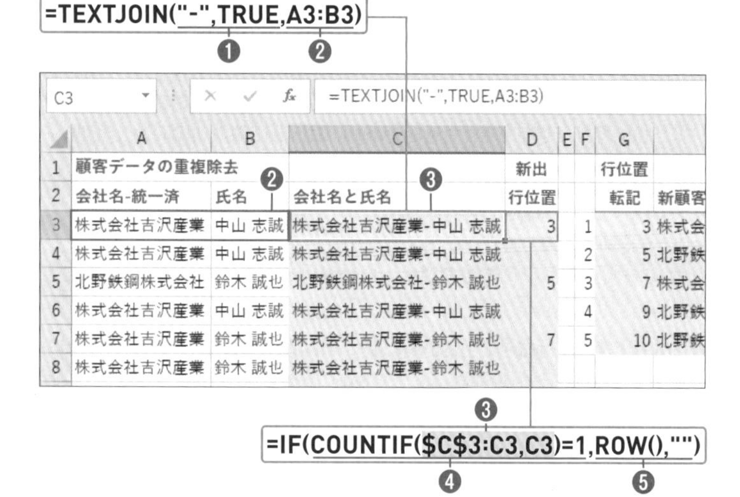

❶TEXTJOIN関数の[区切り文字]に「"-"」(ハイフン)を指定し、[空の文字は無視]はTRUEを指定します。
❷[文字列]に会社名と氏名の入ったセル範囲[A3:B3]を指定します。
❶❷より、「会社名-氏名」と連結されます。

❸COUNTIF関数の[範囲]にセル範囲[$C$3:C3]、[検索条件]にセル[C3]を指定し、連結した「会社名と氏名」の出現回数を求めます。
❹IF関数の[論理式]に❸で求めた出現回数が1かどうか判定します。
❺出現回数が1、すなわち、新出データの場合は、ROW関数で行番号を求めます。出現回数が1以外は何も表示しません。

●新出データを書き出す

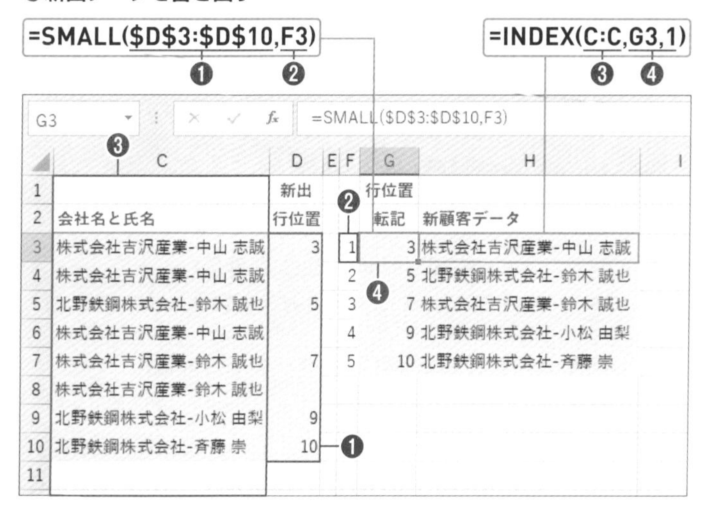

❶SMALL関数の[配列]に新出データの行番号を求めたセル範囲[D3:D10]を指定します。
❷[順位]は作業用に用意したセル[F3]を指定します。
❶❷より、順位に応じた行番号が転記されます。

❸INDEX関数の[配列]にC列を指定します。これは、ROW関数で求めた行番号は、1行目を起点としているためです。
❹[行番号]には、新出データの行番号の入ったセル[G3]を指定し、[列番号]は、[配列]が1列のため、1を指定します。[列番号]の1は省略可能です。

参照セクション
Sec029　重複しないデータ数を求める

SECTION 085

欠損データを除去する

キーワード 空白の除去

ROW 行番号を求める	**=ROW()** ROW関数を入力したセルの行番号を返します。
IF 条件に応じて処理を2つに分ける	**=IF(論理式,値が真の場合,値が偽の場合)** [論理式]に指定した条件が成立する場合は[値が真の場合]を実行し、成立しない場合は[値が偽の場合]を実行します。
SMALL 小さい方から数えた順位の値を返す	**=SMALL(配列,順位)** 数値の入ったセル範囲を[配列]に指定し、指定した[順位]の値を求めます。[配列]に含まれる文字列は無視します。
INDEX 行と列の交点のデータを取り出す	**=INDEX(配列,行番号,列番号)** 指定した[配列]の先頭を1行1列目とするとき、[行番号]と[列番号]の交点のデータを取り出します。
IFERROR エラーの場合は別の値を表示する	**=IFERROR(値,エラーの場合の値)** [値]がエラーの場合は、[エラーの場合の値]を表示します。

目的 データが欠損している場合は、そのデータ行を除去する

歩数記録のあるデータ行を書き出すことにより、欠損データを除去します。

歩数記録が欠損しているデータ行

1 歩数記録のあるデータ行のみ書き出して、欠損データ行を除去したい。

	A	B	C	D	E	F	G	H	I	J	K
1	歩数記録表						▼欠損データ除去				
2	日付	歩数	歩数有無		行位置転記		日付	歩数			
3	2021/8/1	10,826	3		1	3	2021/8/1	10,826			
4	2021/8/2				2	5	2021/8/3	15,811			
5	2021/8/3	15,811	5		3	7	2021/8/5	7,138			
26	2021/8/24	15,454	26		24	33	2021/8/31	4,026			
27	2021/8/25				25						

方法

●データがある行を書き出すことで欠損データを除去する

歩数記録がある場合はROW関数で行番号を表示します。飛び飛びに表示される行番号はSMALL関数で小さい順に並べ、INDEX関数で行番号の位置にある日付と歩数を取り出します（Sec084 P.218参照）。

●IFERROR関数でエラーを回避する

欠損データがいくつあるかわからないので、転記先の末尾付近は[#NUM!]エラーになります。最初からIFERROR関数で処理せず、エラー内容と意味を確認してから組み合わせます。

数式解説　Sec85

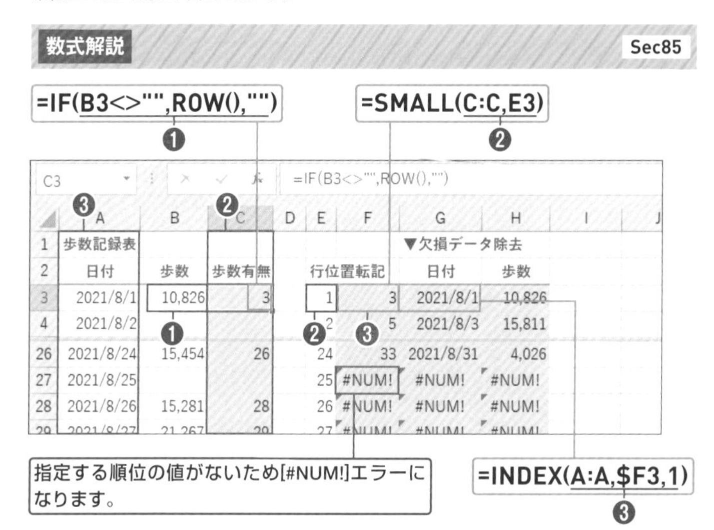

=IF(B3<>"",ROW(),"")
=SMALL(C:C,E3)
=INDEX(A:A,$F3,1)
指定する順位の値がないため[#NUM!]エラーになります。

❶歩数記録のセル[B3]が空白以外の場合は、ROW関数で行番号を表示します。
❷SMALL関数で、❶で求めた行番号を、セル[E3]以降に指定する順位の値として求めることにより、行番号が小さい順に転記されます。
❸INDEX関数では、❷で求めたセル[F3]以降の行番号に位置するA列の日付を取り出します。B列の歩数も同様です。

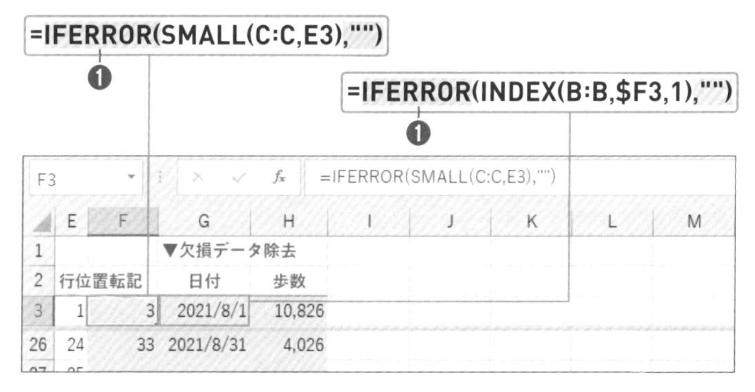

=IFERROR(SMALL(C:C,E3),"")
=IFERROR(INDEX(B:B,$F3,1),"")

❶IFERROR関数を組み合わせ、エラーの場合は、何も表示しないよう「""」(長さ0の文字列)を指定します。

SECTION 086

重複及び欠損データを除去する

キーワード 重複の除去　空白の除去　　対応バージョン：365

UNIQUE 配列内の一意の値を返す	**=UNIQUE(配列[,列の比較][,回数指定])** 365
	[配列]を[列の比較]で指定した方向で検索し、[回数指定]に従う一意のデータを抽出します。データベースなどの縦方向に並んだデータで、重複のないデータを取り出す場合は、[列の比較][回数指定]ともFALSEを指定するか、省略します。
FILTER 条件を付けてデータを絞る	**=FILTER(配列,含む[,空の場合])** 365
	[配列]を[含む]に指定する条件で絞ります。[空の場合]には、データを絞った結果、データがない場合に表示する値を指定しますが、省略可能です。

目的　欠損データを除外した上で、重複データも削除する

会社名、氏名のいずれかに空白を含む行は除外します。除外したデータを対象に、会社名と氏名を合わせたデータで重複を削除し、一意データにします。

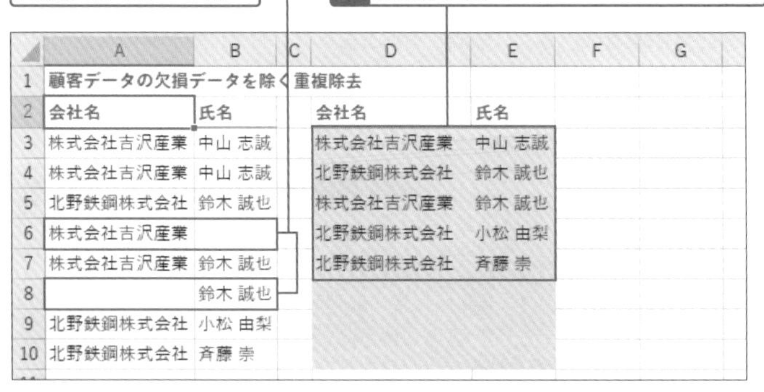

方法

●FILETER関数で条件を設定してデータを絞る

FILTER関数の条件は[含む]に指定します。2つ以上の条件を設定する場合、AND条件は「*」、OR条件は「+」で指定します。

▼ AND 条件：青森のりんご（商品名がりんご、かつ、産地が青森）

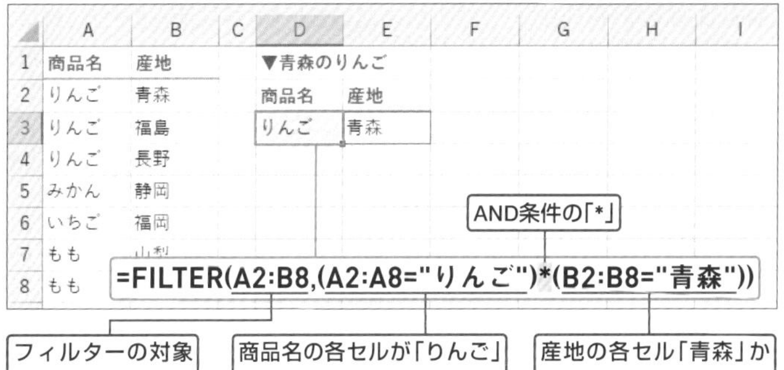

	A	B	C	D	E
1	商品名	産地		▼青森のりんご	
2	りんご	青森		商品名	産地
3	りんご	福島		りんご	青森
4	りんご	長野			
5	みかん	静岡			
6	いちご	福岡			
7	もも	山梨			
8	もも				

▼ OR 条件：商品名が「みかん」または「いちご」

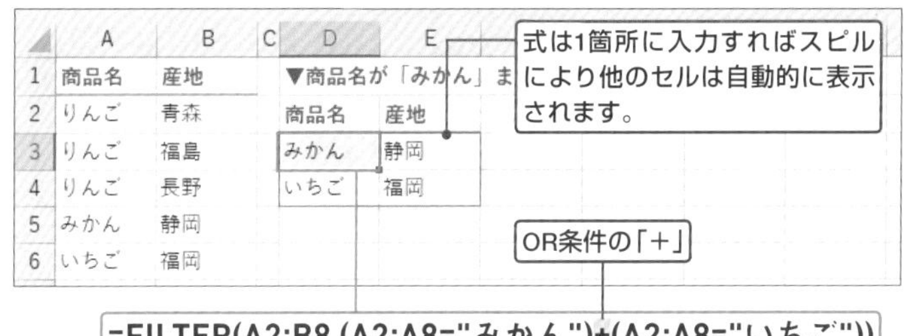

	A	B	C	D	E
1	商品名	産地		▼商品名が「みかん」ま	
2	りんご	青森		商品名	産地
3	りんご	福島		みかん	静岡
4	りんご	長野		いちご	福岡
5	みかん	静岡			
6	いちご	福岡			

=FILTER(A2:B8,(A2:A8="みかん")+(A2:A8="いちご"))

●UNIQUE関数で一意のデータを求める

指定する配列が1列の場合は、列内の重複データが削除されますが、配列が複数列の場合は、複数列の各行データで重複しているときに削除します。

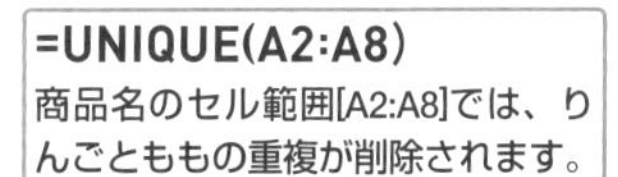

=UNIQUE(A2:A8)
商品名のセル範囲[A2:A8]では、りんごとももの重複が削除されます。

=UNIQUE(A2:B8)
表全体の場合、行データは重複していないので、もとの表がそのまま表示されます。

	A	B	C	D	E	F	G
1	商品名	産地		▼商品名		▼表全体	
2	りんご	青森		りんご		りんご	青森
3	りんご	福島		みかん		りんご	福島
4	りんご	長野		いちご		りんご	長野
5	みかん	静岡		もも		みかん	静岡
6	いちご	福岡				いちご	福岡
7	もも	山梨				もも	山梨
8	もも	福島				もも	福島
9							

●FILETER関数で抽出したデータを対象に一意のデータを求める

UNIQUE関数の[配列]にFILTER関数を組み合わせ、空白セルのある行を除外したデータを対象に一意のデータを求めます。ここで、FILTER関数の条件は、「会社名が空白でない、かつ、氏名が空白でない」となります。

数式解説　Sec86

●空白セルのあるデータ行を除外する

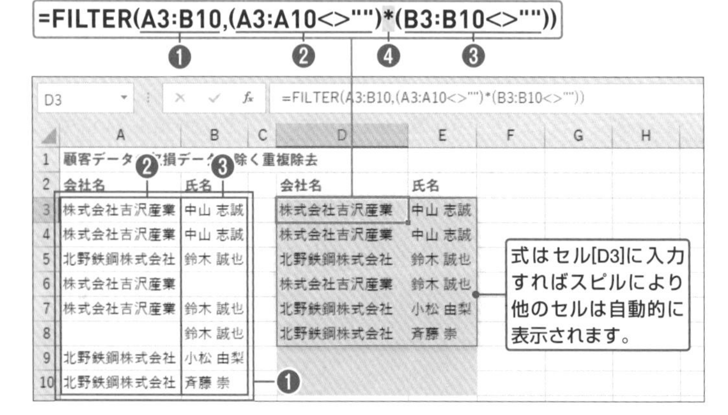
=FILTER(A3:B10,(A3:A10<>"")*(B3:B10<>""))
❶ ❷ ❹ ❸
D3
=FILTER(A3:B10,(A3:A10<>"")*(B3:B10<>""))
顧客データの欠損データを除く重複除去
会社名 氏名 会社名 氏名
式はセル[D3]に入力すればスピルにより他のセルは自動的に表示されます。

❶[配列]に会社と氏名のセル範囲[A3:B10]を指定します。
❷会社名のセル範囲[A3:A10]の各セルが空白でないことを条件にするため、「A3:A10<>""」と指定します。
❸❷と同様です。氏名についても「B3:B10<>""」と指定し、各セルが空白でないことを条件にします。
❹❷と❸の条件をAND条件とするため、「*」を指定します。

●会社名と氏名の行データの重複を削除し一意データにする

=UNIQUE(FILTER(A3:B10,(A3:A10<>"")*(B3:B10<>"")))

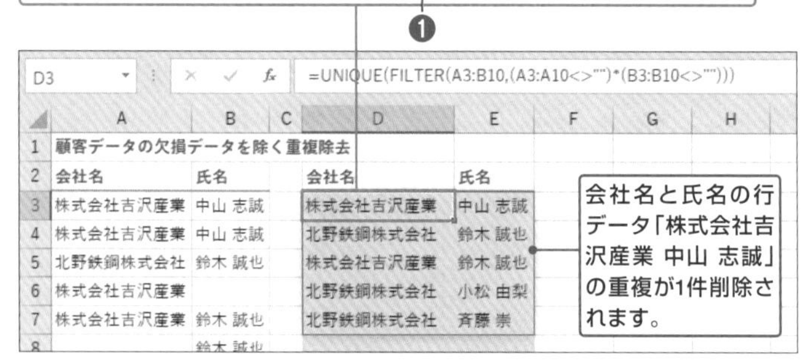
❶
D3
=UNIQUE(FILTER(A3:B10,(A3:A10<>"")*(B3:B10<>"")))
顧客データの欠損データを除く重複除去
会社名 氏名 会社名 氏名
会社名と氏名の行データ「株式会社吉沢産業 中山 志誠」の重複が1件削除されます。

❶UNIQUE関数の[配列]にFILETER関数で求めたデータを指定し、重複データを削除し、一意データを表示します。

Hint

FILTER関数で欠損データを除去する

Sec085で扱った歩数記録表の欠損データを除去するには、FILTER関数のみで実現可能です。UNIQUE関数は、作例の日付データが一意のため不要です。

=FILTER(A3:B33, B3:B33<>"")

歩数記録表のセル範囲[A3:B33]のうち、歩数のセル範囲[B3:B33]の各セルが空白でない行を求めています。

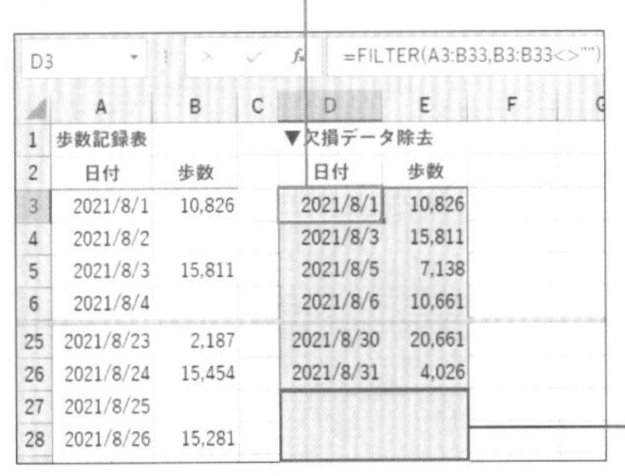

戻り値はスピルで過不足なく表示されるので、Sec085で実施したエラー処理は不要です。

Memo

UNIQUE関数の[回数指定]の意味

UNIQUE関数の[回数指定]をTRUEにすると、指定した配列内で1回だけ出現したデータのみ取り出します。以下の例では、指定した配列内に、「りんご」は3回、「もも」は2回、「みかん」と「いちご」は1回ずつ出現するため、戻り値は「みかん」と「いちご」になります。

=UNIQUE(A2:A8,FALSE,TRUE)

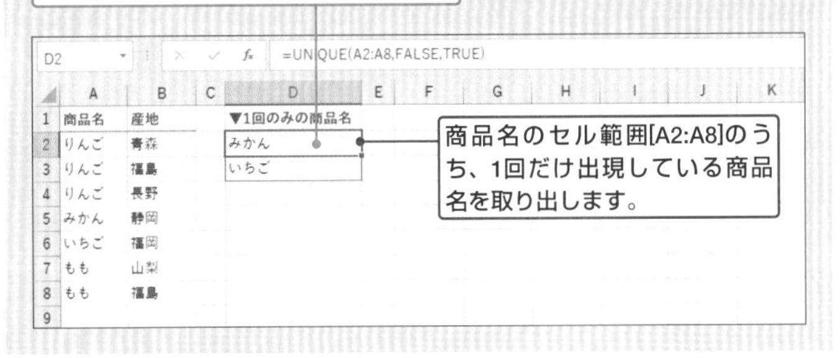

商品名のセル範囲[A2:A8]のうち、1回だけ出現している商品名を取り出します。

参照セクション
Sec085　欠損データを除去する

SECTION 087

氏名のフリガナを姓と名に分けて表示する

キーワード 文字列の分割

氏名のフリガナを取り出し、姓と名の間の空白を全角１文字に整える	
PHONETIC セル入力時の読みを表示する	**=PHONETIC(参照)** [参照]に指定したセルやセル範囲の入力時の読みの情報を取り出します。
TRIM 文字列の余分な空白を削除する	**=TRIM(文字列)** 指定した[文字列]の単語間の最初の空白を1つ残して、残りの余分な空白は削除します。
JIS 文字列を全角文字に変換する	**=JIS(文字列)** 指定した[文字列]を全角文字に変換します。
フリガナの姓と名を分割する	
FIND 文字列内を検索する	**=FIND(検索文字列,対象[,開始位置])** [検索文字列]が[対象]の文字列内の何文字目にあるかを検索します。[開始位置]は検索を開始する[対象]の文字位置を指定しますが、省略すると[対象]の先頭から検索します。
LEFT 文字列の先頭から指定した文字数を取り出す	**=LEFT(文字列[,文字数])** [文字列]の先頭から指定した[文字数]を取り出します。[文字数]は全角／半角を問わず、1文字と数えます。また[文字数]は省略すると、先頭の1文字を取り出します。
MID 文字列の途中から指定した文字数を取り出す	**=MID(文字列,開始位置,文字数)** [文字列]を[開始位置]から指定した[文字数]を取り出します。[文字数]は、全角／半角を問わず、1文字と数えます。[文字数]に開始位置以降の文字数より大きい値を指定した場合は、末尾まで取り出します。

Memo

データを整理整頓しているときはエラー値も情報として利用する

氏名の姓と名の間を1文字空けるルールがあったとしても、空白が空いていない場合も考えられます。本節で紹介する関数を使うと、氏名の姓と名の間に空白が入っていない場合は、[#VALUE!]エラーになります。悪目立ちするエラー値も、データの整理整頓中はルール違反の入力値をすばやく見つけるのに役立ちます。

目的　氏名のフリガナを姓と名に分割する

氏名の姓と名の間は何らかのスペースが空いていることを前提に、フリガナの姓と名を分割します。

1 漢字で入力した氏名から、　**2** フリガナの姓と名を分けて表示したい。

	A	B	C	D	E
1	氏名	フリガナ	全角整形・余分な空白削除	フリガナ（姓）	フリガナ（名）
2	園田　 祐樹	ソノダ　 ユウキ	ソノダ　ユウキ	ソノダ	ユウキ
3	時松　由衣子	トキマツ　 ユイコ	トキマツ　ユイコ	トキマツ	ユイコ
4	野上　 健太郎	ノガミ　ケンタロウ	ノガミ　ケンタロウ	ノガミ	ケンタロウ
5	羽生田　慧	ハニュウダ　サト	ハニュウダ　サトシ	ハニュウダ	サトシ
6	塚本 秀幸	ツカモト ヒデユキ	ツカモト　ヒデユキ	ツカモト	ヒデユキ
7	吉澤 裕子	ヨシザワ ユウコ	ヨシザワ　ユウコ	ヨシザワ	ユウコ

方法

●セルに直接入力された氏名からフリガナを取り出す

PHONETIC関数はセル入力時の読みの情報を取り出すので、関数で整形した文字列からフリガナは取り出せません。本節の場合、TRIM関数やJIS関数で整形した氏名からはフリガナを取り出すことはできません。

●TRIM関数で余分な空白を削除し、JIS関数で全角に揃える

氏名の姓と名の間に全角1文字空くようにTRIM関数とJIS関数で整えます。以下は氏名の前後に余分な空白があり、姓と名の間には半角、全角の順で空いている例です。なお、TRIM関数とJIS関数の利用順序は問いません。

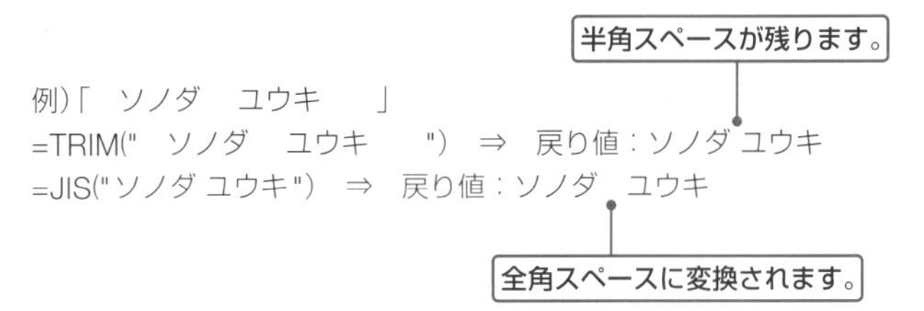

半角スペースが残ります。
例)「　ソノダ　 ユウキ　　」
=TRIM("　ソノダ　 ユウキ　　")　⇒　戻り値：ソノダ ユウキ
=JIS("ソノダ ユウキ")　⇒　戻り値：ソノダ　ユウキ
全角スペースに変換されます。

●姓と名の間にある全角スペースを分割の目印にする

FIND関数でフリガナの姓と名の間にある全角スペースの文字位置を求めます。全角スペースの文字位置を境に、左側が姓、右側が名となります。

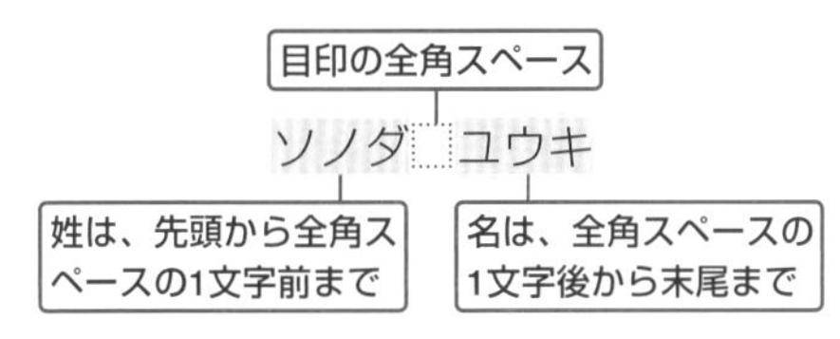

●MID関数の［文字数］には大きな値を入れて末尾まで取り出す

名前の長さはさまざまですが、大きな値を指定すれば末尾まで取り出せます。ここでは、100を指定します。

数式解説　Sec87

●氏名のフリガナを取り出し、姓と名の間の空白を全角1文字に整える

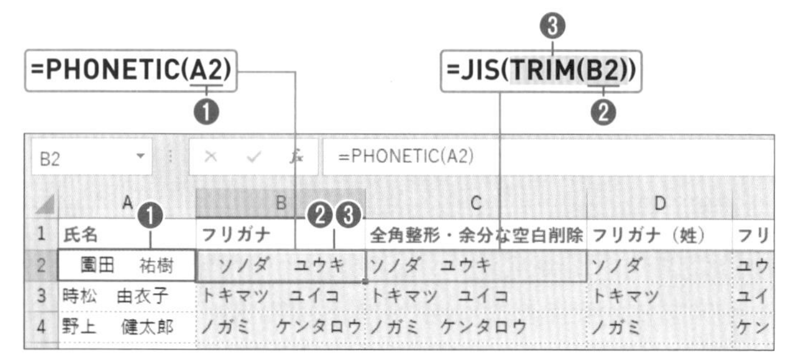

❶PHONETIC関数の［参照］に氏名のセル［A2］を指定し、フリガナを取り出します。

❷TRIM関数の［文字列］に❶で取り出したフリガナのセル［B2］を指定し、単語間の最初の空白を1文字残して余分な空白を削除します。

❸JIS関数では、TRIM関数で整形した文字列を対象に、全角文字に変換します。

❷と❸は順序を入れ替えて、「=TRIM(JIS(B2))」と指定することもできます。

●フリガナの姓と名の間の全角スペースの文字位置を求める

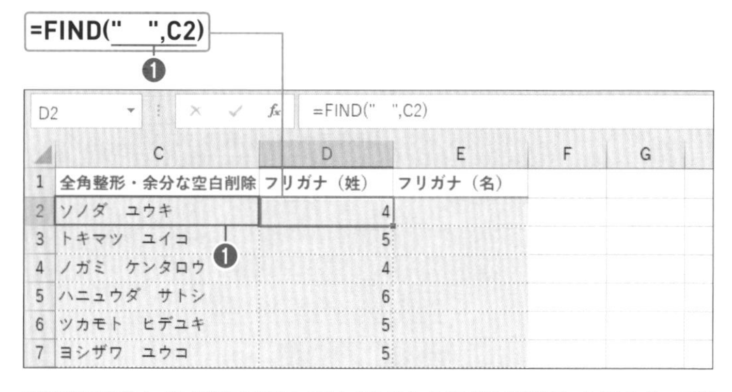

❶TRIM関数とJIS関数で整えたフリガナのセル［C2］を対象に、全角スペース「"　"」を検索して、姓と名の間の全角スペースの文字位置を求めます。

●フリガナの姓と名を分割する

=LEFT(C2,FIND("　",C2)-1)　❶ ❷

=MID(C2,FIND("　",C2)+1,100)　❶ ❸ ❹

D2　=LEFT(C2,FIND("　",C2)-1)

	C	D	E	F	G
1	全角整形・余分な空白削除	フリガナ（姓）	フリガナ（名）		
2	ソノダ　ユウキ	ソノダ	ユウキ		
3	トキマツ　ユイコ	トキマツ	ユイコ		
4	ノガミ　ケンタロウ	ノガミ	ケンタロウ		
5	ハニュウダ　サトシ	ハニュウダ	サトシ		
6	ツカモト　ヒデユキ	ツカモト	ヒデユキ		
7	ヨシザワ　ユウコ	ヨシザワ	ユウコ		

❶LEFT関数の[文字列]にTRIM関数とJIS関数で整えたフリガナのセル[C2]を指定します。MID関数の[文字列]も同様です。

❷LEFT関数の[文字数]には、FIND関数で検索した全角スペースの文字位置の1文字前まで取り出すように指定します。

❸MID関数の[開始位置]は、FIND関数で検索した全角スペースの文字位置の1文字後ろから取り出せるように指定します。

❹MID関数の[文字数]に100を指定し、確実にフリガナの末尾まで取り出します。

Memo

FIND関数で氏名の入力間違いを確認できる

本節では、FIND関数で全角スペースを検索する前に、文字列を全角文字に変換しているので、姓と名の間が半角スペースのため検索できないというエラーはありません。FIND関数でエラーになるのは、姓と名の間にスペースが入っていない場合に絞られます。

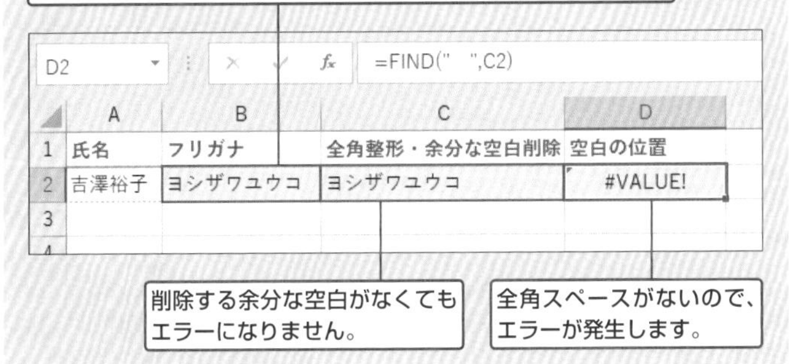

セルの入力情報を取り出すので、フリガナはエラーになりません。
D2
=FIND("　",C2)
A
B
C
D
氏名
フリガナ
全角整形・余分な空白削除
空白の位置
吉澤裕子
ヨシザワユウコ
ヨシザワユウコ
#VALUE!
削除する余分な空白がなくてもエラーになりません。
全角スペースがないので、エラーが発生します。

SECTION 088

住所から都道府県名を切り分ける

キーワード 文字列の分割

FIND 文字列内を検索する	=FIND(検索文字列,対象[,開始位置]) [対象]の何文字目に[検索文字列]があるかを検索します。[対象]の先頭から検索する場合、[開始位置]は省略します。
LEFT 文字列の先頭から文字を取り出す	=LEFT(文字列,文字数) [文字列]の先頭から指定した[文字数]を取り出します。[文字数]は全角/半角を問わず、1文字と数えます。
IFERROR エラーの場合は別の値を表示する	=IFERROR(値,エラーの場合の値) [値]がエラーの場合は[エラーの場合の値]を表示します。

目的 住所から都道府県名を取り出す

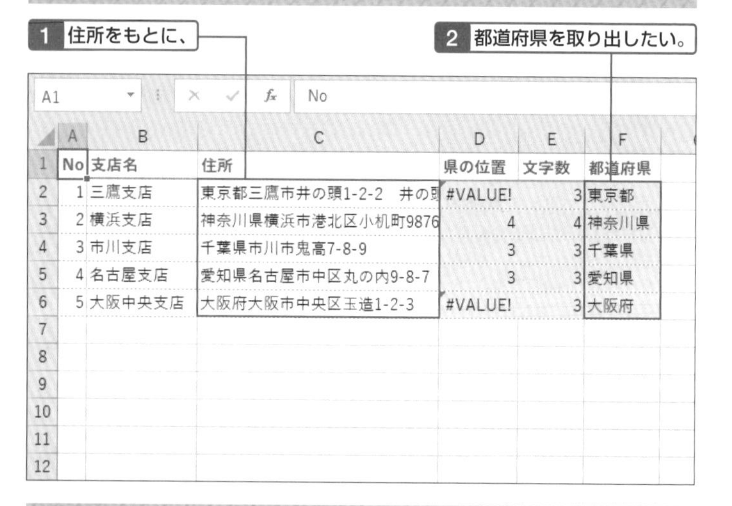

方法

●「県」の文字位置を探し、「県」がなければ3文字を取り出す

「県」の付かない北海道、東京都、大阪府、京都府はすべて3文字です。そこで、住所の「県」の文字位置は、FIND関数で検索しますが、「県」が付かない場合は、住所の左端から3文字を取り出します。

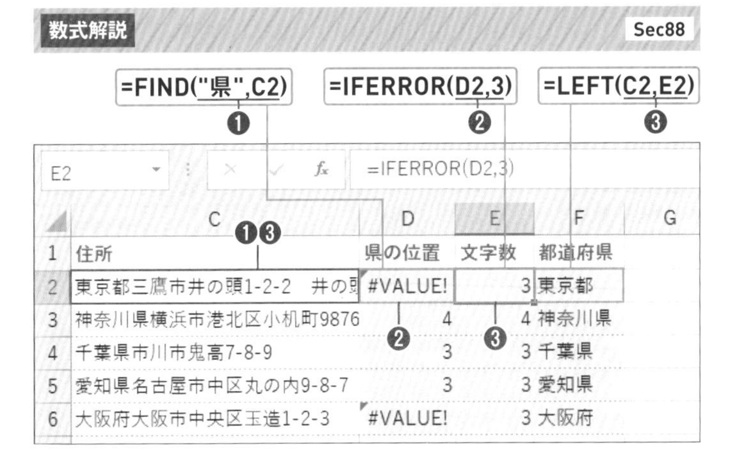

❶FIND関数の[対象]に住所のセル[C2]を指定し、「県」の文字位置を検索します。「県」が見つからない場合は、[#VALUE!]エラーになります。
❷IFERROR関数の[値]にセル[D2]を指定し、FIND関数の戻り値がエラーかどうか判定し、エラーの場合は、3を表示します。
❸セル[C2]の住所の先頭から、❷で求めたセル[E2]の文字数を取り出すと、住所から都道府県名が取り出されます。

StepUp

関数を組み合わせる

セル[F2]のLEFT関数は、IFERROR関数を入力したセル[E2]を参照しています。セル[E2]は、FIND関数を入力したセル[D2]を参照しています。それぞれのセル参照に関数を代入すると、式が1つにまとまります。

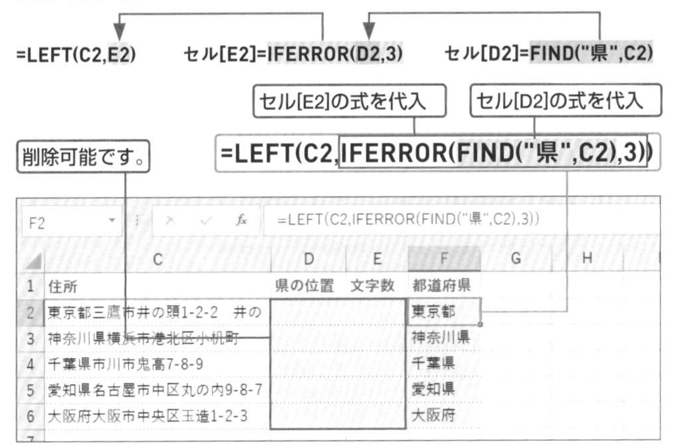

SECTION 089

住所から都道府県名を取り除く

キーワード 文字列の分割

REPLACE 文字列を置き換える	=REPLACE(文字列,開始位置,文字数,置換文字列) [文字列]を、[開始位置]（文字位置）から指定した[文字数]分を[置換文字列]に置き換えます。 文字数は全角／半角を問わず、1文字と数えます。
LEN 文字列の文字数を求める	=LEN(文字列) [文字列]の文字数を求めます。文字数は、半角／全角を問わず、1文字と数えます。

目的 住所から都道府県を取り除く

住所を都道府県とそれ以外に分割します。都道府県は分割済みです。

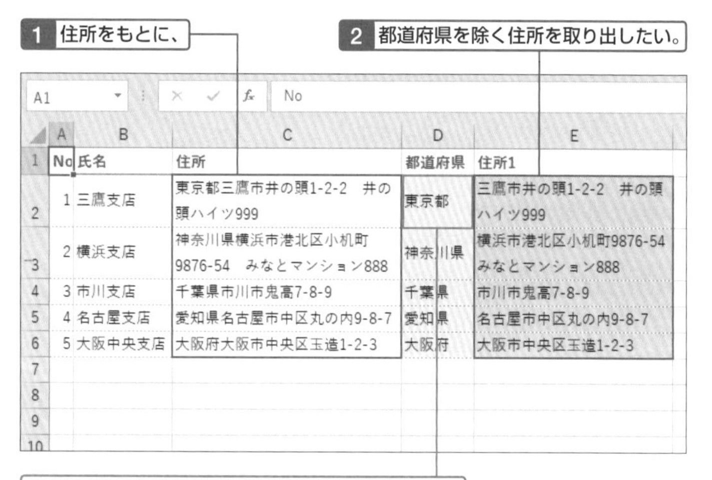

方法

●REPLACE関数で都道府県名を長さ0の文字列に置き換える

都道府県名は住所の先頭から始まり、その文字数は、LEN関数で求められます。住所の先頭から都道府県の文字数分を長さ0の文字列で置き換えれば、都道府県を除く住所になります。

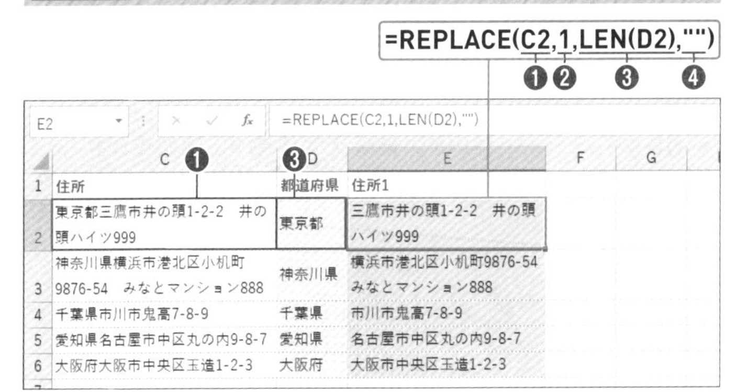

❶[文字列]に住所のセル[C2]を指定します。
❷住所の先頭から置き換えるため、[開始位置]は1を指定します。
❸置き換える[文字数]は都道府県名の文字数です。都道府県名の文字数は、LEN関数の[文字列]に都道府県名のセル[D2]を指定して求めます。
❹[置換文字列]には、長さ0の文字列を指定し、都道府県名を削除します。

Hint

MID関数で住所を分割することもできる

MID関数では、LEN関数で求めた都道県名の文字数の次の文字から末尾まで取り出します。住所の長さはさまざまですが、[文字数]に大きな値を入れて末尾まで取り出せるようにします。

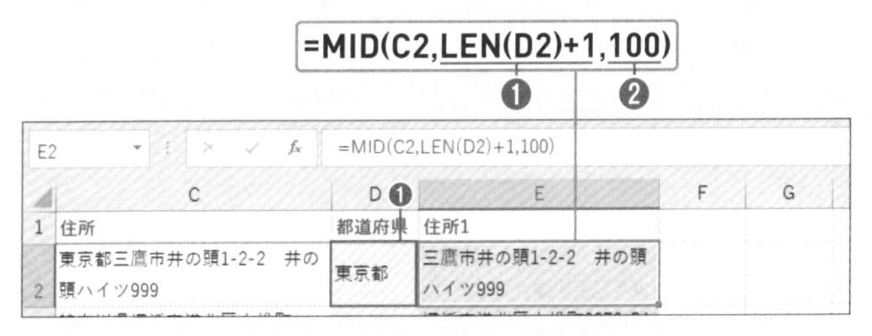

❶MID関数の[開始位置]には、LEN関数で求める都道府県名の文字数の次の文字から取り出せるように指定します。
❷[開始位置]で指定した文字位置から住所の末尾まで取り出せる値を指定します。ここでは、100とします。

参照セクション
Sec087　氏名のフリガナを姓と名に分けて表示する
Sec088　住所から都道府県名を切り分ける

SECTION 090

住所から番地以降を取り出す

キーワード 文字列の分割

FIND 文字列内を検索する	**=FIND(検索文字列,対象[,開始位置])** [対象]の何文字目に[検索文字列]があるかを検索します。[対象]の先頭から検索する場合、[開始位置]は省略します。
IFERROR エラーの場合は別の値を表示する	**=IFERROR(値,エラーの場合の値)** [値]がエラーの場合は[エラーの場合の値]を表示します。
MIN 数値の最小値を求める	**=MIN(数値)** [数値]に数値の入ったセル範囲を指定し、数値の最小値を求めます。[数値]に含まれる文字列は無視されます。
MID 文字列の途中から指定した文字数を取り出す	**=MID(文字列,開始位置,文字数)** [文字列]を[開始位置]から指定した[文字数]を取り出します。[文字数]は、全角／半角を問わず、1文字と数えます。[文字数]に開始位置以降の文字数より大きい値を指定した場合は、末尾まで取り出します。

目的 住所から番地以降を取り出す

住所の番地は算用数字であることを前提とします。

1 住所をもとに、

2 番地以降を取り出したい。

	A	B	C	D	E	F	G	H
1	会員No	都道府県	住所	文字位置	番地		作業用	
2	CS001	東京都	東村山市青葉町9-66-51	8	9-66-51		1	
3	CS002	東京都	練馬区関町南2-123-45	7	2-123-45		2	
4	CS003	山形県	東村山郡山辺町近江6789	10	6789		3	
5	CS004	神奈川県	横浜市港北区小机町3456-78	10	3456-78		4	
6	CS005	千葉県	市川市鬼高4-32-100	6	4-32-100		5	
7	CS006	奈良県	大和郡山市朝日町2-3456	9	2-3456		6	
8	CS007	北海道	札幌市中央区北三条西24689	11	24689		7	
9	CS008	埼玉県	秩父郡長瀞町岩田12345	9	12345		8	
10	CS009	埼玉県	所沢市東狭山ヶ丘9-8765-4	9	9-8765-4		9	
11								
12								
13								

方法

●1～9の文字開始位置を検索する

住所の番地は1～9のいずれかの数字に当てはまります。FIND関数で検索し、文字列の先頭から数えて最も先に見つかった文字位置が番地の開始位置です。この文字位置は、MIN関数で求めます。

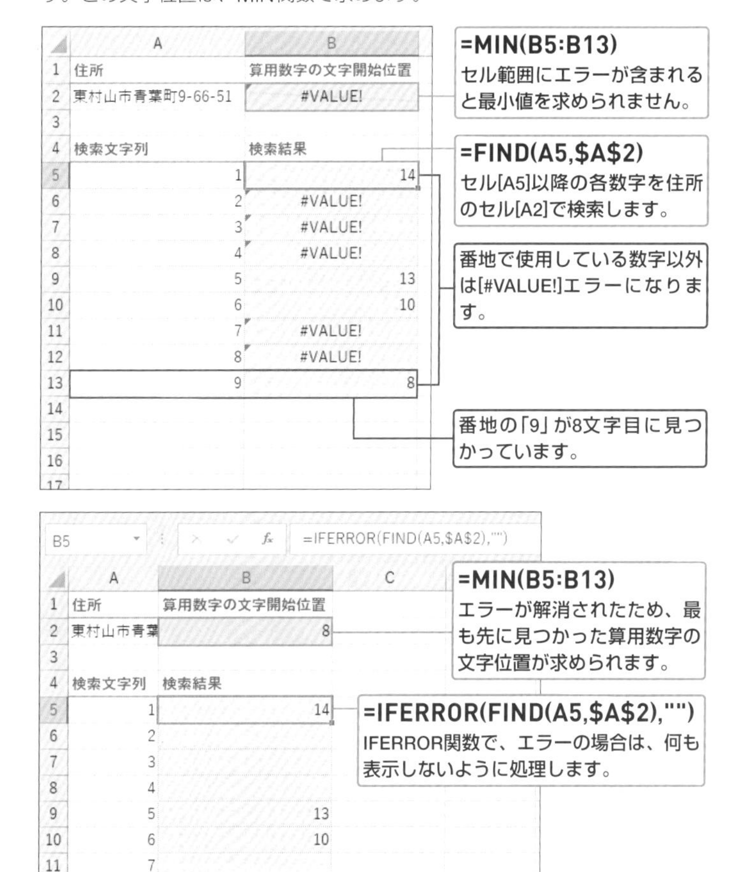

住所
算用数字の文字開始位置
東村山市青葉町9-66-51
#VALUE!
検索文字列
検索結果
=MIN(B5:B13)
セル範囲にエラーが含まれると最小値を求められません。
=FIND(A5,$A$2)
セル[A5]以降の各数字を住所のセル[A2]で検索します。
番地で使用している数字以外は[#VALUE!]エラーになります。
番地の「9」が8文字目に見つかっています。
=IFERROR(FIND(A5,$A$2),"")
=MIN(B5:B13)
エラーが解消されたため、最も先に見つかった算用数字の文字位置が求められます。
=IFERROR(FIND(A5,$A$2),"")
IFERROR関数で、エラーの場合は、何も表示しないように処理します。

●配列数式で式を１つにまとめる

検索結果のセル範囲[B5:B13]を１つの式にまとめると、MIN関数が参照するセル範囲[B5:B13]に代入可能となります。そこで、FIND関数の[検索文字列]にセル範囲を指定し、配列数式にして式を１つにまとめます。

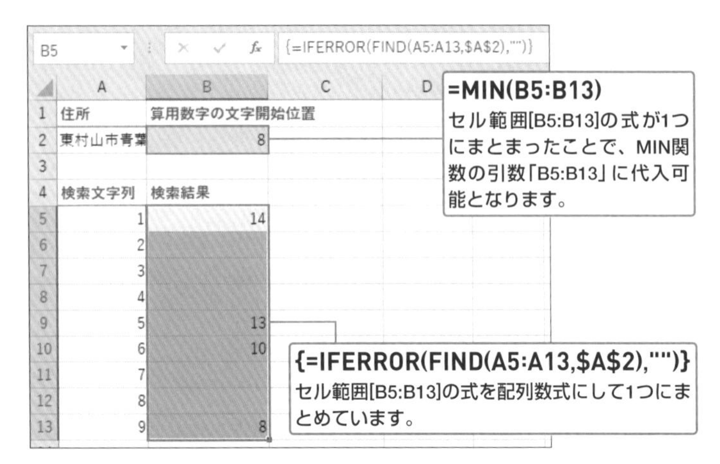
B5
{=IFERROR(FIND(A5:A13,$A$2),"")}
住所
算用数字の文字開始位置
東村山市青葉
8
検索文字列
検索結果
1
14
2
3
4
5
13
6
10
7
8
9
8
=MIN(B5:B13)
セル範囲[B5:B13]の式が1つにまとまったことで、MIN関数の引数「B5:B13」に代入可能となります。
{=IFERROR(FIND(A5:A13,$A$2),"")}
セル範囲[B5:B13]の式を配列数式にして1つにまとめています。

●算用数字の開始位置以降をMID関数で取り出す

算用数字の開始位置が決まれば、番地以降が取り出せます。番地以降の文字数に大きな数値を指定して末尾まで取り出せるようにします。作例では建物名はありませんが、大きな数値を指定しておけば、建物名も一緒に取り出せます。

数式解説 Sec90

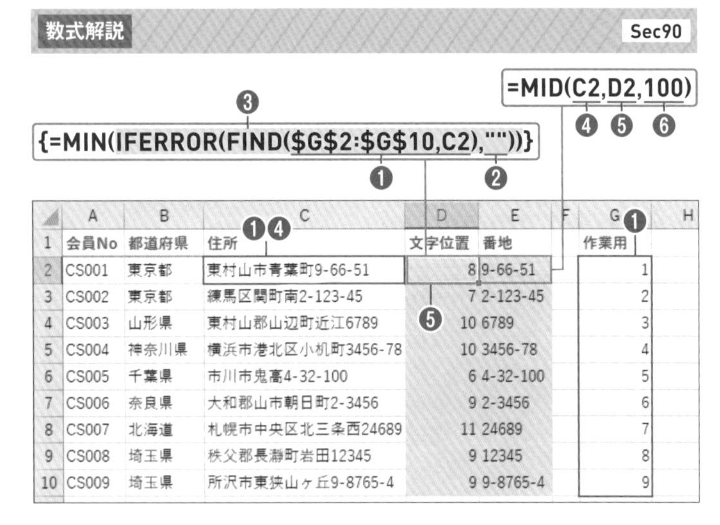
=MID(C2,D2,100)
❹ ❺ ❻
❸
{=MIN(IFERROR(FIND($G$2:$G$10,C2),""))}
❶ ❷
❶❹
❺
❶

	A	B	C	D	E	F	G
1	会員No	都道府県	住所	文字位置	番地		作業用
2	CS001	東京都	東村山市青葉町9-66-51	8	9-66-51		1
3	CS002	東京都	練馬区関町南2-123-45	7	2-123-45		2
4	CS003	山形県	東村山郡山辺町近江6789	10	6789		3
5	CS004	神奈川県	横浜市港北区小机町3456-78	10	3456-78		4
6	CS005	千葉県	市川市鬼高4-32-100	6	4-32-100		5
7	CS006	奈良県	大和郡山市朝日町2-3456	9	2-3456		6
8	CS007	北海道	札幌市中央区北三条西24689	11	24689		7
9	CS008	埼玉県	秩父郡長瀞町岩田12345	9	12345		8
10	CS009	埼玉県	所沢市東狭山ヶ丘9-8765-4	9	9-8765-4		9

❶FIND関数の[検索文字列]にセル範囲[G2:G10]、[対象]にセル[C2]を指定し、住所に各算用数字が何文字目にあるかを検索します。
❷❶の戻り値がエラー値になる場合は、何も表示しないよう、[エラーの場合の値]に長さ0の文字列を指定します。

❸MIN関数の[数値]にFIND関数で見つかった文字位置と長さ0の文字列で構成されるセル範囲を指定し、配列数式として入力します。
❹MID関数の[文字列]に住所のセル[C2]を指定します。
❺[開始位置]は、❸で求めた文字位置のセル[D2]を指定します。
❻[文字数]は、開始位置以降、住所の末尾まで取り出せる値を指定します。ここでは100を指定します。

StepUp

配列定数を利用する

セル範囲[G2:G10]に作成した算用数字検索用の作業用セルの代わりに、配列定数「{1;2;3;4;5;6;7;8;9}」を利用することも可能です。

{=MIN(IFERROR(FIND({1;2;3;4;5;6;7;8;9},C2),""))}

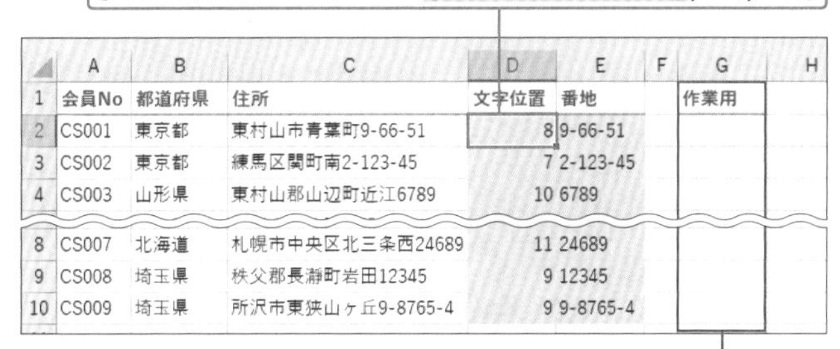

	A	B	C	D	E	F	G	H
1	会員No	都道府県	住所	文字位置	番地		作業用	
2	CS001	東京都	東村山市青葉町9-66-51	8	9-66-51			
3	CS002	東京都	練馬区関町南2-123-45	7	2-123-45			
4	CS003	山形県	東村山郡山辺町近江6789	10	6789			
8	CS007	北海道	札幌市中央区北三条西24689	11	24689			
9	CS008	埼玉県	秩父郡長瀞町岩田12345	9	12345			
10	CS009	埼玉県	所沢市東狭山ヶ丘9-8765-4	9	9-8765-4			

算用数字検索用のセル範囲[G2:G10]は削除可能です。

Memo

数式から値に処理する

関数で文字列を処理した後は、必要に応じて値に変換します。関数を値に変換するには、関数を入力した範囲を選択してCtrlキー+Cキーでコピー、続けてCtrlキー+Vキーで貼り付けます。貼り付け後に表示される<貼り付けのオプション>で<値>をクリックします。

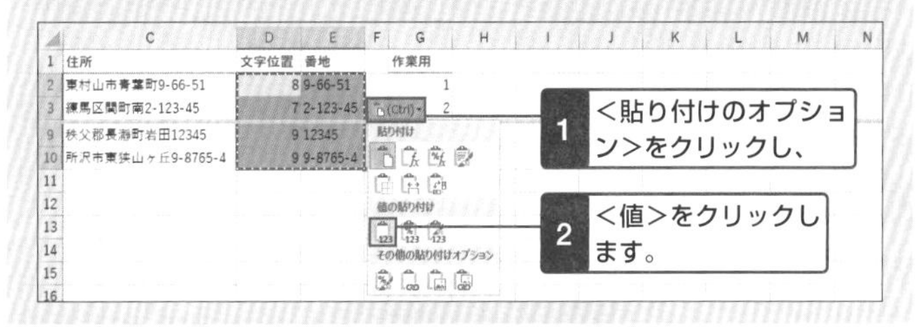

参照セクション
Sec087　氏名のフリガナを姓と名に分けて表示する
Sec088　住所から都道府県名を切り分ける

SECTION 091

数字の途中に「/」を挿入して日付データにする

キーワード 文字列の挿入

REPLACE 文字列を挿入する	=REPLACE(文字列,開始位置,0,置換文字列)
	[開始位置]と[文字数]を指定して、文字列を[置換文字列]に置き換えますが、第3引数の[文字数]に0を指定すると、[開始位置]から[置換文字列]を挿入します。
DATEVALUE 日付文字列を日付に変換する	=DATEVALUE(日付文字列)
	[日付文字列]には日付と認識できる文字列を指定します。

目的 8桁の数値にスラッシュを挿入して日付データにする

1 8桁の数値をもとに、

2 日付データを作成したい。

	A	B	C	D	E
1	商品ID	登録日	登録日を日付形式に変換		
2	ASW001	20201025	2020/1025	2020/10/25	2020/10/25
3	ASW002	20201128	2020/1128	2020/11/28	2020/11/28
4	ASW003	20210325	2021/0325	2021/03/25	2021/3/25
5	ASW004	20210912	2021/0912	2021/09/12	2021/9/12
6	ASW005	20211116	2021/1116	2021/11/16	2021/11/16
7					
8					
9					

方法

●8桁の数値の左から5桁目に「/」を挿入する

REPLACE関数を利用して、左から5文字目に「/」を挿入して4桁の年を区切ります。文字を挿入するため、[文字数]には、0を指定します。

●「/」を入れて9桁になった文字列の8桁目に「/」を挿入する

REPLACE関数で8桁目に「/」を挿入して月日を区切ります。これで「2020/10/25」のように日付文字列が完成します。

●DATEVALUE関数で日付データに変換する

Excelでは、日付文字列のままでも日付計算に利用できる場合がありますが、ここでは、DATEVALUE関数で日付データ(シリアル値)に変換します。

数式解説　Sec91

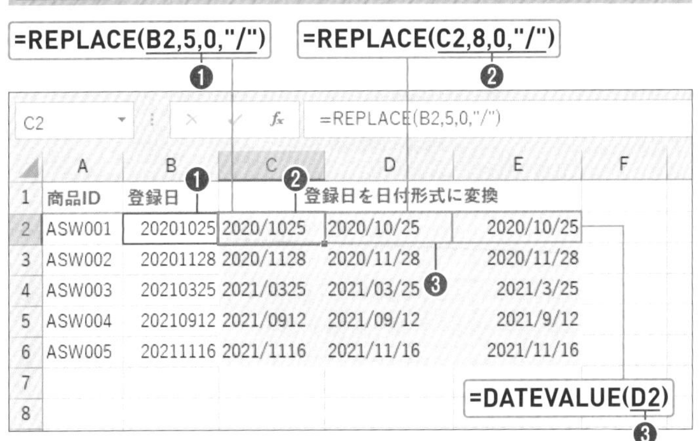

❶[文字列]に8桁の値のセル[B2]、[開始位置]に「5」、[文字数]に「0」、[置換文字列]に「"/"」を指定します。値の5桁目に「/」が挿入されます。
❷❶で作成した9桁の値のセル[C2]を対象に、8桁目に「/」を挿入します。❶❷より、日付文字列が作成されます。
❸DATEVALUE関数の[日付文字列]にセル[D2]を指定し、日付文字列から日付に変換します。

Hint

日付文字列に1を掛けて日付に変換する

日付文字列を日付（シリアル値）にするには、以下のように、1を掛けて数値化する方法もあります。

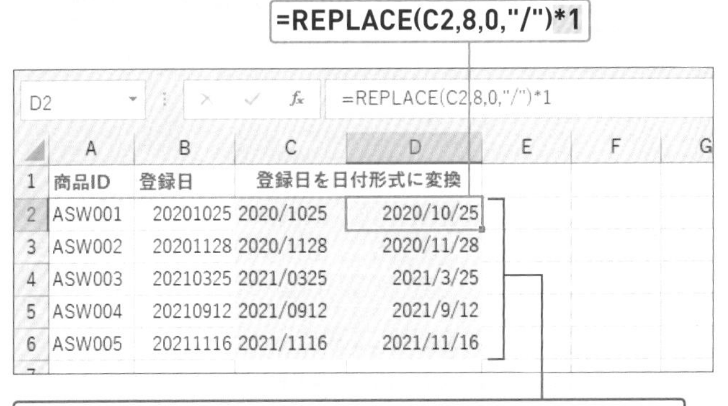

SECTION 092

日付データの「/」を削除する

キーワード 文字列の削除

TEXT 値を、指定した表示形式の文字列に変換する	**=TEXT(値,表示形式)** [値]を、指定した[表示形式]の文字列に変換します。[値]が日付の場合、[表示形式]に「"yyyy/mm/dd"」と指定すると、西暦年と2桁の月日形式の日付文字列に変換します。
SUBSTITUTE 文字列を置き換える	**=SUBSTITUTE(文字列,検索文字列,置換文字列[,置換対象])** [文字列]に含まれる[検索文字列]を[置換文字列]に置き換えます。[置換対象]を省略すると、文字列全体が置換対象となります。[置換対象]の動作は、Sec081 P.210参照。

目的　日付の「/」を削除した文字列に変換する

1 請求日の「/」を削除して、

2 請求番号を作成したい。

	A	B	C	D	E	F	G
1					請求番号作成		
2	請求先	顧客No	請求日	金額	日付文字列	請求番号	
3	A社	PP101	2021/9/12	1,000	2021/09/12	20210912	
4	B社	AK002	2021/9/19	2,000	2021/09/19	20210919	
5	C社	AS002	2021/10/16	3,000	2021/10/16	20211016	
6	D社	PA012	2021/10/22	2,000	2021/10/22	20211022	
7							
8							
9							
10							
11							

方法

●TEXT関数で日付を日付文字列に変換する

日付はセルの見た目通りではなく、シリアル値で管理されています。いきなりSUBSTITUTE関数を使うと、「/」は検索されず、シリアル値がそのまま表示されます。これを防ぐには、TEXT関数で日付文字列に変換します。

セル[C3]で「/」を検索しても、実際はセル[D3]に示すようなシリアル値を検索しているため、「/」は検索されず、シリアル値がそのまま表示されます。

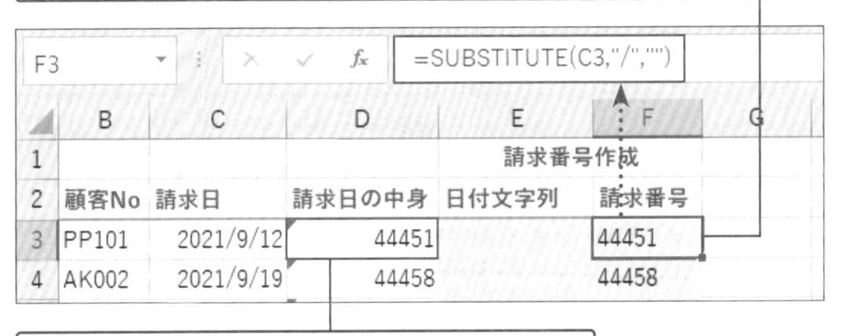

セル[C3]のシリアル値です。日付の「/」は付いていません。

●日付文字列を西暦4桁、2桁ずつの月日に揃える

1桁の月日に0を補い、すべての月日を2桁ずつに揃えるには、書式記号を「yyyy/mm/dd」とします（P.367）。

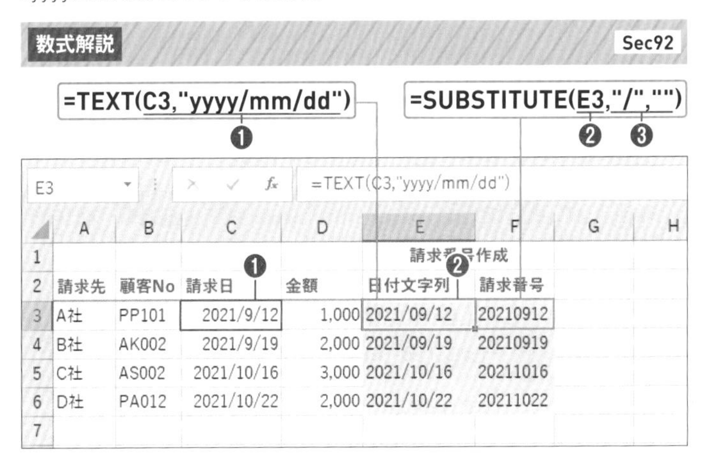

❶TEXT関数の[値]に請求日のセル[C3]を指定し、「yyyy/mm/dd」形式の日付文字列に変換します。
❷SUBSTITUTE関数の[文字列]に日付文字列のセル[E3]を指定します。
❸日付文字列の「/」をすべて検索し、長さ0の文字列に置換します。

Hint

「/」を削除した文字列の一部を使いたい場合

セル[F3]に求めた「/」を削除した8桁の値の一部を使いたい場合は、MID関数、RIGHT関数などで使いたい部分を取り出します。たとえば、下4桁を使いたい場合、「=RIGHT(F3,4)」とします。

SECTION 093

漢数字を算用数字に変換する

キーワード 文字種の変換

文字列の解体	
MID 文字列の途中から文字を取り出す	**=MID(文字列,開始位置,1)** [文字列]を[開始位置]から1文字取り出します。[開始位置]を先頭から1文字ずつずらしながら指定すると、文字列を1文字ずつ取り出せます。
COLUMN 列番号を求める	**=COLUMN()** 関数を入力しているセルの列番号を返します。連番を作成するのに利用可能です。Sec022 P.80参照。
数字への変換	
FIND 文字列内を検索する	**=FIND(検索文字列,対象[,開始位置])** [対象]の何文字目に[検索文字列]があるかを検索します。[対象]の先頭から検索する場合、[開始位置]は省略します。
IFERROR エラーの場合は別の値を表示する	**=IFERROR(値,エラーの場合の値)** [値]がエラーの場合は[エラーの場合の値]を表示します。
数字の番地の再構成	
LEN 文字数を求める	**=LEN(文字列)** [文字列]の文字数を求めます。
LEFT 文字列を左端から取り出す	**=LEFT(文字列,文字数)** [文字列]の先頭から、指定した[文字数]を取り出します。
CONCAT 文字列を連結する	**=CONCAT(文字列)** 2019 365 [文字列]にセル範囲を指定すると、セル範囲の先頭のセルから末尾のセルまで順番に文字列を連結します。

Memo

文字列解体用のセルの数

本節は6文字分を変換しますが、変換したい元の文字数の最大値に合わせてセルを用意します。

目的　漢数字を算用数字に変換する

漢数字が混在する住所番地を算用数字に変換して数字の番地を再構成します。

1 漢数字が混在する文字列をもとに、

2 漢数字を算用数字に変換して文字列を再構成したい。

	A	B	C	D	E	F	G	H	I	J	K	L	M	N	O
1	住所の番地	文字数	文字の分割						数字への変換						数字の番地
2	二丁目八番地	6	二	丁	目	八	番	地	2	丁	目	8	番	地	2丁目8番地
3	一九－五	4	一	九	－	五			1	9	－	5	0	0	19－5
4	五　－12	5	五		－	1	2		5		－	1	2	0	5　－12
5															

方法

●MID関数とCOLUMN関数で先頭から1文字ずつ取り出す

MID関数の[開始位置]にCOLUMN関数で作成する連番を指定し、文字列を先頭から1文字ずつ取り出します。

●FIND関数で「〇一二三四五六七八九」を対象に各文字位置を検索する

1文字ずつ解体した文字を[検索文字列]とし、漢数字を並べた文字列の何文字目にあるかを検索します。漢数字なら検索されますが、それ以外の文字は[#VALUE!]エラーになるので、IFERROR関数で処理します。

=FIND(B1,"〇一二三四五六七八九")-1

1文字目に見つかる「〇(零)」が0となるように1を引いて調整します。

	A	B	C	D	E	F	G	H	I	J	K	L
1	検索文字	〇	一	二	三	四	五	六	七	八	九	
2	算用数字に変換	0	1	2	3	4	5	6	7	8	9	
3												
4												
5												

●CONCAT関数で文字を連結し、LEFT関数で元の文字数だけ取り出す

MID関数で文字列の長さ以上の[開始位置]を指定すると空白を返します。FIND関数は、空白セルを[検索文字列]に指定すると1を返す仕様です。無駄な値を表示しないように、LEFT関数で元の文字数分だけ取り出します。

Memo

CONCAT関数の代わりにCONCATENATE関数を利用する

CONCATENATE関数の場合は、「=CONCATENATE(I2,J2,K2,L2,M2,N2)」のように、セルを1つずつ順番に指定します。

●文字列を1文字ずつ解体する

=MID($A2,COLUMN()-2,1)

❶ $A2　❷ COLUMN()-2　❸ 1

C2　=MID($A2,COLUMN()-2,1)

	A	B	C	D	E	F	G	H	I	J	K	L	M	N
1	住所の番地	文字数	文字の分割						数字への変換					
2	二丁目八番地	6	二	丁	目	八	番	地	2	丁	目	8	番	地
3	一九ー五	4	一	九	ー	五			1	9	ー	5	0	0
4	五　ー12	5	五		ー	1	2		5		ー	1	2	0
5														
6														
7														

❶[文字列]に住所の番地のセル[A2]を指定します。
❷[開始位置]にCOLUMN関数を指定し、関数を右側にコピーするたびに1ずつ増える連番にします。セル[C2]のCOLUMN関数の戻り値は3のため、1から始まるよう2を引いて調整します。
❸[文字数]は1文字ずつ取り出すため、1を指定します。

●漢数字を算用数字に変換する

=IFERROR(FIND(C2,"〇一二三四五六七八九")-1,C2)

❶ FIND(C2,"〇一二三四五六七八九")-1　❷ C2

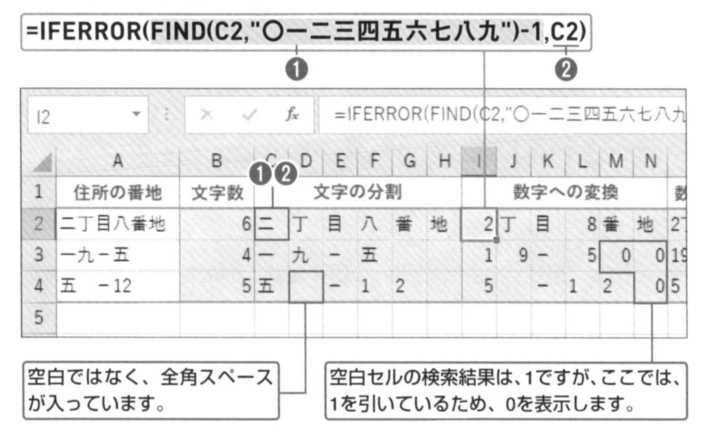
I2
=IFERROR(FIND(C2,"〇一二三四五六七八九
住所の番地
文字数
文字の分割
数字への変換
空白ではなく、全角スペースが入っています。
空白セルの検索結果は、1ですが、ここでは、1を引いているため、0を表示します。

❶1文字ずつ分解した文字のセル[C2]を[検索文字列]に指定し、漢数字を並べた[対象]の何文字目にあるかを検索し、1を引いて調整します。
❷❶の検索結果がエラーになる場合は、分解した文字のセルの値を表示します。

●数字の番地に再構成する

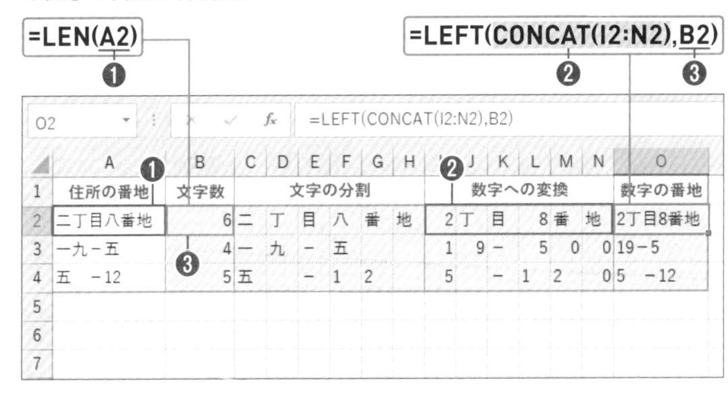

	A	B	C	D	E	F	G	H	I	J	K	L	M	N	O
1	住所の番地	文字数	文字の分割						数字への変換						数字の番地
2	二丁目八番地	6	二	丁	目	八	番	地	2	丁	目	8	番	地	2丁目8番地
3	一九－五	4	一	九	－	五			1	9	－	5	0	0	19－5
4	五　－12	5	五		－	1	2		5		－	1	2	0	5　－12
5															
6															
7															

❶住所の番地のセル[A2]の文字数を求めます。
❷CONCAT関数の[文字列]にセル範囲[I2:N2]を指定し、セル[I2]からセル[N2]まで順番に文字列を連結します。
❸❷で連結した文字列の先頭から、❶で求めた文字数を取り出します。

Hint

Bの付く関数

文字列操作関数では、FIND関数に対するFINDB関数など末尾にBの付く関数があります。いずれも動作は同様ですが、Bの付く関数は、文字数の数え方がバイト数となり、半角を1バイト、全角を2バイトと数えます。以下はLEN関数とLENB関数の例です。半角文字列はどちらも同じ戻り値になり、全角文字列では、LENB関数の戻り値がLEN関数の2倍になります。

B2　=LEN(A2)

	A	B	C	D
1	文字列	LEN関数	LENB関数	
2	Excel2019	9	9	
3	技術評論社	5	10	
4	アパート	4	8	
5	ビジネス	4	8	
6	ｱﾊﾟｰﾄ	5	5	
7	ﾋﾞｼﾞﾈｽ	6	6	
8				
9				
10				

半角カタカナの場合、濁音や半濁音を1文字、1バイトと数えています。

参照セクション
Sec022　連番を作成する

SECTION 094

チェックディジットを計算して商品コードを整える

キーワード チェックディジット

SUMPRODUCT 配列の要素同士を掛けて合計する	**=SUMPRODUCT(配列1,配列2,…)** 条件判定する式を[配列]に指定することにより、条件に合う要素は1、条件に合わない要素は0に変換します。
MOD 整数商の余りを求める	**=MOD(数値,2)** 正の[数値]を2で割った余りは0か1になり、数値の偶数と奇数の判定に利用できます。
RIGHT 文字列の末尾から文字列を取り出す	**=RIGHT(文字列,文字数)*1** [文字列]の末尾から[文字数]を取り出します。取り出した文字列が数字の場合は1を掛けると数値化できます。
SUM 数値を合計する	**=SUM(数値)** [数値]に指定したセル範囲の合計を求めます。
IF 条件に応じて処理を2つに分ける	**=IF(論理式,値が真の場合,値が偽の場合)** [論理式]に指定した条件が成立する場合は、[値が真の場合]、成立しない場合は[値が偽の場合]を実行します。

目的 8桁のバーコードのチェックディジットを求める

1 7桁のコードから、

2 チェックディジットを求めたい。

	A	B	C	D	E	F	G	H	I	J	K	L	M	N	O
1	GS1コード		499325				桁番号					▼チェックディジット計算作業			
2	No	商品名	7桁コード	8	7	6	5	4	3	2	1	偶数桁合計の3倍	奇数桁合計	下1桁	商品コード
3	1	A-RD	4993251	4	9	9	3	2	5	1	5	48	17	5	49932515
4	2	A-BL	4993252	4	9	9	3	2	5	2	2	51	17	8	49932522
5	3	A-BK	4993253	4	9	9	3	2	5	3	9	54	17	1	49932539

=MID($C3,COLUMN()-3,1)*1
Sec093 P.246参照。ここでは、解体したコードに1を掛けて数値化しています。

=CONCAT(D3:K3)
Sec093 P.247参照。チェックディジットを含めた8桁のコードを連結しています。

●チェックディジット(右端のコード番号)の算出方法

算出方法は決まりがあり、手順も決められています。決められた算出手順のいずれも関数の組み合わせで実現できます。

	手順	実現方法
1	偶数桁の合計を3倍する	各桁をMOD関数で偶奇判定し、SUMPRODUCT関数で集計する
2	奇数桁を合計する	
3	手順1と2の合計値の下1桁を取り出す	SUM関数で合計した値をRIGHT関数で下1桁取り出し、1を掛けて数値化する
4	下1桁が0の場合は0、それ以外は10から引く	IF関数で下1桁の値を条件に、0にするか、10-下1桁を計算するかを場合分けする

数式解説

Sec94

=SUMPRODUCT((MOD($D$2:$J$2,2)=0)*1,$D3:$J3)*3

❶ ❷ ❸

❶SUMPRODUCT関数の[配列]にMOD関数と比較式を指定します。MOD関数で配列[D2:J2]の各要素を2で割った余りを求め、比較式で0かどうか判定します。判定結果に1を掛けて数値化し、偶数桁は1、奇数桁は0の配列に変換します。
❷7桁コードの配列[D3:J3]を指定します。偶数桁のコードのみ合計されます。
❸偶数桁の合計を3倍します。
❹❶❷と同様です。比較式で1かどうか判定し、奇数桁の場合を1にします。

=IF(N3=0,0,10-N3) ❻

=RIGHT(SUM(L3:M3),1)*1 ❺

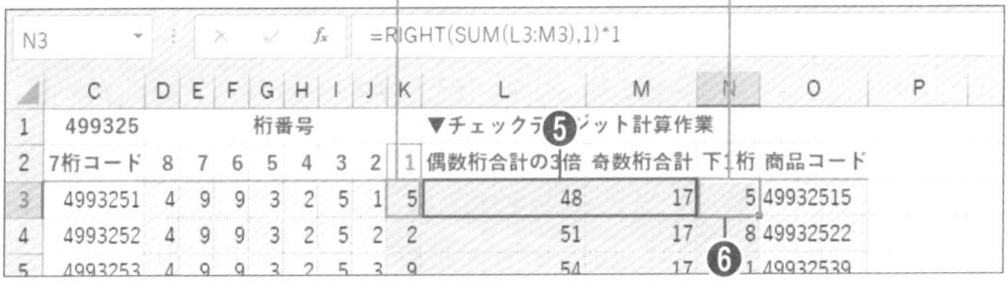

❺SUM関数でセル範囲[L3:M3]を合計し、合計値の下1桁をRIGHT関数で取り出します。取り出した値に1を掛けて数値化します。
❻下1桁の値のセル[N3]が0かどうか判定し、0の場合は0、0以外の場合は、10からセル[N3]の値を引いてチェックディジットを求めます。

SECTION 095

英数記号は半角、カナは全角に揃える

キーワード 表記ゆれの処理

CODE 文字列に対応するコード番号を返す	**=CODE(文字列)** [文字列]に対応するコード番号を求めます。[文字列]に空白セルを指定すると[#VALUE!]エラーになります。なお、半角英数字記号はコード番号126以下に集中しています。
ASC 半角文字に揃える	**=ASC(文字列)** [文字列]を半角文字に揃えます。半角文字の存在しないひらがなと漢字はそのまま表示します。
JIS 全角文字に揃える	**=JIS(文字列)** [文字列]を全角に揃えます。
IF 条件に応じて処理を2つに分ける	**=IF(論理式,値が真の場合,値が偽の場合)** [論理式]に指定した条件が成立する場合は、[値が真の場合]、成立しない場合は[値が偽の場合]を実行します。
IFERROR エラーを回避する	**=IFERROR(値,エラーの場合の値)** [値]がエラーの場合は、[エラーの場合の値]を表示します。

目的 文字列内の英数字は半角、カナは全角に揃える

1 全角／半角が混在する英数カナの文字列で、

2 英数字は半角、カナは全角に揃えたい。

	A	B	C	D	E	F	G	H	I	J	K	L
1	英字とカナの文字列	▼文字列の解体										変換後
2	ＩＴｿﾘｭｰｼｮﾝ	Ｉ	Ｔ	ソ	リ	ュ	ー	シ	ョ	ン		ITソリューション
3	Ｗｅｂﾃﾞｻﾞｲﾝ部	Ｗ	ｅ	ｂ	デ	ザ	イ	ン	部			Webデザイン部
4	広報IR	広	報	Ｉ	Ｒ							広報IR
5	ロボットＲ＆Ｄ	ロ	ボ	ッ	ト	Ｒ	＆	Ｄ				ロボットR&D
6												

=MID(JIS($A2),COLUMN()-1,1)
Sec093 P.246参照。ここでは、全角文字に変換した文字列を1文字ずつ解体しています。

=CONCAT(B14:K14)
Sec093 P.247参照。表記ゆれを解消した文字を連結しています。

第6章 データを整理・整形する技

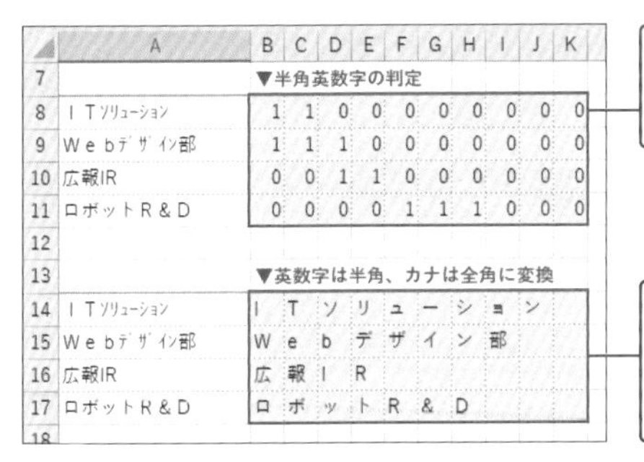

解体した各文字の半角英数字判定を1と0で表示します。

判定結果を利用して英数字は半角、カナは全角にします。CONCAT関数の引数になります。

方法

●文字列を全角に変換してから１文字ずつ解体する

解体方法はSec093と同様です。全角文字に変換してから解体する理由は、半角カナの濁音と半濁音が１文字として分離しないようにするためです。

=MID($A2,COLUMN()-1,1)
セル[A2]の文字列を直接1文字ずつ解体しています。

半角の濁音「ﾞ」は1文字と認識されます。半濁音も同様です。

連結後の文字列が不自然になります。

●半角に変換した各文字のコード番号から半角文字かどうか判定する

全角文字に変換して１文字ずつ解体した各文字をASC関数で半角文字に変換し、CODE関数でコード番号を求めます。ここでは、半角英数記号のコード番号が126以下に集中していることを利用します。

●判定結果から半角文字と全角文字に振り分ける

コード番号が126以下の場合は、解体した文字をASC関数で半角文字に変換し、126を超える場合はJIS関数で全角文字に変換します。変換後の各文字はCONCAT関数で連結します。

=IFERROR((CODE(ASC(B2))<=126)*1,0)

❶ CODE(ASC(B2))　❷ <=126)*1　❸ 0

B8　=IFERROR((CODE(ASC(B2))<=126)*1,0)

	A	B	C	D	E	F	G	H	I	J	K	L
1	英字とカナの文字列	▼文字列の解体										変換後
2	ＩＴｿﾘｭｰｼｮﾝ	I	T	ソ	リ	ュ	ー	シ	ョ	ン		ITソリューション
3	Ｗｅｂﾃﾞｻﾞｲﾝ部	W	e	b	デ	ザ	イ	ン	部			Webデザイン部
4	広報IR	広	報	I	R							広報IR
5	ロボットＲ＆Ｄ	ロ	ボ	ッ	ト	R	&	D				ロボットR&D
6												
7		▼半角英数字の判定										
8	ＩＴｿﾘｭｰｼｮﾝ	1	1	0	0	0	0	0	0	0	0	
9	Ｗｅｂﾃﾞｻﾞｲﾝ部	1	1	1	0	0	0	0	0	0	0	
10	広報IR	0	0	1	1	0	0	0	0	0	0	
11	ロボットＲ＆Ｄ	0	0	0	0	1	1	1	0	0	0	
12												
13		▼英数字は半角、カナは全角に変換										
14	ＩＴｿﾘｭｰｼｮﾝ	I	T	ソ	リ	ュ	ー	シ	ョ	ン		
15	Ｗｅｂﾃﾞｻﾞｲﾝ部	W	e	b	デ	ザ	イ	ン	部			
16	広報IR	広	報	I	R							
17	ロボットＲ＆Ｄ	ロ	ボ	ッ	ト	R	&	D				
18												

=IF(B8=1,ASC(B2),JIS(B2))

❹ B8=1　❺ ASC(B2),JIS(B2)

❶ASC関数の[文字列]にセル[B2]を指定し、英数カナ記号を半角文字に変換します。この文字列をCODE関数の[文字列]に指定して、コード番号を求めます。

❷コード番号が126以下かどうか判定し、判定結果に1を掛けて数値化します。ここでは、ASC関数によって半角に変換された文字のうち、英数記号はコード番号が126以下と判定されて1になります。

❸CODE関数は、引数に空白文字を指定すると[#VALUE!]エラーになります。IFERROR関数の[値]に❷の式を指定し、エラーの場合は、0とします。

❹半角英数字と記号の判定結果のセル[B8]が1かどうかを判定します。

❺1の場合は、ASC関数でセル[B2]を半角に変換し、0の場合はJIS関数で全角に変換します。

Hint

COLUMNS関数で連番を作成する

COLUMN関数の代わりにCOLUMNS関数で連番を作成するには、任意のセル範囲の始点を固定し、オートフィルでコピーするたびにセル範囲が１つずつ拡張するようにします。

=MID(JIS($A2),COLUMNS($B$1:B1),1)

B2　=MID(JIS($A2),COLUMNS($B$1:B1),1)

	A	B	C	D	E	F	G	H	I	J	K	L
1	英字とカナの文字列	▼文字列の解体										変換後
2	ＩＴｿﾘｭｰｼｮﾝ	I	T	ソ	リ	ュ	ー	シ	ョ	ン		ITソリューション
3	Ｗｅｂﾃﾞｻﾞｲﾝ部	W	e	b	デ	ザ	イ	ン	部			Webデザイン部
4	広報IR	広	報	I	R							広報IR
5	ロボットＲ＆Ｄ	ロ	ボ	ッ	ト	R	&	D				ロボットR&D
6												

Hint

CHAR関数で文字列のコード番号を調べる

CHAR関数を使うと、コード番号に割り当てられた文字列がわかります。たとえば、「=CHAR(65)」は「A」が返されます。

CHAR コード番号に対応する文字列を返す	=CHAR(数値)
	コード番号の[数値]に対応する文字列を返します。

以下の図は、行番号を利用したCHAR関数の戻り値です。大文字の「A」～「Z」が65～90、小文字の「a」～「z」が97～122です。記号は「!」の33から始まり、途中に英字を挟んで「~」の126までです。

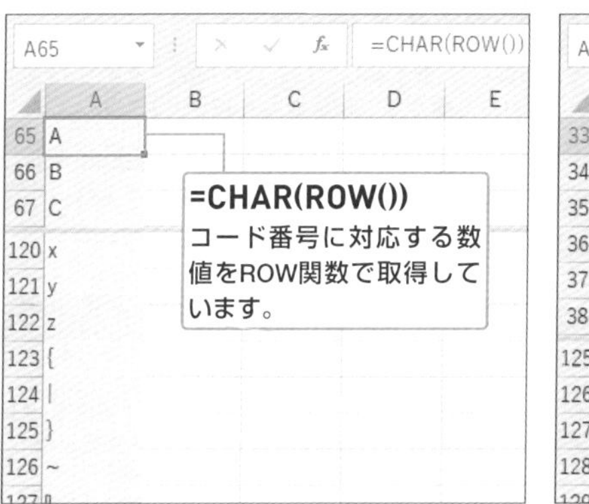
A65
=CHAR(ROW())
=CHAR(ROW())
コード番号に対応する数値をROW関数で取得しています。

A33

	A
33	!
34	"
35	#
36	$
37	%
38	&
125	}
126	~
127	▯
128	

SECTION 096

データを幹葉表示にする

キーワード　データ分布　　対応バージョン：365

データを昇順で並べ替え、1桁のデータは0を補い、すべて2桁以上にする	
SORT データを昇順に並べ替える	**=SORT(配列)** 365 1列の[配列]を昇順に並べ替えます。SORT関数の他の引数は省略します。他の引数はSec114 P.304参照。
TEXT 値を、指定した表示形式の文字列に変換する	**=TEXT(値,表示形式)** [値]を、指定した[表示形式]の文字列に変換します。数値を2桁以上で表示するには、「"00"」を指定します。1桁の[値]は0を補って2桁で表示します。
データを幹と葉に分解する	
IF 条件に応じて処理を2つに分ける	**=IF(論理式,値が真の場合,値が偽の場合)** [論理式]に指定する条件が成立する場合は[値が真の場合]、成立しない場合は[値が偽の場合]を実行します。
LEN 文字数を求める	**=LEN(文字列)** [文字列]の文字数を求めます。
LEFT 文字列の先頭から文字を取り出す	**=LEFT(文字列,文字数)** [文字列]の先頭から、指定した[文字数]を取り出します。ここでは、幹になる値を取り出します。
RIGHT 文字列の末尾から文字を取り出す	**=RIGHT(文字列,文字数)** [文字列]の末尾から指定した[文字数]を取り出します。ここでは、葉になる値を取り出します。
幹葉表示にマッピングするための位置番号を求める	
COUNTIF 条件に合うセルの個数を求める	**=COUNTIF(範囲,検索条件)** [検索条件]に一致するごとに個数が増加するよう、[範囲]の先頭セルを固定し、検索範囲を1行ずつ拡張します。
CONCAT **CONCATENATE** 文字列を指定した順に連結する	**=CONCAT(文字列1,文字列2,…)** 2019 365 **=CONCATENATE(文字列1,文字列2,…)** [文字列1]から指定した順に文字列を連結します。
位置番号をもとに、データの葉を幹葉表示にマッピングする	
MATCH 検査値が検査範囲の何番目にあるか検索する	**=MATCH(検査値,検査範囲,0)** [検査範囲]の先頭を1列（行）目とするとき、[検査値]を[検査範囲]で検索し、[検査値]に完全一致する位置を返します。第3引数の[照合の種類]はSec017 P.68。

INDEX 指定した行位置のデータを求める	**=INDEX(配列,行番号)** [配列]の先頭を1行目とするとき、[行番号]に指定した行位置のデータを求めます。
IFERROR エラー表示を回避する	**=IFERROR(値,エラーの場合の値)** [値]がエラーの場合は、[エラーの場合の値]を表示します。ここでは、MATCH関数のエラーを回避します。
TEXTJOIN 区切り文字を挿入しながら文字列を連結する	**=TEXTJOIN(区切り文字,空の文字は無視,文字列1,文字列2…)** 2019 365 [区切り文字]を挟みながら、指定した[文字列]を順番に連結します。[空の文字は無視]は、[文字列]が空白セルの場合の区切り文字の扱いを指定します。区切り文字を入れない場合はTRUE、入れる場合はFALSEを指定します。

目的 成績データを10点おきの幹葉表示にする

1 成績データを、
2 幹葉表示にしたい。
▼成績データ
▼幹葉表示
▼基本データ
最大値 100
最小値 0
データ数 50
成績データの概要です。データは50件、0点～100点まで存在します。
複数列にまたがったデータ表記は幹葉表示の作成に支障があるため、「作業」シートに準備した縦1列の成績データを利用します。

Memo

幹葉表示

幹葉表示は、データそのものを利用したデータ分布です。データを幹と葉に分け、幹ごとに葉を分類します。下の図は幹葉の例です。葉は1の位、幹は10の位を表し、幹も葉も昇順に並べます。葉の量でデータ分布の形状を把握でき、幹と葉から元のデータも把握できるのが幹葉表示の特徴です。

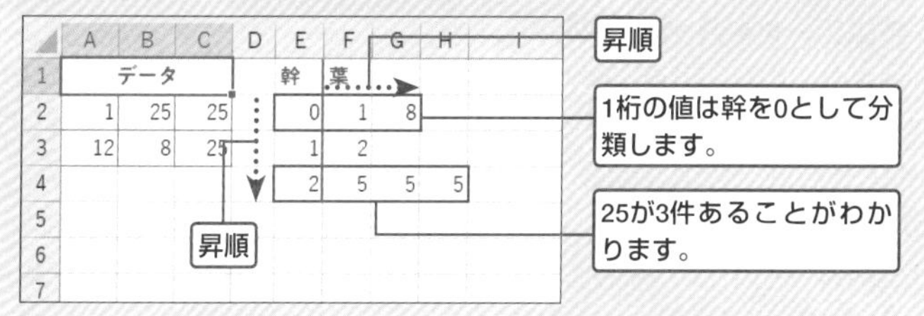

データ
幹
葉
昇順
1桁の値は幹を0として分類します。
25が3件あることがわかります。
昇順

方法

●幹葉表示の作成概要

幹葉表示のひな形にデータを当てはめる方法で作成します。ここでは、幹は0～10まで、葉は8個分のひな形を用意し、各マス目には、「幹」と「葉の数」で位置番号を振っています。

▼「作業」シートに準備した幹葉表示のひな形と位置番号

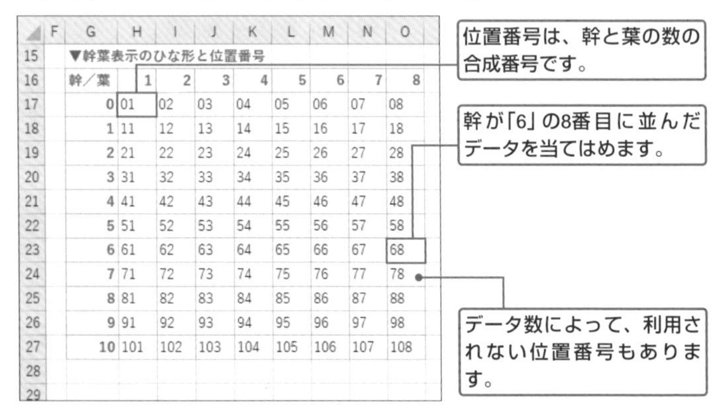

▼幹葉表示のひな形と位置番号

幹／葉	1	2	3	4	5	6	7	8
0	01	02	03	04	05	06	07	08
1	11	12	13	14	15	16	17	18
2	21	22	23	24	25	26	27	28
3	31	32	33	34	35	36	37	38
4	41	42	43	44	45	46	47	48
5	51	52	53	54	55	56	57	58
6	61	62	63	64	65	66	67	68
7	71	72	73	74	75	76	77	78
8	81	82	83	84	85	86	87	88
9	91	92	93	94	95	96	97	98
10	101	102	103	104	105	106	107	108

位置番号は、幹と葉の数の合成番号です。
幹が「6」の8番目に並んだデータを当てはめます。
データ数によって、利用されない位置番号もあります。

●成績データに位置番号を振るまでの手順

ひな形の位置番号と成績データを紐づけるため、成績データに位置番号を振ります。おおまかな手順は次のとおりです。

①成績データを昇順に並べる
②成績データを幹と葉に分解する
③幹ごとに連番を振る
④幹と葉の連番を合成して位置番号を作成する

①成績データを昇順に並べる

ここでは、「作業」シートに縦1列にした成績データをSORT関数で昇順に並べます。また、TEXT関数で表示形式を「00」とし、1桁のデータには0を補い、すべてのデータを2桁以上に揃えます。

②成績データを幹と葉に分解する

幹は主に10の位ですが、100点が存在するため、IF関数でデータが2桁の場合と3桁の場合に処理を分けます。桁数はLEN関数、幹の取り出しはLEFT関数で行います。葉はRIGHT関数で下1桁を取り出します。

③幹ごとに連番を振る

COUNTIF関数で幹の値を[検索条件]とし、[範囲]は、幹を1つずつ拡張します。同じ幹である間は1ずつ増加する連番になり、個々の葉に対応します。

④幹と葉の連番を合成して位置番号を作成する

幹と葉の連番は、CONCAT関数、または、CONCATENATE関数で連結します。ここでは、③と④の作業は同時に実施するため、CONCAT関数またはCONCATENATE関数の引数にCOUNTIF関数を組み合わせます。

●成績データの葉を幹葉表示にマッピングする

幹葉表示のひな形と同じ表を準備し、MATCH関数で、ひな形の位置番号と成績データに付けた位置番号とを照合し、成績データ内の行位置を求めます。MATCH関数で求めた行位置に対応する成績データの葉をINDEX関数で取り出します。

1 ひな形と相対的に同じ位置にある位置番号をMATCH関数の[検査値]とし、

	C	D	E	F	G	H	I	J	K	L	M	N	O	P
1	幹	葉	位置番号		▼幹葉表示									
2	0	0	01		幹／葉	1	2	3	4	5	6	7	8	
3	0	1	02		0	0	1	3	4	7	9			
4	0	3	03		1	3	4	4	7	8	9			
5	0	4	04		2	0	5	6	7	7	7	7	8	
6	0	7	05		3	5	7	8						
7	0	9	06		4	1	4	8	9					
8	1	3	11		5	2	4	9	9					
9	1	4	12		6	2	3	5	5	8				
10	1	4	13		7	7	8	9						
12	1	8	15		9	4	5							
13	1	9	16		10	0	0							
14	2	0	21											
15	2	5	22		▼幹葉表示のひな形と位置番号									
16	2	6	23		幹／葉	1	2	3	4	5	6	7	8	
17	2	7	24		0	01	02	03	04	05	06	07	08	
18	2	7	25		1	11	12	13	14	15	16	17	18	
19	2	7	26		2	21	22	23	24	25	26	27	28	

3 INDEX関数で成績データの葉を取り出します。

2 MATCH関数の[検査範囲]に成績データの位置番号の列（E列）を指定して、同じ位置番号の行位置を検索し、

●MATCH関数のエラーはIFERROR関数で長さ0の文字列に処理する

データの葉の数は一定ではないため、MATCH関数の検索にヒットしないセルには[#N/A]エラーが発生します。ここでは、IFERROR関数を利用し、エラー値を長さ0の文字列に置き換えます。IFNA関数も利用可能です。

●TEXTJOIN関数で半角スペースを入れながら葉を並べる

最後の処理として、幹ごとに葉を並べる作業を行います。ここでは、TEXTJOIN関数を利用して、半角スペースを入れながら葉を連結させます。

●成績データに位置番号を振る①：成績データの昇順並べ替えと2桁以上表示

B2 =TEXT(SORT(A2:A51),"00")

	A	B	C	D	E	F	G	H	I	J	K
1	成績	昇順並べ替え	幹	葉	位置番号		▼幹葉表示				
2	95	00	0	0	01		幹／葉	1	2	3	4
3	48	01	0	1	02		0	0	1	3	4
4	35	03	0	3	03		1	3	4	4	7
5	49	04	0	4	04		2	0	5	6	7
6	18	07	0	7	05		3	5	7	8	

❶SORT関数の[配列]に「作業」シートにある成績のセル範囲[A2:A51]を指定します。
❷TEXT関数の[値]にSORT関数で昇順に並べ替えた成績データを指定します。
❸TEXT関数の[表示形式]に「"00"」を指定し、成績データを2桁以上で表示します。

●成績データに位置番号を振る②：成績データを幹と葉に分解する

=IF(LEN(B2)=2,LEFT(B2,1),LEFT(B2,2)) ❶ ❷ ❸

=RIGHT(B2,1) ❹

C2 =IF(LEN(B2)=2,LEFT(B2,1),LEFT(B2,2))

	A	B	C	D	E	F	G	H	I	J	K
1	成績	昇順並べ替え	幹	葉	位置番号		▼幹葉表示				
2	95	00	0	0	01		幹／葉	1	2	3	4
3	48	01	0	1	02		0	0	1	3	4
4	35	03	0	3	03		1	3	4	4	7
5	49	04	0	4	04		2	0	5	6	7
6	18	07	0	7	05		3	5	7	8	
7	41	09	0	9	06		4	1	4	8	9

❶IF関数の[論理式]です。LEN関数でセル[B1]の文字数を求め、2桁かどうか判定します。
❷セル[B1]が2桁の場合は、LEFT関数でセル[B1]の先頭桁を取り出します。
❸セル[B1]が2桁でない場合は、LEFT関数で先頭から2桁を取り出します。
❹RIGHT関数でセル[B1]から末尾の1桁を取り出します。

●成績データに位置番号を振る③④：幹ごとに連番を振り、幹と連結する

=CONCAT(C3,COUNTIF($C$2:C3,C3)) ❷

=CONCAT(C2,COUNTIF($C$2:C2,C2)) ❶ ❸

	A	B	C	D	E	F	G	H	I	J	K	L	M	N	O
1	成績	昇順並べ替え	幹	葉	位置番号		▼幹葉表示								
2	95	00	0	0	01		幹／葉	1	2	3	4	5	6	7	8
3	48	01	0	1	02		0	0	1	3	4	7	9		
4	35	03	0	3	03		1	3	4	4	7	8	9		
5	49	04	0	4	04		2	0	5	6	7	7	7	7	8
6	18	07	0	7	05		3	5	7	8					

❶幹のセル[C2]を幹のセル範囲[$C$2:C2]で検索し、検索に一致する個数を求めます。必ず1になります。

❷幹のセル[C3]を幹のセル範囲[$C$2:C3]で検索し、検索に一致する個数を求めます。幹が同じであれば1増加し、幹が変われば1から振り直されます。

❸CONCAT関数で、幹と幹の連番を順番に連結します。CONCAT関数の代わりにCONCATENATE関数を利用しても同様です。

●成績データの葉を幹葉表示にマッピングする

❶MATCH関数の[検査値]にひな形の位置番号のセル[H17]を指定します。

❷MATCH関数の[検査範囲]に成績データに振った位置番号を列ごと選択します。したがって、セル[E1]が1行目です。

❶❷より、検査値に一致する成績データの行位置を求めます。

❸INDEX関数の[配列]に葉のデータを指定します。MATCH関数と位置関係を合わせるため、葉のデータを列単位で指定します。

❹INDEX関数の[行番号]にMATCH関数で求めた行位置を指定します。行位置に対応する葉が取り出されます。

❺IFERROR関数の[エラーの場合の値]に長さ0の文字列を指定し、MATCH関数のエラーを回避します。

●葉を並べて幹葉表示に仕上げる

=TEXTJOIN(" ",TRUE,作業!H3:O3)

❶ ❷ ❸

	A	B	C	D	E	F	G	H	I	J	K
1	▼成績データ						▼幹葉表示			▼基本データ	
2	95	44	65	17	65		0	0 1 3 4 7 9		最大値	100
3	48	20	13	38	3		1	3 4 4 7 8 9		最小値	0
4	35	9	62	1	78		2	0 5 6 7 7 7 7 8		データ数	50
5	49	52	94	37	59		3	5 7 8			
6	18	27	54	82	19		4	1 4 8 9			

	D	E	F	G	H	I	J	K	L	M	N	O
1	葉	位置番号		▼幹葉表示								
2	0	01		幹／葉	1	2	3	4	5	6	7	8
3	1	02		0	0	1	3	4	7	9		
4	3	03		1	3	4	4	7	8	9		

❸

❶「Sheet1」シートに切り替え、TEXTJOIN関数を入力します。TEXTJOIN関数の[区切り文字]に「" "」(半角スペース)を指定します。
❷[空の場合は無視]はTRUEを指定し、空白セルには区切り文字を入れません。
❸[文字列1]に「作業」シートのセル範囲[H3:O3]を指定します。
半角スペースを挟みながら、葉が連結して表示されます。

Memo

SORT関数が利用できない場合

SORT関数が利用できない場合は、「作業」シートの成績データを「並べ替え」機能で昇順に並べ替えます。並べ替え後、セル[B2]に「=TEXT(A2,"00")」と入力し、セル[B51]までオートフィルでコピーします。

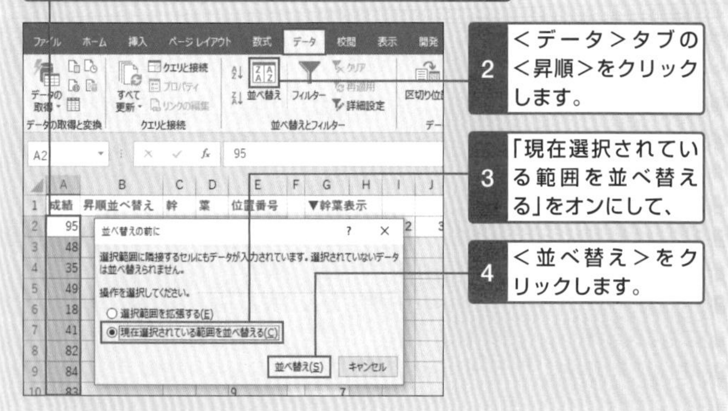

第7章

データを検索する技

SECTION 097

番号を元に作業分担を決める

キーワード 値リスト　データ検索

CHOOSE インデックスに対応する値を表示する	**=CHOOSE(インデックス,値1,値2,値3,…)** 1から始まる整数の[インデックス]に対応する[値N]を表示します。
MOD 整数商の余りを求める	**=MOD(数値,除数)** [数値]を[除数]で割ったときの整数商の余りを求めます。正の数値を正の除数で割った余りは0～除数-1です。
ROW 行番号を求める	**=ROW()** 引数を省略すると、ROW関数を入力しているセルの行番号を返します。

[インデックス]	1	2	3	…
[値N]	[値1]	[値2]	[値3]	…

目的　社員を4つの委員会に割り振る

社員を経費削減、顧客満足、社内美化、社員満足のいずれかの委員会に割り振ります。

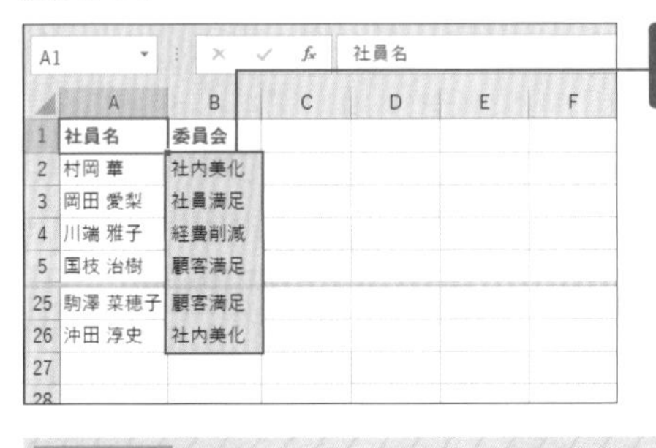

1 社員に4つの委員会のいずれかを割り振りたい。

方法

●行番号でグループ分けを行う

行番号を4で割った余りをグループ分けに利用します。余りは0、1、2、3の4パターンになりますが、1を足して、1、2、3、4にします。

●CHOOSE関数で委員会名を割り当てる

ROW関数とMOD関数で作成した1～4のグループ番号をCHOOSE関数の[インデックス]に割り当て、値リストに委員会名を指定します。

●社員を４つのグループに分ける

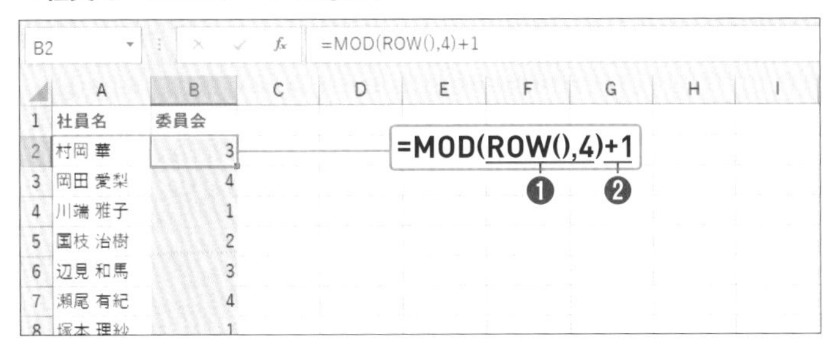

❶MOD関数の[数値]にROW関数を指定し、行番号を4で割った余りを求めます。余りは、0、1、2、3のいずれかになります。
❷1を足して、1、2、3、4のいずれかになるように調整します。これは、CHOOSE関数の[インデックス]が1から始まる整数を指定するためです。

●インデックス番号に対応する委員会を割り振る

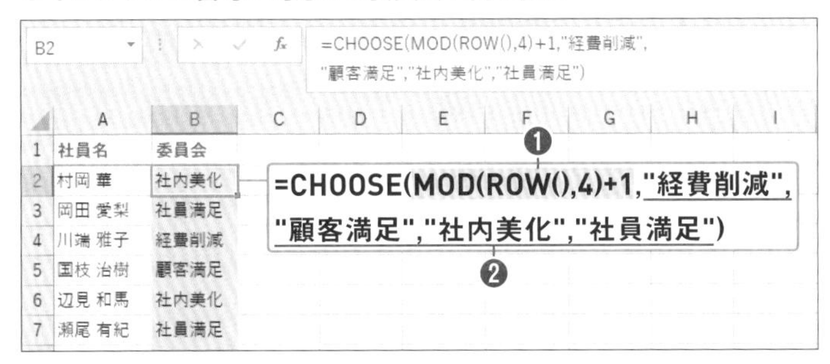

❶MOD関数とROW関数の式を[インデックス]に指定します。
❷インデックスに応じた値をカンマで区切りながら4つ指定します。

Memo

CHOOSE関数で操作を切り替えることもできる

本節では、インデックス番号に該当する値を表示していますが、インデックス番号に対応する操作を割り当てることもできます。たとえば、インデックス1にSUM関数、インデックス2でCOUNT関数を指定するという具合です。

参照セクション
Sec021　整数を操る
Sec022　連番を作成する
Sec047　集計期間を切り替える

SECTION 098

式の値に応じたデータを表示する

キーワード 値リスト　データ検索　　対応バージョン：2019 365

SWITCH 式の値に応じた結果を表示する	**=SWITCH(式,値1,結果1[,値2,結果2]…[,既定])** 2019 365 [式]の値が[値N]と一致するときの[結果N]を表示します。どの[値N]にも一致しない場合は[既定]を返します。
MID 文字列の途中から文字を取り出す	**=MID(文字列,開始位置,文字数)** [文字列]の[開始位置]から[文字数]を取り出します。

[式]の値	＝値1	＝値2	…	≠値
[値N]	値1	値2	…	
[結果N]	結果1	結果2	…	
[既定]				既定

目的　社員IDから雇用形態を表示する

社員IDの3桁目がSの場合は正社員、Pの場合は契約社員、Hは派遣社員と表示します。

1 社員IDの3桁目に応じて、　2 雇用形態を表示したい。

	A	B	C	D	E	F	G
1	社員ID	氏名	所属	内線	雇用形態		
2	02S2193	鈴木 悠太	営業	2261	正社員		
9	03S5821	森 正巳	経理	8805	正社員		
10	04PHD22	吉田 希美	経理	8812	契約社員		
11	04AHD10	岡本 雅子	経理	8801	ID確認		
12	03H7211	岡本 優子	経理	8814	派遣社員		

方法

●MID関数で社員IDの3桁目を取り出す

MID関数で社員IDを対象に、3桁目から1文字分を取り出します。ここでは、S、P、Hのいずれかが取り出されます。

●MID関数の戻り値と表示したい値をSWITCH関数で対応付ける

SWITCH関数の[式]にMID関数を指定し、MID関数の戻り値と表示したい値を[値N]と[結果N]にペアで指定します。ここでは、次のようになります。

1 MID関数の戻り値が[値N]に一致したら、

[式] MID関数	="S"	="P"	="H"
[値N]	"S"	"P"	"H"
[結果N]	"正社員"	"契約社員"	"派遣社員"

2 [値N]に対応する[結果N]を返します。

数式解説 Sec98

=SWITCH(MID(A2,3,1),"S","正社員","P","契約社員","H","派遣社員")

❶ ❷

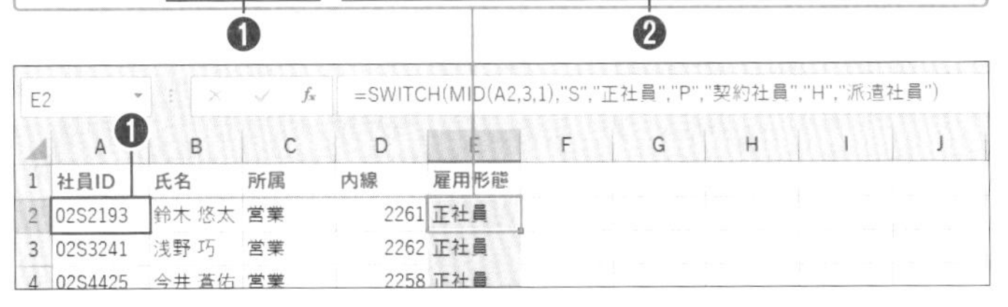

E2
=SWITCH(MID(A2,3,1),"S","正社員","P","契約社員","H","派遣社員")
❶
A B C D E F G H I J
1 社員ID 氏名 所属 内線 雇用形態
2 02S2193 鈴木 悠太 営業 2261 正社員
3 02S3241 浅野 巧 営業 2262 正社員
4 02S4425 今井 蒼佑 営業 2258 正社員

❶SWITCH関数の[式]にMID関数を指定します。MID関数では、社員IDのセル[A2]の3文字目から1文字分、すなわち、3文字目を取り出します。
❷❶の戻り値を[値N]、表示したい値を[結果N]にペアで指定します。値と結果がペアになっていれば、指定順序は問いません。

Memo

SWITCH関数では英字の大文字と小文字は見分けない

たとえば、MID関数で取り出した3桁目が小文字の「s」であっても、「"S","正社員"」の「"S"」が検索され、正社員と表示されます。

Memo

どれにも当てはまらない場合の指定

社員IDの3桁目に想定外の値が発生する可能性がある場合は、SWITCH関数の[既定]に値を指定するとエラーを回避できます。

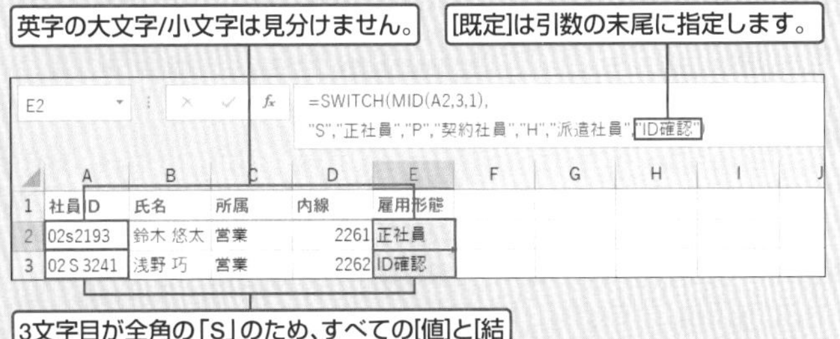

英字の大文字/小文字は見分けません。
[既定]は引数の末尾に指定します。
E2
=SWITCH(MID(A2,3,1),
"S","正社員","P","契約社員","H","派遣社員","ID確認")
A B C D E F G H I J
1 社員ID 氏名 所属 内線 雇用形態
2 02s2193 鈴木 悠太 営業 2261 正社員
3 02Ｓ3241 浅野 巧 営業 2262 ID確認
3文字目が全角の「Ｓ」のため、すべての[値]と[結果]に当てはまらず[既定]が表示されます。

第7章 データを検索する技

SECTION 099

検索値を元にデータを検索する②

キーワード　データ検索

VLOOKUP 検索値を元にデータを検索する	=VLOOKUP(検索値,範囲,列番号,検索方法)
	指定した[検索値]を、別に用意した[範囲]の左端列で検索し、[範囲]の左端列を1列目とする[列番号]のデータを返します。[検索方法]には[検索値]との近似検索と一致検索があり、近似検索はTRUE（省略）、一致検索はFALSEを指定します。
ROW 行番号を求める	=ROW()
	引数を省略した場合は、ROW関数を入力しているセルの行番号を返します。セルに連続入力することで連番を作成できます。

目的　社員IDから社員情報を検索する

検索に利用する社員情報は「社員表」というテーブル名で登録されています。

2 「社員表」テーブルで検索し、

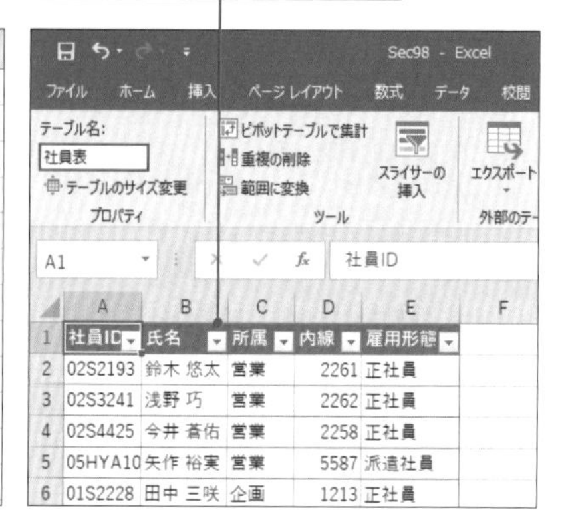

3 社員情報を表示したい。

方法

●VLOOKUP関数の[列番号]をROW関数で連番にする

VLOOKUP関数の[列番号]に社員表テーブルの2列目から5列目を指定して、該当データを検索します。ここでは、検索結果を表示する表が縦に並んでいるため、[列番号]の2～5をROW関数で作成します。

●VLOOKUP関数利用時の注意点

VLOOKUP関数は[検索値]のある列より右側にある列データを、表の先頭から検索します。したがって、氏名を元に社員IDは検索できません。また、所属の「営業」で内線を検索すると、先に見つかった「2261」が表示されます。

数式解説 Sec99

=VLOOKUP($C$1,社員表,ROW()-1,FALSE)

❶ ❷ ❸ ❹

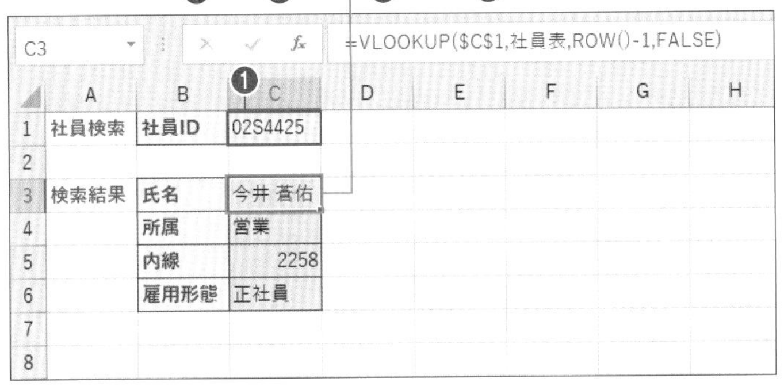

❶社員IDのセル[C1]を[検索値]に指定します。
❷[範囲]には、テーブル名「社員表」を指定します。
❸[列番号]には、「2」を指定する代わりにROW関数を指定します。ROW関数はセル[C3]に入力されるので、1を引いて2になるよう調整します。
❹[検索方法]は一致検索のためFALSEを指定します。

Memo

検索結果の表が横方向の場合

検索結果の縦横が入れ替わり、横方向に検索結果を表示する場合は、ROW関数の代わりにCOLUMN関数を指定します。ここでは、セル[B4] (2列目) にCOLUMN関数が入力されるため、列番号を合わせる調整は不要です。

=VLOOKUP($C$1,社員表,COLUMN(),FALSE)

B4　=VLOOKUP($C$1,社員表,COLUMN(),FALSE)

	A	B	C	D	E	F	G	H
1	社員検索	社員ID	02S4425					
2								
3	検索結果	氏名	所属	内線	雇用形態			
4		今井 蒼佑	営業	2258	正社員			
5								

SECTION 100

検索値を元にデータを検索する③

キーワード　データ検索　　　　対応バージョン：365

XLOOKUP 検索値を元にデータを検索する	**=XLOOKUP(検索値,検索範囲,戻り範囲[,見つからない場合])** 365
	[検索値]を[検査範囲]で検索し、[検索値]に一致する[戻り範囲]のデータを返します。[見つからない場合]を指定すると、該当データがない場合にエラーを回避できます。詳細はSec023 P.82参照。
TRANSPOSE 表の行と列を入れ替える	**=TRANSPOSE(配列)**
	[配列]に指定したセル範囲の行と列を入れ替えます。たとえば、1行4列のセル範囲を4行1列に入れ替えます。

目的　社員IDから社員情報を検索する

検索に利用する社員情報は「社員表」というテーブル名で登録されています。

1 社員IDを、

2 「社員表」テーブルで検索し、

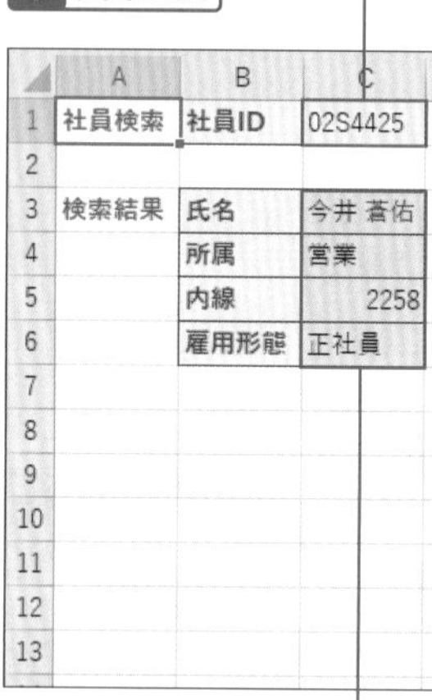

3 社員情報を表示したい。

方法

●XLOOKUP関数では［戻り範囲］に合わせてスピルが動作する

XLOOKUP関数の[戻り範囲]には、社員表の2～5列目(氏名～雇用形態)を指定します。すると、[戻り範囲]の構成に合わせてスピルが動作します。

▼ セル[C3]に XLOOKUP 関数を入力した場合

	A	B	C	D	E	F	G	H
1	社員検索	社員ID	02S4425					
2								
3	検索結果	氏名	今井 蒼佑	営業	2258	正社員		
4		所属						
5		内線						
6		雇用形態						

[戻り範囲]の構成に合わせ、横方向にスピルが動作します。

●TRANSPOSE関数でセル範囲の縦横を入れ替える

XLOOKUP関数で横方向に表示された戻り値をTRANSPOSE関数で縦方向に変換します。

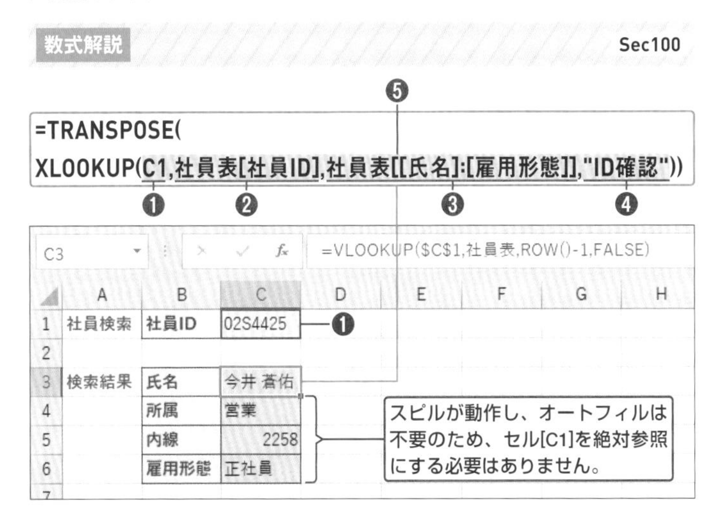

数式解説
Sec100
=TRANSPOSE(
XLOOKUP(C1,社員表[社員ID],社員表[[氏名]:[雇用形態]],"ID確認"))
C3
=VLOOKUP($C$1,社員表,ROW()-1,FALSE)
社員検索
社員ID
02S4425
検索結果
氏名
今井 蒼佑
所属
営業
内線
2258
雇用形態
正社員
スピルが動作し、オートフィルは不要のため、セル[C1]を絶対参照にする必要はありません。

❶社員IDのセル[C1]を[検索値]に指定します。
❷[検索範囲]には、社員表テーブルのセル範囲[A2:A17]を指定します。すると、テーブル名[列見出し]の形式で表示されます。
❸[戻り範囲]には、社員表テーブルのセル範囲[B2:E17]を指定します。すると、テーブル名[開始列見出し]:[末尾列見出し]の形式で表示されます。
❹[見つからない場合]には「"ID確認"」を指定します。
❺XLOOKUP関数の戻り値が表示される範囲の縦横を入れ替えます。

Memo

検索値が見つからない場合

XLOOKUP関数では、検索値が見つからない場合の引数が用意されているので、検索値が見つからない場合のエラー処理は不要です。

SECTION 101

検索エラーを回避する

キーワード 検索エラーの回避

VLOOKUP 検索値を元にデータを検索する	=VLOOKUP(検索値,範囲,列番号,検索方法) 指定した[検索値]を、別に用意した[範囲]の左端列で検索し、[範囲]の左端列を1列目とする[列番号]のデータを返します。[検索方法]にFALSEを指定した場合、該当するデータが見つからない場合は、[#N/A]エラーが発生します。
IFERROR エラーを回避する	=IFERROR(値,エラーの場合の値) [値]がエラーの場合は、[エラーの場合の値]を表示します。

目的 検索時に発生する[#N/A]エラーを回避する

社員IDに該当する社員情報がない場合に発生する[#N/A]エラーを回避します。

=VLOOKUP($C$1,社員表,ROW()-1,FALSE)
Sec099 P.267参照。社員IDを元に、社員表テーブルを検索し、社員表の2列目から5列目の値を返します。

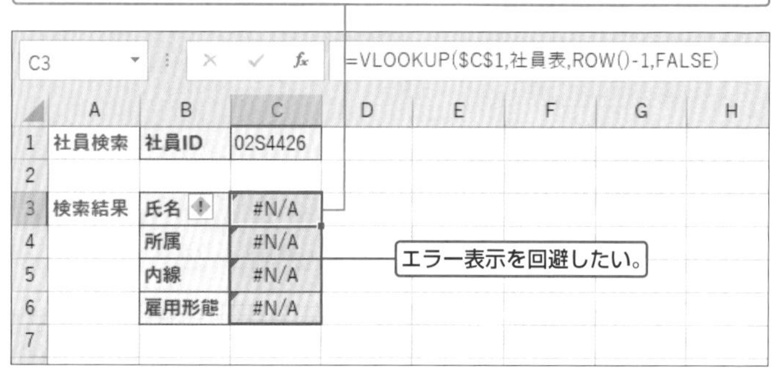

方法

●IFERROR関数でエラーを回避する

IFERROR関数の[値]にVLOOKUP関数を指定し、VLOOKUP関数の戻り値がエラーになる場合は、[エラーの場合の値]が表示されるようにします。

●VLOOKUP関数の戻り値が[#N/A]になる要因

VLOOKUP関数の戻り値が[#N/A]になる要因は、検索値に誤りがある、検索値に何も指定していない、正しい検索値でも範囲に存在しないことが挙げられます。

=IFERROR(VLOOKUP($C$1,社員表,ROW()-1,FALSE),"ID確認")

❶ ❷

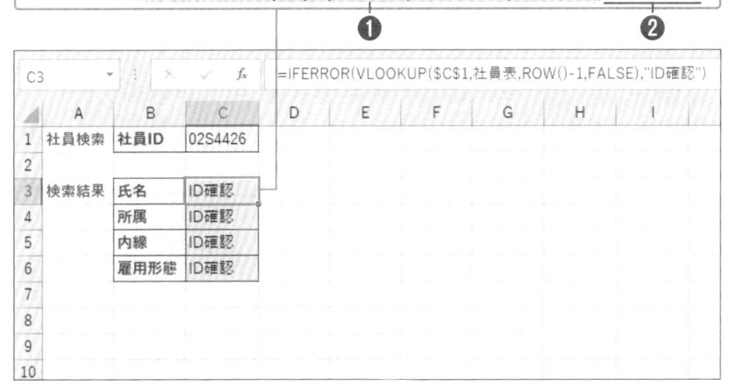

❶IFERROR関数の[値]にVLOOKUP関数を指定し、VLOOKUP関数の戻り値がエラーになるかどうか判定します。
❷エラーになる場合は、「ID確認」と表示します。

Hint

IFNA関数を利用する

IFNA関数は、[#N/A]エラーの場合に別の値を表示します。ここでは、関数名をIFERRORからIFNAに置き換えれば、同様の結果が得られます。

IFNA [#N/A]エラーを回避する	**=IFNA(値,NAの場合の値)**
	[値]が[#N/A]エラーの場合は、[NAの場合の値]を表示します。

=IFNA(VLOOKUP($C$1,社員表,ROW()-1,FALSE),"ID確認")

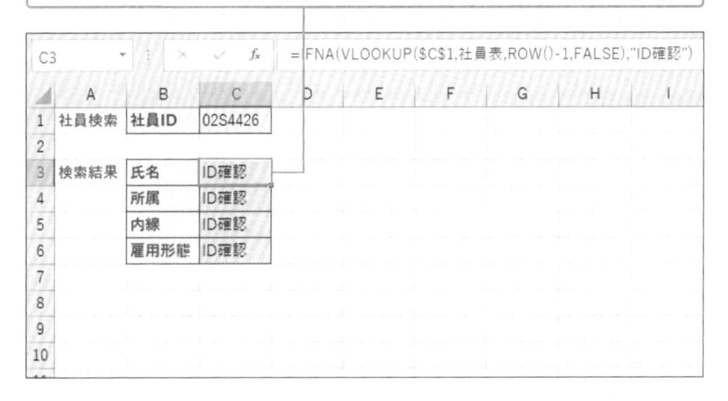

SECTION 102

金額に応じてレベル分けする

キーワード　データ検索

VLOOKUP 検索値を元にデータを検索する	=VLOOKUP(検索値,範囲,列番号,検索方法) 指定した[検索値]を、別に用意した[範囲]の左端列で検索し、[範囲]の左端列を1列目とする[列番号]のデータを返します。[検索方法]を省略、または、TRUEを指定する場合、[範囲]の左端列は昇順で並んでいる必要があります。
IF 条件に応じて処理を2つに分ける	=IF(論理式,値が真の場合,値が偽の場合) [論理式]に指定した条件が成立する場合は[値が真の場合]を実行し、成立しない場合は[値が偽の場合]を実行します。

目的　累計利用金額に応じたステージを表示する

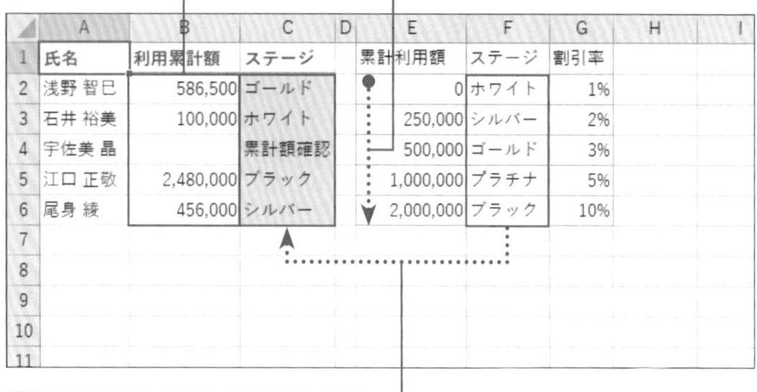

1 利用累計額に応じて、
2 昇順に並べた左端列を検索し、
3 該当するステージを表示したい。

	A	B	C	D	E	F	G
1	氏名	利用累計額	ステージ		累計利用額	ステージ	割引率
2	浅野 智巳	586,500	ゴールド		0	ホワイト	1%
3	石井 裕美	100,000	ホワイト		250,000	シルバー	2%
4	宇佐美 晶		累計額確認		500,000	ゴールド	3%
5	江口 正敏	2,480,000	ブラック		1,000,000	プラチナ	5%
6	尾身 綾	456,000	シルバー		2,000,000	ブラック	10%

方法

●VLOOKUP関数で近似検索を行う

VLOOKUP関数で検索値を超えない近似値を検索するには、[範囲]の左端列を昇順に並べておく必要があります。

●IF関数で[検査値]が空白の場合の処理を行う

VLOOKUP関数の近似検索では、[検査値]に空白セルを指定しても[#N/A]エラーになりませんが、空白を検索した結果が表示されても使える値とはいえません。IF関数で空白セルかどうか判定して処理を分けます。

=IF(B2="","累計額確認",VLOOKUP(B2,$E$2:$G$6,2))

❶ B2=""　❷ "累計額確認"　❸ VLOOKUP(　❹ B2,$E$2:$G$6,2)

C2 =IF(B2="","累計額確認",VLOOKUP(B2,$E$2:$G$6,2))

	A	B	C	D	E	F	G
1	氏名	利用累計額	ステージ		累計利用額	ステージ	割引率
2	浅野 智巳	586,500	ゴールド		0	ホワイト	1%
3	石井 裕美	100,000	ホワイト		250,000	シルバー	2%
4	宇佐美 晶		累計額確認		500,000	ゴールド	3%
5	江口 正敬	2,480,000	ブラック		1,000,000	プラチナ	5%
6	尾身 綾	456,000	シルバー		2,000,000	ブラック	10%

❶ IF関数の[論理式]に「B2=""」と指定し、利用累計額のセル[B2]が空白かどうか判定します。

❷ ❶の判定でTRUEとなり、利用累計額のセルが空白の場合は、「累計額確認」と表示します。

❸ ❶の判定がFALSEの場合は、VLOOKUP関数を実行します。

❹ VLOOKUP関数では、利用累計額のセル[B2]の値をセル範囲[E2:G6]の左端列で検索し、検索値を超えない近似値に対応する2列目のステージを表示します。

Hint

XLOOKUP関数を利用する 365

XLOOKUP関数の場合、VLOOKUP関数のように、検索範囲の左端列を昇順に並べておく必要はありませんが、IF関数の処理は必要です。以下の図は、IF関数を組み合わせていない状態のXLOOKUP関数の結果です。[見つからない場合]に「"累計額確認"」と指定しても、エラーではないので機能しません。

=XLOOKUP(B2,$E$2:$E$6,$F$2:$F$6,"累計額確認",-1,1)

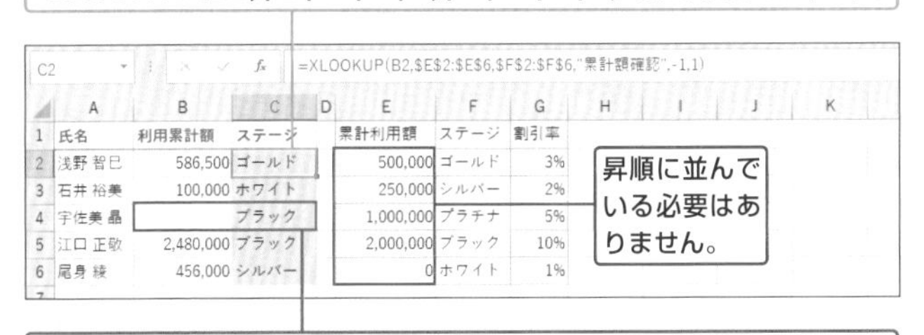

昇順に並んでいる必要はありません。
空白セルはエラーにならないので、[見つからない場合]は機能せず、意図しないステージが表示されます。

参照セクション
Sec023　検索値を元にデータを検索する①

SECTION 103

複数の表を切り替えてデータを検索する①

キーワード データ検索

VLOOKUP 検索値に一致するデータを検索する	**=VLOOKUP(検索値,範囲,列番号,FALSE)** [検索値]を[範囲]の左端列で検索し、左端列を1列目とする[列番号]のデータを返します。[範囲]にはセル範囲に付けた名前を指定できます。他の引数はSec099 P.266参照。
INDIRECT 文字列をセル参照に変換する	**=INDIRECT(参照文字列)** [参照文字列]にセル範囲に付けた名前の文字列や文字列の入ったセルを指定すると、セル範囲に変換されます。
ROW 行番号を返す	**=ROW()** 引数を省略するとROW関数を入力しているセルの行番号を返します。セルに連続入力することで連番を作成できます。

目的 店ごとの内線一覧表を切り替えて内線を検索する

方法

●VLOOKUP関数の[範囲]をINDIRECT関数で切り替える

セルに名前を入力し、そのセルをINDIRECT関数で参照すれば、セル範囲に付けた名前として認識されます。セルに入力する名前を変更すれば、参照するセル範囲を切り替えることができます。

●VLOOKUP関数の[列番号]をROW関数で連番にする

VLOOKUP関数の[列番号]には各名前の2列目と3列目を指定します。検索結果は縦に並んだ表のため、[列番号]の2と3はROW関数で作成します。

数式解説 Sec103

=VLOOKUP($B$3,INDIRECT($B$2),ROW()-2,FALSE)

❶ ❷ ❸

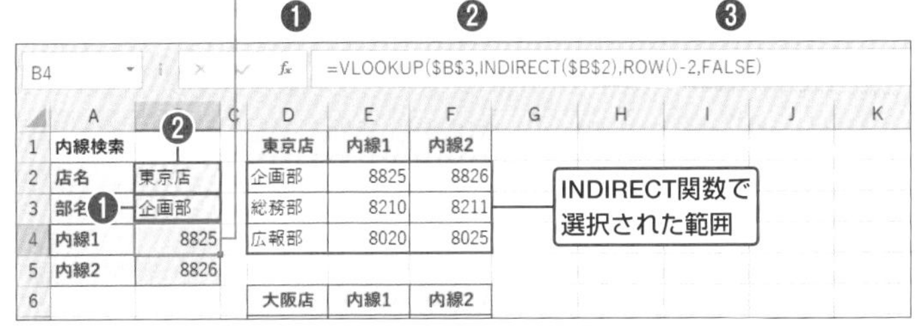

❶[検索値]に部名のセル[B3]を指定します。

❷[範囲]には、セル[B2]の値が名前として認識できるように、INDIRECT関数を組み合わせます。

❸[列番号]には、「2」を指定する代わりにROW関数を指定します。ROW関数はセル[B4]に入力されるので、2を引いて調整します。一致検索を行うので、[検索方法]にはFALSEを指定します。

Hint

IFERROR関数でエラーを回避する

IFERROR関数を利用すると、店名、部名が空欄、または、[範囲]で検索されない値の入力などでエラーになるのを防げます。

=IFERROR(
VLOOKUP($B$3,INDIRECT($B$2),ROW()-2,FALSE),"部名確認")

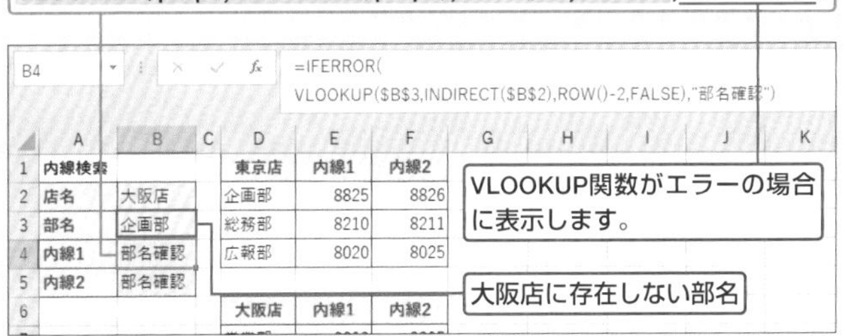

参照セクション
Sec099　検索値を元にデータを検索する②

複数の表を切り替えてデータを検索する②

キーワード データ検索　対応バージョン：365

INDIRECT 文字列をセル参照に変換する	=INDIRECT(参照文字列) セル範囲に付けた名前の文字列や文字列の入ったセルを[参照文字列]に指定します。
OFFSET 移動したセルを起点に、行数と列幅で構成されるセル範囲を参照する	=OFFSET(参照,行数,列数,高さ,幅) [参照][行数][列数]によって移動したセル参照を起点に、[高さ]と[幅]で構成されるセル範囲の参照を返します。
TRANSOSE XLOOKUP スピルする方向の縦横を入れ替えて表示する	=TRANSOSE(XLOOKUP(検索値,検索範囲,戻り範囲,見つからない場合) XLOOKUPは 365 XLOOKUP関数の戻り値を、TRANSPOSE関数で縦横を入れ替えて表示します。Sec100 P.268参照。

目的 店ごとの内線一覧表を切り替えて内線を検索する

方法

●XLOOKUP関数の[検索範囲]をINDIRECT関数で切り替える

セル[B2]にセル範囲に付けた名前と同じ文字列を入力し、INDIRECT関数で参照すると、セル範囲として認識されます。

●XLOOKUP関数の[戻り範囲]をOFFSET関数で作成する

東京店と大阪店の[戻り範囲]はセル範囲[E2:F4]とセル範囲[E7:F9]の3行2列です。起点は、それぞれの名前の先頭セル（東京店はセル[D2]、大阪店はセル[D7]）の1列右です。OFFSET関数は次のようになります。

=OFFSET(INDIRECT(B2),0,1,3,2)

名前の先頭セルが基準として認識されます。

基準の0行1列右を起点に3行2列構成のセル範囲

数式解説 Sec104

=TRANSPOSE(
XLOOKUP(B3,INDIRECT(B2),OFFSET(INDIRECT(B2),0,1,3,2),"部名確認"))

❶ B3　❷ INDIRECT(B2)　❸ OFFSET(INDIRECT(B2),0,1,3,2)　❹ "部名確認"　❺ TRANSPOSE

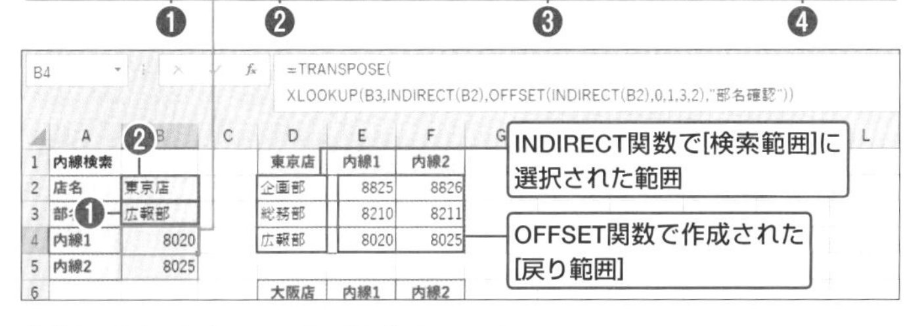

❶[検索値]に部名のセル[B3]を指定します。
❷[検索範囲]には、セル[B2]が名前として認識できるように、INDIRECT関数を組み合わせます。ここではセル範囲[D2:D4]が参照されます。
❸[戻り範囲]は、セル範囲[E2:F4]をOFFSET関数で作成します。
❹[見つからない場合]には「"部名確認"」と指定します。
❺XLOOKUP関数の戻り値の縦横を入れ替えます。

Hint

検索エラーになる場合は[見つからない場合]が返される

検索エラーの場合、あらかじめ指定した[見つからない場合]の値が返されます。IFERROR関数による組み合わせは不要です。

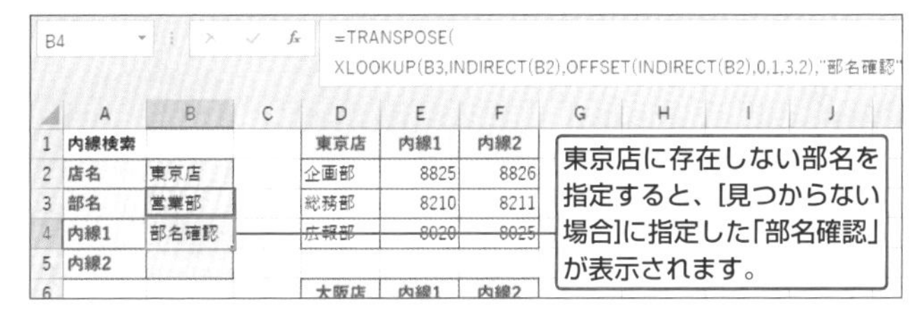

参照セクション

Sec018　セル参照を操る
Sec100　検索値を元にデータを検索する③
Sec103　複数の表を切り替えてデータを検索する①

SECTION 105

データ検索用の表サイズに合わせて検索する

キーワード データ検索　参照範囲の自動更新

VLOOKUP 検索値を元にデータを検索する	**=VLOOKUP(検査値,範囲,列番号,FALSE)** [検査値]を[範囲]で検索し、検索値に一致する[列番号]の値を返します。Sec099 P.266参照。
INDIRECT 文字列をセル参照に変換する	**=INDIRECT(参照文字列)** セル範囲に付けた名前の文字列や文字列の入ったセルを[参照文字列]に指定します。
ADDRESS 行番号と列番号から文字列のセル参照を作成する	**=ADDRESS(行番号,列番号)** セル[A1]を1行1列目とする[行番号]と[列番号]を数値で指定し、絶対参照形式のセル参照文字列を作成します。
COUNTA 指定した値の空白以外のセルの個数を数える	**=COUNTA(値)** [値]に列全体を指定すると、空白以外の何らかの値の入った列内のセルの個数が求められます。

目的 検索範囲が変化する表でデータ検索を行う

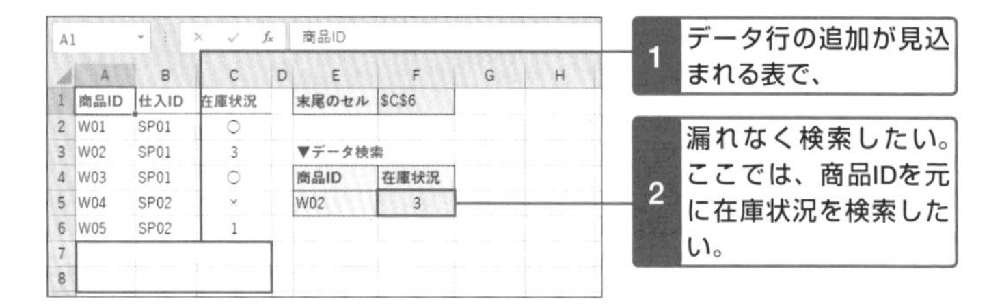

A1
商品ID
商品ID 仕入ID 在庫状況
末尾のセル $C$6
W01 SP01 ○
W02 SP01 3
W03 SP01 ○
W04 SP02
W05 SP02 1
▼データ検索
商品ID 在庫状況
W02 3
1 データ行の追加が見込まれる表で、
2 漏れなく検索したい。ここでは、商品IDを元に在庫状況を検索したい。

方法

●COUNTA関数とADDRESS関数でデータ末尾の参照文字列を作成する

表内の所々に空白がある状態でない限り、COUNTA関数で求めるデータの個数は、データの入った末尾行になります。これをADDRESS関数の[行番号]に指定し、[列番号]は表の末尾列を指定します。

●参照文字列をINDIRECT関数でセル参照に変換する

ADDRESS関数で作成したデータの末尾を表すセル参照文字列はINDIRECT関数でセル参照に変換します。VLOOKUP関数の[範囲]の始点はセル[A2]、終点は、INDIRECT関数で作成したセル参照となります。

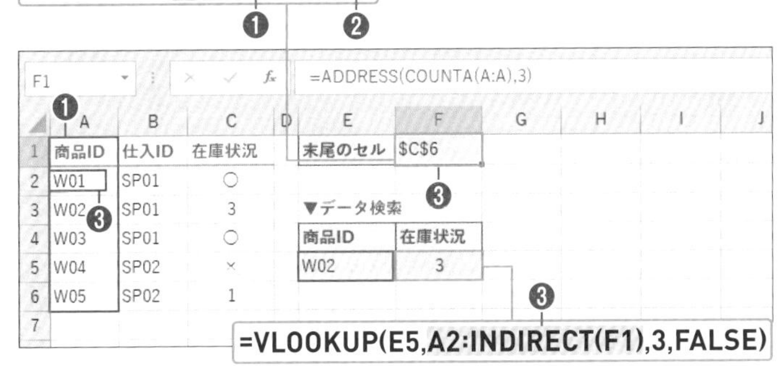

❶COUNTA関数で、A列に入力済みのセルの個数を求め、ADDRESS関数の[行番号]に指定します。
❷ADDRESS関数の[列番号]には、表の末尾列を数値で指定します。ここでは、C列なので「3」を指定します。
❸VLOOKUP関数の[範囲]に「A2:INDIRECT(F1)」と指定します。ここでは、セル[F1]の参照文字列がセル[C6]に変換され、セル範囲[A2:C6]がVLOOKUP関数の[範囲]として認識されます。

Memo

検索する表が虫食いになる場合

ADDRESS関数の[行番号]は、データの途中に空白がないことを前提にしています。前提が崩れる場合は、他の列でも個数を求め、MAX関数で最大個数を[行番号]に指定します。ただし、いずれかの列には入力漏れがないことが条件です。

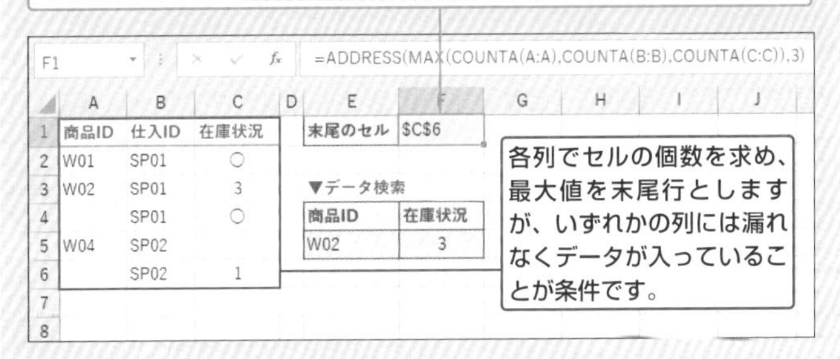

参照セクション
Sec019 文字列をセル参照やセル範囲に変換する①

条件に合う唯一のデータを検索する

キーワード データ検索

DGET データベースから条件に合う唯一の値を求める	=DGET(データベース,フィールド,条件) [データベース]から[条件]に合う1行を絞り、指定した[フィールド]の値を求めます。[条件]に合うデータ行が1行以外は[#NUM!]エラー、または、[#VALUE!]エラーになります。[条件]の指定方法は、Sec042 P.123参照。
LARGE 大きい方から数えた順位の値を求める	=LARGE(配列,順位) [配列]内の数値を大きい順に並べたときの[順位]の値を取り出します。[配列]に同じ数値が複数ある場合は、順位を変えても同じ値が取り出されます。

目的 売上第1位の売上日と作家名を検索する

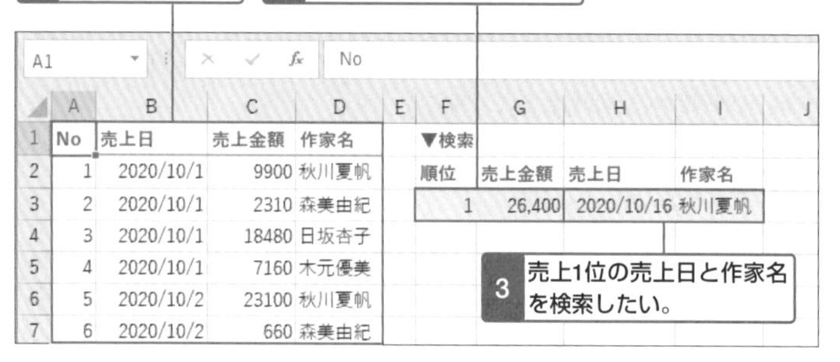

1 売上一覧表から、
2 売上1位の売上金額を求め、
A1
No
3 売上1位の売上日と作家名を検索したい。

	A	B	C	D	E	F	G	H	I	J
1	No	売上日	売上金額	作家名		▼検索				
2	1	2020/10/1	9900	秋川夏帆		順位	売上金額	売上日	作家名	
3	2	2020/10/1	2310	森美由紀		1	26,400	2020/10/16	秋川夏帆	
4	3	2020/10/1	18480	日坂杏子						
5	4	2020/10/1	7160	木元優美						
6	5	2020/10/2	23100	秋川夏帆						
7	6	2020/10/2	660	森美由紀						

方法

●DGET関数は条件に一致する唯一のデータ行以外はエラーになる

DGET関数で値が表示されるということは、データベース内で指定した条件に一致する唯一のデータであるという意味です。エラーになる場合は、条件に合うデータが1件も存在しないか、2件以上存在するかのどちらかです。

▼ 条件に合うデータが1件も存在しない場合：[#VALUE!] エラーになる

	A	B	C	D	E	F	G	H	I	J
1	No	売上日	売上金額	作家名		▼検索				
2	1	2020/10/1	9900	秋川夏帆		順位	売上金額	売上日	作家名	
3	2	2020/10/1	2310	森美由紀			0	#VALUE!	#VALUE!	
4	3	2020/10/1	18480	日坂杏子						

▼ 条件に合うデータが2件以上存在する場合：[#NUM!] エラーになる

	A	B	C	D	E	F	G	H	I
1	No	売上日	売上金額	作家名		▼検索			
2	1	2020/10/1	9900	秋川夏帆		順位	売上金額	売上日	作家名
3	2	2020/10/1	2310	森美由紀		2	23,100	#NUM!	#NUM!
4	3	2020/10/1	18480	日坂杏子					

数式解説

Sec106

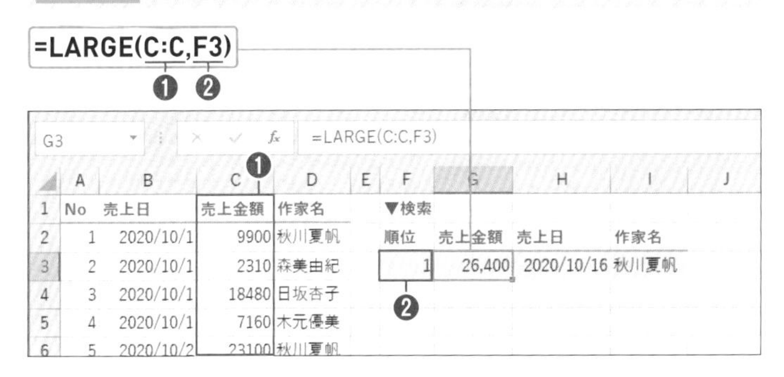

=LARGE(C:C,F3)
❶ ❷
G3
=LARGE(C:C,F3)
No 売上日 売上金額 作家名
▼検索
順位 売上金額 売上日 作家名
1 26,400 2020/10/16 秋川夏帆
1 2020/10/1 9900 秋川夏帆
2 2020/10/1 2310 森美由紀
3 2020/10/1 18480 日坂杏子
4 2020/10/1 7160 木元優美

❶[配列]に売上金額の入ったC列を列単位で指定します。LARGE関数では、数値以外の文字列や空白セルは無視します。

❷[順位]にセル[F3]を指定します。売上第1位の売上金額が求められます。

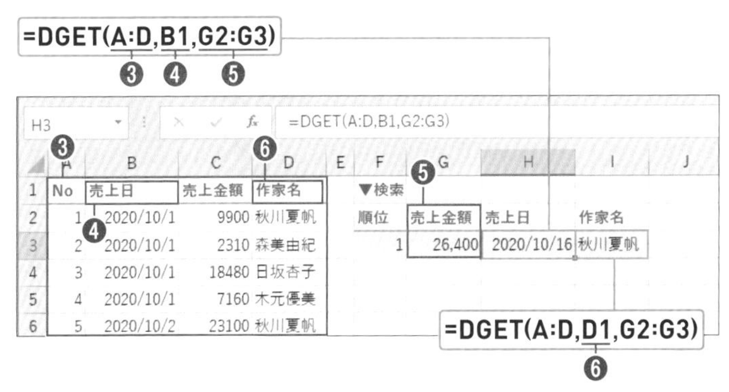

❸[データベース]にA列からD列を列単位で指定します。

❹[フィールド]に売上日のセル[B1]を指定します。

❺[条件]には、セル範囲[G2:G3]を指定し、売上第1位の売上金額を条件とします。

❻作家名を表示するため、[フィールド]は、セル[D1]を指定します。その他は売上日と同様です。

SECTION 107

該当者全員を検索する

キーワード 複数該当のデータ検索

MONTH 日付の月を取り出す	**=MONTH(シリアル値)** [シリアル値]に指定した日付の月数を取り出します。
IF 条件に応じて処理を2つに分ける	**=IF(論理式,値が真の場合,値が偽の場合)** [論理式]に指定した条件が成立する場合は[値が真の場合]を実行し、成立しない場合は[値が偽の場合]を実行します。
ROW 行番号を求める	**=ROW()** ROW関数を入力したセルの行番号を返します。
SMALL 小さい方から数えた順位の値を求める	**=SMALL(配列,順位)** 数値の入ったセル範囲を[配列]に指定し、指定した[順位]の値を求めます。[配列]内の空白セルや文字列は無視します。
INDEX 行と列の交点のデータを取り出す	**=INDEX(配列,行番号,列番号)** 指定した[配列]の先頭を1行1列目とするとき、[行番号]と[列番号]の交点のデータを取り出します。
IFERROR エラーを回避する	**=IFERROR(値,エラーの場合の値)** [値]がエラーの場合は、[エラーの場合の値]を表示します。

目的 指定した月の該当者を全員検索する

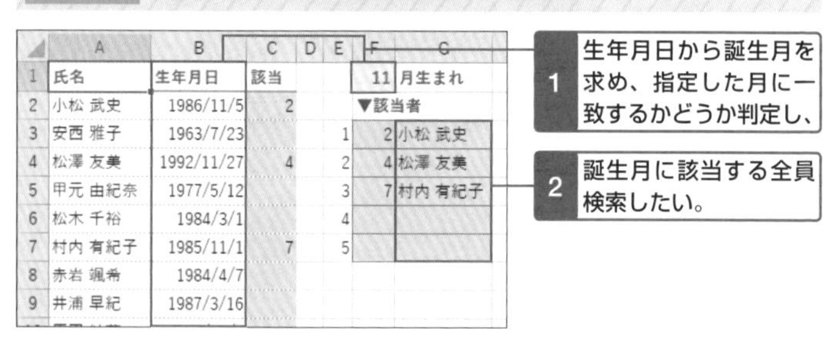
1 生年月日から誕生月を求め、指定した月に一致するかどうか判定し、
2 誕生月に該当する全員検索したい。

	A	B	C	D	E	F	G
1	氏名	生年月日	該当			11	月生まれ
2	小松 武史	1986/11/5	2			▼該当者	
3	安西 雅子	1963/7/23			1	2	小松 武史
4	松澤 友美	1992/11/27	4		2	4	松澤 友美
5	甲元 由紀奈	1977/5/12			3	7	村内 有紀子
6	松木 千裕	1984/3/1			4		
7	村内 有紀子	1985/11/1	7		5		
8	赤岩 颯希	1984/4/7					
9	井浦 早紀	1987/3/16					

方法

●誕生月が指定した月と一致する場合は、行番号を取り出す

MONTH関数で生年月日から誕生月を求め、指定した月と一致する場合だけ、ROW関数で行番号を取り出します。

●SMALL関数で行番号の小さい順に並べ、INDEX関数でデータを取り出す

取り出した行番号は飛び飛びに表示されますが、SMALL関数で小さい順に並べれば、ひとまとめにできます。INDEX関数では、行番号の位置にある氏名を取り出します（Sec084 P.218参照）。

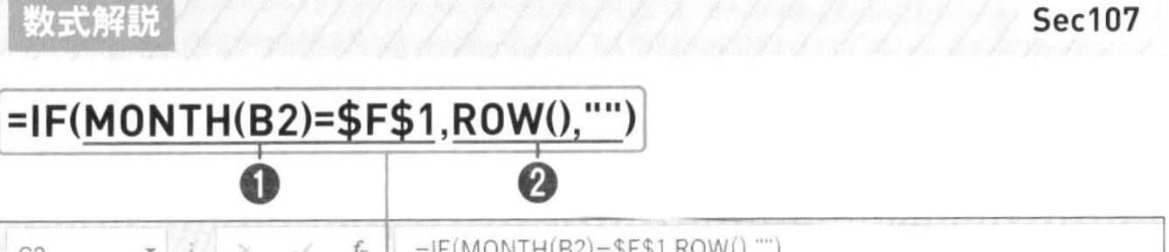

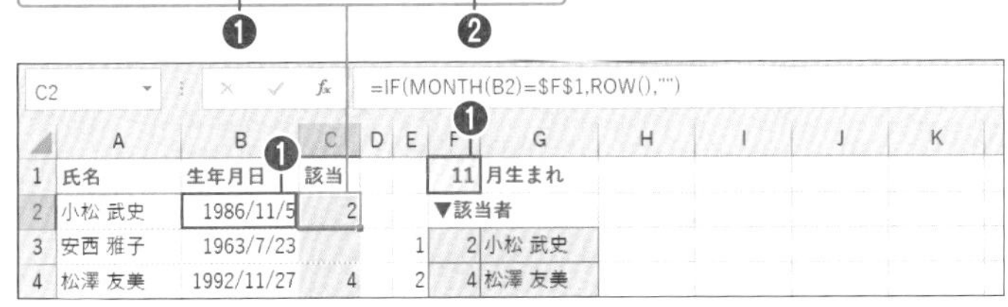

❶生年月日のセル[B2]の月数はMONTH関数で取り出し、セル[F1]と等しいかどうか判定します
❷誕生月が指定した月と一致する場合だけ行番号を取り出します。

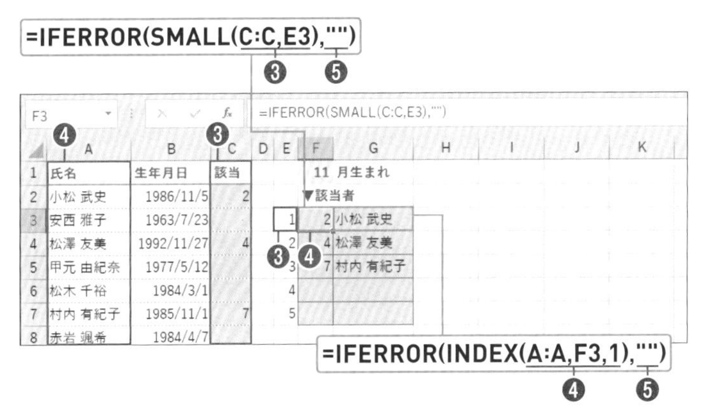

❸誕生月に該当した行番号の入ったC列を対象に、セル[E3]以降の順位の値を求め、行番号を詰めて表示します。
❹INDEX関数では、セル[F3]に該当するの行位置にある氏名をA列で検索します。[配列]は1列のみのため、[列番号]は1を指定します。省略も可能です。
❺SMALL関数では順位の値が存在しない場合に[#NUM!]エラーになり、SMALL関数の戻り値を利用するINDEX関数も連動してエラーになります。これを回避するためIFERROR関数を利用し、エラーの場合は長さ0の文字列でセルに何も表示しないようにします。

SECTION 108

指定した顧客の購入履歴を検索する

キーワード 複数該当のデータ検索

LOOKUP 検査値を元に該当する値を検索する	=LOOKUP(検査値,検査範囲,対応範囲) [検査値]を、昇順に並べた[検査範囲]で検索し、検査値に該当する[対応範囲]の値を求めます。
IF 条件に応じて処理を2つに分ける	=IF(論理式,値が真の場合,値が偽の場合) [論理式]に指定した条件が成立する場合は[値が真の場合]、成立しない場合は[値が偽の場合]を実行します。
COUNT 数値の個数を求める	=COUNT(数値) [数値]に指定したセル範囲の数値の個数を求めます。

目的 指定した顧客の購入履歴をすべて検索する

=IF(B2=$H$1,ROW(),"")
Sec107 P.283

=IFERROR(SMALL(D:D,G5),"")
Sec107 P.283

	A	B	C	D	E	F	G	H	I
1	日付	顧客名	金額	判定		検索顧客名		吉本 美咲	
2	2021/3/21	吉本 美咲	4,850	2		該当件数		3	
3	2021/3/26	山元 祐樹	5,880						
4	2021/3/29	吉本 美咲	8,210	4		該当行	No	日付	金額
5	2021/3/30	山元 祐樹	9,110			2	1	2021/3/21	4,850
6	2021/3/31	吉本 美咲	3,830	6		4	2	2021/3/29	8,210
7	2021/4/1	山元 祐樹	5,110			6	3	2021/3/31	3,830
8	2021/4/2	結城 深雪	8,050						
9	2021/4/5	河西 晶	3,180						
10	2021/4/6	河西 晶	8,150						
11	2021/4/7	山元 祐樹	6,140						

1 指定した顧客の履歴をすべて検索したい。

方法

●LOOKUP関数で該当データを検索する

配列内の指定した行位置のデータ検索はINDEX関数が便利ですが、本節はLOOKUP関数を利用します。LOOKUP関数では、セル[F5]以降に求めた行番号をD列で検索し、検索された行位置の日付や金額を取り出します。

数式解説　Sec108

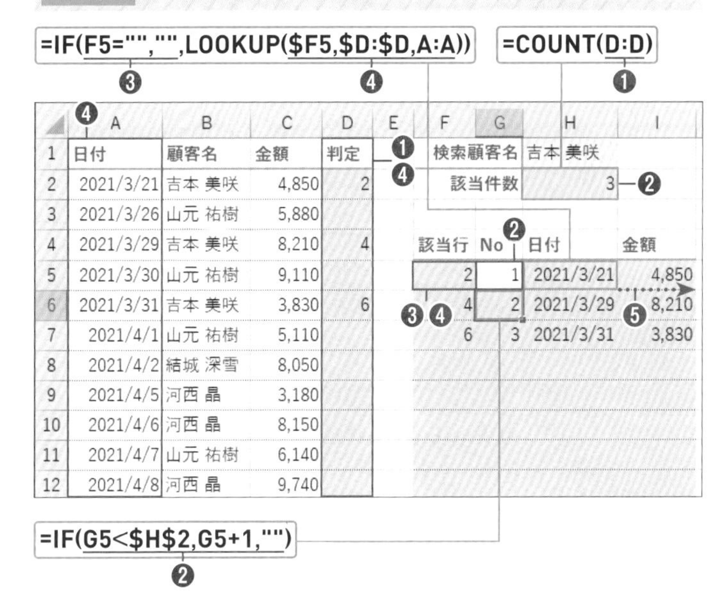

=IF(F5="","",LOOKUP($F5,$D:$D,A:A))
=COUNT(D:D)
=IF(G5<$H$2,G5+1,"")

	A	B	C	D	E	F	G	H	I
1	日付	顧客名	金額	判定		検索顧客名		吉本 美咲	
2	2021/3/21	吉本 美咲	4,850	2		該当件数		3	
3	2021/3/26	山元 祐樹	5,880						
4	2021/3/29	吉本 美咲	8,210	4		該当行	No	日付	金額
5	2021/3/30	山元 祐樹	9,110			2	1	2021/3/21	4,850
6	2021/3/31	吉本 美咲	3,830	6		4	2	2021/3/29	8,210
7	2021/4/1	山元 祐樹	5,110			6	3	2021/3/31	3,830
8	2021/4/2	結城 深雪	8,050						
9	2021/4/5	河西 晶	3,180						
10	2021/4/6	河西 晶	8,150						
11	2021/4/7	山元 祐樹	6,140						
12	2021/4/8	河西 晶	9,740						

❶COUNT関数の[数値]にD列を指定し、顧客名の判定で行番号が表示されたセルの個数を求めます。
❷No欄のセル[G5]と該当件数のセル[H2]を比較し、該当件数に達するまでは1を足して連番を表示します。
❸SMALL関数で取り出した行番号のセル[F5]以降が空白の場合は、長さ0の文字列とし、何も表示しません。
❹セル[F5]の値を、顧客名の判定で行番号を取り出したD列で検索し、D列の行位置に対応するA列の日付を取り出します。
❺❹の式を右にオートフィルでコピーし、[対応範囲]を「C:C」に変更します。

Memo

LOOKUP関数の利用について

LOOKUP関数では、D列の行番号をひとまとめにしたセル[F5]以降を[検査値]としてデータの出処のD列で検索するため、まわりくどい指定になります。また、長さ0の文字列が[検査値]に指定されると、D列のいずれかのセルでヒットすることになるため、IF関数での処理が必須になります。

参照セクション

Sec084　重複データを除去する
Sec107　該当者全員を検索する

SECTION 109

同順位が存在するデータのトップ3を検索する

キーワード 複数該当のデータ検索

得点の順位を求める（同得点は同順位）	
RANK.EQ (RANK) 数値の順位を求める	**=RANK.EQ(数値,参照,順序)** **=RANK(数値,参照[,順序])** 互換性関数 [参照]に指定したセル範囲における[数値]の順位を求めます。[順序]は「0」（省略可）で降順、「1」で昇順です。
得点を重み付けし、同得点のない仮得点を作成する	
ROW 行番号を返す	**=ROW()** ROW関数を入力しているセルの行番号を返します。
重み付け後の仮得点の順位の値と仮得点の行位置を求める	
LARGE 大きい方から数えた順位の値を求める	**=LARGE(配列,順位)** [配列]内の数値を大きい順に並べたときの[順位]の値を取り出します。[配列]に同じ数値が複数ある場合は、順位を変えても同じ値が取り出されます。
MATCH 検査値が検査範囲の何番目にあるか検索する	**=MATCH(検査値,検査範囲,0)** [検査範囲]の先頭を1列（行）目とするとき、[検査値]を[検査範囲]で検索し、[検査値]に完全一致する位置を返します。第3引数の[照合の種類]はSec017 P.68参照。
行位置を元に、成績表からベスト3のデータを検索する	
OFFSET 移動したセル参照を起点に、行数と列幅で構成されるセル範囲を参照する	**=OFFSET(参照,行数,列数[,高さ][,幅])** [参照][行数][列数]によって移動したセル参照を起点に、[高さ]と[幅]で構成されるセル範囲の参照を返します。[参照]に指定するセルは0行0列目です。MATCH関数の基準とは1行、または、1列ずれます。
IF 条件に応じて処理を2つに分ける	**=IF(論理式,値が真の場合,値が偽の場合)** [論理式]に指定した条件が成立する場合は[値が真の場合]を実行し、成立しない場合は[値が偽の場合]を実行します。

Memo

データを重み付けするときの注意点

データを重み付けする際は、元のデータの順位が入れ替わることのないよう、十分小さな値、かつ、個別の値を足し引きします。本節では、A組から並べた成績表の行番号を1000で割って得点から引き算し、仮得点とします。すると、同じ得点なら先に並んでいる方の得点がわずかに高くなります。

仮得点=得点－ROW()/1000

目的　成績表からトップ3のデータを検索する

1 得点を元に、　**2** トップ3のクラス、氏名、得点を検索したい。

	A	B	C	D	E	F	G	H	I	J	K	L	M	N
1	▼成績表									▼第3位まで				
2	順位	クラス	氏名	得点	仮得点		仮	仮得点	行位置	順位	クラス	氏名	得点	
3	2	A	浅野 綾香	460	459.997		1	472.988	10	1	C	本村 真	473	
4	8	A	泉 晶紀	337	336.996		2	459.997	1	2	A	浅野 綾香	460	
5	3	A	山科 佳織	455	454.995		3	454.995	3	3	A	山科 佳織	455	
6	3	B	安倍 直人	455	454.994		4	454.994	4	3	B	安倍 直人	455	
7	7	B	香坂 ひとみ	432	431.993		5	437.992	6					
8	5	B	田名部 青葉	438	437.992		6	437.991	7					
9	5	B	井上 由美子	438	437.991		7	431.993	5					
10	10	C	石井 美里	210	209.990		8	336.996	2					
11	9	C	伊島 雄一郎	227	226.989		9	226.989	9					
12	1	C	本村 真	473	472.988		10	209.990	8					

3位までのデータを表示し、4位以降は何も表示しないよう処理します。

方法

●成績表のすべての行位置を取り出せるよう得点に重み付けする

指定した得点の行位置はMATCH関数で求めますが、同点が存在すると、常に先に見つけた行位置を返します。このため、得点に重み付けして同点がない状態を作り、成績表のすべての行位置が検索できるようにします。

●MATCH関数の行位置を元にOFFSET関数で成績表のデータを参照する

MATCH関数で得た行位置を元に、成績表の順位、クラス、氏名、得点の1行4列のセル範囲を参照します。なお、MATCH関数とOFFSET関数の基準が1行ずれていることを考慮します。

●IF関数で得点から求めた3位までのデータを参照する

RANK.EQ関数で求めた順位が3位を超えたら、長さ0の文字列で何も表示しないように処理し、3位以内であれば、OFFSET関数で作成したセル範囲を参照します。

Hint

重み付けの方法で並べ方を変更する

前ページ下の得点の重み付けを下記のように「+」に変更すると、後に並んでいる方が重み付けされ、同じ得点ならC組→B組→A組の順に並びます。

▼C組→B組→A組順に並べる場合の重み付け

仮得点=得点+ROW()/1000

●得点の順位、及び、得点に重み付けする

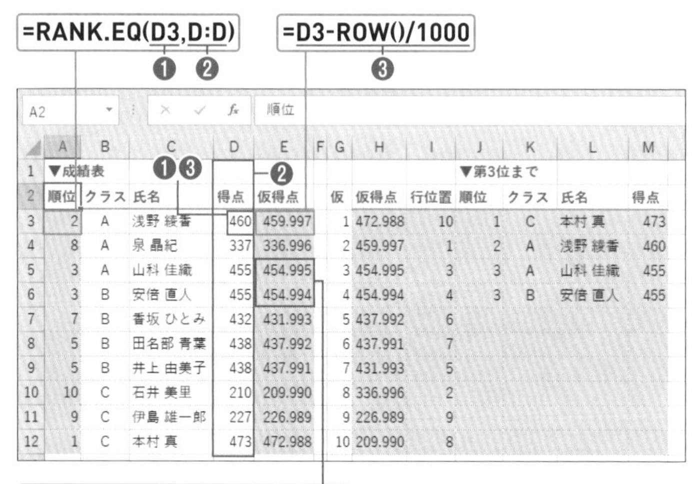

	A	B	C	D	E	F	G	H	I	J	K	L	M
1	▼成績表									▼第3位まで			
2	順位	クラス	氏名	得点	仮得点		仮	仮得点	行位置	順位	クラス	氏名	得点
3	2	A	浅野 綾香	460	459.997		1	472.988	10	1	C	本村 真	473
4	8	A	泉 晶紀	337	336.996		2	459.997	1	2	A	浅野 綾香	460
5	3	A	山科 佳織	455	454.995		3	454.995	3	3	A	山科 佳織	455
6	3	B	安倍 直人	455	454.994		4	454.994	4	3	B	安倍 直人	455
7	7	B	香坂 ひとみ	432	431.993		5	437.992	6				
8	5	B	田名部 青葉	438	437.992		6	437.991	7				
9	5	B	井上 由美子	438	437.991		7	431.993	5				
10	10	C	石井 美里	210	209.990		8	336.996	2				
11	9	C	伊島 雄一郎	227	226.989		9	226.989	9				
12	1	C	本村 真	473	472.988		10	209.990	8				

同じ得点でも、ROW関数の戻り値の差で得点に微小な差異が発生します。

❶RANK.EQ関数の[参照]に得点のセル[D3]を指定します。
❷RANK.EQ関数の[範囲]にD列を列単位で指定します。D列内の空白や文字列は無視し、数値の入ったセルの中で降順の順位が付けられます。
❸得点のセル[D3]からROW関数で求めた行番号を1000で割った値を引き、仮得点を求めます。

●仮得点を大きい順に並べ、並べた仮得点から成績表の行位置を求める

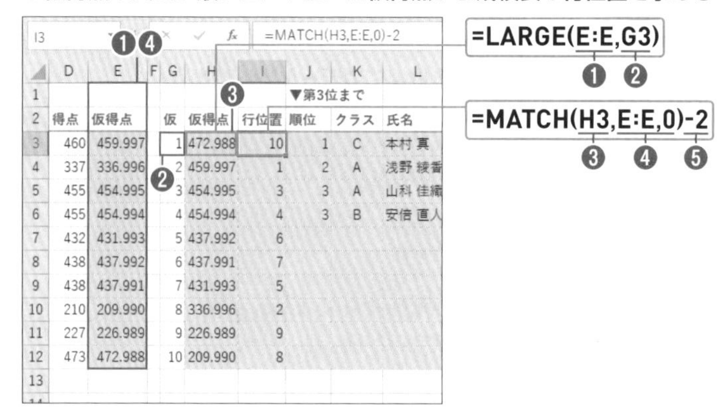

	D	E	F	G	H	I	J	K	L
1							▼第3位まで		
2	得点	仮得点		仮	仮得点	行位置	順位	クラス	氏名
3	460	459.997		1	472.988	10	1	C	本村 真
4	337	336.996		2	459.997	1	2	A	浅野 綾香
5	455	454.995		3	454.995	3	3	A	山科 佳織
6	455	454.994		4	454.994	4	3	B	安倍 直人
7	432	431.993		5	437.992	6			
8	438	437.992		6	437.991	7			
9	438	437.991		7	431.993	5			
10	210	209.990		8	336.996	2			
11	227	226.989		9	226.989	9			
12	473	472.988		10	209.990	8			
13									

❶LARGE関数の[配列]に仮得点の入ったE列を列単位で指定します。LARGE関数では、配列内の空白や文字列は無視します。
❷LARGE関数の[順位]にセル[G3]を指定し、順位の値を求めます。これを10位まで求め、仮得点の大きい順に並べます。
❸MATCH関数の[検査値]に❷で求めた第1位の仮得点のセル[H3]を指定します。
❹MATCH関数の[検査範囲]に仮得点の入ったE列を列単位で指定し、[検査値]に一致する行位置を求めます。この時点ではセル[E1]が1行目となります。
❺空白と項目名のセル[E1]とセル[E2]の2行分を引き、セル[E3]が1行目となるよう調整します。

●成績トップ3の順位、クラス、氏名、得点を表示する

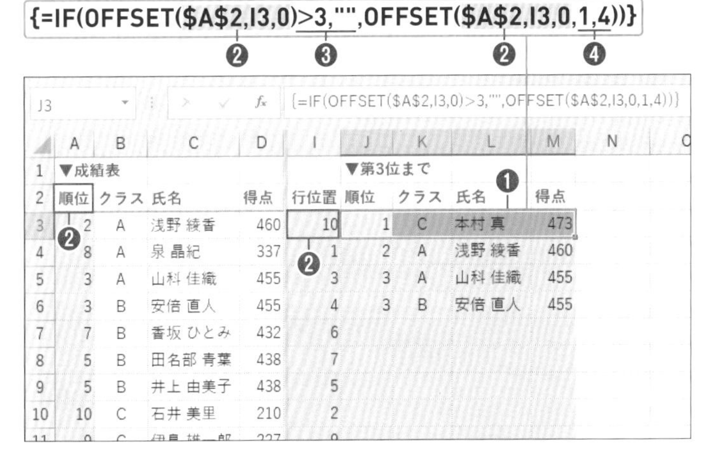

	A	B	C	D	I	J	K	L	M
1	▼成績表					▼第3位まで			
2	順位	クラス	氏名	得点	行位置	順位	クラス	氏名	得点
3	2	A	浅野 綾香	460	10	1	C	本村 真	473
4	8	A	泉 晶紀	337	1	2	A	浅野 綾香	460
5	3	A	山科 佳織	455	3	3	A	山科 佳織	455
6	3	B	安倍 直人	455	4	3	B	安倍 直人	455
7	7	B	香坂 ひとみ	432	6				
8	5	B	田名部 青葉	438	7				
9	5	B	井上 由美子	438	5				
10	10	C	石井 美里	210	2				

❶1行4列構成のセル範囲を参照するため、セル範囲[J3:M3]を範囲選択してから関数を入力します。
❷OFFSET関数の[参照]にセル[A2]、[行数]にMATCH関数で求めた行位置のセル[I3]、[列数]に「0」を指定します。列は移動しないので、MATCH関数で求めた行位置に応じて、セル[A3]～セル[A12]のいずれかが参照されます。
❸IF関数の[論理式]で、❷で求めたセル参照の値が3を超えているかどうか判定し、3より大きい場合は、長さ0の文字列で何も表示しないよう処理します。
❹❸の判定で3位以内の場合は、OFFSET関数で作成したセル範囲を参照します。❷で求めたセル参照を起点に、1行4列を参照します。
なお、セル範囲にまとめて入力するため配列数式にします。

参照セクション
Sec017　指定したセルを起点に、条件に合うセルの位置を求める
Sec018　セル参照を操る

SECTION 110

データ入力セルにジャンプする

キーワード 該当セルへのジャンプ

HYPERLINK セルをリンク先にジャンプさせる	**=HYPERLINK(リンク先[,別名])** HYPERLINK関数が入力されたセルをクリックすると[リンク先]にアクティブセルが移動します。[リンク先]が同じブック内の場合は「"#シート名!セル参照"」の形式で指定します。[別名]は、HYPERLINK関数を入力したセルに表示する値です。省略すると、[リンク先]が表示されます。
ADDRESS 行番号と列番号から文字列のセル参照を作成する	**=ADDRESS(行番号,列番号)** セル[A1]を1行1列目とし、[行番号]と[列番号]を数値で指定し、絶対参照形式のセル参照文字列を作成します。
COUNTA 空白以外のセルの個数を数える	**=COUNTA(値)** [値]に指定した範囲における、空白以外の何らかの値の入ったセルの個数を返します。

目的 セルをクリックすると新規入力セルにジャンプする

	A	B	C	D	E	F
1		新規入力セルに移動		→入力セル		
2	日付	曜日	売上金額			
3	2021/6/1	火	80,237			
4	2021/6/2	水	95,335			
5	2021/6/3	木	115,261			
31	2021/6/29	火	92,767			
32	2021/6/30	水	137,871			
33						

1 セル[D1]をクリックすると、

2 データ末尾の次の新規入力セルにアクティブセルを移動したい。

方法

●ADDRESS関数とCOUNTA関数でジャンプ先のセル参照文字列を作成する

新規入力セルは、A列のデータ末尾の次のセルです。ADDRESS関数の[列番号]はA列で固定するので1を指定します。[行番号]はデータ数に応じて可変できるようにCOUNTA関数を組み合わせます。

●HYPERLINK関数の[リンク先]は文字列で指定する

HYPERLINK関数の[リンク先]は、「#シート名!セル参照」の文字列を指定します。セル参照の部分は、参照文字列を返すADDRESS関数を直接指定できます。「#シート名!」とセル参照文字列は文字列演算子「&」で連結します。

❸

```
=HYPERLINK("#Sheet1!"&ADDRESS(COUNTA(A:A)+2,1),"→入力セル")
```

❶　❷　❹

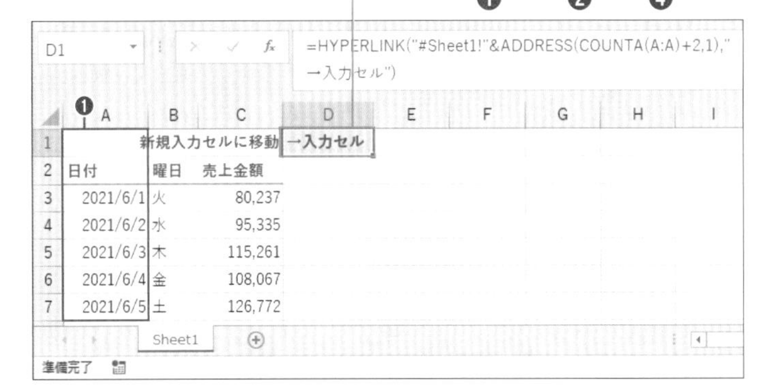

❶ADDRESS関数の[行番号]にCOUNTA関数を指定します。COUNTA関数では、A列の空白以外のデータ数を返します。ここでは、セル[A1]の空白と新規セルに移動する分の2を足して調整します。
❷ADDRESS関数の[列番号]はA列を参照するので「1」を指定します。
❶と❷でセル参照文字列が作成されます。
❸HYPERLINK関数の[リンク先]に「"#Sheet1!"」とADDRESS関数を「&」で連結して指定します。
❹[別名]には、「"→入力セル"」と指定します。

Memo

HYPERLINK関数を編集する

HYPERLINK関数を編集する場合は、セルを長押しします。

	A	B	C	D
1		新規入力セルに移動		→入力セル
2	日付	曜日	売上金額	
3	2021/6/1	火	80,237	
4	2021/6/2	水	95,335	
5	2021/6/3	木	115,261	
6	2021/6/4	金	108,067	
7	2021/6/5	土	126,772	
8	2021/6/6	日	144,869	

指のマークでクリックすると、移動先にジャンプするので長押しします。

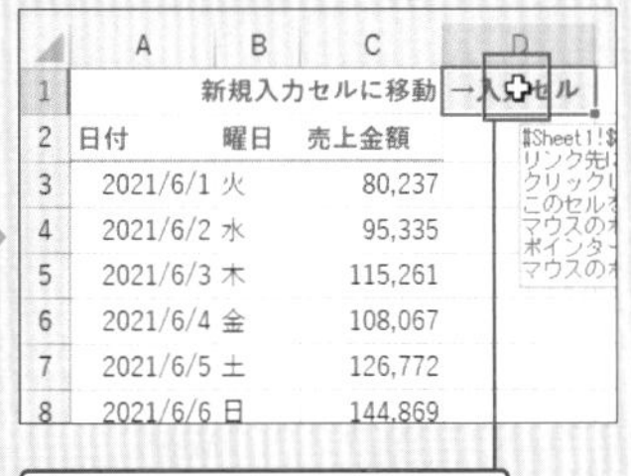

セルが選択された状態です。

SECTION 111

姓と名の間に空白のある氏名を名前として利用する

キーワード　名前に一致するデータの集計

SUBSTITUTE 検索文字列を置換文字列に置き換える	**=SUBSTITUTE(文字列,検索文字列,置換文字列)** [文字列]内で[検索文字列]を検索し、[置換文字列]に変換します。
SUM/INDRECT 文字列を名前に変換して合計する	**=SUM(INDRECT(参照文字列))** [参照文字列]をセル範囲に付けた名前に変換し、SUM関数で集計します。Sec032 P.102参照。

目的　姓と名の間の空白を削除して名前として利用する　Sec111

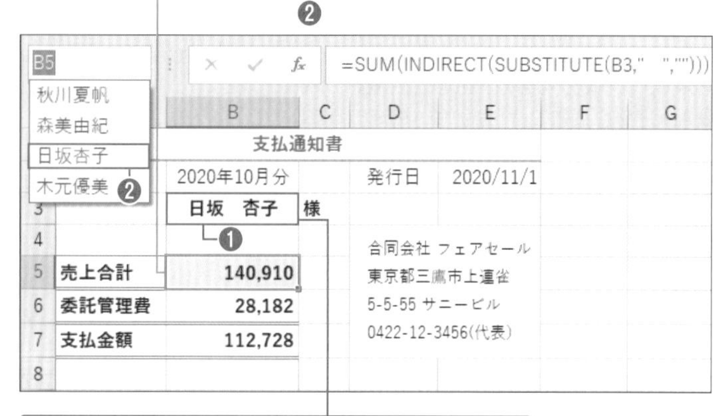

❶氏名のセル[B3]の全角空白を検索し、長さ0の文字列に置換して空白を削除します。ここでは、氏名の姓と名の間の空白が削除されます。

❷INDIRECT関数によって、名前として認識されます。ここでは、名前に対応する売上データが合計されます。

参照セクション
Sec032　合計対象を切り替える
Sec081　セル内の改行とすべてのスペースを削除する

第8章

データを抽出する技

SECTION 112

表の任意の列で検索し、該当する行データを抽出する

キーワード データの抽出

MATCH 検査値が検査範囲の何番目にあるか検索する	**=MATCH(検査値,検査範囲,0)** [検査範囲]の先頭を1列（行）目とするとき、[検査値]を[検査範囲]で検索し、[検査値]に完全一致する位置を返します。第3引数の[照合の種類]はSec017 P.68参照。
OFFSET 移動先のセルを参照する	**=OFFSET(参照,行数,列数)** [参照]から[行数]と[列数]によって移動したセルを参照します。[参照]に指定するセルは0行0列目です。MATCH関数の基準とは1行、または、1列ずれます。
INDIRECT 文字列をセル参照に変換する	**=INDIRECT(参照文字列)** [参照文字列]にセル範囲に付けた名前の文字列や文字列の入ったセルを指定すると、セル範囲に変換されます。
IF 条件に応じて処理を2つに分ける	**=IF(論理式,値が真の場合,値が偽の場合)** [論理式]にISERROR関数を指定すると、エラーの場合とエラー以外の場合の処理に分けることができます。
ISERROR テスト対象のエラー判定を行う	**=ISERROR(テストの対象)** [テストの対象]がエラーかどうか判定します。エラーの場合はTRUE、エラーでない場合はFALSEを返します。

目的 検索条件を選択し、該当するデータを抽出する

検索条件は、会員番号、氏名、フリガナ、連絡先のいずれか1つとします。4つの検索条件は、顧客データの列見出しと一致させています。

1 検索条件と検索データを指定して、

2 該当する顧客データを抽出したい。

	A	B	C	D	E	F	G	H
1	顧客検索	連絡先	0-1216-4444					
2		会員番号 氏名 フリガナ 連絡先						
3	▼検索結果							
4	会員番号	氏名	フリガナ	連絡先	生年月日	年齢	職業	
5	A002	倉持　晶彦	クラモチ　アキヒコ	070-1216-4444	1965/8/18	55	会社員	
6								
7	▼顧客データ							
8	会員番号	氏名	フリガナ	連絡先	生年月日	年齢	職業	
9	A001	小畑　繁己	オバタ　シゲキ	070-3561-3333	1946/1/14	75	自営業	
10	A002	倉持　晶彦	クラモチ　アキヒコ	070-1216-4444	1965/8/18	55	会社員	
11	A003	杉本　千香	スギモト　チハル	090-3023-5555	1950/1/5	71	自営業	
12	A004	中原　孝秀	ナカハラ　タカヒデ	090-6112-3456	1954/3/15	67	パート	
13	A005	加納　絢子	カノウ　アヤコ	070-2941-7890	1975/5/1	45	パート	

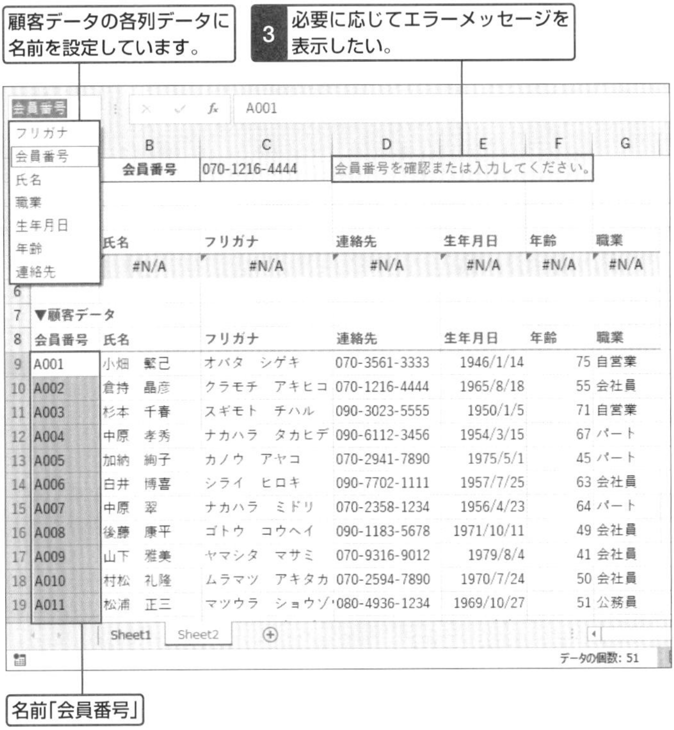

顧客データの各列データに名前を設定しています。

3 必要に応じてエラーメッセージを表示したい。

会員番号 | A001

フリガナ / 会員番号 / 氏名 / 職業 / 生年月日 / 年齢 / 連絡先

	A	B	C	D	E	F	G
1		会員番号	070-1216-4444	会員番号を確認または入力してください。			
4		氏名	フリガナ	連絡先	生年月日	年齢	職業
5		#N/A	#N/A	#N/A	#N/A	#N/A	#N/A
6							
7	▼顧客データ						
8	会員番号	氏名	フリガナ	連絡先	生年月日	年齢	職業
9	A001	小畑　繁己	オバタ　シゲキ	070-3561-3333	1946/1/14	75	自営業
10	A002	倉持　晶彦	クラモチ　アキヒコ	070-1216-4444	1965/8/18	55	会社員
11	A003	杉本　千春	スギモト　チハル	090-3023-5555	1950/1/5	71	自営業
12	A004	中原　孝秀	ナカハラ　タカヒデ	090-6112-3456	1954/3/15	67	パート
13	A005	加納　絢子	カノウ　アヤコ	070-2941-7890	1975/5/1	45	パート
14	A006	白井　博喜	シライ　ヒロキ	090-7702-1111	1957/7/25	63	会社員
15	A007	中原　翠	ナカハラ　ミドリ	070-2358-1234	1956/4/23	64	パート
16	A008	後藤　康平	ゴトウ　コウヘイ	090-1183-5678	1971/10/11	49	会社員
17	A009	山下　雅美	ヤマシタ　マサミ	070-9316-9012	1979/8/4	41	会社員
18	A010	村松　礼隆	ムラマツ　アキタカ	070-2594-7890	1970/7/24	50	会社員
19	A011	松浦　正三	マツウラ　ショウゾ	080-4936-1234	1969/10/27	51	公務員

Sheet1　Sheet2

データの個数: 51

名前「会員番号」

方法

●MATCH関数の[検査範囲]はINDIRECT関数で切り替える

セル[C1]に入力する検索データは、セル[B1]を見出しとする顧客データ内で検索し、該当する行位置を求めます。セル[B1]の文字列をセル範囲に付けた名前と認識させるため、INDIRECT関数を利用します。

●OFFSET関数の[行数]にMATCH関数の検索結果を反映させる

MATCH関数で求めた行位置をOFFSET関数の[行数]に指定し、移動先のセルを参照する方法で検索データを表示します。

●OFFSET関数の[参照]でMATCH関数との基準の違いを吸収する

MATCH関数の基準は、名前の先頭行(9行目)を1行目とするのに対し、OFFSET関数は[参照]に指定するセルを0行目とします。ここでは、8行目のセルを[参照]に指定して基準の違いを吸収します。

数式解説　Sec112

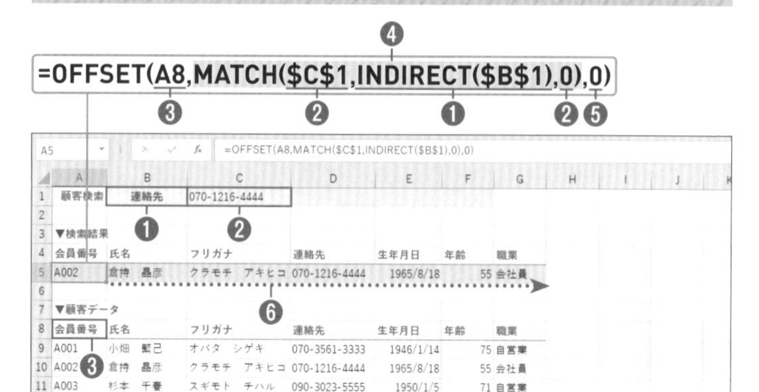

❶MATCH関数の[検査範囲]にINDIRECT関数を指定します。INDIRECT関数の[参照文字列]にセル[B1]を指定し、セル範囲に付けた名前に変換します。
❷セル[C1]をMATCH関数の[検査値]に指定し、❶で求めた[検査範囲]内で検索し、[検査値]に一致する行位置を求めます。
❸OFFSET関数の[参照]にセル[A8]を指定します。
❹OFFSET関数の[行数]に❷で求めた行位置を指定します。
❺列ごとにセルを参照するので、[列番号]は0を指定します。
❻オートフィルでコピーします。

●検索条件と検索データを変更する

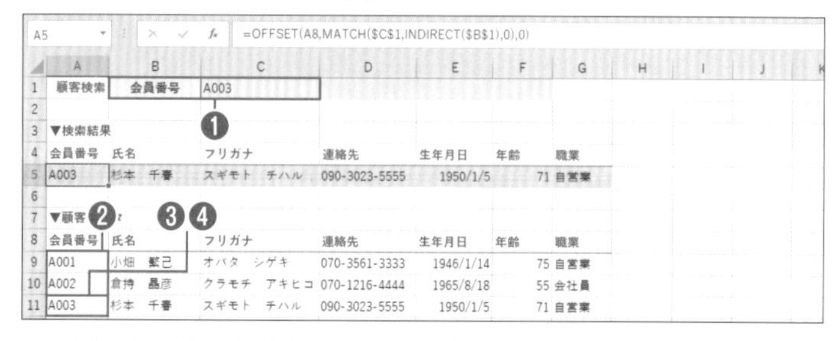

❶関数に変更はありません。検索条件と検索データを変更します。
❷セル[B1]の検索条件に合わせてMATCH関数の[検査範囲]が切り替わります。ここでは、名前「会員番号」に切り替わります。
❸セル[C1]に入力した「A003」をMATCH関数で検索すると、セル[A9]から数えて3行目に見つかります。
❹OFFSET関数は各列の8行目を0行目として3行下0列右のセル[A11]を参照します。

●エラーメッセージを表示する

=IF(ISERROR(A5),B1&"を確認または入力してください。","")

❶ ISERROR(A5)　❷ B1&"を確認または入力してください。"　❸ ""

D1　=IF(ISERROR(A5),B1&"を確認または入力してください。","")

	A	B	C	D	E	F	G
1	顧客検索	連絡先	A003	連絡先を確認または入力してください。			
2							
3	▼検索結						
4	会員番号	氏名	フリガナ	連絡先	生年月日	年齢	職業
5	#N/A	#N/A	#N/A	#N/A	#N/A	#N/A	#N/A
6							
7	▼顧客データ						
8	会員番号	氏名	フリガナ	連絡先	生年月日	年齢	職業
9	A001	小畑　繁己	オバタ　シゲキ	070-3561-3333	1946/1/14	75	自営業
10	A002	倉持　晶彦	クラモチ　アキヒコ	070-1216-4444	1965/8/18	55	会社員
11	A003	杉本　千春	スギモト　チハル	090-3023-5555	1950/1/5	71	自営業
12	A004	中原　孝秀	ナカハラ　タカヒデ	090-6112-3456	1954/3/15	67	パート
13	A005	加納　絢子	カノウ　アヤコ	070-2941-7890	1975/5/1	45	パート
14	A006	白井　博喜	シライ　ヒロキ	090-7702-1111	1957/7/25	63	会社員

❶ISERROR関数で、検索結果を表示するセル[A5]がエラーかどうか判定します。
❷エラーの場合はIF関数の[値が真の場合]が実行され、セル[B1]と「を確認または入力してください。」を連結した文字列を表示します。
❸エラーでない場合は、何も表示しません。

Memo

エラーをチェックするセルについて

本節では、検索値が見つからない場合、検索結果を表示するセル[A5]～セル[G5]のすべてのセルで[#N/A]エラーが発生します。部分的なエラーは発生しないことから、代表してセル[A5]を利用してエラーチェックを実施しています。

Memo

エラー処理について

本節では、セル[A5]～セル[G5]のエラー処理をあえて実施していません。理由は、エラー値で入力ミスや無効なデータを明示的にする狙いもありますが、セル[D1]の判定処理が無効化されるのを防ぐためです。仮にセル[A5]～セル[G5]にIFERROR関数等でエラー処理を加えると、セル[D1]の判定は常にFALSEになり、メッセージは表示されなくなります。

参照セクション
Sec017　指定したセルを起点に、条件に合うセルの位置を求める
Sec018　セル参照を操る
Sec019　文字列をセル参照やセル範囲に変換する①

SECTION 113

データベースから必要な列データを抽出する

キーワード　データの抽出

<table>
<tr><td rowspan="2">INDEX
配列内の列の要素を取り出す</td><td>{=INDEX(配列,0,列番号)}</td></tr>
<tr><td>指定した[配列]の先頭を1列目とするとき、[列番号]の列データを抽出します。</td></tr>
<tr><td rowspan="2">MATCH
検査値が検査範囲の何番目にあるか検索する</td><td>=MATCH(検査値,検査範囲,0)</td></tr>
<tr><td>[検査範囲]の先頭を1列（行）目とするとき、[検査値]を[検査範囲]で検索し、[検査値]に完全一致する位置を返します。第3引数の[照合の種類]はSec017 P.68参照。</td></tr>
<tr><td colspan="2">INDEX関数の[配列]に指定する表を可変にする①</td></tr>
<tr><td rowspan="2">OFFSET
移動先のセルを起点に高さと幅で構成されるセル範囲を参照する</td><td>=OFFSET(参照,0,0,高さ,幅)</td></tr>
<tr><td>OFFSET関数の第2、第3引数の[行数]と[列数]に0を指定すると、[参照]を起点に[高さ]と[幅]で構成されるセル範囲を参照します。[高さ]と[幅]にCOUNTA関数で数えた表の行数や列数を指定すると、表全体を参照することができます。</td></tr>
<tr><td rowspan="2">COUNTA
指定した範囲の空白以外のセルの個数を求める</td><td>=COUNTA(値)</td></tr>
<tr><td>表の途中に空白がないことを前提に、列単位、または、行単位で[値]を指定すると、指定した列または行に入力された末尾の列位置（入力列数）や末尾の行位置（入力行数）が求められます。</td></tr>
<tr><td colspan="2">INDEX関数の[配列]に指定する表を可変にする②</td></tr>
<tr><td rowspan="2">ADDRESS
セル参照文字列を作成する</td><td>=ADDRESS(行番号,列番号,参照の種類,参照形式,シート名)</td></tr>
<tr><td>セル[A1]を1行1列目とするとき、参照したいセルの行と列を[行番号]と[列番号]に指定します。
<table>
<tr><td rowspan="4">参照の種類</td><td>1（省略）</td><td>絶対参照</td></tr>
<tr><td>2</td><td>行のみ絶対参照</td></tr>
<tr><td>3</td><td>列のみ絶対参照</td></tr>
<tr><td>4</td><td>相対参照</td></tr>
<tr><td rowspan="2">参照形式</td><td>0</td><td>R1C1形式</td></tr>
<tr><td>1（省略）</td><td>A1形式</td></tr>
<tr><td rowspan="2">シート名</td><td>省略</td><td>アクティブシート</td></tr>
<tr><td>シート名</td><td>文字列で指定する</td></tr>
</table></td></tr>
<tr><td rowspan="2">INDIRECT
文字列をセル参照に変換する</td><td>=INDIRECT(参照文字列)</td></tr>
<tr><td>[参照文字列]にセル範囲に付けた名前の文字列や文字列の入ったセルを指定すると、セル範囲に変換されます。</td></tr>
</table>

目的 顧客情報から必要な列データを抽出する

「顧客情報」シートの顧客情報

	A	B	C	D	J	K	L
1	顧客番号	氏名	フリガナ	連絡先	生年月日	年齢	職業
2	A001	小畑　繁己	オバタ　シゲキ	070-3561-3333	1946/1/14	75	自営業
3	A002	倉持　晶彦	クラモチ　アキヒコ	070-1216-4444	1965/8/18	55	会社員
4	A003	杉本　千春	スギモト　チハル	090-3023-5555	1950/1/5	71	自営業
51	A050	大坪　元美	オオツボ　モトミ	070-4478-9012	1948/5/12	72	無職
52	A051	川端　拓真	カワバタ　タクマ	080-7420-2222	1953/12/13	67	会社員

Sheet1 | Sheet2 | 顧客情報

1 「顧客情報」シートから必要な列データを抽出したい。

A1 fx 氏名

	A	B	C	D	E	F
1	氏名	生年月日	年齢	連絡先		
2	小畑　繁己	1946/1/14	75	070-3561-3333		
3	倉持　晶彦	1965/8/18	55	070-1216-4444		
4	杉本　千春	1950/1/5	71	090-3023-5555		
51	大坪　元美	1948/5/12	72	070-4478-9012		
52	川端　拓真	1953/12/13	67	080-7420-2222		

方法

●抽出する列データの見出しと顧客情報の列見出しは一致させる

MATCH関数で検索した顧客情報の列見出しの位置をINDEX関数の[列番号]に指定することで必要な列データを抽出します。列位置を検索できるように、抽出先と抽出元の列見出しは一致させておく必要があります。

●OFFSET関数でINDEX関数の[配列]を可変にする

OFFSET関数で作成するセル範囲をINDEX関数の[配列]に指定します。OFFSET関数では、COUNTA関数で求めた顧客情報の行数や列数からセル範囲を作成します。

●ADDRESS関数とINDIRECT関数でINDEX関数の[配列]を可変にする

ADDRESS関数で顧客情報の末尾セルの参照文字列を作成し、INDIRECT関数でセル参照にする方法です。ADDRESS関数に指定する[行番号]と[列番号]はCOUNTA関数で求めた行数と列数を指定します。

●抽出元の顧客情報は不変とする場合

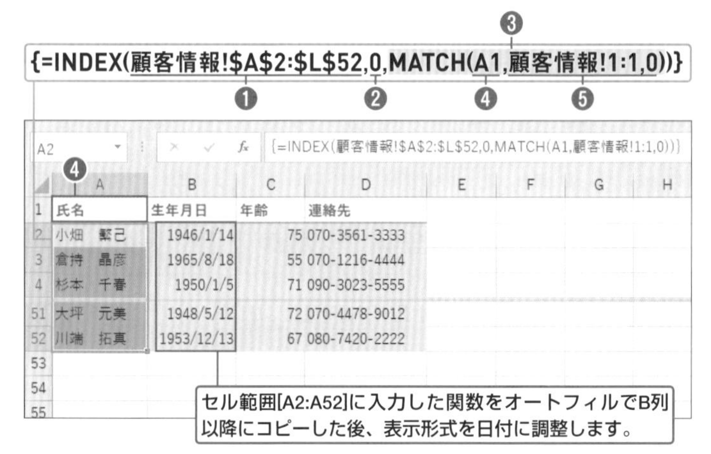

❺

	A	B	C	D	J	K	L
1	顧客番号	氏名	フリガナ	連絡先	生年月日	年齢	職業
2	A001	小畑　繁己	オバタ　シゲキ	070-3561-3333	1946/1/14	75	自営業
3	A002	倉持　晶彦	クラモチ　アキヒコ	070-1216-4444	1965/8/18	55	会社員
4	A003	杉本　千春	スギモト　チハル	090-3023-5555	1950/1/5	71	自営業
51	A050	大坪　元美	オオツボ　モトミ	070-4478-9012	1948/5/12	72	無職
52	A051	川端　拓真	カワバタ　タクマ	080-7420-2222	1953/12/13	67	会社員

Sheet2　顧客情報

❶

❶戻り値を表示するセル範囲[A2:A52]を範囲選択し、INDEX関数の[配列]に「顧客情報」シートのセル範囲[A2:L52]を指定します。
❷列データを抽出するため、[行番号]は0を指定します。
❸INDEX関数の[列番号]にMATCH関数で求めた列位置を指定し、[配列]の先頭を1列目とする列データを抽出します。
❹MATCH関数の[検査値]に、抽出する列見出しのセル[A1]を指定します。
❺MATCH関数の[検査範囲]は抽出元の「顧客情報」シートの列見出しを行単位で指定し、❹で指定した列見出しと一致する列位置を求めます。
セル範囲[A2:A52]に列データを一括表示するため、配列数式で入力します。

Memo

抽出先の列見出しの表示順序は自由に決めてよい

MATCH関数により、抽出先の列見出しは抽出元の顧客情報の列位置と紐づけられるため、抽出先の列見出しの表示順序は問いません。

●抽出元の顧客情報を可変にする場合①

```
{=INDEX(OFFSET(顧客情報!$A$2,0,0, COUNTA(顧客情報!$A:$A)-1,
COUNTA(顧客情報!1:1)),0,MATCH(A1,顧客情報!1:1,0))}
```

A2 {=INDEX(OFFSET(顧客情報!$A$2,0,0,COUNTA(顧客情報!$A:$A) 0,MATCH(A1,顧客情報!1:1,0))}

	A	B	C	D
1	氏名	生年月日	年齢	連絡先
2	小畑　繁己	1946/1/14	75	070-3561-3333
3	倉持　晶彦	1965/8/18	55	070-1216-4444
4	杉本　千春	1950/1/5	71	090-3023-5555
50	藤本　颯樹	1961/8/30	59	090-2854-5678
51	大坪　元美	1948/5/12	72	070-4478-9012
52	川端　拓真	1953/12/13	67	080-7420-2222
53				

	A	B	C	J	K	L
1	顧客番号	氏名	フリガナ	生年月日	年齢	職業
2	A001	小畑　繁己	オバタ　シゲキ	1946/1/14	75	自営業
3	A002	倉持　晶彦	クラモチ　アキヒコ	1965/8/18	55	会社員
4	A003	杉本　千春	スギモト　チハル	1950/1/5	71	自営業
50	A049	藤本　颯樹	フジモト　サツキ	1961/8/30	59	パート
51	A050	大坪　元美	オオツボ　モトミ	1948/5/12	72	無職
52	A051	川端　拓真	カワバタ　タクマ	1953/12/13	67	会社員
53						
54						

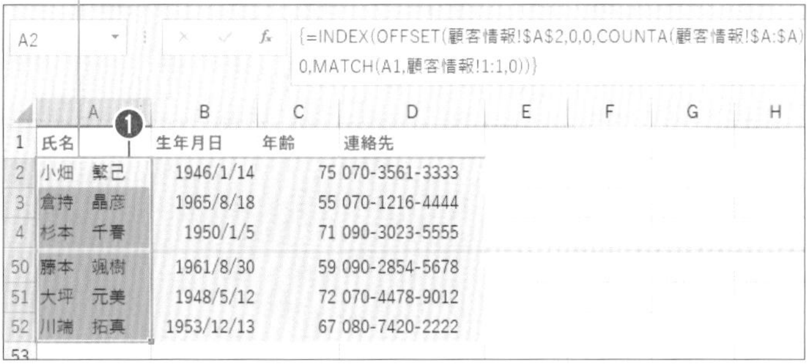

❶戻り値を表示するセル範囲を選択し、INDEX関数の[配列]にOFFSET関数で作成するセル範囲を指定します。
❷OFFSET関数の[参照][行数][列数]により、セル範囲の起点を求めます。ここでは、セル[A2]が起点となります。
❸OFFSET関数の[高さ]はセル範囲の行数です。COUNTA関数の[値]にA列を指定し、A列に入力されたデータ数を求めます。❷により、セル[A2]が起点のため、項目名の分を1行差し引きます。
❹OFFSET関数の[幅]はセル範囲の列数です。COUNTA関数の[値]に1行目を指定し、列見出しの個数を求めます。

Memo

COUNTA関数で数えるデータ

COUNTA関数は表の範囲を特定するために利用します。したがって、途中に空白セルのない、つまり、データ抜けのない列や行を選びます。なお、行／列単位の選択は、表に関係のないデータが紛れ込まないことが前提です。

●抽出元の顧客情報を可変にする場合②

```
{=INDEX(顧客情報!$A$2:INDIRECT(
ADDRESS(COUNTA(顧客情報!$A:$A),COUNTA(顧客情報!1:1),1,1,"顧客情報")),
0,MATCH(A1,顧客情報!1:1,0))}
```

❷ ❺ ❸ ❹

A2 | {=INDEX(顧客情報!$A$2

	A	B	C	D	E	F
1	氏名	生年月日	年齢	連絡先		
2	小畑　繁己	1946/1/14	75	070-3561-3333		
3	倉持　晶彦	1965/8/18	55	070-1216-4444		
4	杉本　千春	1950/1/5	71	090-3023-5555		
50	藤本　颯樹	1961/8/30	59	090-2854-5678		
51	大坪　元美	1948/5/12	72	070-4478-9012		
52	川端　拓真	1953/12/13	67	080-7420-2222		

❶

❶戻り値を表示するセル範囲を選択し、INDEX関数の[配列]にADDRESS関数で作成する表の末尾セルを指定します。
❷INDEX関数の[配列]の始点は顧客情報シートのセル[A2]を指定し、範囲として認識するよう「:」を入力します。
❸ADDRESS関数で表の末尾のセルを求めます。ADDRESS関数の[行番号]と[列番号]は、COUNTA関数で末尾の行位置と列位置を求めます。
❹ADDRESS関数の[参照の種類]と[参照形式]は省略可能ですが、[シート名]は「"顧客情報"」を指定する必要があります。
❺ADDRESS関数で作成した表の末尾セルを表す参照文字列をINDIRECT関数でセル参照に変換します。

Memo

配列数式の修正は必要になる

OFFSET関数などで抽出元の顧客情報の変化に対応しても、抽出先はあらかじめ範囲選択した配列数式です。戻り値の範囲を多めに取っておき、顧客情報の増加に備えることは可能ですが、過不足なく抽出するには、抽出元の変化に応じて範囲を取り直し、配列数式を入力し直す必要があります。

Hint

動的配列なら修正は不要になる 365

Microsoft 365の場合は、スピルによりOFFSET関数などで作成したセル範囲に合わせて戻り値が表示されるので、配列数式のような修正は不要になります。以下はOFFSET関数で作成したセル範囲の例です。ADDRESS関数で作成した場合も同様です。

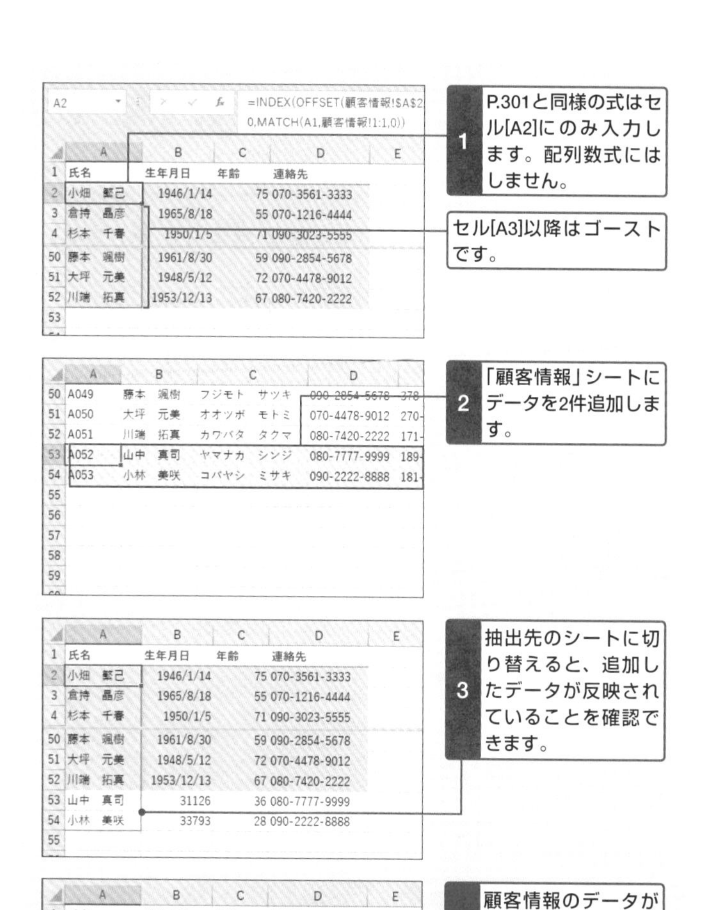

1 P.301と同様の式はセル[A2]にのみ入力します。配列数式にはしません。

セル[A3]以降はゴーストです。

2 「顧客情報」シートにデータを2件追加します。

3 抽出先のシートに切り替えると、追加したデータが反映されていることを確認できます。

4 顧客情報のデータが削除された場合も同様です。顧客情報のデータ量に合わせて抽出先に反映されます。

参照セクション
Sec009　動的配列数式を利用する
Sec018　セル参照を操る
Sec019　文字列をセル参照やセル範囲に変換する①

SECTION 114

データベースから必要な列データを抽出して並べ替える

キーワード データの抽出　並べ替え　　対応バージョン：365

XLOOKUP 検索値をもとにデータを検索する	**=XLOOKUP(検索値,検索範囲,戻り範囲)** 365 [検索値]を[検査範囲]で検索し、検索値に一致する[戻り範囲]のデータを返します。詳細はSec023 P.82参照。
SORT データを指定した基準で並べ替える	**=SORT(配列,並べ替えインデックス,並べ替え順序)** 365 [配列]の先頭を1列目とし、[並べ替えインデックス]に指定した列番号を基準に並べ替えます。[並べ替え順序]は1（昇順で省略可）、または、－1（降順）を指定します。
MATCH 検査値が検査範囲の何番目にあるか検索する	**=MATCH(検査値,検査範囲,0)** [検査範囲]の先頭を1列（行）目とするとき、[検査値]を[検査範囲]で検索し、[検査値]に完全一致する位置を返します。第3引数の[照合の種類]はSec017 P.68参照。

目的 顧客情報から必要な列データを抽出し、指定した基準で並べ替える

抽出元の顧客情報は「顧客情報」という名前でテーブルにしています。

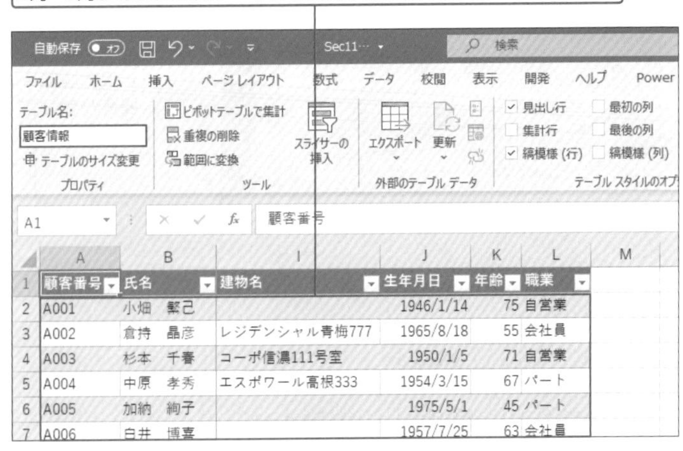
A列～L列まであります。テーブルの範囲は、見出しを除くデータ全体です。
テーブル名:
顧客情報
A1
顧客番号

	A	B	I	J	K	L
1	顧客番号	氏名	建物名	生年月日	年齢	職業
2	A001	小畑　繁己		1946/1/14	75	自営業
3	A002	倉持　晶彦	レジデンシャル青梅777	1965/8/18	55	会社員
4	A003	杉本　千春	コーポ信濃111号室	1950/1/5	71	自営業
5	A004	中原　孝秀	エスポワール高根333	1954/3/15	67	パート
6	A005	加納　絢子		1975/5/1	45	パート
7	A006	白井　博喜		1957/7/25	63	会社員

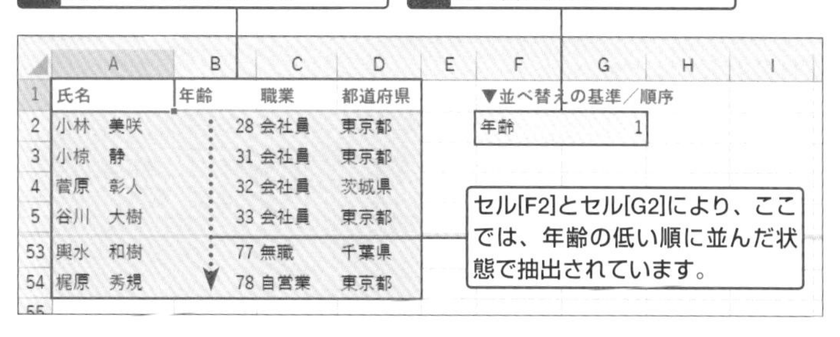
1 「顧客情報」テーブルから必要な列データを抽出したい。
2 指定した並べ替えの基準で並べ替えたい。
セル[F2]とセル[G2]により、ここでは、年齢の低い順に並んだ状態で抽出されています。

	A	B	C	D	E	F	G	H	I
1	氏名	年齢	職業	都道府県		▼並べ替えの基準／順序			
2	小林　美咲	28	会社員	東京都		年齢	1		
3	小椋　静	31	会社員	東京都					
4	菅原　彰人	32	会社員	茨城県					
5	谷川　大樹	33	会社員	東京都					
53	興水　和樹	77	無職	千葉県					
54	梶原　秀規	78	自営業	東京都					

方法

●XLOOKUP関数の［検索範囲］の検索方向に［戻り範囲］を合わせる

抽出したい列データの列見出しを[検索値]とし、「顧客情報」テーブルのセル[A1]からセル[L1]に向かって検索します。よって、[戻り範囲]は「顧客情報」テーブル全体となります。

●SORT関数で並べ替えた表をXLOOKUP関数の［戻り範囲］に利用する

顧客情報を並べ替えてから必要な列データを抽出しても目的を達成できます。以下は、年齢を昇順に並べ替えた顧客情報です。[配列]に列見出しは含めないので、顧客情報の列見出しはコピーしておきます。

=SORT(顧客情報,11)

年齢は、[配列]に指定した顧客情報の11列目です。

	A	B	C	D	E	I	J	K	L
1	顧客番号	氏名	フリガナ	連絡先	郵便番号	建物名	生年月日	年齢	職業
2	A053	小林　美咲	コバヤシ	090-2222-	181-0001	0	33793	28	会社員
3	A033	小椋　静	オグラ　シ	080-4455-	120-0044	0	32924	31	会社員
4	A021	菅原　彰人	スガワラ	090-2096-	300-0813	0	32575	32	会社員
5	A035	谷川　大樹	タニガワ	090-9976-	208-0034	0	32074	33	会社員
6	A016	上野原　孝	ウエノハラ	080-1122-	273-0028	グリーン/	31162	35	会社員
7	A052	山中　真司	ヤマナカ	080-7777-	189-0001	0	31126	36	会社員
8	A037	菅原　基子	スガワラ	070-7414-	131-0046	0	30071	38	会社員
9	A009	山下　雅美	ヤマシタ	070-9316-	190-0015	サンライズ	29071	41	会社員

SORT関数は1箇所に入力すれば、残りのセルはスピルにより表示されます。

空白は0が返されます。日付はシリアル値で表示されます。

●SORT関数の［並べ替えインデックス］は、MATCH関数で求める

[並べ替えインデックス]は配列の先頭から数えた列位置を数値で指定します。ここでは、MATCH関数の[検査値]に、並べ替えの基準にする列見出しを指定し、顧客情報の列見出し(タイトル行)で[検査値]の列位置を求めます。

●SORT関数を組み合わせて複数の基準で並べ替える

SORT関数にSORT関数を組み合わせると、複数の基準で並べ替えられます。並べ替えの優先順位の高い方を外側のSORTの[並べ替えインデックス]に指定します。

▼ 職業の並べ替えが年齢の並べ替えに優先する

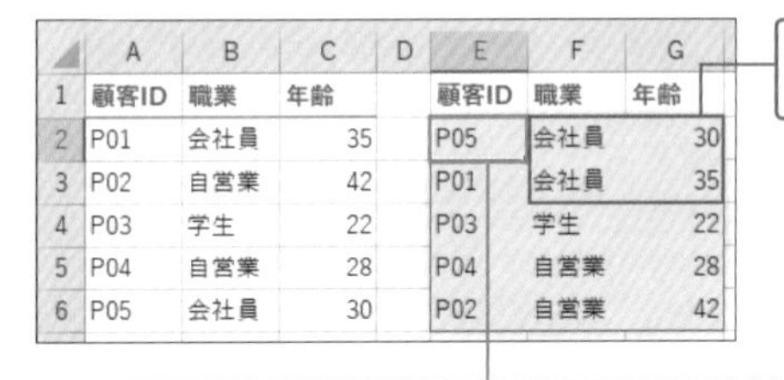

	A	B	C	D	E	F	G
1	顧客ID	職業	年齢		顧客ID	職業	年齢
2	P01	会社員	35		P05	会社員	30
3	P02	自営業	42		P01	会社員	35
4	P03	学生	22		P03	学生	22
5	P04	自営業	28		P04	自営業	28
6	P05	会社員	30		P02	自営業	42

職業が同じときに年齢で並べ替えます。

=SORT(SORT(A2:C6,3,1),2,1)

内側のSORT関数でいったんは年齢を基準に並べ替えますが、外側のSORT関数で、職業を基準に並べ替えられます。

数式解説

●年齢を昇順に並べ替えた顧客情報から必要な列データを抽出する Sec114_1

=XLOOKUP(A1,顧客情報[#見出し],
SORT(顧客情報,MATCH($F$2,顧客情報[#見出し],0),$G$2))

❶ A1 ❷ 顧客情報[#見出し] ❸ 顧客情報 ❹ $F$2,顧客情報[#見出し],0 ❺ $G$2

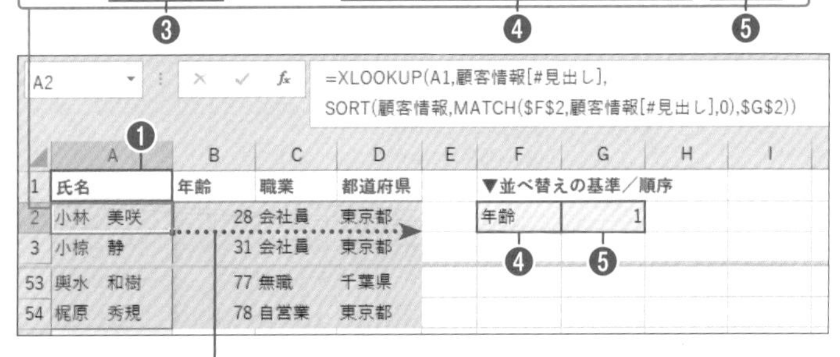

A2 =XLOOKUP(A1,顧客情報[#見出し],
SORT(顧客情報,MATCH($F$2,顧客情報[#見出し],0),$G$2))

	A	B	C	D	E	F	G	H	I
1	氏名	年齢	職業	都道府県		▼並べ替えの基準／順序			
2	小林　美咲	28	会社員	東京都		年齢	1		
3	小椋　静	31	会社員	東京都					
53	奥水　和樹	77	無職	千葉県					
54	梶原　秀規	78	自営業	東京都					

関数を入力したセル[A2]をもとにセル[D2]までオートフィルでコピーします。

	A	B	H	I	J	K	L
1	顧客番号	氏名	番地	建物名	生年月日	年齢	職業
2	A001	小畑　繁己	23456-7		1946/1/14	75	自営業
3	A002	倉持　晶彦	1-987	レジデンシャル青梅777	1965/8/18	55	会社員
4	A003	杉本　千春	2929-41	コーポ信濃111号室	1950/1/5	71	自営業
5	A004	中原　孝秀	4-24-2	エスポワール高根333	1954/3/15	67	パート
6	A005	加納　絢子	5-9-63		1975/5/1	45	パート

❶XLOOKUP関数の[検索値]に抽出する列データの列見出しのセル[A1]を指定します。
❷XLOOKUP関数の[検索範囲]に「顧客情報」テーブルの列見出しのセル範囲[A1:L1]を指定すると、「テーブル名[#見出し]」と表示されます。
❸～❺のSORT関数は、XLOOKUP関数の[戻り範囲]です。顧客情報テーブルを年齢の昇順で並べ替えたデータです。
❸SORT関数の[配列]に顧客情報テーブルを指定します。
❹[並べ替えインデックス]は、MATCH関数で列位置を検索します。MATCH関数の[検査値]にセル[F2]、[検査範囲]に顧客情報の列見出しを指定し、検査値に一致する列位置を求めます。
❺[並べ替え順序]にセル[G2]を指定します。

●職業で並べ、同じ職業の中で年齢を降順に並べたデータから列データを取り出す Sec114_2

```
=XLOOKUP(A1,顧客情報[#見出し],
SORT(SORT(顧客情報,MATCH($F$3,顧客情報[#見出し],0),$G$3),
MATCH($F$2,顧客情報[#見出し],0),$G$2))
```

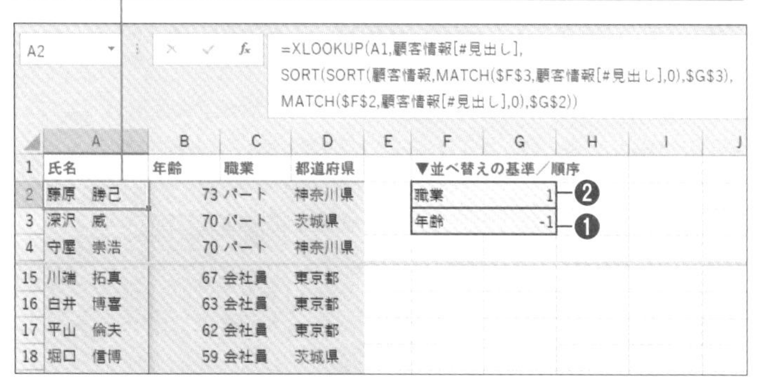

XLOOKUP関数の[戻り範囲]にSORT関数で並べ替えたデータを指定する構造に変更はありません。また、個々のSORT関数の構造も同様です。
❶内側のSORT関数では、「顧客情報」テーブルを、年齢を基準に降順で並べ替えます。
❷外側のSORT関数では、❶で並べ替えたデータを[配列]に指定し、職業を昇順で並べ替えます。

Memo

漢字の並べ替え

作例では職業を昇順で並べ替えていますが、ハ行の「パート」がカ行の「会社員」より先に並びます。これはデータが文字コードの番号順に並び、カタカナは漢字よりコード番号が小さいためです。なお、文字列のコード番号は、CODE関数で求めることができます。

SECTION 115

条件に合う行データを抽出する

キーワード データの抽出　　対応バージョン： 365

<table>
<tr><td rowspan="2">FILTER
条件を付けてデータを絞る</td><td>=FILTER(配列,含む[,空の場合])
365</td></tr>
<tr><td>[配列]を[含む]に指定する条件で絞ります。[空の場合]は、データを絞った結果、データがない場合に表示する値を指定できます。</td></tr>
<tr><td rowspan="2">INDIRECT
文字列をセル参照に変換する</td><td>=INDIRECT(参照文字列)</td></tr>
<tr><td>[参照文字列]にセル参照と同じ表記の文字列を指定し、数式で利用できるセル参照に変換して、セルの参照を返します。</td></tr>
<tr><td rowspan="2">CONCAT
CONCATENATE
文字列を連結する</td><td>=CONCAT(文字列1,文字列2,…)
2019 365
=CONCATENATE(文字列1,文字列2,…)
互換性関数</td></tr>
<tr><td>[文字列1]から順番に文字列を連結します。</td></tr>
</table>

目的　売上表テーブルから条件に合うデータを抽出する

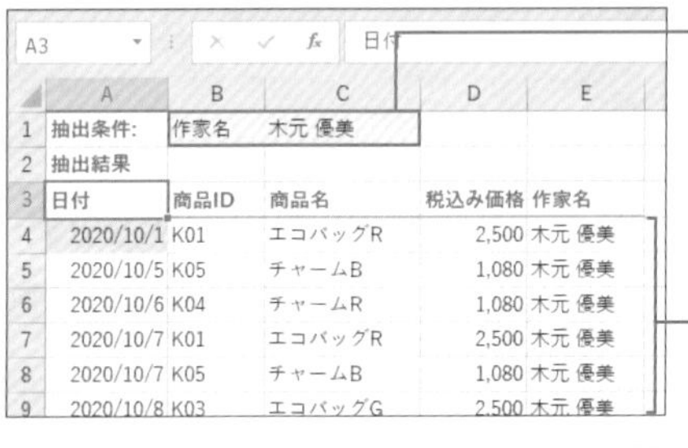

抽出元の「売上表」テーブル

日付	商品ID	商品名	税込み価格	作家名
2020/10/1	H04	シュシュR	550	日坂 杏子
2020/10/1	A03	帆布バッグB	6600	秋川 夏帆
2020/10/1	A02	帆布バッグT	3300	秋川 夏帆

方法

●INDIRECT関数でテーブルの列データを参照する

テーブルの列データは「テーブル名[列見出し]」と表記します。INDIRECT関数の[参照文字列]に「"売上表["&B1&"]"」と指定すると、売上表テーブルの「商品ID」列を認識しますが、ここでは、「&」の代わりにCONCAT関数で文字列を連結します。

●FILTER関数の[含む]に検索条件を指定して行データを抽出する

[含む]にINDIRECT関数で変換したテーブルの列データとセル[C1]を比較する式を指定し、「売上表[作家名]="木元 優美"」を満たす行データを抽出します。

数式解説 Sec115

=FILTER(売上表,INDIRECT(CONCAT("売上表[",B1,"]"))=C1)

❶FILTER関数の[配列]に「売上表」テーブルを指定します。
❷FILTER関数の[含む]に売上表から抽出する条件を指定します。
❸CONCAT関数で文字列を順に連結させ、ここでは、「"売上表[作家名]"」とし、INDIRECT関数の[参照文字列]に指定します。
❹売上表テーブルの「作家名」列の各データがセル[C1]の「木元 優美」に一致する行データを抽出します。

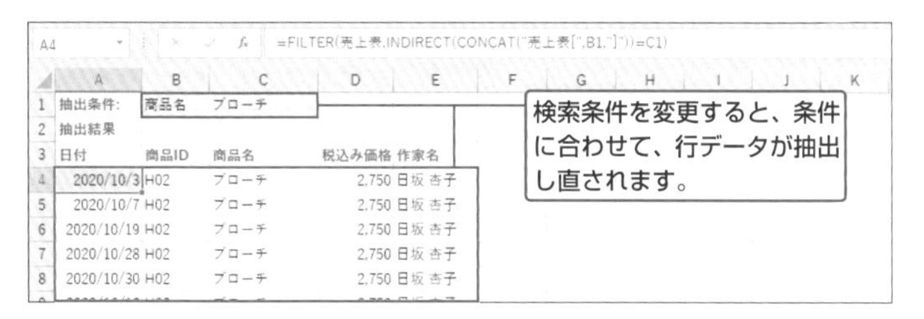

検索条件を変更すると、条件に合わせて、行データが抽出し直されます。

SECTION 116

あいまい検索したデータを抽出する

キーワード データの抽出　あいまい検索　　対応バージョン：365

FILTER 条件を付けてデータを絞る	**=FILTER(配列,含む)** 365 [配列]を、[含む]に指定する条件で絞ります。[含む]に指定する条件がTRUE(真)になる[配列]の行が抽出されます。
SORT データを、指定した基準で並べ替える	**=SORT(配列,並べ替えインデックス,並べ替え順序)** 365 [配列]の先頭を1列目とし、[並べ替えインデックス]に指定した列番号を基準に並べ替えます。[並べ替え順序]は1(昇順で省略可)、または、−1（降順）を指定します。
SEARCH 文字列内を検索する	**=SEARCH(検索文字列,対象)** [検索文字列]を[対象]の先頭から検索し、文字列内の文字位置を数値で返します。見つからない場合は[#VALUE!]エラーが発生します。
IFERROR エラーの場合は、指定の値を表示する	**=IFERROR(値,エラーの場合の値)** [値]がエラーの場合は、[エラーの場合の値]を表示します。[値]に関数を直接指定し、戻り値をエラー判定します。
RIGHT 文字列の末尾から文字列を取り出す	**=RIGHT(文字列,文字数)** [文字列]の末尾から指定した[文字数]を取り出します。文字数は全角／半角を問わず、1文字と数えます。

目的　商品名の一部に該当するデータを抽出する

売上表テーブルから商品名を検索し、商品名の一部が一致するデータを抽出します。

商品名の一部の文字列

1 商品名の一部(ここでは、「帆布」)が一致するデータを抽出したい。

	A	B	C	D	E	F	G	H
1	抽出条件:	商品名	帆布					
2	抽出結果							
3	日付	商品ID	商品名	税込み価格	作家名			
4	2020/12/1	K10	ペンケース・帆布R	1,820	木元 優美			
5	2020/12/1	A03	帆布バッグB	6,600	秋川 夏帆			
6	2020/12/1	A02	帆布バッグT	3,300	秋川 夏帆			
16	2020/12/5	K10	ペンケース・帆布Bu	1,820	木元 優美			
17	2020/12/5	A01	ミニポーチ(帆布)	1,650	秋川 夏帆			
18	2020/12/6	A02	帆布バッグT	3,300	秋川 夏帆			
19	2020/12/6	A01	ミニポーチ(帆布)	1,650	秋川 夏帆			

抽出元の「売上表」テーブル

	A	B	C	D	E
1	日付	商品ID	商品名	税込み価格	作家名
2	2020/12/1	K10	ペンケース・帆布R	1820	木元 優美
3	2020/12/1	A03	帆布バッグB	6600	秋川 夏帆
4	2020/12/1	A02	帆布バッグT	3300	秋川 夏帆
5	2020/12/1	M05	ミトンL	1650	森 美由紀

方法

●FILTER関数の抽出条件にワイルドカードは使用できない

FILTER関数の[含む]には、ワイルドカードを使った条件は指定できません。

=FILTER(売上表,売上表[商品名]=C1)
「売上表」テーブルの「商品名」列で商品名に「帆布」が付くデータを抽出するため、「*帆布*」としてもワイルドカードは使用不可のため、エラーが発生します。

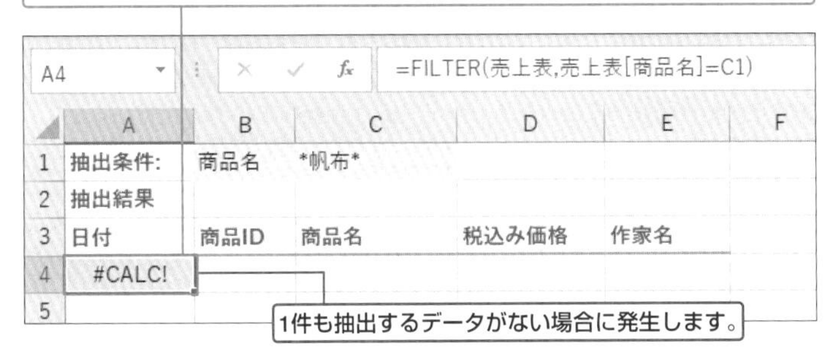

●SEARCH関数の検索結果をFILTER関数の抽出条件に利用する

SEARCH関数で商品名の一部が含まれる文字位置を検索した場合、検索にヒットすれば、0より大きい数値が返ります。SEARCH関数の戻り値が0より大きいかどうかを判定する条件式をFILTER関数の[含む]に指定し、TRUEとなった行データを抽出します。

●SEARCH関数の[#VALUE!]エラーはIFERROR関数で0に処理する

SEARCH関数の[#VALUE!]エラーは、検索にヒットしない場合に発生するので、IFERROR関数で「0」に処理し、FILTER関数の条件式でFALSEが返るようにします。

●FILTER関数の[含む]に指定するあいまい検索の例

あいまい検索の一例として、RIGHT関数で取り出した文字列と商品名に含まれる一部の文字を比較する条件式を取り上げます。

数式解説

●キーワードを含む商品を抽出して並び替える Sec116_1

=FILTER(売上表,IFERROR(SEARCH(C1,売上表[商品名]),0)>0)

A4 =FILTER(売上表,IFERROR(SEARCH(C1,売上表[商品名]),0)>0)

	A	B	C	D	E	F	G	H
1	抽出条件:	商品名	帆布					
2	抽出結果							
3	日付	商品ID	商品名	税込み価格	作家名			
4	2020/12/1	K10	ペンケース・帆布R	1,820	木元 優美			
5	2020/12/1	A03	帆布バッグB	6,600	秋川 夏帆			
6	2020/12/1	A02	帆布バッグT	3,300	秋川 夏帆			
16	2020/12/5	K10	ペンケース・帆布Bu	1,820	木元 優美			
17	2020/12/5	A01	ミニポーチ(帆布)	1,650	秋川 夏帆			

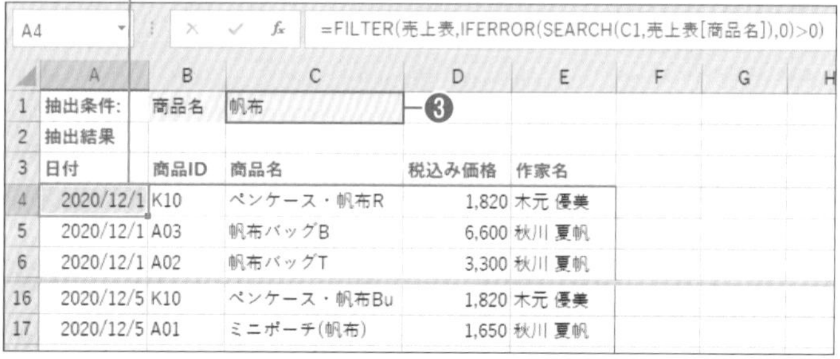

❶FILTER関数の[配列]に「売上表」テーブルを指定します。
❷FILTER関数の[含む]に売上表から抽出する条件を指定します。
❸SEARCH関数の[検索文字列]にセル[C1]、[対象]に売上表の商品名の列データを指定し、商品名に含まれる「帆布」の文字位置を求めます。
❹商品名に「帆布」が含まれない場合は、SEARCH関数の戻り値が[#VALUE!]エラーになります。これを回避するため、IFERROR関数で0とします。
❺商品名に「帆布」が含まれる場合は、SEARCH関数の戻り値が0より大きくなるため、0より大きいかどうか判定します。

=SORT(FILTER(売上表,IFERROR(SEARCH(C1,売上表[商品名]),0)>0),3,1)

	A	B	C	D	E	F	G
3	日付	商品ID	商品名	税込み価格	作家名		
4	2020/12/3	K10	ペンケース・帆布Bu	1,820	木元 優美		
5	2020/12/5	K10	ペンケース・帆布Bu	1,820	木元 優美		
6	2020/12/7	K10	ペンケース・帆布Bu	1,820	木元 優美		
7	2020/12/1	K10	ペンケース・帆布R	1,820	木元 優美		
8	2020/12/5	K10	ペンケース・帆布R	1,820	木元 優美		
22	2020/12/29	A01	ミニポーチ(帆布)	1,650	秋川 夏帆		
23	2020/12/30	A01	ミニポーチ(帆布)	1,650	秋川 夏帆		
24	2020/12/1	A03	帆布バッグB	6,600	秋川 夏帆		

SORT関数により、商品名を基準に昇順で並びます。

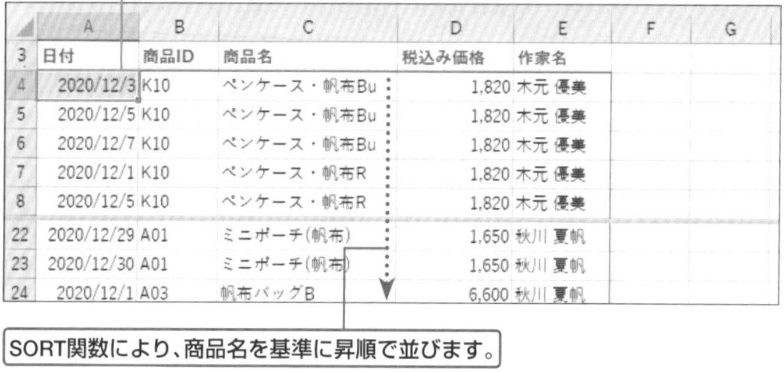

❶SORT関数の[配列]にFILTER関数で抽出したデータを指定します。
❷ここでは、3列目の商品名を昇順に並べ替えます。

●2つの文字のどちらかを含む商品を抽出する Sec116_2

=FILTER(売上表,(RIGHT(売上表[商品名],1)=C1)
+(RIGHT(売上表[商品名],1)=D1))

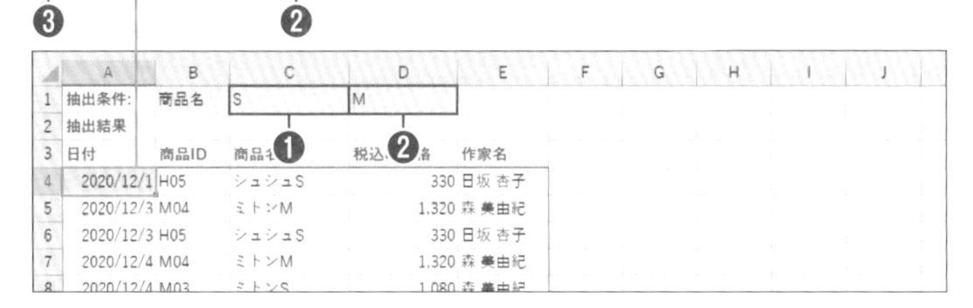

❶RIGHT関数で、売上表テーブルの商品名の末尾1文字を取り出し、セル[C1]の「S」と一致するかどうか判定します。
❷❶と同様です。商品名の末尾がセル[D1]の「M」と一致するかどうか判定します。
❸FILTER関数の[含む]の「+」はOR条件です(P.225)。
売上表テーブルの商品名の末尾がSまたはMのデータが抽出されます。

Hint

帆布で始まる商品名を抽出する

SEARCH関数はワイルドカードが使用できるため、[検索文字列]に「"帆布*"」と指定できます。ただし、比較式も「=1」に変更が必要です。SEARCH関数では、「帆布で始まる」ではなく、「商品名の先頭文字から帆布を検索し、帆布の後ろの文字は任意」という意味で検索するためです。

▼ 抽出失敗:比較式が「>0」の場合

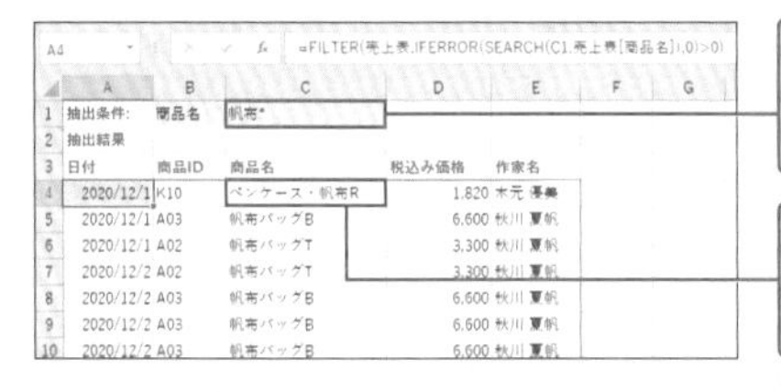

文字列の先頭から「帆布*」に該当する文字位置が検索されます。

7文字目が「帆布*」に一致し、0より大きい値のため、抽出されます。

▼ 商品名が帆布で始まるデータの抽出:比較式は「=1」

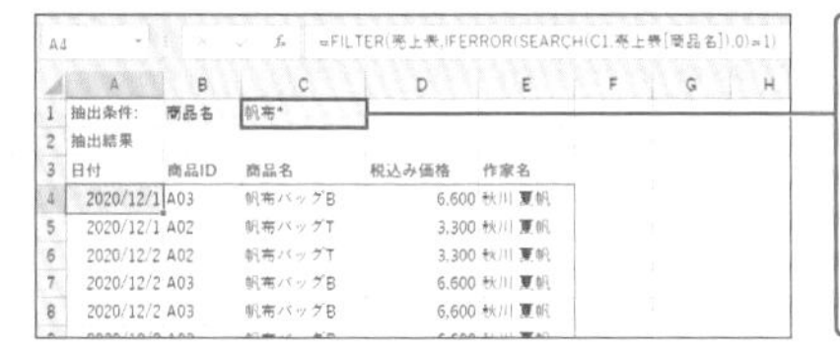

比較式を「=1」に変更したため、「*」は不要ですが、「帆布で始まる」の意味が伝わりやすいので、そのまま付けておきます。

SECTION 117

条件に合う予約情報を抽出する

キーワード データの抽出

AND すべての条件を満たすかどうか判定する	**=AND(論理式1,論理式2,…)** [論理式]にOR関数を指定し、いずれか一つを満たす条件とすべて満たす条件を組み合わせることも可能です。基本動作はSec012 P.56参照。
OR いずれかの条件を満たすかどうか判定する	**=OR(論理式1,論理式2,…)** AND関数と同様です。条件内容に応じてAND関数との組み合わせが可能です。基本動作はSec012 P.56参照。
SMALL 小さい方から数えた順位の値を求める	**=SMALL(配列,順位)** 数値の入ったセル範囲を[配列]に指定し、指定した[順位]の値を求めます。[配列]に含まれる文字列は無視します。
ROW 行番号を求める	**=ROW(参照)** [参照]に指定したセルの行番号を返します。
COUNTIF 条件に合う個数を求める	**=COUNTIF(検索条件,範囲)** [検索条件]を[範囲]で検索し、条件に合うセルの個数を求めます。
INDEX 行と列の交点のデータを取り出す	**{=INDEX(配列,行番号,0)}** 指定した[配列]の先頭を1行1列目とするとき、[行番号]と[列番号]の交点のデータを取り出します。
IFERROR エラー表示を回避する	**=IFERROR(値,エラーの場合の値)** [値]がエラーの場合は、[エラーの場合の値]を表示します。

目的 検索条件に合う施設予約データを抽出する

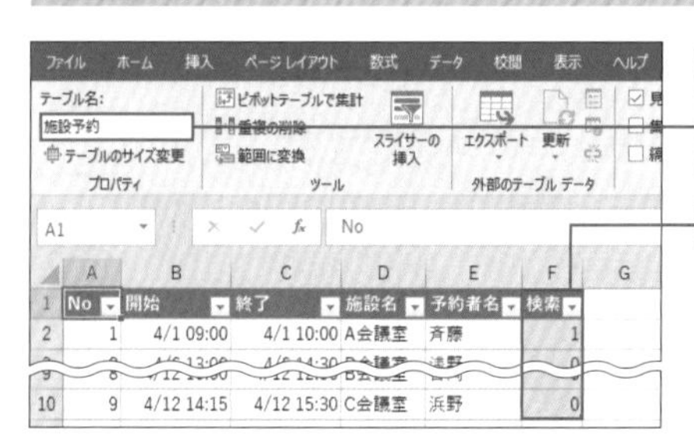

検索に利用するデータは「施設予約」という名前のテーブルにしています。

1 検索条件をチェックし、

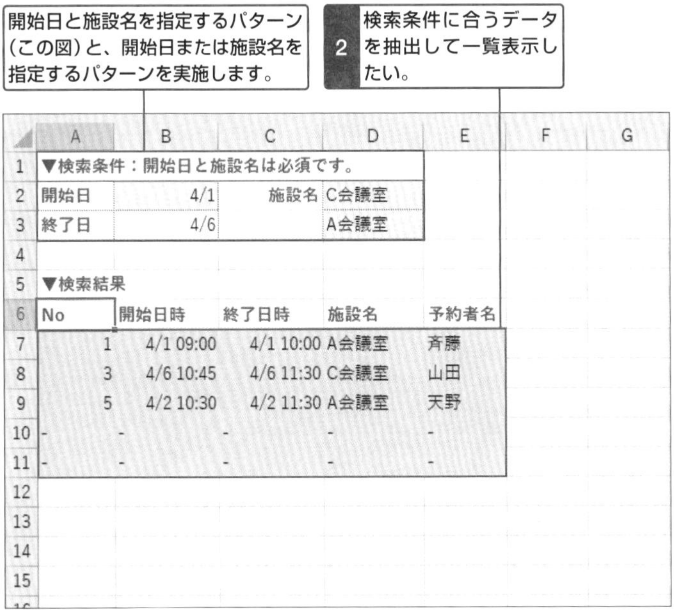

開始日と施設名を指定するパターン(この図)と、開始日または施設名を指定するパターンを実施します。

2 検索条件に合うデータを抽出して一覧表示したい。

	A	B	C	D	E	F	G
1	▼検索条件：開始日と施設名は必須です。						
2	開始日	4/1	施設名	C会議室			
3	終了日	4/6		A会議室			
4							
5	▼検索結果						
6	No	開始日時	終了日時	施設名	予約者名		
7	1	4/1 09:00	4/1 10:00	A会議室	斉藤		
8	3	4/6 10:45	4/6 11:30	C会議室	山田		
9	5	4/2 10:30	4/2 11:30	A会議室	天野		
10	-	-	-	-	-		
11	-	-	-	-	-		
12							
13							
14							
15							

方法

●期間はAND条件、施設名はOR条件で指定する

期間は開始日時が開始日以降、かつ、終了日時が終了日の翌日未満と言い替え、AND関数で条件を指定します。終了日時の判定を終了日の翌日未満とするのは、終了日以下とすると終了日当日の午前0時以下となるためです。施設名はOR関数で条件を指定します。

●AND条件にするなら期間と施設名の条件指定は必須にする

期間と施設名の2つの判定結果の扱い方によって検索結果が変わります。2つの判定結果をAND条件で絞り込む場合は、期間と施設名の入力は必須にしておく必要があります。

●期間と施設名のいずれかの条件で検索結果を抽出するにはOR条件にする

期間と施設名の2つの判定結果をOR関数で判定すれば、どちらか一方のみの指定でも条件に合うデータを抽出できます。

●SMALL関数で行番号の小さい順に並べ、INDEX関数でデータを取り出す

検索条件に合うNoは飛び飛びに表示されますが、SMALL関数で小さい順に並べれば、ひとまとめにできます(Sec084 P.218,Sec107 P.282参照)。INDEX関数では、Noの行位置にある予約情報を取り出します。

数式解説

●期間と施設名の条件設定を必須とする場合 Sec117_1

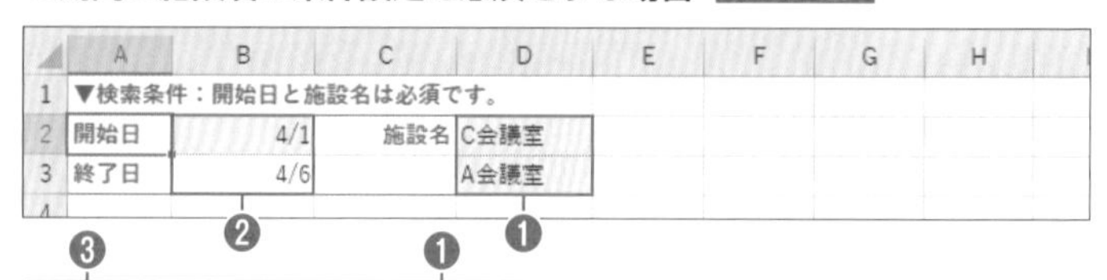


```
=AND(OR([@施設名]=Sheet1!$D$2,[@施設名]=Sheet1!$D$3),
AND([@開始]>=Sheet1!$B$2,[@終了]<Sheet1!$B$3+1))*[@No]
```

❶OR関数で施設名の条件を判定します。「Sheet1」シートのセル[D2]とセル[D3]に指定した施設名を、「施設予約」テーブルのセル[D2]と一致するかどうか判定します。テーブルのため、セル[D2]の代わりに[@施設名]と表示されます。

❷AND関数で期間の条件を判定します。「Sheet1」シートのセル[B2]と「施設予約」テーブルのセル[B2]（[@開始]と表示）で開始日の比較を行います。終了日も同様ですが、終了日の翌日未満とするため1を足します。

❸❶の施設名の判定結果と❷の期間の判定結果をAND関数で再判定し、2つの条件をすべて満たす場合のみTRUEとなります。

❹Noのセル[A2]（[@No]と表示）を掛け算して数値化します。

```
=IFERROR(SMALL(施設予約[検索],ROW(A1)+COUNTIF(施設予約[検索],0)),"-")
```

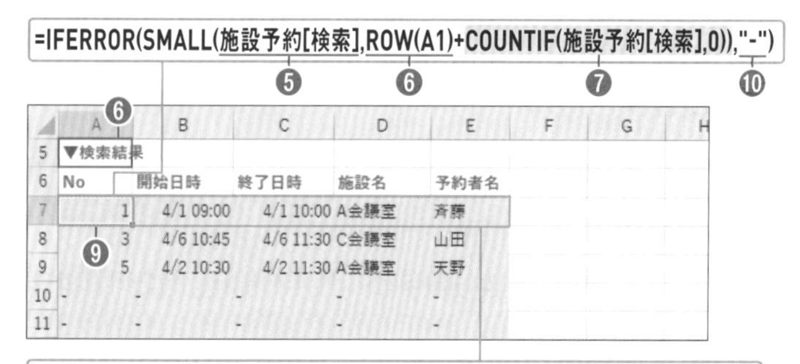


```
{=IFERROR(INDEX(施設予約[[開始]:[予約者名]],A7,0),"-")}
```

❺❹で検索したNoの値を集約します。SMALL関数の[配列]に施設予約テーブルのセル範囲[F2:F10]を指定します。「施設予約[検索]」と表示されます。
❻SMALL関数の[順位]に1位から指定できるようROW(A1)を指定しますが、1位の値は0になります。2位以降も0がある限り、0が返されます。
❼SMALL関数の[配列]の0を除外するため、COUNTIF関数で0の個数を求め[順位]に追加します。❻と合わせ、0の個数＋1位の値が取り出されます。
❽INDEX関数の[配列]に施設予約テーブルのセル範囲[B2:E10]を指定します。「施設予約[[開始]:[予約者名]]」と表示されます。
❾INDEX関数の[行番号]に、SMALL関数で集約したNoの値のセル[A7]を指定し、行データを取り出すため[列番号]には0を指定し、配列数式で入力します。
❿SMALL関数、INDEX関数に、IFERROR関数を追加してエラー表示を回避します。ここでは、エラー時に「-」を表示するように指定します。

●期間と施設名のどちらかを条件設定すればよい場合 Sec117_2

❶

```
=OR(OR([@施設名]=Sheet1!$D$2,[@施設名]=Sheet1!$D$3),
AND([@開始]>=Sheet1!$B$2,[@終了]<Sheet1!$B$3+1))*[@No]
```

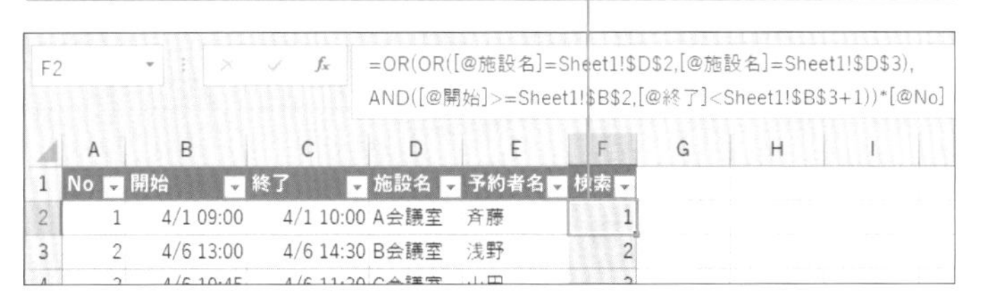

F2
=OR(OR([@施設名]=Sheet1!$D$2,[@施設名]=Sheet1!$D$3),
AND([@開始]>=Sheet1!$B$2,[@終了]<Sheet1!$B$3+1))*[@No]

	A	B	C	D	E	F
1	No	開始	終了	施設名	予約者名	検索
2	1	4/1 09:00	4/1 10:00	A会議室	斉藤	1
3	2	4/6 13:00	4/6 14:30	B会議室	浅野	2

❶AND関数をOR関数に変更します。関数名のみ「OR」に変更します。

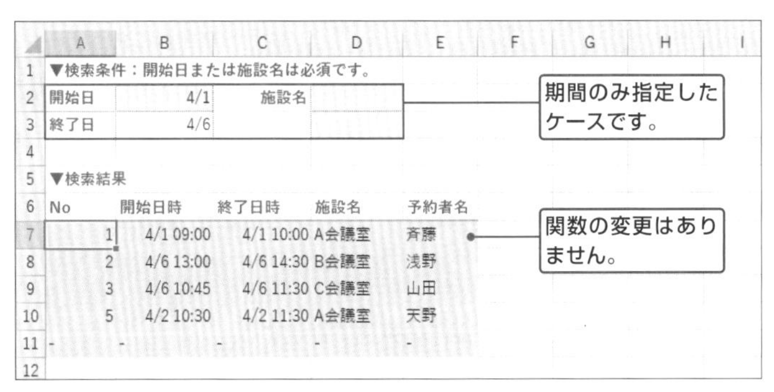

期間のみ指定したケースです。
関数の変更はありません。

	A	B	C	D	E
1	▼検索条件：開始日または施設名は必須です。				
2	開始日	4/1	施設名		
3	終了日	4/6			
4					
5	▼検索結果				
6	No	開始日時	終了日時	施設名	予約者名
7	1	4/1 09:00	4/1 10:00	A会議室	斉藤
8	2	4/6 13:00	4/6 14:30	B会議室	浅野
9	3	4/6 10:45	4/6 11:30	C会議室	山田
10	5	4/2 10:30	4/2 11:30	A会議室	天野
11	-	-	-	-	-
12					

参照セクション
Sec084　重複データを除去する
Sec107　該当者全員を検索する

SECTION 118

条件に合う予約情報を抽出して並べ替える

キーワード データの抽出　並べ替え　　対応バージョン： 365

FILTER 条件を付けてデータを絞る	**=FILTER(配列,含む[,空の場合])** 365
	[配列]を、[含む]に指定する条件で絞ります。[空の場合]は、データを絞った結果、データがない場合に表示する値を指定できます。
SORT データを指定した基準で並べ替える	**=SORT(配列,並べ替えインデックス,並べ替え順序)** 365
	[配列]の先頭を1列目とし、[並べ替えインデックス]に指定した列番号を基準に並べ替えます。[並べ替え順序]は1（昇順で省略可）、または、－1（降順）を指定します。

目的 検索条件に合う施設予約データを抽出する

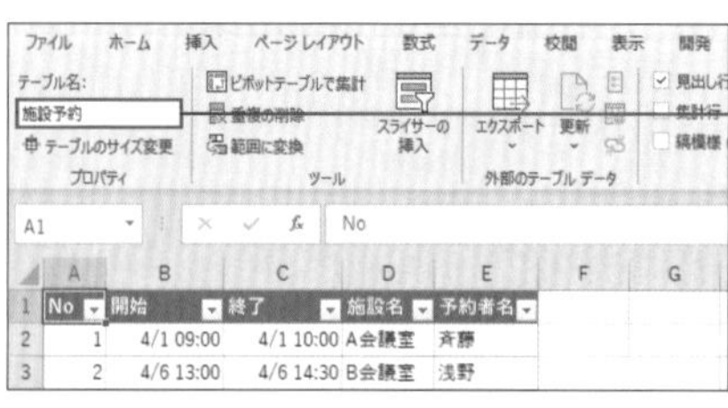

検索に利用するデータは「施設予約」という名前のテーブルにしています。

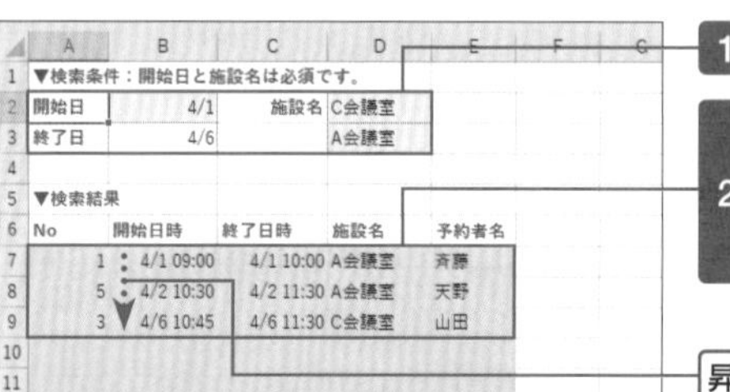

1 検索条件を指定し、

2 検索条件に合うデータを施設予約テーブルから抽出し、開始日時順に並べて表示したい。

昇順で並べます。

方法

●期間はAND条件、施設名はOR条件で指定する

検索条件の扱い方は、Sec117 P.315の方法を参照してください。

●FILETER関数で条件を設定してデータを絞る

FILTER関数の条件は[含む]に指定します。2つ以上の条件を設定する場合、AND条件は「*」、OR条件は「+」で指定します。

●FILTER関数で絞ったデータを対象にSORT関数で並べ替える

SORT関数の[配列]にFILTER関数で絞ったデータを指定します。ここでは、開始日時の昇順で並べ替えます。開始日時は、施設予約テーブルの2列目（列見出しは「開始」）とします。

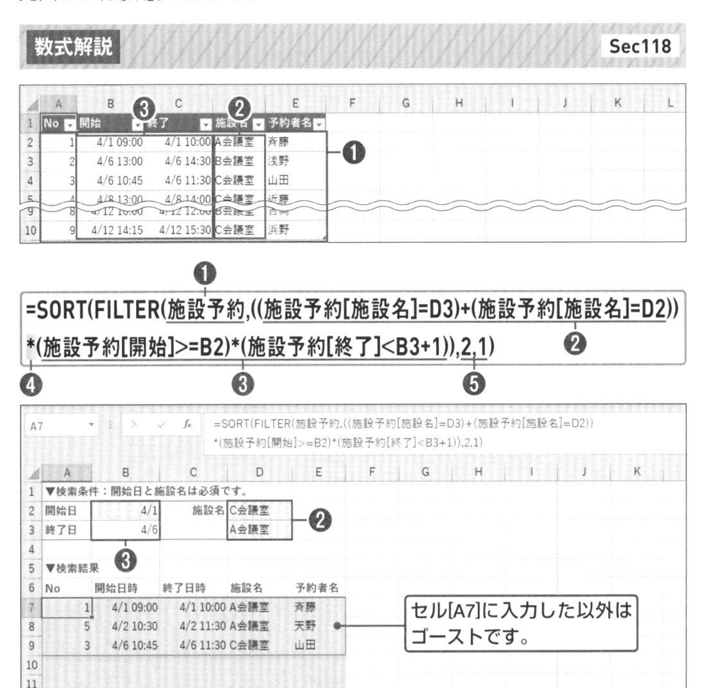

数式解説
Sec118
=SORT(FILTER(施設予約,((施設予約[施設名]=D3)+(施設予約[施設名]=D2))
(施設予約[開始]>=B2)(施設予約[終了]<B3+1)),2,1)
▼検索条件：開始日と施設名は必須です。
▼検索結果
セル[A7]に入力した以外はゴーストです。

❶FILTER関数の[配列]に施設予約テーブルを指定します。テーブルのセル範囲[A2:E10]を選択すると、「施設予約」と表示されます。

❷FILTER関数の[含む]に施設名の検索条件を指定します。施設予約テーブルの「施設」列のデータと条件を入力したセル[D3]、及びセル[D2]と比較し、「+」でつなぎ、OR条件を設定します。

❸FILTER関数の[含む]に期間の検索条件を指定します。施設予約テーブルの「開始」列のデータは開始日のセル[B2]以降かどうか、「終了」列のデータは終了日のセル[B3]の翌日未満かどうかを「*」でつなぎ、AND条件を設定します。

❹❷と❸の条件を「*」でつなぎ、AND条件を設定します。「+」でつなぎ、OR条件とした場合は、期間または施設名のいずれかで検索可能となります。

❶〜❹のFILTER関数は、SORT関数の[配列]に指定します。

❺SORT関数の[並べ替えインデックス]に2、[並べ替え順序]に1を指定し、施設予約テーブルの2列目の「開始」を基準に昇順で並べ替えます。

SECTION 119

複数のシートにまたがるデータを1シートに転記する

キーワード データの転記

VLOOKUP 検索値をもとにデータを検索する	=VLOOKUP(検索値,範囲,列番号,FALSE) [検索値]を[範囲]の左端列（1列目）で検索し、検索値に一致する[列番号]のデータを返します。Sec099 P.266参照。
INDIRECT 文字列をセル参照に変換する	=INDIRECT(参照文字列) セル参照に変換できる文字列を指定します。別シートのセル範囲を参照する場合は「シート名!セル範囲」と解釈されるように指定します。

目的 シートごとの店舗別売上集計を1シートに転記してまとめる

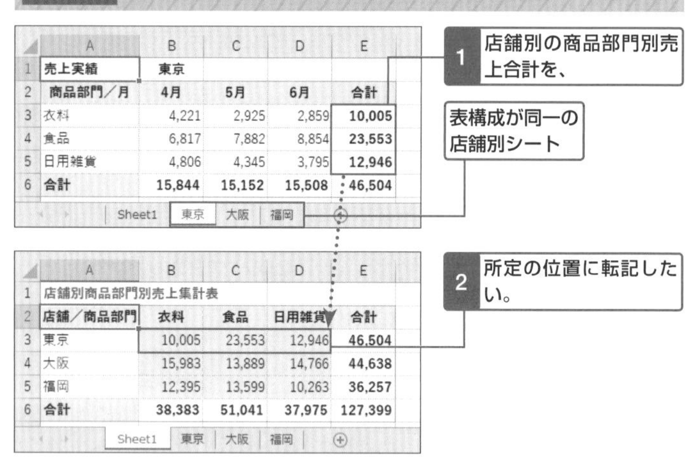

1 店舗別の商品部門別売上合計を、
表構成が同一の店舗別シート
2 所定の位置に転記したい。

	A	B	C	D	E
1	売上実績	東京			
2	商品部門／月	4月	5月	6月	合計
3	衣料	4,221	2,925	2,859	10,005
4	食品	6,817	7,882	8,854	23,553
5	日用雑貨	4,806	4,345	3,795	12,946
6	合計	15,844	15,152	15,508	46,504

Sheet1 東京 大阪 福岡

	A	B	C	D	E
1	店舗別商品部門別売上集計表				
2	店舗／商品部門	衣料	食品	日用雑貨	合計
3	東京	10,005	23,553	12,946	46,504
4	大阪	15,983	13,889	14,766	44,638
5	福岡	12,395	13,599	10,263	36,257
6	合計	38,383	51,041	37,975	127,399

Sheet1 東京 大阪 福岡

方法

●VLOOKUP関数で商品部門が一致する合計値を検索する

店舗が「東京」の場合、セル[B2]の「衣料」を検索値とし、「東京」シートのセル範囲[A3:E5]の左端列で検索し、5列目にある衣料の合計を検索します。

●INDIRECT関数で店舗別シートのセル範囲[A3:E5]を参照する

「Sheet1」シートのセル[A3]を利用して「A3&"!A3:E5"」と指定すると、「"東京!A3:E5"」と解釈されるので、INDIRECT関数でセル参照に変換します。他店舗も同様です。

=VLOOKUP(B$2,INDIRECT($A3&"!A3:E5"),5,FALSE)

B3 =VLOOKUP(B$2,INDIRECT($A3&"!A3:E5"),5,FALSE)

	A	B	C	D	E
1	店舗別商品部門別売上集計表				
2	店舗／商品部門	衣料	食品	日用雑貨	合計
3	東京	10,005	23,553	12,946	46,504
4	大阪	15,983	13,889	14,766	44,638
5	福岡	12,395	13,599	10,263	36,257
6	合計	38,383	51,041	37,975	127,399

❶[検索値]にセル[B2]を指定します。
❷[範囲]にINDIRECT関数を指定します。INDIRECT関数は、セル[A3]～セル[A5]を利用して、店舗別シートのセル範囲[A3:E5]を参照します。
❸❶で指定した検索値に一致する5列目の合計値を取り出します。

StepUp

表構成が一致しない場合はエラー処理を追加する

たとえば、東京では日用雑貨を扱っていない場合、VLOOKUP関数の検索にヒットせず[#N/A]エラーが発生します。集計表では、1箇所のエラーが集計値にも影響するので、IFERROR関数でエラーを処理します。

A3 東京

	A	B	C	D	E
1	店舗別商品部門別売上集計表				
2	店舗／商品部門	衣料	食品	日用雑貨	合計
3	東京	10,005	23,553	#N/A	#N/A
4	大阪	15,983	13,889	14,766	44,638
5	福岡	12,395	13,599	10,263	36,257
6	合計	38,383	51,041	#N/A	#N/A

1箇所のエラーが他の集計に影響します。

=IFERROR(VLOOKUP(B$2,INDIRECT($A3&"!A3:E5"),5,FALSE),"取扱なし")

B3 =IFERROR(VLOOKUP(B$

	A	B	C	D	E
1	店舗別商品部門別売上集計表				
2	店舗／商品部門	衣料	食品	日用雑貨	合計
3	東京	10,005	23,553	取扱なし	33,558
4	大阪	15,983	13,889	14,766	44,638
5	福岡	12,395	13,599	10,263	36,257
6	合計	38,383	51,041	25,029	114,453

SECTION 120

表のデータの縦横を入れ替える

キーワード データの入れ替え 転記

INDEX 配列内の行と列の交点の要素を取り出す	=INDEX(配列,行番号,列番号) 指定した[配列]の先頭を1行1列目とするとき、[行番号]と[列番号]の交点のデータを抽出します。
ROWS 指定した範囲の行数を求める	=ROWS(配列) [配列]の先頭のみ絶対参照で固定すると、オートフィルでコピーするたびに1行ずつ増加します。
COLUMNS 指定した範囲の列数を求める	=COLUMNS(配列) [配列]の先頭のみ絶対参照で固定すると、オートフィルでコピーするたびに1列ずつ増加します。

目的 表の行列を入れ替える

	A	B	C	D	E
1	店舗／商品部門	衣料	食品	日用雑貨	合計
2	東京	10,005	23,553	12,946	46,504
3	福岡	12,395	13,599	10,263	36,257
4	合計	22,400	37,152	23,209	82,761
5					
6	商品部門/店舗	東京	福岡	合計	
7	衣料	10,005	12,395	22,400	
8	衣料	10,005	12,395	22,400	
9	食品	23,553	13,599	37,152	
10	日用雑貨	12,946	10,263	23,209	

1 4行5列構成の集計表を、

2 表の行列を入れ替え、5行4列構成にしたい。

方法

●INDEX関数で[行番号]と[列番号]を入れ替えて取り出す

INDEX関数は表の行と列の交点を取り出すので、表の先頭から順に取り出せば、表のコピーができます。そこで、行と列を入れ替えて指定すれば、行列を入れ替えた表を取り出せます。

=INDEX($A$1:$B$3,3,2)
2行3列目のセルに3行2列目の値を取り出しています。

	A	B	C	D	E	F	G	H	I	J
1	果物(1,1)	野菜(1,2)		▼行列入れ替え						
2	りんご(2,1)	白菜(2,2)	➡	果物(1,1)	りんご(2,1)	みかん(3,1)				
3	みかん(3,1)	玉ねぎ(3,2)		野菜(1,2)	白菜(2,2)	玉ねぎ(3,2)				
4	※()内は(行,列)									

●列の連番をINDEX関数の[行番号]、行の連番を[列番号]に指定する

列の連番はCOLUMNS関数、行の連番はROWS関数で作成します(P.80)。

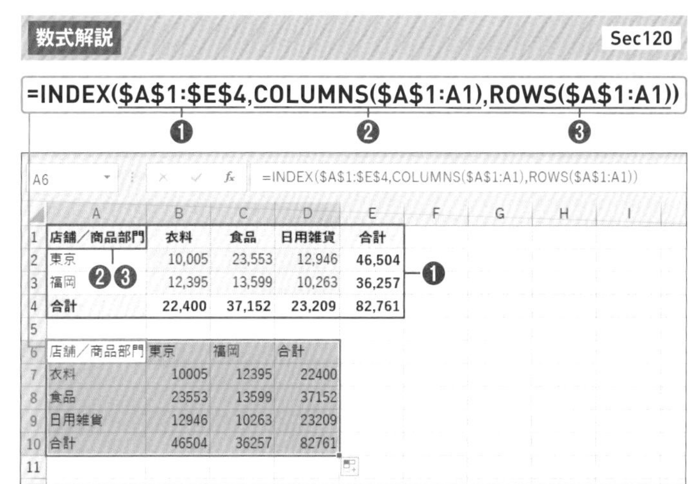

数式解説
Sec120
=INDEX($A$1:$E$4,COLUMNS($A$1:A1),ROWS($A$1:A1))
❶
❷
❸
A6
=INDEX($A$1:$E$4,COLUMNS($A$1:A1),ROWS($A$1:A1))
❷❸
❶

	A	B	C	D	E
1	店舗/商品部門	衣料	食品	日用雑貨	合計
2	東京	10,005	23,553	12,946	46,504
3	福岡	12,395	13,599	10,263	36,257
4	合計	22,400	37,152	23,209	82,761
5					
6	店舗/商品部門	東京	福岡	合計	
7	衣料	10005	12395	22400	
8	食品	23553	13599	37152	
9	日用雑貨	12946	10263	23209	
10	合計	46504	36257	82761	
11					

❶セル範囲[A1:E4]を[配列]に指定します。セル[A1]が1行1列目です。
❷[行番号]には、列方向の連番を指定するため、COLUMNS関数を指定します。
❸[列番号]には、行方向の連番を指定するため、ROWS関数を指定します。
❷❸とも、セル[A1]を起点として絶対参照で固定し、オートフィルでコピーするたびに1列、または、1行ずつ増加します。

Memo

関数入力後に書式設定等を行う

書式設定は関数入力後に実施し、表の入れ替えによって意味の変わった箇所は適宜上書きします。ここでは、セル[A6]の値を「商品部門/店舗」と上書きします。

Hint

TRANSPOSE関数でデータの縦横を入れ替える

TRANSPOSE関数(P.268)でもデータの縦横を入れ替えられますが、あらかじめ関数の入力範囲を選択し、配列数式で入力する必要があります。

A6
{=TRANSPOSE(A1:E4)}
{=TRANSPOSE(A1:E4)}
あらかじめ範囲選択してから関数を入力します。

	A	B	C	D
5				
6	店舗/商品部門	東京	福岡	合計
7	衣料	10005	12395	22400
8	食品	23553	13599	37152
9	日用雑貨	12946	10263	23209
10	合計	46504	36257	82761

SECTION 121

シート名を表のタイトルに利用する

キーワード シート名の抽出

CELL ブックの情報を取得する	**=CELL(検査の種類,参照)** [参照]に指定したセルの[検査の種類]に応じた情報を取り出します。[検査の種類]に「"filename"」を指定すると、指定したセルのブック名、シート名を保存先も含めた形で取得されます。
MID 文字列を途中から取り出す	**=MID(文字列,開始位置,文字数)** [文字列]内の[開始位置]から指定した[文字数]を取り出します。[文字数]に[開始位置]以降の文字数より大きな値を指定すると文字列の末尾まで取り出します。
FIND 文字列内を検索する	**=FIND(検索文字列,対象)** [検索文字列]が、[対象]に指定した文字列内の何文字目にあるかを検索します。

目的 ブックの情報からシート名を抽出して表のタイトルに利用する

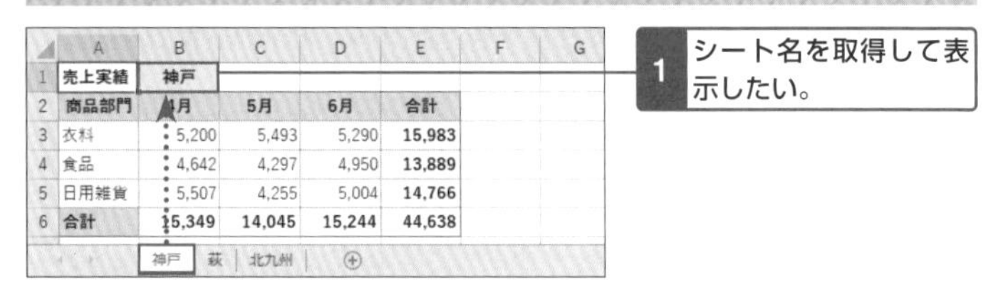

方法

●CELL関数の「"filename"」でブック情報を取り出す

[検査の種類]に「"filename"」を指定すると、以下のように、保存先を含めたブック名とシート名が取得できます。ただし、「"filename"」は、ブックを保存してから利用します。保存せずに使うと、長さ0の文字列が返されます。

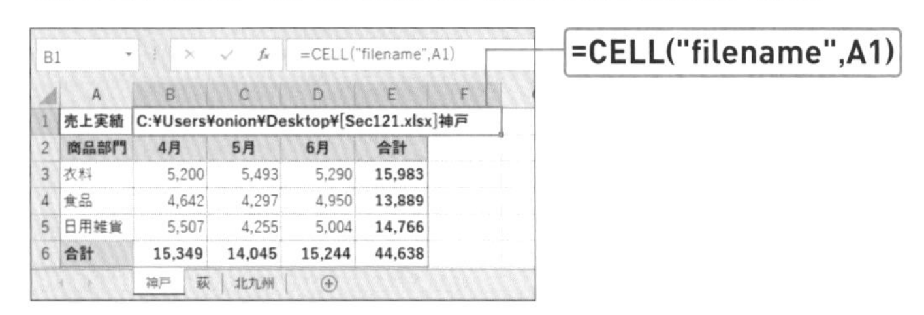

●FIND関数で「]」を検索し、MID関数でシート名を取り出す

シート名は、CELL関数で取得した文字列の「]」の次から末尾までです。FIND関数で検索した「]」の文字位置の1文字後ろから末尾までMID関数で取り出します。

数式解説 Sec121

=MID(CELL("filename",A1),FIND("]",CELL("filename",A1))+1,10)

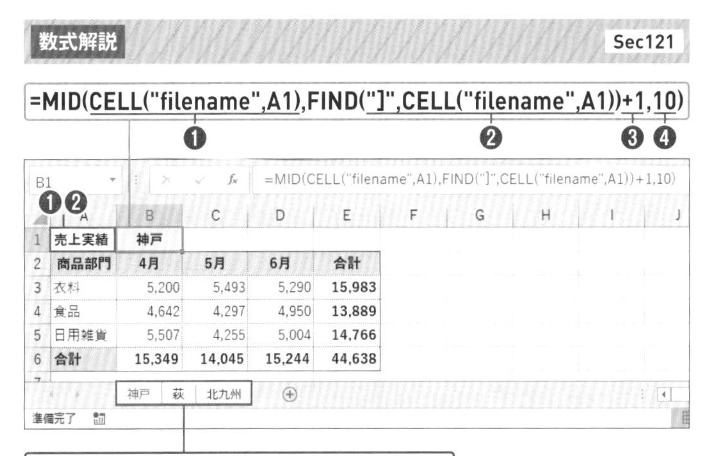

❶MID関数の[文字列]にCELL関数で取り出したブック情報を指定します。
❷MID関数の[開始位置]にFIND関数を指定します。FIND関数では、CELL関数で取り出したブック情報の「]」の文字位置を検索します。
❸❷で検索した文字位置の次の文字から取り出せるよう1を足します。
❹MID関数の[文字数]に文字列の末尾まで取り出せる値を指定します。ここでは、10を指定します。

Hint

CELL関数で行番号や列番号を取得する

CELL関数の[検査の種類]に「"row"」や「"col"」を指定すると、[参照]に指定したセルの行番号や列番号が取り出せます。連番作成も可能です。

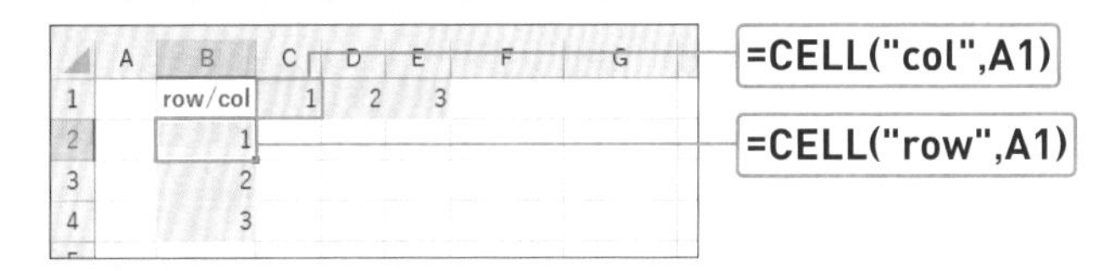

第8章 データを抽出する技

SECTION 122

必要なデータを転記して表構成を変更する

キーワード　データの転記

INDEX 配列内の行と列の交点の要素を取り出す	=INDEX(配列,行番号,列番号) 指定した[配列]の先頭を1行1列目とするとき、[行番号]と[列番号]の交点のデータを抽出します。[配列]が1列の場合は、[列番号]を省略できます。
ROW 行番号を取得する	=ROW(参照) [参照]に指定したセルの行番号を返します。
COLUMN 列番号を取得する	=COLUMN(参照) [参照]に指定したセルの列番号を返します。

目的　1列の表を4列の表に構成する

1 1列の表を、　2 4列の表に構成したい。

	A	B	C	D	E	F	G	H
1	▼名簿			▼班分け	番号順に分ける			
2	番号	氏名		第1班	第2班	第3班	第4班	
3	1	浅井 葵		浅井 葵	朝霧 麻衣子	荒巻 春奈	安藤 祐樹	
4	2	朝霧 麻衣子		飯岡 雄一	石川 智美	伊勢 悠真	板野 拓馬	
5	3	荒巻 春奈		上田 智樹	加地 雄大	川崎 真子	堺 和希	
6	4	安藤 祐樹		佐東 一輝	田中 絵里	中本 京	日村 あずみ	
7	5	飯岡 雄一		前川 大地	真山 泉	守本 芳美	吉野 果歩	
8	6	石川 智美						
21	19	守本 芳美						
22	20	吉野 果歩						

番号1～4を4列に分けて配置し、番号5以降も同様に配置します。

方法

●4列の表に番号を割り振り、INDEX関数でデータを抽出する

INDEX関数の[配列]に1列の表を指定し、4列の表に割り振った番号を[行番号]に指定します。

●4列の表に割り振った番号をROW関数とCOLUMN関数で作成する

割り振った番号をオートフィルでコピーできるしくみをROW関数とCOLUMN関数で作成します。以下の式は、列方向は1ずつ、行方向は4ずつ増加します。

=(ROW(A1)-1)*4+COLUMN(A1)

	A	B	C	D	E	F	G	H
1	▼名簿			▼班分け	番号順に分ける			
2	番号	氏名		第1班	第2班	第3班	第4班	
3	1	浅井 葵		1	2	3	4	
4	2	朝霧 麻衣子		5	6	7	8	
5	3	荒巻 春奈		9	10	11	12	
6	4	安藤 祐樹		13	14	15	16	
7	5	飯岡 雄一		17	18	19	20	
8	6	石川 智美						
9	7	伊勢 悠真						

数式解説 Sec122_1

=INDEX($B$3:$B$22,(ROW(A1)-1)*4+COLUMN(A1),1)

❶ ❷ ❸

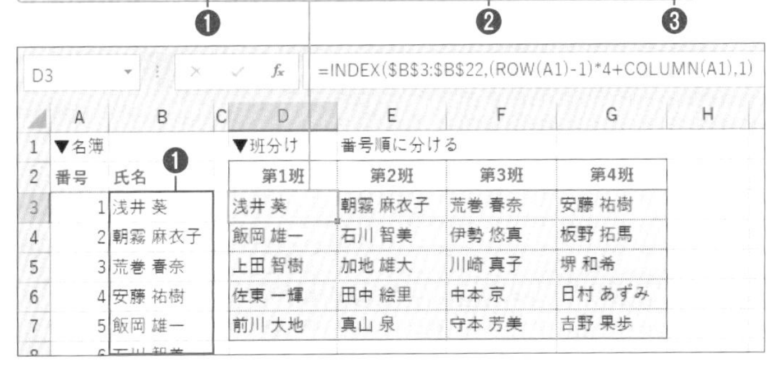
D3 =INDEX($B$3:$B$22,(ROW(A1)-1)*4+COLUMN(A1),1)

	A	B	C	D	E	F	G	H
1	▼名簿			▼班分け	番号順に分ける			
2	番号	氏名 ❶		第1班	第2班	第3班	第4班	
3	1	浅井 葵		浅井 葵	朝霧 麻衣子	荒巻 春奈	安藤 祐樹	
4	2	朝霧 麻衣子		飯岡 雄一	石川 智美	伊勢 悠真	板野 拓馬	
5	3	荒巻 春奈		上田 智樹	加地 雄大	川崎 真子	堺 和希	
6	4	安藤 祐樹		佐東 一輝	田中 絵里	中本 京	日村 あずみ	
7	5	飯岡 雄一		前川 大地	真山 泉	守本 芳美	吉野 果歩	

❶ INDEX関数の[配列]に名簿のセル範囲[B3:B22]を指定します。
❷ INDEX関数の[行番号]は、4列に割り振った番号を指定します。
❸ INDEX関数の[列番号]は1列のため、1を指定しますが、省略も可能です。

Hint

連番を作成できれば利用関数は問わない

作例は、ROW関数とCOLUMN関数で連番を作成していますが、以下のように、ROWS関数とCOLUMNS関数、CELL関数でも実現可能です。

▼ ROWS 関数と COLUMNS 関数の場合

=(ROWS($A$1:A1)-1)*4+COLUMNS($A$1:A1)

▼ CELL 関数の場合

=(CELL("row",A1)-1)*4+CELL("col",A1)

目的　2行1組の表から1行おきに転記した表を構成する

1 上期実績の表にしたい。

	A	B	C	D	E	F	G	H	I	J
1	店舗	雑貨	食品	期		▼上期実績（千円）				
2	中目黒	650	910	上期		店舗	雑貨	食品		
3		810	810	下期		中目黒	650	910		
4	自由が丘	750	660	上期		自由が丘	750	660		
5		680	550	下期		二子玉川	750	500		
6	二子玉川	750	500	上期		武蔵小杉	900	880		
7		500	640	下期						
8	武蔵小杉	900	880	上期						
9		850	850	下期						

方法

●1行おきに取り出す位置をROW関数とCOLUMN関数で作成する

1列の表を4列に構成したときと考え方は同様です。オートフィルでコピーできるしくみをROW関数とCOLUMN関数で作成します。ここでは、上期を取り出すため、行番号は2,4,6,8、列番号は1,2,3となるようにします。

数式解説　Sec122_2

=INDEX($A$1:$C$9,ROW(A1)*2,COLUMN(A1))

❶ $A$1:$C$9　❷ ROW(A1)*2　❸ COLUMN(A1)

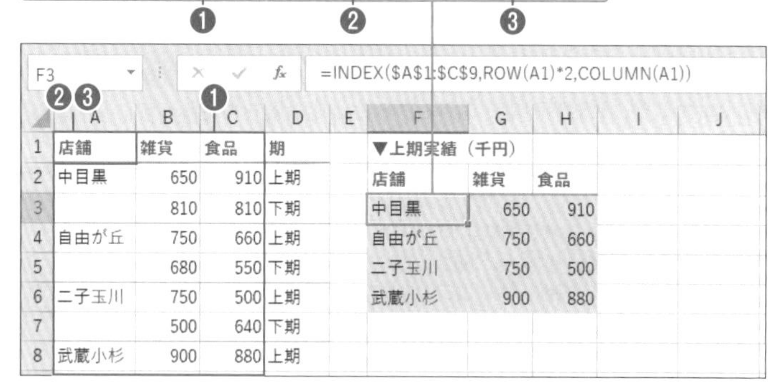

❶INDEX関数の[配列]にセル範囲[A1:C9]を指定します。
❷INDEX関数の[行番号]にROW関数を指定します。ROW関数では、セル[A1]を起点に2倍し、オートフィルでコピーするたび、2,4,6,8となるようにします。
❸INDEX関数の[列番号]にCOLUMN関数を指定し、セル[A1]を起点にすることで、オートフィルでコピーするたびに1,2,3となります。

第9章

他の機能との組み合わせ

SECTION 123

積立目標金額から頭金を逆算する

キーワード ゴールシーク　財務

PMT 定期支払額を求める	=PMT(利率,期間,現在価値[,将来価値][,支払期日])
	[利率]は金利、[期間]は支払回数を指定し、[利率]と[期間]は時間の単位を合わせます。[利率]が年率、[期間]が月単位の場合は、年率を12で割って月利にします。[現在価値]は、一時金、[将来価値]は目標金額を指定し、省略すると0と見なされます。[支払期日]は0（省略）を指定すると期末払い、1を指定すると期首払いで計算されます。

目的 4年で300万円を積み立てるのに必要な頭金を求める

積み立て金利は年率1%、毎月の積み立ては5万円を限度とします。

1 積立月額は5万円を限度とし、

	A	B	C	D	E	F	G
1	頭金の計算						
2	目標積立金額	3,000,000		積立月額	-61,233		
3	積立回数	48					
4	金利	1.00%					
5	頭金						
6							
7							

2 4年で300万円を貯めるのに必要な頭金を逆算したい。

方法

●財務関数の共通事項

PMT関数をはじめとする財務関数では、引数の指定に関して共通事項があります。積み立ては手元から出金です。よって、作例でも積立月額はマイナスで表示されています。

①利率と期間の時間的な単位を合わせる

②手元からの出金はマイナス、手元への入金はプラスで指定する

●PMT関数で積立月額を求める

PMT関数は、利率、支払回数、頭金、目標金額を指定して、毎回一定の支払金額を求めます。作例は、頭金が空白、つまり、0の場合の積立月額であり、頭金を入れないと、月額5万円に抑えられないことを示しています。

●ゴールシークで積立月額を5万円にする頭金を逆算する

Excelのゴールシークは、逆算機能です。積立月額を5万円にするための頭金を逆算します。

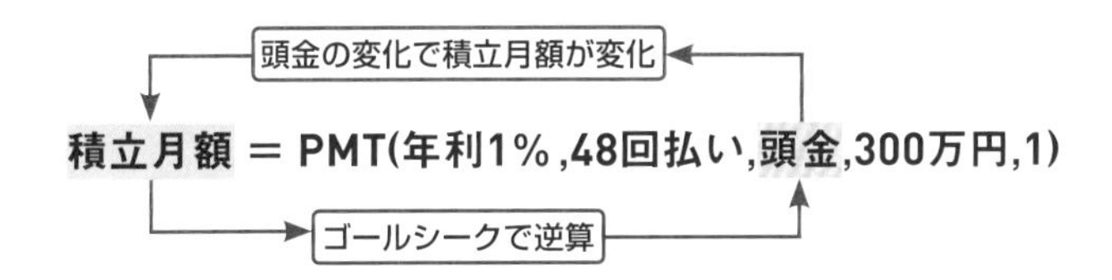

操作・数式解説 Sec123

●PMT関数で頭金なしの積立月額を求める

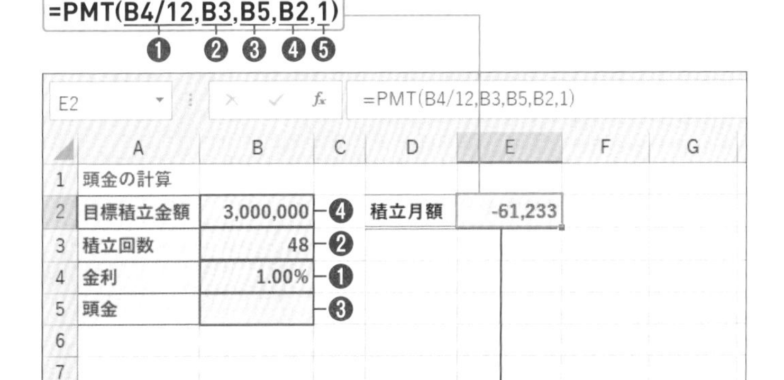

表示形式を通貨にしています。標準や数値にすると、小数点以下の値も表示されます。

❶[利率]はセル[B4]の金利(ここでは年利)を12で割った月利を指定します。
❷[期間]は、積立回数のセル[B3]を指定します。
❸[現在価値]は、頭金のセル[B5]を指定します。現時点では0です。
❹[将来価値]は、目標積立金額のセル[B2]を指定します。
❺[支払期日]は、期首払いとし、1を指定します。

Memo

PMT関数の用途

PMT関数は、定期支払額を求める関数です。したがって、定額積み立ての他にも、借入金の定期返済額や、貸付金の定期回収額を求めることができます。

●ゴールシークで積立月額を5万円にする頭金を逆算する

1 <データ>タブの<What-If分析>→<ゴールシーク>をクリックします。

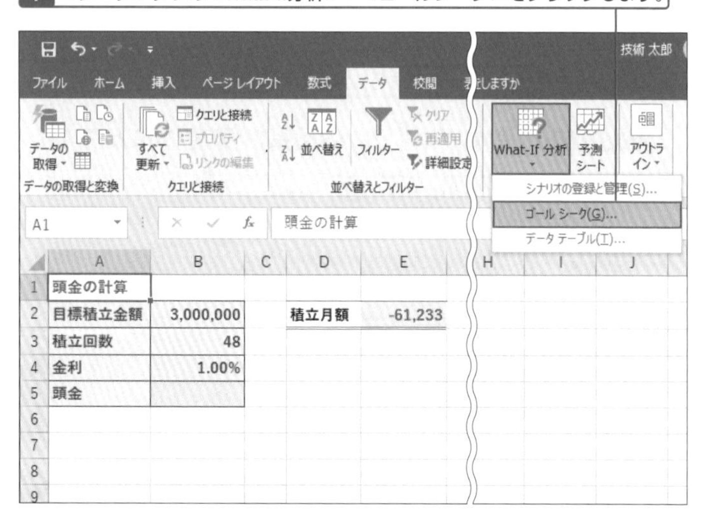

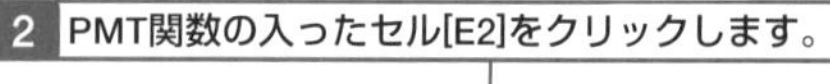
2 PMT関数の入ったセル[E2]をクリックします。

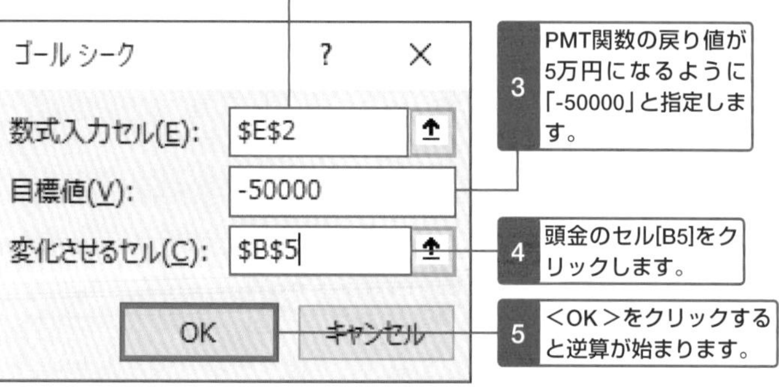

3 PMT関数の戻り値が5万円になるように「-50000」と指定します。

4 頭金のセル[B5]をクリックします。

5 <OK>をクリックすると逆算が始まります。

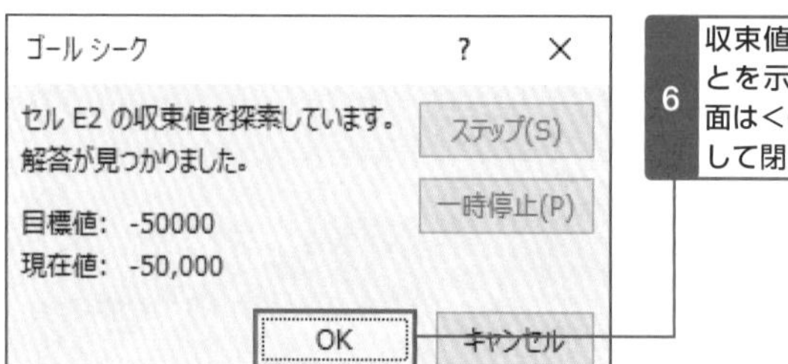

6 収束値が見つかったことを示すメッセージ画面は<OK>をクリックして閉じます。

7 PMT関数の戻り値が目標値の「-50000」になっていることを確認します。

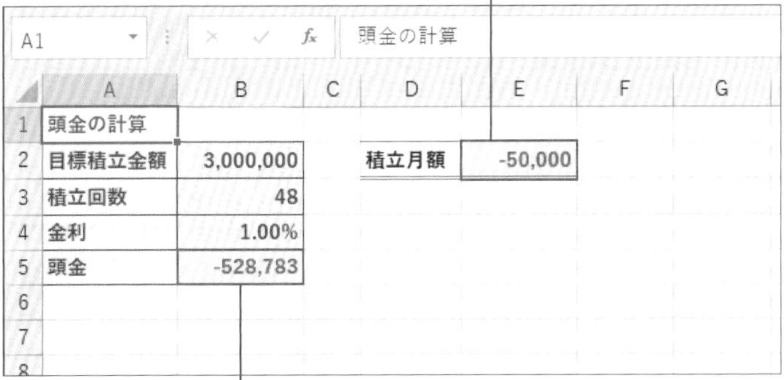

	A	B	C	D	E	F	G
1	頭金の計算						
2	目標積立金額	3,000,000		積立月額	-50,000		
3	積立回数	48					
4	金利	1.00%					
5	頭金	-528,783					
6							
7							

8 積立月額を5万円にするための頭金が試算されました。

Hint

PMT関数の兄弟関数

財務関数には、利率、期間、現在価値、定期支払額、将来価値を求める関数があります。このうち、定期支払額を求めるのがPMT関数です。以下の関数もPMT関数と同様の引数を指定します。ここでは、作例における引数の指定例を示します。以下の関数を試す場合は、循環参照を避けるため、引数に指定するセルは式ではなく値にします。

関数	書式・例
RATE 利率を求める	**=RATE(期間,定期支払額,現在価値[,将来価値][,支払期日][,推定値])** **セル[B4] =RATE(B3,E2,B5,B2,1)*12**
	[推定値]は省略します。12で掛けるのは、月利を年利に換算するためです。
NPER 期間を求める	**=NPER(利率,定期支払額,現在価値[,将来価値][,支払期日])** **セル[B3]=NPER(B4/12,E2,B5,B2,1)**
	定期支払額が月単位のため、利率を12で割ります。戻り値の期間も月単位の回数となります。
PV 現在価値を求める	**=PV(利率,期間,定期支払額[,将来価値][,支払期日])** **セル[B5]=PV(B4/12,B3,E2,B2,1)**
	定期支払額を0にすると、4年間据え置いて300万円を得るのに現時点で必要な一括払い額を求めることができます。
FV 将来価値を求める	**=FV(利率,期間,定期支払額[,現在価値][,支払期日])** **セル[B2] =FV(B4/12,B3,E2,B5,1)**
	年利1%で、頭金なし、毎月5万円を積み立てたら4年後にいくら貯まるかを求めることができます。

入力リストを切り替える

キーワード 入力規則 リスト

INDIRECT	=INDIRECT(参照文字列)
文字列をセル参照に変換する	[参照文字列]にセル参照と同じ表記の文字列やセル範囲に付けた名前、テーブル名などを指定し、数式で利用できるセル参照に変換して、そのセルの参照を返します。

目的 ステータスに応じたリストを表示する

ステータスに応じて事由の入力リストを切り替えます。

▼ ステータスが保留の場合

テーブル「申請状況」

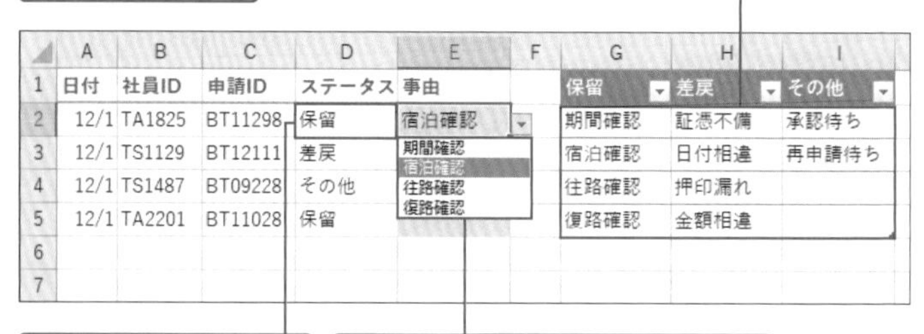

1 ステータスに応じて、 2 事由の入力リストを切り替えたい。

▼ ステータスが差戻の場合

申請状況[差戻]

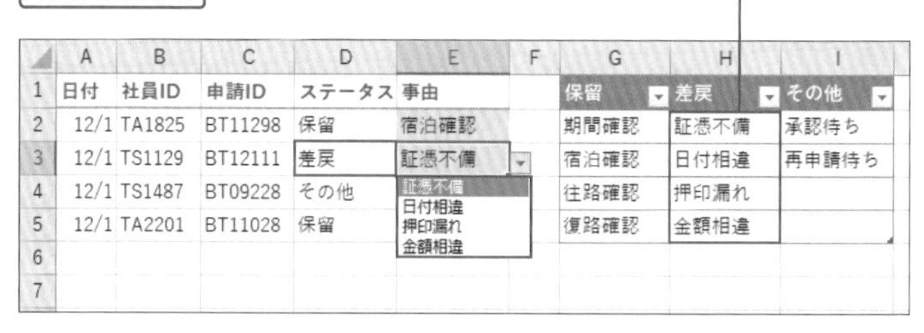

●テーブルの列見出しの参照は、「テーブル名[#見出し]」形式で指定する

ステータスに表示する「保留」「差戻」「その他」は、テーブル「申請状況」の列見出しです。「"申請状況[#見出し]"」をINDIRECT関数の[参照文字列]に指定します。

●テーブルの列データの参照は、「テーブル名[列見出し]」形式で指定する

INDIRECT関数で、テーブルの各列データを参照できるよう、ステータスに入力したD列のセルを利用した参照文字列を作成します。参照文字列は、文字列演算子「&」を利用し、「"申請状況["&D1&"]"」となります。

●入力リストは入力規則の[リスト]で設定する

入力規則の[リスト]を設定したセルをクリックすると、入力規則で登録したデータが一覧表示されます。データを登録するには、入力規則の設定欄に直接データを記述する、セル範囲を参照する、関数を指定する方法があります。

操作・数式解説 Sec124

●ステータスに入力規則を設定する

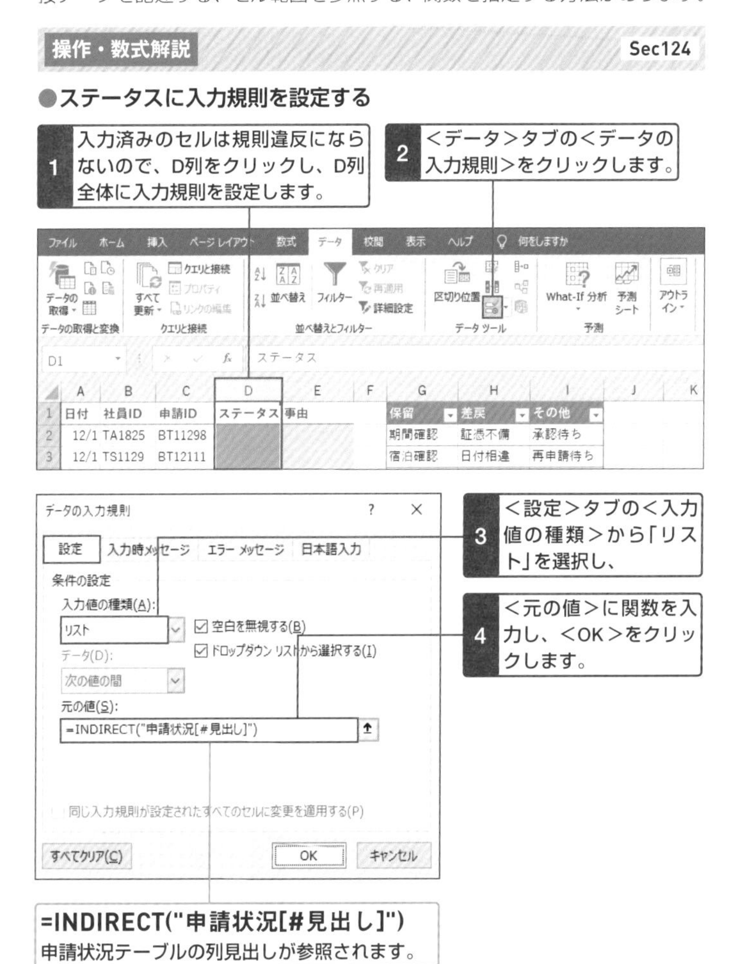

5 テーブルの列見出しがステータスの入力リストに表示されます。

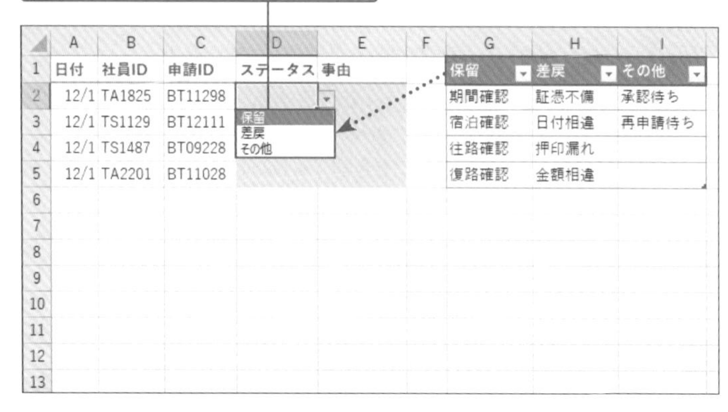

● 事由に入力規則を設定する

1 列番号[E]をクリックしてE列を選択します。

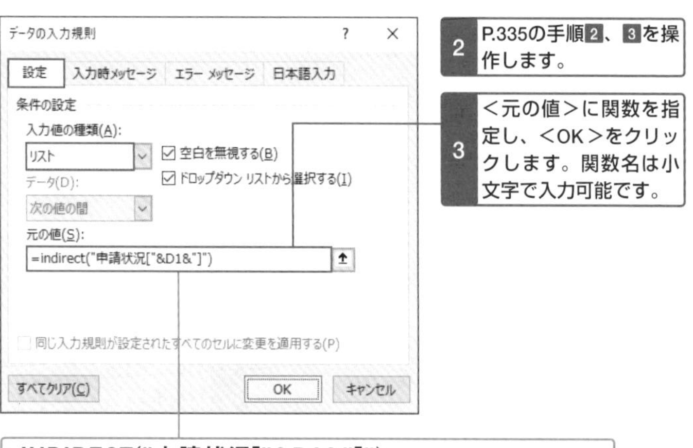

2 P.335の手順2、3を操作します。

3 <元の値>に関数を指定し、<OK>をクリックします。関数名は小文字で入力可能です。

=INDIRECT("申請状況["&D1&"]")
ステータスの値に応じて、申請状況テーブルの列データが参照されます。

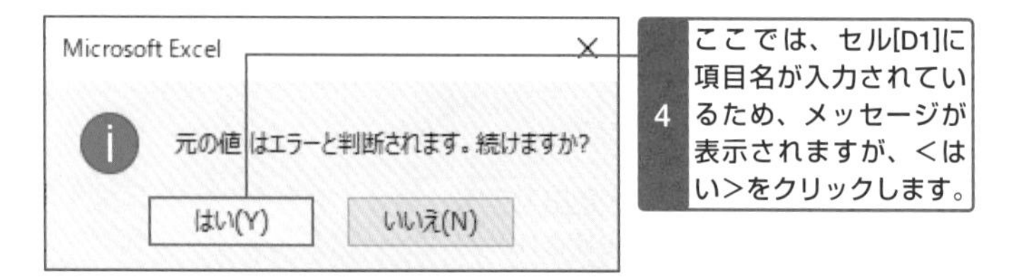

4 ここでは、セル[D1]に項目名が入力されているため、メッセージが表示されますが、<はい>をクリックします。

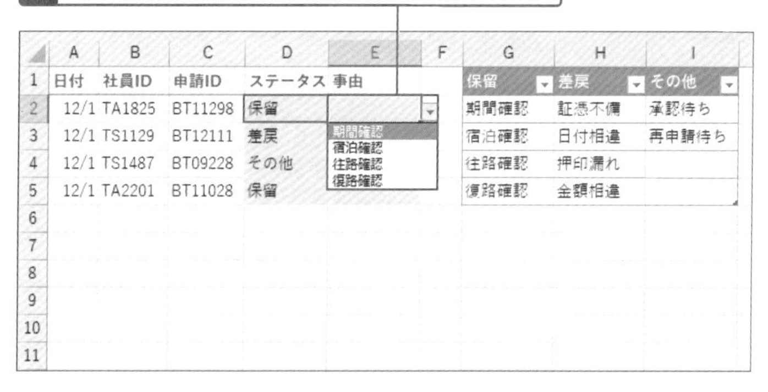
5 ステータス「保留」に応じた入力リストが表示されます。

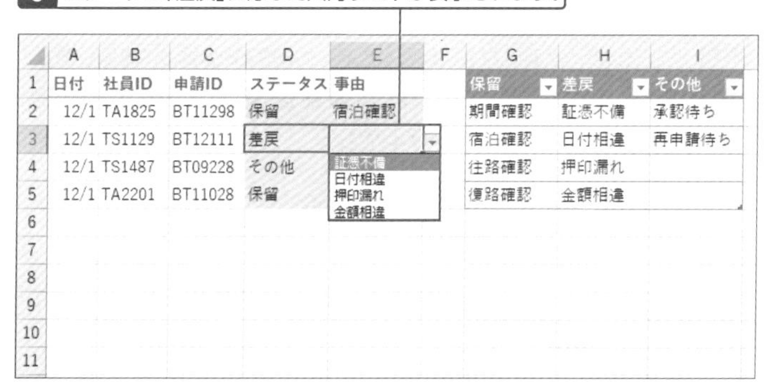
6 ステータス「差戻」に応じた入力リストが表示されます。

Memo

入力リストを追加する

入力リストのデータはテーブルをもとにしています。テーブルでは、テーブルに隣接するセルにデータを入力するとテーブルとして認識されるため、即座に入力リストに反映されます。入力リストを追加する操作は必要ありません。

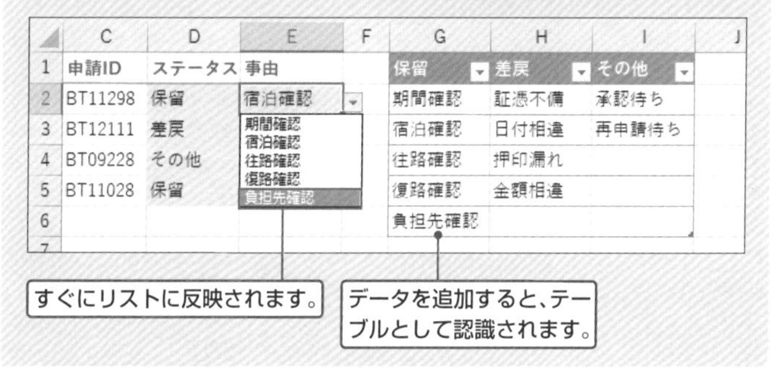
すぐにリストに反映されます。
データを追加すると、テーブルとして認識されます。

SECTION 125

集計項目を切り替えてクロス集計する

キーワード 入力規則 クロス集計　　対応バージョン：365

INDIRECT 文字列を名前に変換する	=INDIRECT(参照文字列) [参照文字列]に名前を指定し、数式で利用できる名前に変換して、その参照を返します。テーブルの列データを参照する場合は、「テーブル名[列見出し]」の形式で指定します。
UNIQUE 配列内の一意の値を返す	=UNIQUE(配列) 365 縦方向に並んだデータを[配列]に指定し、重複のない一意のデータを取り出します。
TRANSPOSE 表の行と列を入れ替える	=TRANSPOSE(配列) [配列]に指定したセル範囲の行と列を入れ替えます。たとえば、縦方向に並んだデータを横方向に並べて表示します。
SUMIFS 複数の条件に合う数値を合計する	=SUMIFS(合計対象範囲,条件範囲1,条件1,条件範囲2,条件2,…) [条件]を[条件範囲]で検索し、検索に一致したセルに対応する[合計対象範囲]の数値を合計します。クロス集計表では、集計表の縦項目と横項目がSUMIFS関数の条件になります。

目的　縦横の集計項目を切り替えて使えるクロス集計表を作成する

集計項目の切り替えは、入力規則のリストを利用します（Sec124 P.334）。

1 縦横（行と列）の集計項目を切り替えて、　2 クロス集計したい。

	A	B	C	D	E	F
1	▼集計項目					
2	売上表[税込み価格]	▼列項目				
3	▼行項目	売上表[週数]				
4	売上表[商品名]		2	3	4	5
5	シュシュR		550	550	1,100	
6	帆布バッグB		19,800	33,000	26,400	19,800
7	帆布バッグT		23,100	9,900	3,300	6,600
8	エコバッグR	12,500	7,500	12,500	2,500	2,500
9	チャームR	7,560	5,400	5,400	3,240	
10	トップスR	52,800	17,600			8,800
11	チャームB	6,480	6,480	3,240	5,400	1,080
12	エコバッグB	7,500	15,000	15,000	7,500	
13	ミトンL	9,900	8,250	11,550	6,600	1,650
14	シュシュS	990	990	990	660	330

売上表[日付]
売上表[曜日]
売上表[週数]
売上表[商品ID]
売上表[商品名]
売上表[作家名]

集計内容もリストで切り替えます。

	A	B	C	D	E	F
1	▼集計項目					
2	売上表[数量]	▼列項目				
3	▼行項目	売上表[週数]				
4	売上表[作家名]	1	2	3	4	5
5	日坂 杏子	16	9	8	9	4
6	秋川 夏帆	17	13	21	10	9
7	木元 優美	23	25	25	15	3
8	森 美由紀	22	25	27	17	2

▼ 集計元データ：テーブル「売上表」

	A	B	C	D	E	F	G	H
1	日付	曜日	週数	商品ID	商品名	税込み価	数量	作家名
2	2020/10/1	木	1	H04	シュシュR	550	1	日坂 杏子
3	2020/10/1	木	1	A03	帆布バッグB	6600	1	秋川 夏帆
4	2020/10/1	木	1	A02	帆布バッグT	3300	1	秋川 夏帆
5	2020/10/1	木	1	K01	エコバッグR	2500	1	木元 優美
6	2020/10/1	木	1	K04	チャームR	1080	1	木元 優美
7	2020/10/1	木	1	H01	トップスR	8800	1	日坂 杏子
8	2020/10/1	木	1	K05	チャームB	1080	1	木元 優美
9	2020/10/1	木	1	K02	エコバッグB	2500	1	木元 優美
10	2020/10/1	木	1	M05	ミトンL	1650	1	森 美由紀

方法

●INDIRECT関数でテーブルの列データを参照する

セル[A2]、セル[A4]、セル[B3]の「テーブル名[列見出し]」をINDIRECT関数の[参照文字列]に指定し、テーブルの列データとして認識させます。

●UNIQUE関数で列データから一意の値を取り出す

INDIRECT関数で参照している列データをUNIQUE関数の[配列]に指定し、重複のない一意のデータを取り出します。一意のデータは、クロス集計表の縦横の項目名に利用します。

●列項目の項目名はTRANSPOSE関数で横方向に変換する

UNIQUE関数で取り出す一意データは、縦方向に並んだデータになるため、TRANSPOSE関数で横方向に変換します。

●集計はSUMIFS関数で行う

SUMIFS関数の[合計対象範囲]は、セル[A2]をもとに参照されるテーブルの列データです。同様に、[条件範囲]は、セル[A4]とセル[B3]をもとに参照されるテーブルの列データであり、[条件]は、UNIQUE関数で取り出されたデータです。

●行項目と列項目のデータを取り出す

❶INDIRECT関数の[参照文字列]に行項目のセル[A4]を指定します。ここでは、「売上表」テーブルの「作家名」の列データを参照します。
❷UNIQUE関数の[配列]に❶の列データを指定し、重複のない一意のデータを取り出します。
❸❶❷と同様です。列項目のセル[B3]をテーブルの列データに変換し、重複のない一意データを取り出します。
❹❸で取り出したデータをTRANSPOSE関数の[配列]に指定し、行列を入れ替えます。ここでは、縦方向(行方向)のデータを横方向(列方向)に変換します。

●行項目名と列項目名を条件とするクロス集計を行う

=SUMIFS(INDIRECT($A$2),INDIRECT($A$4),$A5,INDIRECT($B$3),B$4)

❶ ❷ ❸

❶[合計対象範囲]にセル[A2]をもとに参照されるテーブルの列データを指定します。
❷[条件範囲]と[条件]はペアで指定します。ここでは、セル[A4]をもとに参照されるテーブルの列データ内で、セル[A5]の値を検索します。
❸❷と同様です。セル[B3]をもとに参照されるテーブルの列データ内でセル[B4]の値を検索します。
❷と❸の両方で検索されたセルの行位置に対応する❶の数値を合計します。

Memo

集計値がない場合の「0」は表示形式で非表示にする

SUMIFS関数による集計では、検索値が見つからない場合は、合計対象となる数値がないため、0が返されます。本節では、集計値が表示されるセル範囲に「#,###」の表示形式を設定し、0の場合は何も表示しないようにしています。

Hint

集計方法を変更する

SUMIFS関数の代わりに、MAXIFS関数、MINIFS関数、AVERAGEIFS関数を利用して集計することも可能です。いずれも関数名を置き換えるだけで利用できます。ただし、AVERAGEIFS関数については、集計値がないセルには[#DIV/0!]エラーが発生します。なお、Sec047やSec130で取り上げているCHOOSE関数を利用し、集計方法を切り替えることも可能です。

Memo

入力規則の設定

入力規則のリストの設定はP.335を参考に操作します。ここでは、「フィールドリスト」シートにデータを準備しています。なお、リストにするデータを「,」(カンマ)で区切りながら直接指定することも可能です。

▼ セル[A4]とセル[B3]の設定

データの入力規則
設定 / 入力時メッセージ / エラー メッセージ / 日本語入力
条件の設定
入力値の種類(A): リスト
☑ 空白を無視する(B)
☑ ドロップダウン リストから選択する(I)
データ(D): 次の値の間
元の値(S): =フィールドリスト!$A$2:$A$7
☐ 同じ入力規則が設定されたすべてのセルに変更を適用する(P)
すべてクリア(C) / OK / キャンセル

▼ セル[A2]の設定

データの入力規則
設定 / 入力時メッセージ / エラー メッセージ / 日本語入力
条件の設定
入力値の種類(A): リスト
☑ 空白を無視する(B)
☑ ドロップダウン リストから選択する(I)
データ(D): 次の値の間
元の値(S): 売上表[税込み価格],売上表[数量]
☐ 同じ入力規則が設定されたすべてのセルに変更を適用する(P)
すべてクリア(C) / OK / キャンセル

参照セクション
Sec086 重複及び欠損データを除去する
Sec124 入力リストを切り替える

SECTION 126

半角○文字以内に入力を制限する

キーワード　入力規則

AND すべての条件を満たすかどうか判定する	=AND(論理式1,論理式2,…) [論理式]に指定した条件をすべて満たす場合のみTRUE、1つでも条件を満たさなければFALSEを返します。
LEN 指定した文字列の文字数を求める	=LEN(文字列) [文字列]の文字数を求めます。文字列の全角、半角を問わず、1文字と数えます。
LENB 指定した文字列のバイト数を求める	=LENB(文字列) [文字列]のバイト数を求めます。全角1文字は2バイト、半角1文字は1バイトと数えます。

目的　社員番号は半角英字6桁に入力制限する

1 入力条件を満たさない場合は、　2 エラーメッセージを表示したい。

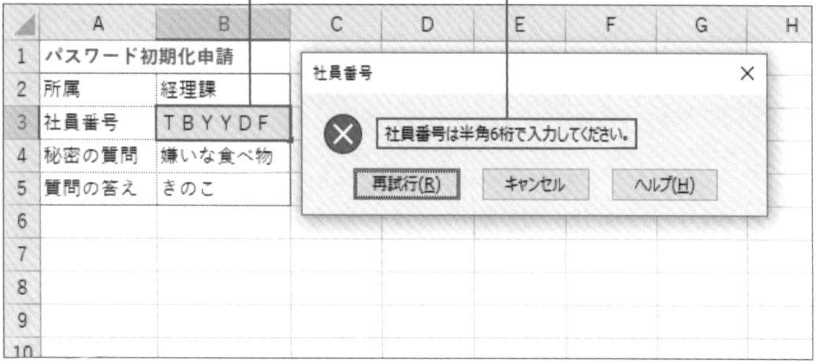

	A	B	C	D	E	F	G	H
1	パスワード初期化申請							
2	所属	経理課						
3	社員番号	ＴＢＹＹＤＦ						
4	秘密の質問	嫌いな食べ物						
5	質問の答え	きのこ						
6								
7								
8								
9								
10								

社員番号
社員番号は半角6桁で入力してください。
再試行(R)　キャンセル　ヘルプ(H)

方法

●入力規則の[ユーザー設定]を利用する

<メッセージ>ボックスでエラー内容を通知するには、入力規則を利用します。入力規則では、文字列の長さを指定できますが、全角／半角を見分けません。そこで、ユーザー設定を利用して数式を指定します。

●入力文字列の文字数もバイト数も6桁かどうか判定する

入力した文字列が半角6桁で入力されていれば、LEN関数の戻り値とLENB関数の戻り値が等しくなります。ともに6桁であるかどうかはAND関数で判定します。

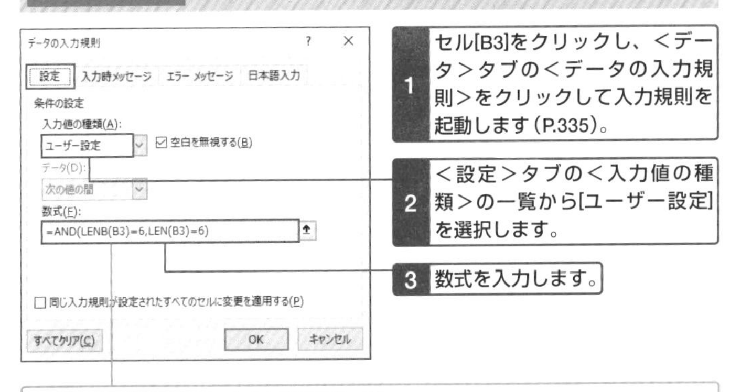

=AND(LENB(B3)=6,LEN(B3)=6)
セル[B3]のバイト数が6桁かどうか、かつ、セル[B3]の文字数が6桁かどうか判定します。

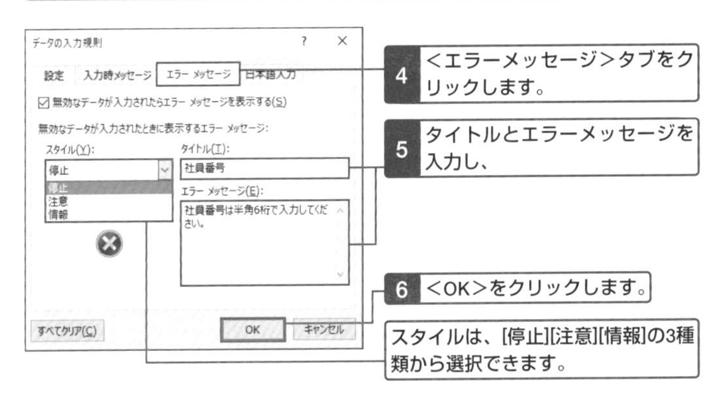

Memo

入力規則のスタイル

入力規則のスタイルは[停止]、[注意]、[情報]の3種類から選択可能です。既定の設定は[停止]であり、入力条件を満たさない限り、セルへの入力はできません。[注意]と[情報]は入力条件を満たさなくても入力可能です。特に[情報]は、入力条件を満たしていないことをアナウンスするのみで、入力中の内容がそのまま確定します。

参照セクション
Sec124　入力リストを切り替える

SECTION 127

重複登録を制限する

キーワード 入力規則

SUMPRODUCT 配列の要素を合計する	=SUMPRODUCT(配列) [配列]が1つの場合は、配列の要素の合計を返します。[配列]に条件判定する式を指定し、[配列]の要素を判定に応じて1と0に変換すれば、条件に合う個数が求められます。
EXACT 2つの文字列が等しいかどうか判定する	=EXACT(文字列1,文字列2) [文字列1]と[文字列2]が、一致する場合はTRUE、一致しない場合はFALSEを返します。文字列の全角と半角、英字の大文字、小文字の違いを区別します。

目的 希望アカウントが配付済みの場合はメッセージを表示する

1 入力内容が重複する場合は、

2 エラーメッセージを表示して、再入力させたい。

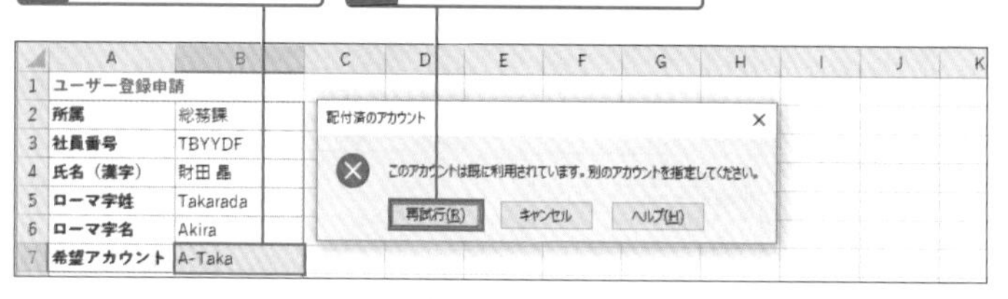

配付済みのアカウントは、「配付済」シートのB列に入力されています。なお、この表はテーブルにしています。

方法

●EXACT関数で希望アカウントと配付済みアカウントの文字列を比較する

2つの文字列を比較するには、EXACT関数を利用します。配列を利用すれば、希望アカウントと配付済みアカウントをまとめて判定できます。

●EXACT関数の判定結果をSUMPRODUCT関数で集計する

EXACT関数の判定結果は論理値ですが、1を掛ければ数値化されます。これを集計して0であれば未使用と判定でき、希望アカウントの入力を許可できます。

{=EXACT(B7,配付済!B:B)}
セル[B7]と「配付済」シートのB列の各セルの文字列が一致するかどうかまとめて判定します。

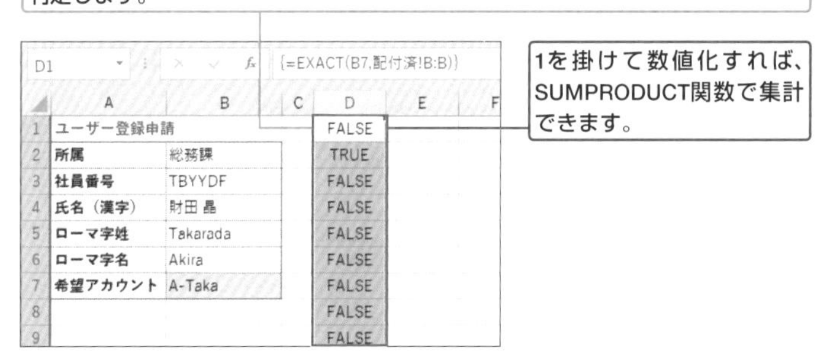

Sec127

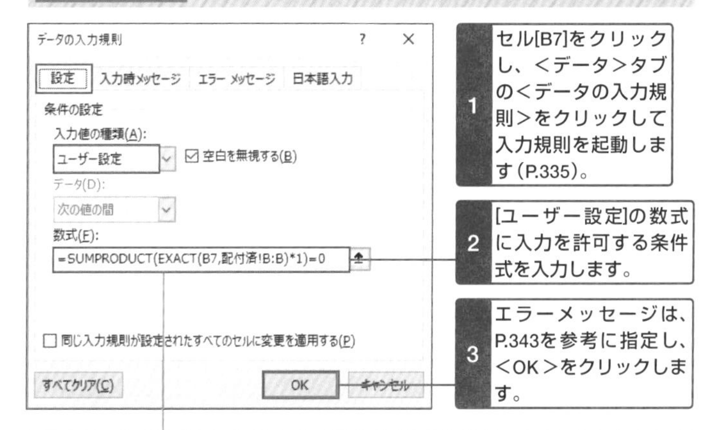

1. セル[B7]をクリックし、<データ>タブの<データの入力規則>をクリックして入力規則を起動します（P.335）。
2. [ユーザー設定]の数式に入力を許可する条件式を入力します。
3. エラーメッセージは、P.343を参考に指定し、<OK>をクリックします。

=SUMPRODUCT(EXACT(B7,配付済!B:B)*1)=0
希望アカウントのセル[B7]と配付済シートのB列の各アカウントを比較し、1を掛けて数値化した配列内の要素を合計します。合計が0の場合は希望アカウントが未使用と判断されます。

Memo

[ユーザー設定]の[数式]に指定する数式

「配付済」シートの表はテーブルのため、次の式が成立します。

=SUMPRODUCT(EXACT(Sheet1 ! B7,テーブル1[アカウント])*1)=0

ところが、入力規則の[ユーザー設定]の[数式]に上記の式を指定するとエラーになります。そこで、本節では、配付済みアカウントの追加に備えて列単位で指定しています。なお、上記式は、ワークシート上のセルでは有効です。

SECTION 128

ローマ字の先頭は半角大文字に制限する

キーワード 入力規則

EXACT 2つの文字列が等しいかどうか判定する	=EXACT(文字列1,文字列2) [文字列1]と[文字列2]が、一致する場合はTRUE、一致しない場合はFALSEを返します。文字列の全角と半角、英字の大文字、小文字の違いを区別します。
PROPER 文字列の先頭を大文字にする	=PROPER(文字列) 指定した[文字列]に含まれる英字文字列の各先頭を大文字に変換します。ただし、半角文字には変換しません。全角の英字の場合は全角のまま先頭を大文字にします。
ASC 文字列を半角英数字に変換する	=ASC(文字列) 指定した[文字列]に含まれる英数カナを半角に変換します。ひらがな、漢字はそのまま返します。

目的 ローマ字姓と名は半角で入力し、ローマ字の先頭は大文字にする

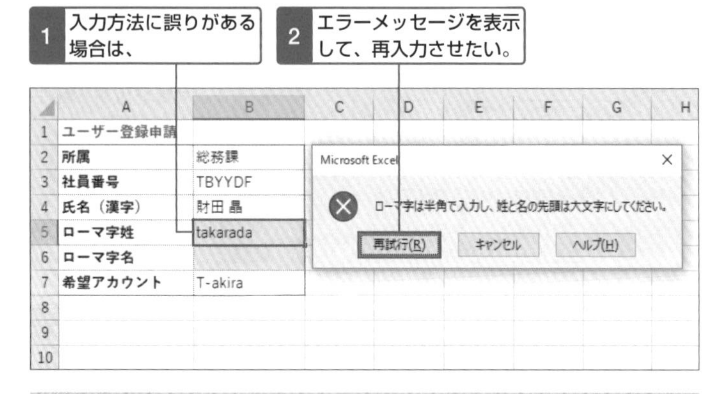

方法

●EXACT関数で入力文字列と入力条件に合わせた文字列を比較する

入力条件は、ローマ字の姓と名が、半角であることと、先頭が大文字であることです。よって、入力文字列をASC関数で半角に変換し、PROPER関数で先頭を大文字に変換します。変換した文字列が、入力文字列と等しいかどうかをEXACT関数で比較します。式の構成は次のとおりです。

=EXACT(入力文字列,PROPER(ASC(入力文字列)))

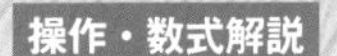

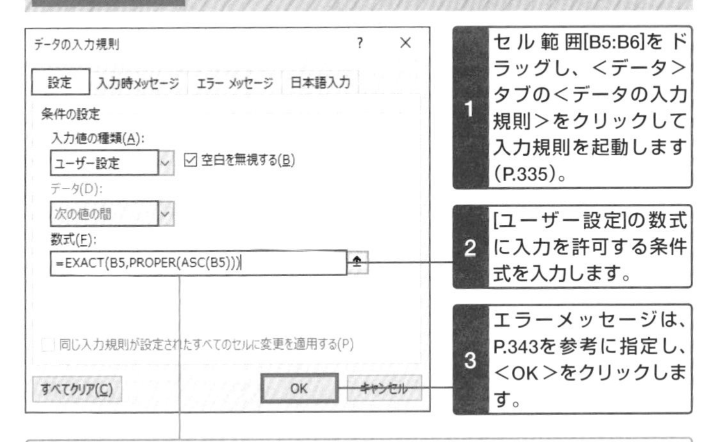

=EXACT(B5,PROPER(ASC(B5)))

セル[B5]に入力した文字列と、セル[B5]の文字列を半角に変換し、先頭のみ大文字にした文字列を比較します。

Memo

セル[B6]の入力規則も同様に設定される

手順2では、セル[B5]の数式を入力していますが、セル[B6]の入力規則には、「=EXACT(B6,PROPER(ASC(B6)))」と、相対参照で式がコピーされています。

Memo

入力規則をクリアするには

入力規則をクリアするには、クリアしたいセルやセル範囲を選択して入力規則を起動し、<設定>タブの<すべてクリア>をクリックします。

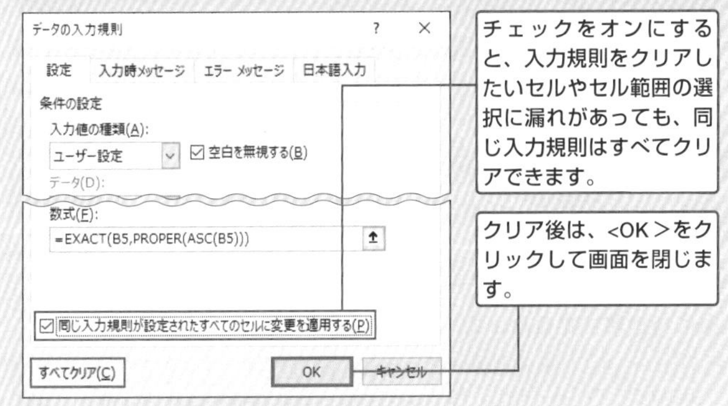

SECTION 129

2行1組で色を付ける

キーワード 条件付き書式

MOD 整数の割り算の余りを求める	**=MOD(数値,除数)** [数値]を[除数]で割ったときの整数商の余りを返します。正の数を4で割れば、余りは0、1、2、3を繰り返します。
ROW 行番号を求める	**=ROW()** ROW関数を入力したセルの行番号を求めます。

目的 2行おきに色付けて縞模様にする

	A	B	C	D
1	4月売上実績		( )内は前年同期実績	
2	店舗名	衣料品	雑貨	食料品
3	三鷹店	1,213	728	2,238
4		(4,304)	(1,640)	(3,647)
5	立川店	1,349	880	2,588
6		(5,260)	(2,215)	(4,458)
7	青梅店	1,981	1,100	3,522
8		(4,567)	(1,822)	(4,152)
9	瑞穂店	1,678	998	2,112
10		(3,347)	(1,275)	(2,836)
11				

1 2行おきに縞模様を付けたい。

方法

●MOD関数とROW関数で表の各行を0、1、2、3の4パターンに分類する

行番号を4で割った余りは、0、1、2、3のいずれかになります。2行1組の表の場合、表のデータ開始行から0と1のペアと2と3のペアに分けます。

●0と1のペアと2と3のペアになるよう調整する

表のデータ開始行によってはペアがずれるので、適宜、整数を足し引きして調整します。作例の場合は、3行目がデータ開始行のため、4で割った余りを0にするには、ROW関数の戻り値「3」に1を足して4にします。

●条件付き書式で0と1のペアに色を設定する

0と1のペアは、2未満と言い替えます。MOD関数とROW関数で求めた値が2未満かどうかを判定し、条件を満たすセルに色を付ける設定を行います。

1 条件付き書式を設定するセル範囲[A3:D10]をドラッグし、

2 <ホーム>タブの<条件付き書式>をクリックし、

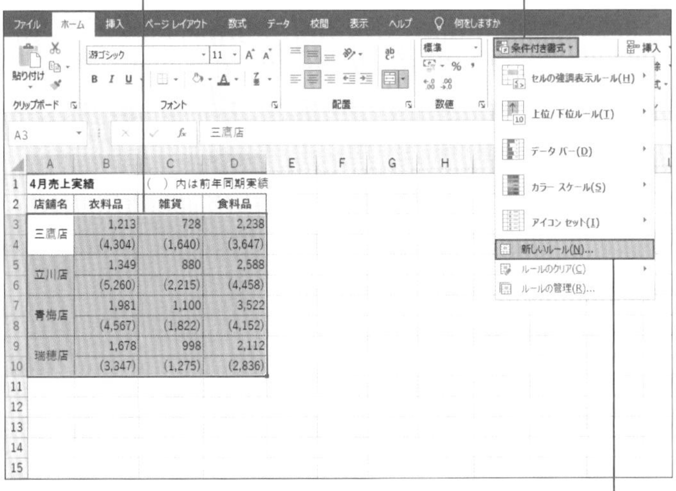

3 <新しいルール>をクリックします。

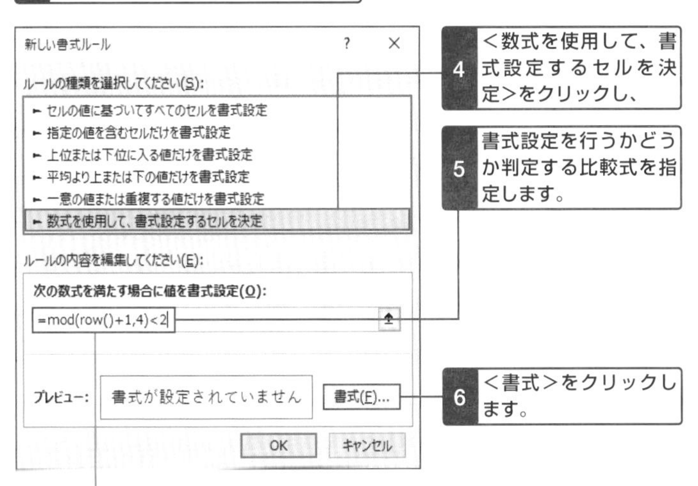

4 <数式を使用して、書式設定するセルを決定>をクリックし、

5 書式設定を行うかどうか判定する比較式を指定します。

6 <書式>をクリックします。

=MOD(ROW()+1,4)<2

「行番号+1」を4で割った余りが2未満かどうか判定します。

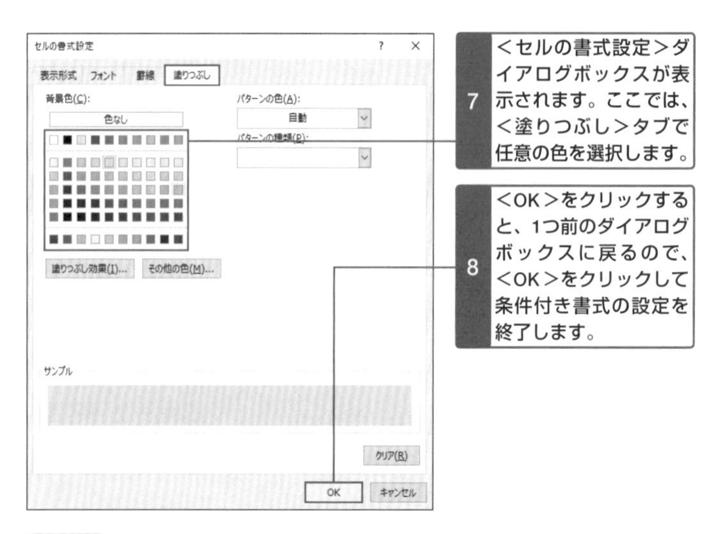

7 ＜セルの書式設定＞ダイアログボックスが表示されます。ここでは、＜塗りつぶし＞タブで任意の色を選択します。

8 ＜OK＞をクリックすると、1つ前のダイアログボックスに戻るので、＜OK＞をクリックして条件付き書式の設定を終了します。

Memo

条件付き書式

条件付き書式とは、指定したセルやセル範囲に条件を設定し、条件に一致する場合に書式を付ける機能です。仕様上は、同時に64個まで設定可能です。

Memo

条件付き書式を編集する

条件付き書式に関わる様々な設定は、＜条件付き書式ルールの管理＞ダイアログボックスから行えます。編集や削除の場合は、少なくとも条件付き書式を設定したシートを表示し、＜ホーム＞タブの＜条件付き書式＞→＜ルールの管理＞をクリックします。

「このワークシート」を選択すると、現在のシート内で設定された条件付き書式が一覧表示されます。

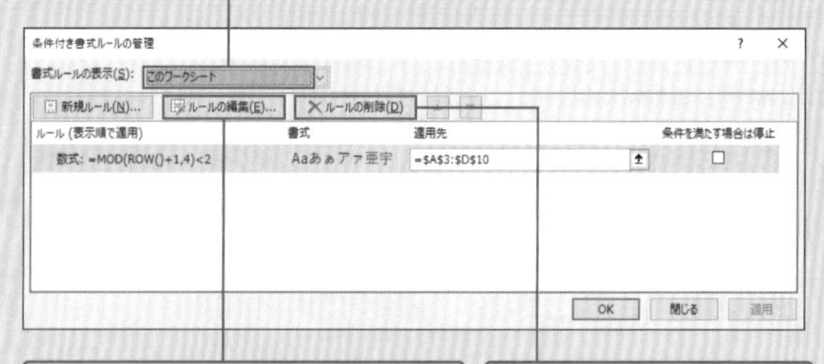

クリックすると、選択した条件の編集用ダイアログボックスが表示されます。

クリックすると、選択した条件付き書式が解除されます。

StepUp

定休日に色と線を付ける

定休日ごとに色や線を付けるには、WEEKDAY関数で曜日番号を求め、定休日かどうか判定します。同じ条件の書式はまとめて設定できます。

=WEEKDAY($A3)=2

セル[A3]の日付の曜日番号を求め、2(月曜日)かどうか判定します。曜日番号の判定判定がB列やC列に移動しないように、セル[A3]は列のみ絶対参照にします。

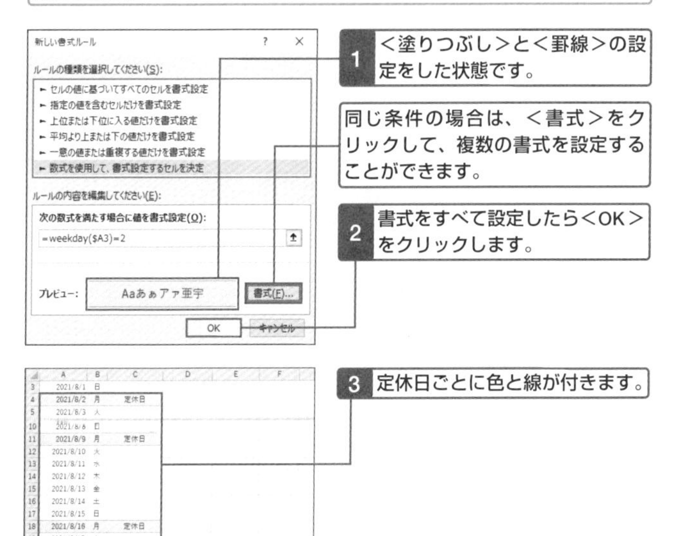

新しい書式ルール
=weekday($A3)=2
プレビュー:
Aaあぁアァ亜宇
書式(F)...
OK
キャンセル
1 <塗りつぶし>と<罫線>の設定をした状態です。
同じ条件の場合は、<書式>をクリックして、複数の書式を設定することができます。
2 書式をすべて設定したら<OK>をクリックします。
3 定休日ごとに色と線が付きます。

SECTION 130

ラジオボタンで検索条件を切り替える

キーワード ラジオボタン

CHOOSE インデックスに対応する操作を行う	**=CHOOSE(インデックス,値1,値2,値3,…)** 1から始まる整数の[インデックス]に対応する[値N]が実行されます。[値N]に数式を指定すると、インデックスに応じて数式が切り替わります。

[インデックス]	1	2	3	…
[値N]	[値1]	[値2]	[値3]	…

目的 ラジオボタンで検索条件を切り替える

Sec117の施設予約状況の検索です。ここでは、ラジオボタンを配置して検索方法を選べるようにします。

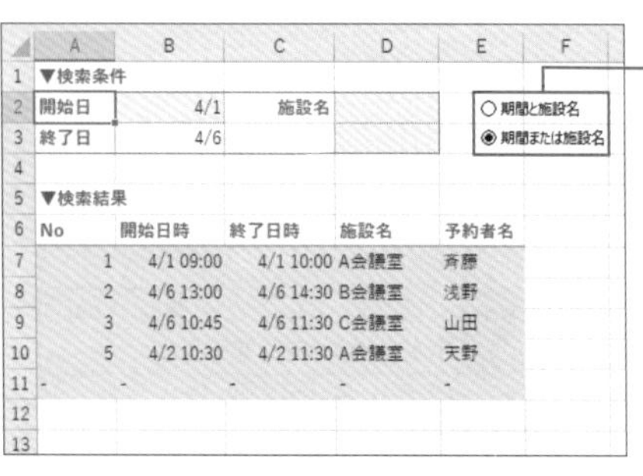

	A	B	C	D	E	F
1	▼検索条件					
2	開始日	4/1	施設名		○ 期間と施設名	
3	終了日	4/6			◉ 期間または施設名	
4						
5	▼検索結果					
6	No	開始日時	終了日時	施設名	予約者名	
7	1	4/1 09:00	4/1 10:00	A会議室	斉藤	
8	2	4/6 13:00	4/6 14:30	B会議室	浅野	
9	3	4/6 10:45	4/6 11:30	C会議室	山田	
10	5	4/2 10:30	4/2 11:30	A会議室	天野	
11	-	-	-	-	-	
12						
13						

1 検索方法をラジオボタンで切り替えたい。

	A	B	C	D	E	F	G
1	No	開始	終了	施設名	予約者名	検索	
2	1	4/1 09:00	4/1 10:00	A会議室	斉藤	1	
3	2	4/6 13:00	4/6 14:30	B会議室	浅野	2	
4	3	4/6 10:45	4/6 11:30	C会議室	山田	3	
5	4	4/8 13:00	4/8 14:00	C会議室	近藤	0	
6	5	4/2 10:30	4/2 11:30	A会議室	天野	5	
7	6	4/7 15:00	4/7 16:30	D会議室	斉藤	0	
8	7	4/10 09:45	4/10 11:00	A会議室	山田	0	
9	8	4/12 10:00	4/12 12:00	B会議室	吉岡	0	
10	9	4/12 14:15	4/12 15:30	C会議室	浜野	0	
11							
12							

「施設予約」テーブル

=OR(OR([@施設名]=Sheet1!$D$2,[@施設名]=Sheet1!$D$3), AND([@開始]>=Sheet1!$B$2,[@終了]<Sheet1!$B$3+1))*[@No]

期間または施設名で検索する関数です。先頭のOR関数をAND関数にすると、期間と施設名の両方で検索します(Sec117 P.314参照)。

方法

●CHOOSE関数で検索方法を選択する

「期間と施設名」に1、「期間または施設名」に2のインデックスを割り当て、[値1]と、[値2]にそれぞれの関数を指定します。

=CHOOSE(インデックス,期間と施設名で検索,期間または施設名で検索)

●CHOOSE関数の[インデックス]にラジオボタンのリンクするセルを指定する

ラジオボタンは、配置した順に1から数字が割り当てられ、その数字はリンクするセルに表示されます。ここでは、セル[G2]にラジオボタンのリンクするセルを指定します。

操作・数式解説 Sec130

●ラジオボタンを配置する

1 <開発>タブの<挿入>をクリックします。

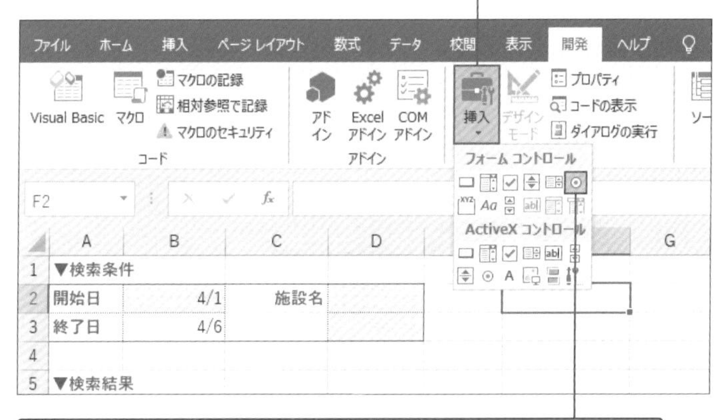

2 <フォームコントロール>の<オプションボタン>をクリックします。

3 ここでは、セル[F2]の左上角から右下に向かってドラッグします。

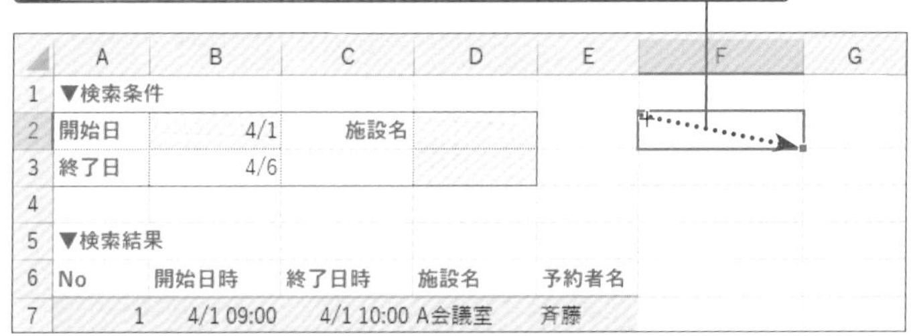

「○」(ハンドル)をドラッグするとサイズ変更、枠線をドラッグすると配置を変更できます。

4 「オプション(番号)」と表記されたラジオボタンが挿入されます。文字の上をクリックすると、カーソルが入るので、「期間と施設名」と入力します。

5 文字入力後は、別のセルをクリックして文字を決定します。矢印キーを利用してアクティブセルをセル[F2]に移動します。

6 セル[F2]のフィルハンドルをセル[F3]までドラッグします。

オプションボタンとラベル名がセル内に収まるように配置します。

7 ラジオボタンがオートフィルでコピーされます。

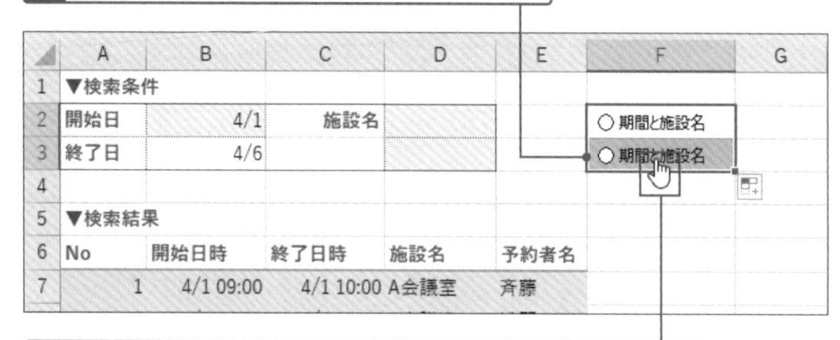

8 Ctrl キーを押しながらクリックすると、セル[F3]に配置されたラジオボタンが選択されるので、手順4、5と同様に操作し、「期間名または施設名」と入力します。

9 どちらか一方のラジオボタンを、Ctrlキーを押しながらクリックし、境界線上を右クリックします。

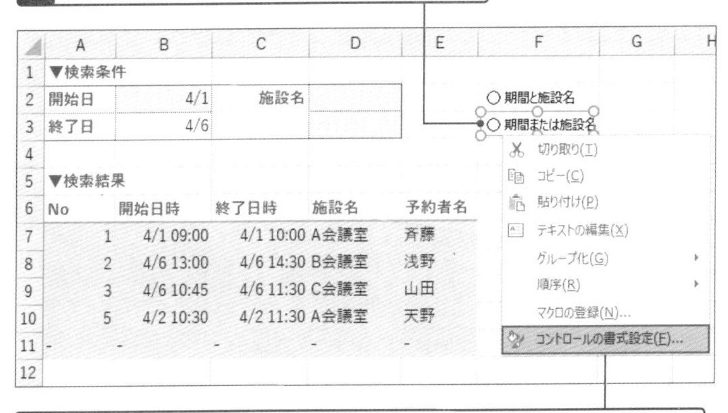

10 ショートカットメニューの<コントロールの書式設定>をクリックします。

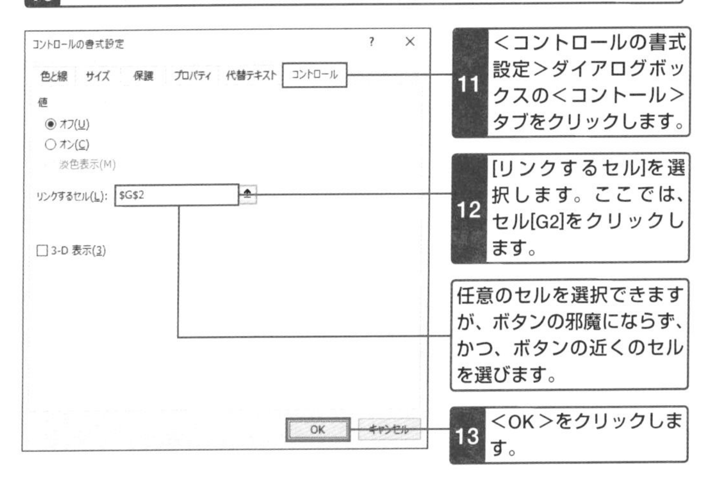

11 <コントロールの書式設定>ダイアログボックスの<コントロール>タブをクリックします。

12 [リンクするセル]を選択します。ここでは、セル[G2]をクリックします。

任意のセルを選択できますが、ボタンの邪魔にならず、かつ、ボタンの近くのセルを選びます。

13 <OK>をクリックします。

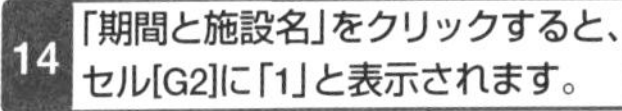

14 「期間と施設名」をクリックすると、セル[G2]に「1」と表示されます。

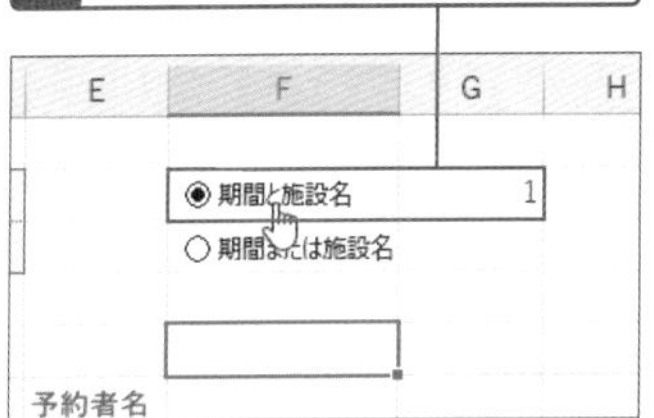

15 「期間または施設名」をクリックすると、セル[G2]に「2」と表示されます。

●CHOOSE関数を組み合わせて、検索方法をボタンで切り替える

1 「予約台帳」シートに切り替え、セル[F2]の数式バー内の「=」を除く「OR」以降をすべて選択して Ctrl キー＋ C キーでコピーします。

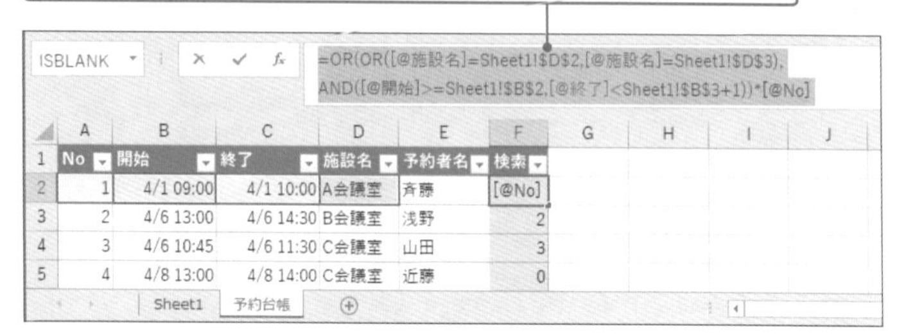

2 「=」の後ろに「CHOOSE(Sheet1!$G$2,」と入力し、後ろに続く「OR」を「AND」に変更します。

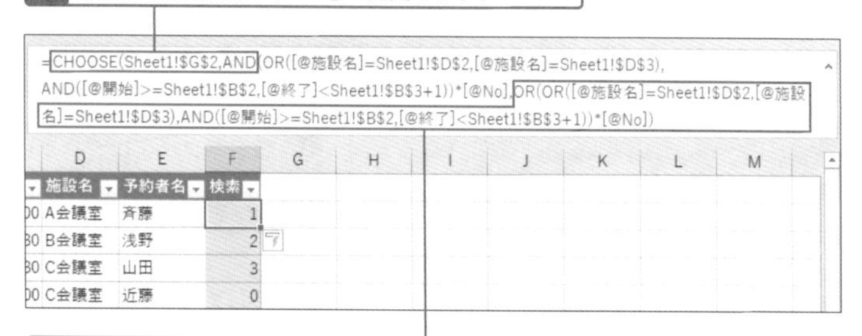

=CHOOSE(Sheet1!$G$2,AND(OR([@施設名]=Sheet1!$D$2,[@施設名]=Sheet1!$D$3),
AND([@開始]>=Sheet1!$B$2,[@終了]<Sheet1!$B$3+1))*[@No],OR(OR([@施設名]=Sheet1!$D$2,[@施設名]=Sheet1!$D$3),AND([@開始]>=Sheet1!$B$2,[@終了]<Sheet1!$B$3+1))*[@No])

3 式の末尾にカーソルを移動し、「,」を入力して Ctrl キー＋ V キーを押して手順**1**でコピーした式を貼り付け、末尾に「)」閉じカッコを入力して Enter キーを押します。

4 「Sheet1」シートに切り替え、セル[D2]に条件を追加します（ここでは「A会議室」）。

5 「期間と施設名」をクリックします。

	A	B	C	D	E	F	G
1	▼検索条件						
2	開始日	4/1	施設名	A会議室		◉ 期間と施設名	1
3	終了日	4/6				○ 期間または施設名	
4							
5	▼検索結果						
6	No	開始日時	終了日時	施設名	予約者名		
7	1	4/1 09:00	4/1 10:00	A会議室	斉藤		
8	5	4/2 10:30	4/2 11:30	A会議室	天野		
9	-	-	-	-	-		
10	-	-	-	-	-		
11	-	-	-	-	-		

6 期間と施設名の検索条件をすべて満たす検索結果が表示されます。

7 「期間または施設名」をクリックします。

8 期間または施設名の検索条件に合う検索結果が表示されます。

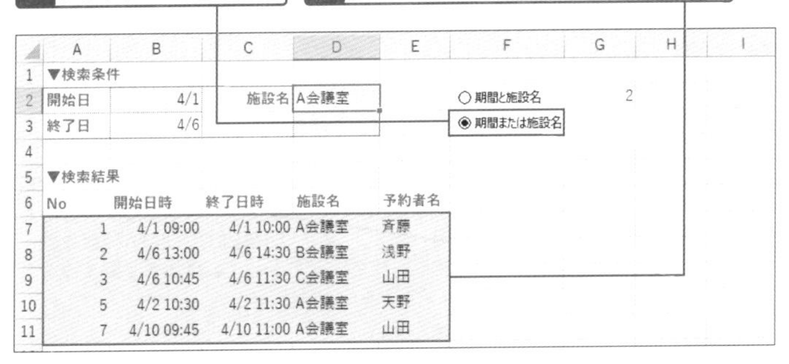

	A	B	C	D	E	F	G	H	I
1	▼検索条件								
2	開始日	4/1	施設名	A会議室		○期間と施設名	2		
3	終了日	4/6				◉期間または施設名			
4									
5	▼検索結果								
6	No	開始日時	終了日時	施設名	予約者名				
7	1	4/1 09:00	4/1 10:00	A会議室	斉藤				
8	2	4/6 13:00	4/6 14:30	B会議室	浅野				
9	3	4/6 10:45	4/6 11:30	C会議室	山田				
10	5	4/2 10:30	4/2 11:30	A会議室	天野				
11	7	4/10 09:45	4/10 11:00	A会議室	山田				

Memo

ラジオボタンの挿入順序で番号の割り当てが決まる

先に挿入したボタンが1、2番目に挿入したボタンが2に割り当てられます。ここでは、最初に挿入したラジオボタンをAND条件の「期間と施設名」とし、2番目のラジオボタンをOR条件の「期間または施設名」としています。

Memo

<開発>タブの表示

<開発>タブを表示するには、<ファイル>タブの<オプション>をクリックすると表示される<Excelのオプション>ダイアログボックスで設定します。

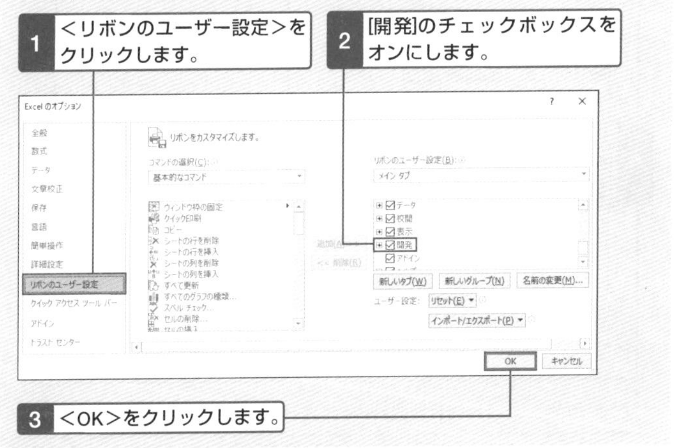

参照セクション
Sec047 集計期間を切り替える
Sec117 条件に合う予約情報を抽出する

SECTION 131

データ量に応じて印刷範囲を変更する

キーワード　印刷範囲　名前

OFFSET 移動先のセルを起点に高さと幅で構成されるセル範囲を参照する	**=OFFSET(参照,0,0,高さ,幅)** OFFSET関数の第2、第3引数の[行数]と[列数]に0を指定すると、[参照]を起点に[高さ]と[幅]で構成されるセル範囲を参照します。[高さ]と[幅]にCOUNTA関数で数えた表の行数や列数を指定すると、表全体を参照することができます。
COUNTA 空白以外のセルの個数を求める	**=COUNTA(値)** [値]に列全体、または、行全体を指定すると、データが追加されても、範囲を取り直さずに済みます。

目的　データの入った部分だけ印刷する

余分な印刷を避け、データの入った範囲だけ印刷されるようにします。

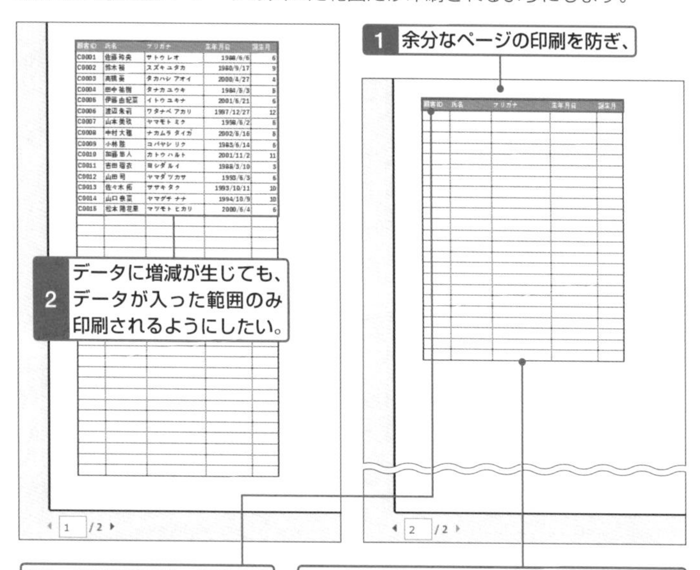
1 余分なページの印刷を防ぎ、
2 データに増減が生じても、データが入った範囲のみ印刷されるようにしたい。
1 /2
2 /2

2ページ目以降にも1行目の列見出しを印刷する設定をしています。この設定を行うと自動的に名前「Print_Titles」が付きます。

シートに罫線は引いていません。ここでは、<ページレイアウト>タブの<印刷タイトル>をクリックすると表示される<ページ設定>ダイアログボックスの<枠線>のチェックをオンにしています。

Memo

余分なページが印刷される理由

罫線を引いていないのに余分なページが印刷されるのは、見た目に空白に見えても実際にはデータや数式、関数が入っているセルがあるためです。本節では、63行目までフリガナにPHONETIC関数、誕生月にMONTH関数を入力しています。

方法

●データの末尾はCOUNTA関数で取得し、OFFSET関数で印刷範囲を作る

ここでは、A列の顧客IDと1行目の列見出しで正確なデータ数を取得できるものとします。COUNTA関数で取得した行数と列数をOFFSET関数の[高さ]と[幅]に指定し、セル[A1]からの印刷範囲を作成します。

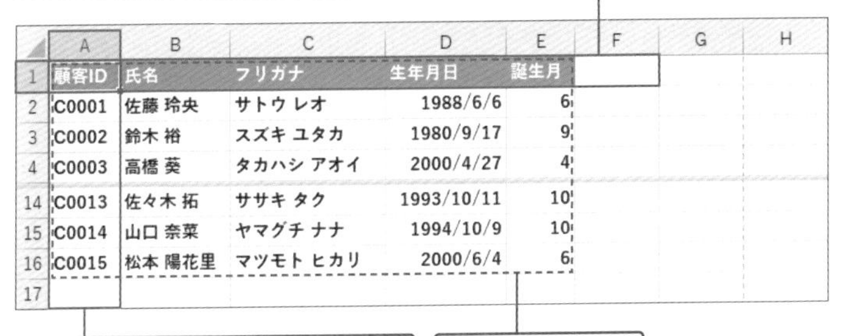

操作・数式解説

Sec131

●任意の範囲で印刷範囲を設定し、名前「Print_Area」を付ける

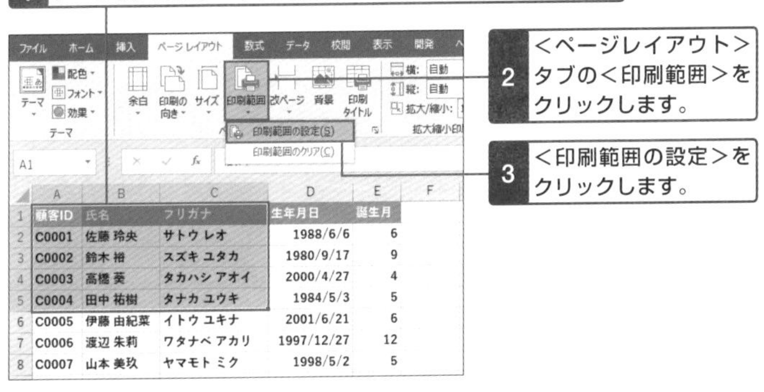

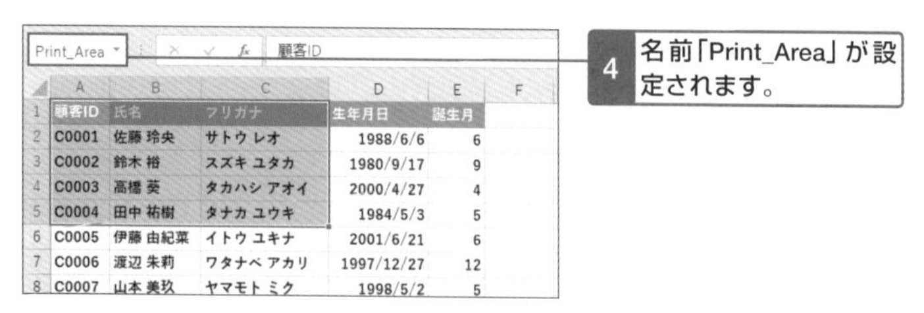

●名前「Print_Area」の参照範囲を関数に置き換える

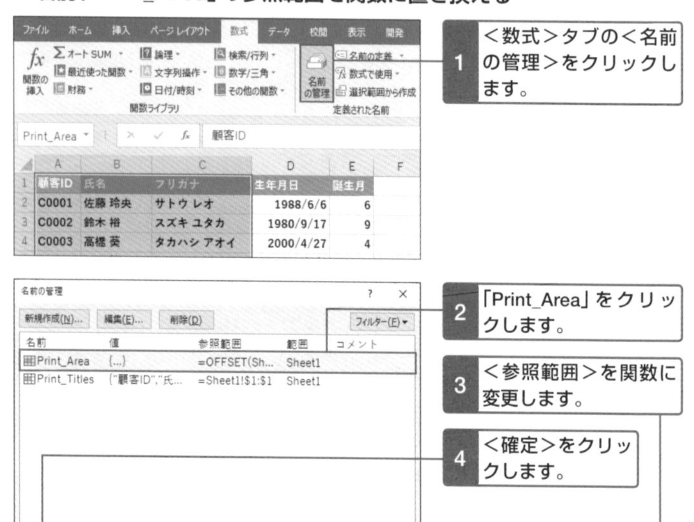

=OFFSET(Sheet1!$A$1,0,0,COUNTA(Sheet1!$A:$A),COUNTA(Sheet1!$1:$1))

セル[A1]を起点に、COUNTA関数で求めた行データ数と列データ数を[高さ]と[幅]に指定し、セル範囲を作成しています。

5 式が確定されます。ここでは、小文字入力した関数が大文字に変換されます。

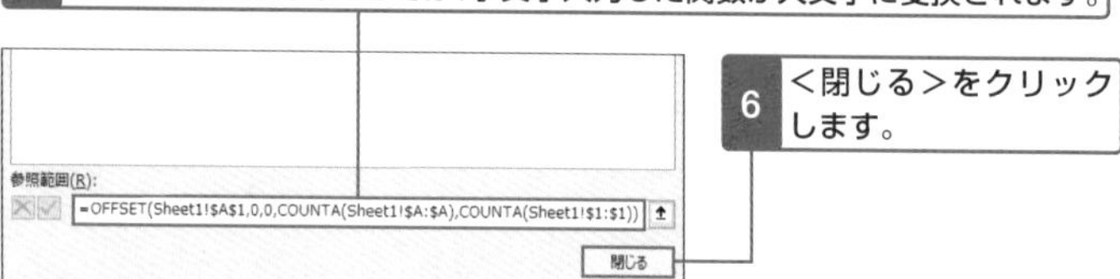

第9章 他の機能との組み合わせ

●印刷範囲を確認する

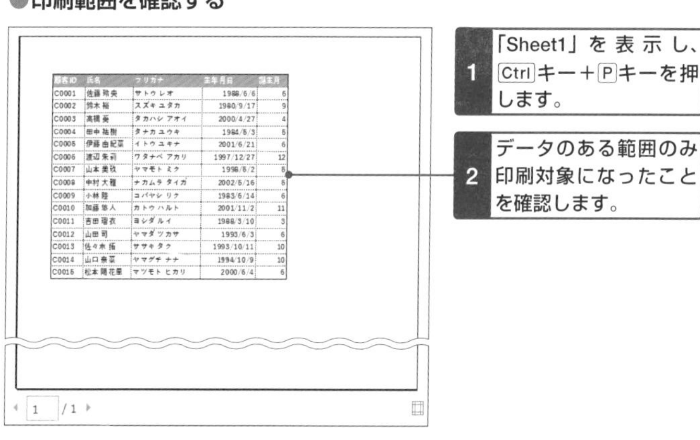

顧客ID	氏名	フリガナ	生年月日	誕生月
C0001	佐藤 玲央	サトウ レオ	1988/6/6	6
C0002	鈴木 裕	スズキ ユタカ	1980/9/17	9
C0003	高橋 葵	タカハシ アオイ	2000/4/27	4
C0004	田中 祐樹	タナカ ユウキ	1984/5/3	5
C0005	伊藤 由紀菜	イトウ ユキナ	2001/6/21	6
C0006	渡辺 朱莉	ワタナベ アカリ	1997/12/27	12
C0007	山本 美玖	ヤマモト ミク	1998/5/2	5
C0008	中村 大雅	ナカムラ タイガ	2002/5/16	5
C0009	小林 陸	コバヤシ リク	1983/6/14	6
C0010	加藤 悠人	カトウ ハルト	2001/11/2	11
C0011	吉田 瑠衣	ヨシダ ルイ	1988/3/10	3
C0012	山田 司	ヤマダ ツカサ	1993/6/3	6
C0013	佐々木 拓	ササキ タク	1993/10/11	10
C0014	山口 奈菜	ヤマグチ ナナ	1994/10/9	10
C0015	松本 陽花里	マツモト ヒカリ	2000/6/4	6

1 「Sheet1」を表示し、Ctrlキー+Pキーを押します。

2 データのある範囲のみ印刷対象になったことを確認します。

	A	B	C	D	E	F
1	顧客ID	氏名	フリガナ	生年月日	誕生月	ステージ
2	C0001	佐藤 玲央	サトウ レオ	1988/6/6	6	プラチナ
3	C0002	鈴木 裕	スズキ ユタカ	1980/9/17	9	シルバー
17	C0016	井上 華	イノウエ ハナ	1999/1/17	1	シルバー
18	C0017	木村 美羽	キムラ ミウ	2003/9/16	9	プラチナ
19	C0018	林 真澄	ハヤシ マスミ	1987/4/15	4	シルバー
20	C0019	斎藤 貴	サイトウ タカシ	2004/7/24	7	プラチナ
21	C0020	清水 香奈	シミズ カナ	1992/1/11	1	ゴールド
22	C0021	山崎 一夏	ヤマザキ イチカ	2005/8/9	8	プラチナ
23	C0022	森 樹	モリ イツキ	2005/2/15	2	プラチナ
24						

3 行データと列データを追加します。

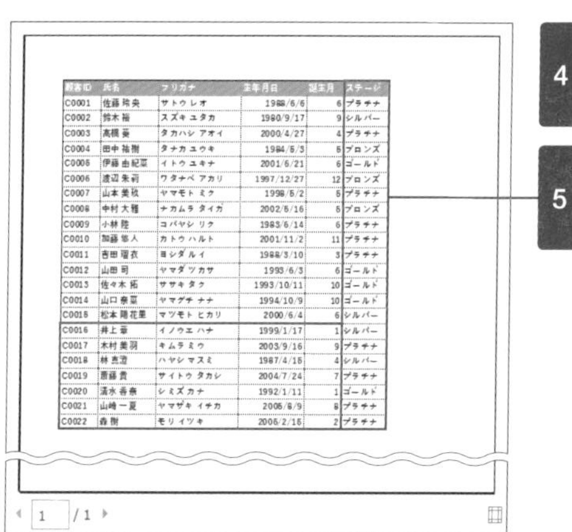

顧客ID	氏名	フリガナ	生年月日	誕生月	ステージ
C0001	佐藤 玲央	サトウ レオ	1988/6/6	6	プラチナ
C0002	鈴木 裕	スズキ ユタカ	1980/9/17	9	シルバー
C0003	高橋 葵	タカハシ アオイ	2000/4/27	4	プラチナ
C0004	田中 祐樹	タナカ ユウキ	1984/5/3	5	ブロンズ
C0005	伊藤 由紀菜	イトウ ユキナ	2001/6/21	6	ゴールド
C0006	渡辺 朱莉	ワタナベ アカリ	1997/12/27	12	ブロンズ
C0007	山本 美玖	ヤマモト ミク	1998/5/2	5	プラチナ
C0008	中村 大雅	ナカムラ タイガ	2002/5/16	5	ブロンズ
C0009	小林 陸	コバヤシ リク	1983/6/14	6	プラチナ
C0010	加藤 悠人	カトウ ハルト	2001/11/2	11	プラチナ
C0011	吉田 瑠衣	ヨシダ ルイ	1988/3/10	3	プラチナ
C0012	山田 司	ヤマダ ツカサ	1993/6/3	6	ゴールド
C0013	佐々木 拓	ササキ タク	1993/10/11	10	ゴールド
C0014	山口 奈菜	ヤマグチ ナナ	1994/10/9	10	ゴールド
C0015	松本 陽花里	マツモト ヒカリ	2000/6/4	6	シルバー
C0016	井上 華	イノウエ ハナ	1999/1/17	1	シルバー
C0017	木村 美羽	キムラ ミウ	2003/9/16	9	プラチナ
C0018	林 真澄	ハヤシ マスミ	1987/4/15	4	シルバー
C0019	斎藤 貴	サイトウ タカシ	2004/7/24	7	プラチナ
C0020	清水 香奈	シミズ カナ	1992/1/11	1	ゴールド
C0021	山崎 一夏	ヤマザキ イチカ	2005/8/9	8	プラチナ
C0022	森 樹	モリ イツキ	2005/2/15	2	プラチナ

4 「Sheet1」を表示し、Ctrlキー+Pキーを押します。

5 追加したデータが印刷範囲に反映されたことを確認できます。

参照セクション
Sec113 データベースから必要な列データを抽出する

SECTION 132

差し込み印刷でカンマ区切りの数字を表示させる

キーワード 差し込み印刷　3桁区切り

TEXT 値を、指定した表示形式の文字列に変換する	=TEXT(値,表示形式)
	[値]を、指定した[表示形式]の文字列に変換します。表示形式に「¥#,###」と指定すると、¥マークと3桁区切りの付いた数字に変換されます。

目的　Word文書にカンマ区切りの数値と和暦の日付を差し込む

Excelで管理している氏名、日付、金額をWord文書の所定の位置に差し込みます。

▼ Word 文書　　▼ Excel の差し込みデータ

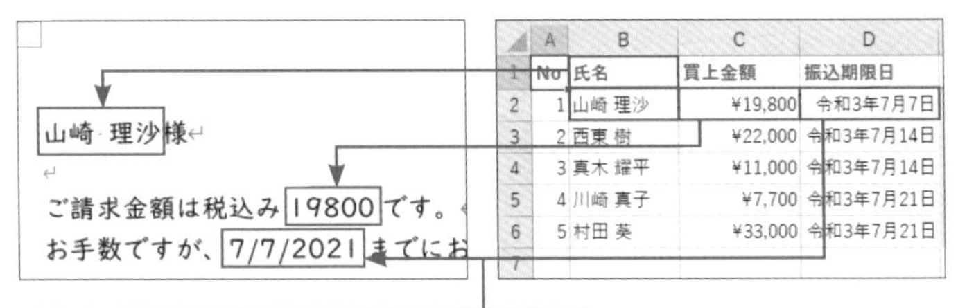

	A	B	C	D
1	No	氏名	買上金額	振込期限日
2	1	山崎 理沙	¥19,800	令和3年7月7日
3	2	西東 樹	¥22,000	令和3年7月14日
4	3	真木 耀平	¥11,000	令和3年7月14日
5	4	川崎 真子	¥7,700	令和3年7月21日
6	5	村田 葵	¥33,000	令和3年7月21日
7				

1 通常、セルの表示形式で設定した桁区切りや和暦はWord文書に反映されない。

2 セルの表示形式をWord文書に反映したい。

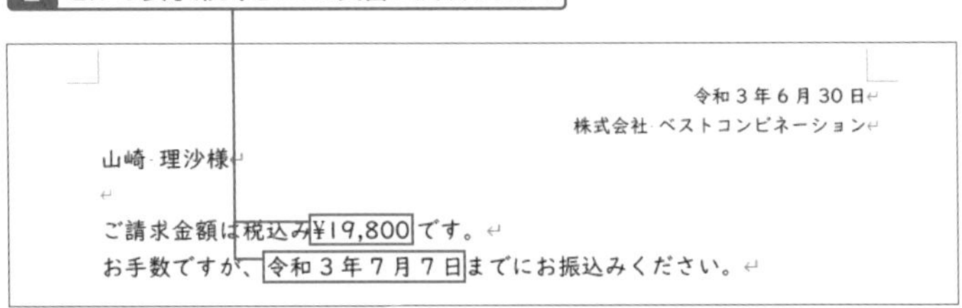

方法

●TEXT関数で文字列に変換した金額と日付を差し込む

数値や日付は、TEXT関数で指定の表示形式の文字列に変換し、変換した文字列をWord文書に差し込みます。Word文書は、差し込みデータの保存場所とともに文書を保存します。差し込みデータを移動するとWord文書を開く際にエラーが発生するので、差し込みデータの移動は避けてください。

●差し込みデータ側の準備

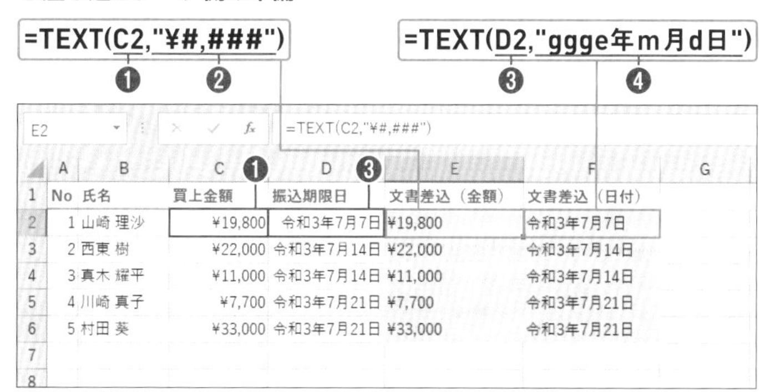

❶[値]に買上金額のセル[C2]を指定します。
❷[表示形式]は買上金額に通貨記号と3桁区切りが付く形式を指定します。
❸[値]に振込期限日のセル[D2]を指定します。
❹[表示形式]は振込期限日の日付が和暦で表示される形式を指定します。

●Word文書の操作

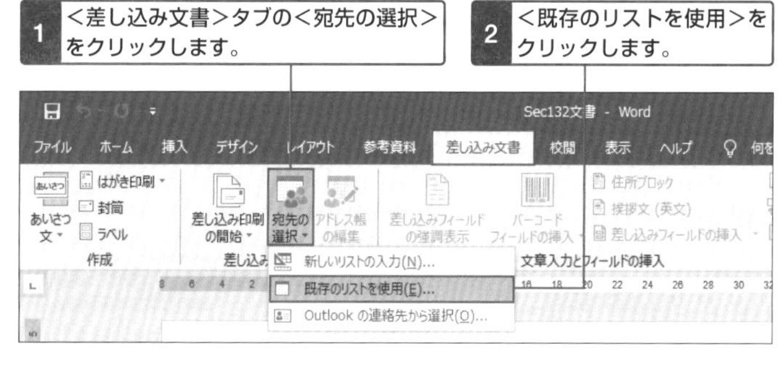

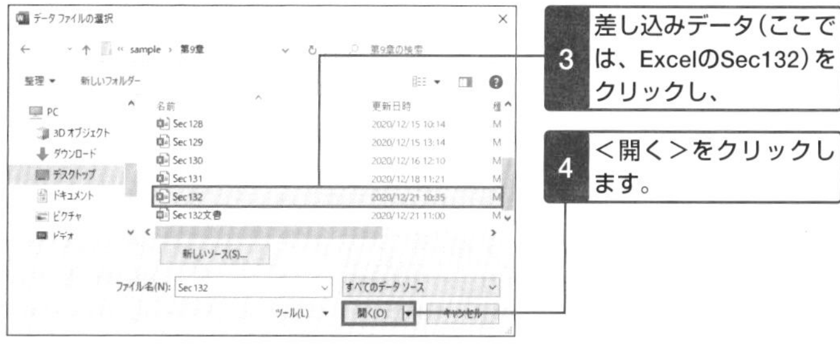

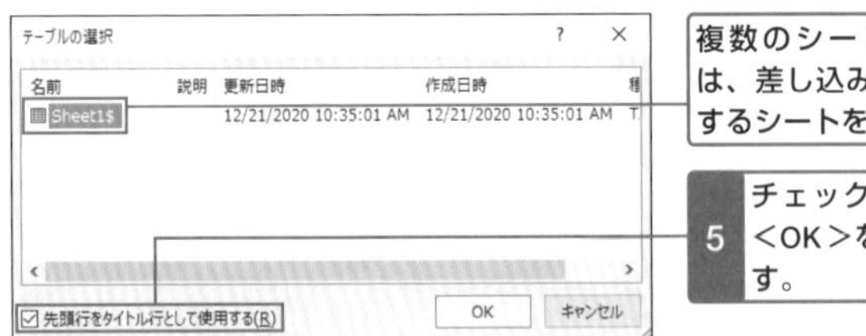

複数のシートがある場合は、差し込みデータで使用するシートを選択します。

5 チェックをオンにして<OK>をクリックします。

6 差し込みデータを挿入したい位置にカーソルを合わせ、<差し込み文書>タブの<差し込みフィールドの挿入>の「▼」をクリックし、差し込みたいデータをクリックします。

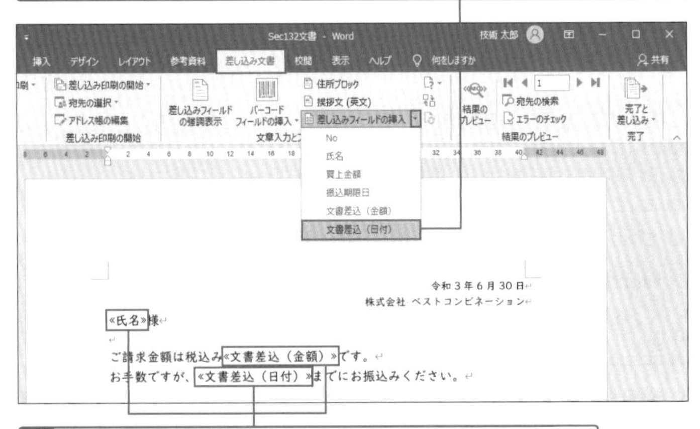

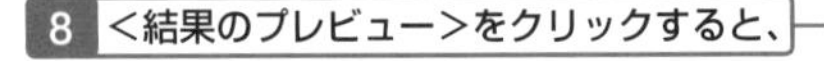
7 手順6を繰り返し、それぞれ必要な位置にデータを差し込みます。

8 <結果のプレビュー>をクリックすると、

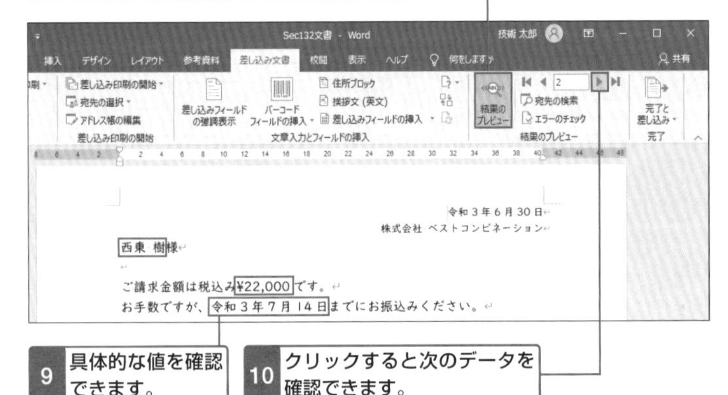

9 具体的な値を確認できます。

10 クリックすると次のデータを確認できます。

付録 001

ワイルドカード

ワイルドカードとは、文字列の一部または全部の代替文字のことです。任意の1文字は「?」(半角疑問符)、0字以上の任意の文字列は「*」(半角アスタリスク)で表します。

▼ 任意の文字列「*」の利用例

指定例	意味	検索例
会社	会社が付く	株式会社　新会社設立
*会社	会社で終わる	株式会社　合同会社
会社*	会社で始まる	会社役員　会社法
*	任意の文字列	空白セル以外の文字列

▼ 任意の1文字「?」の例

指定例	意味	検索例
??税	3文字目が税の3文字	消費税　相続税
税?	税で始まる2文字	税金　税関　税制
??	任意の2文字	2文字の文字列

▼「*」と「?」の混合例

指定例	意味	検索例
???県*	4文字目に県が付く	神奈川県　神奈川県横浜市
??*	2文字以上の文字	任意の2文字以上の文字列

▼ COUNTIF 関数を利用した検索例

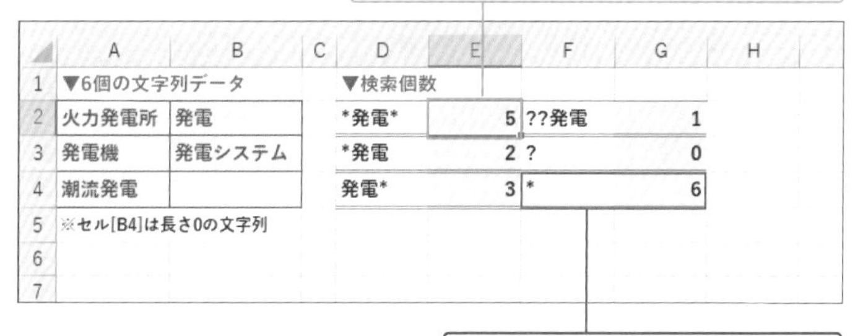

付録

付録 002

セルの表示形式と書式記号

セルの表示形式は、<セルの書式設定>ダイアログボックスの<表示形式>タブで設定します。分類の[ユーザー定義]を利用すると、書式記号を使った独自の表示形式が作成できます。[ユーザー定義]に元々用意されている組み込みの表示形式を[種類]で編集することも可能です。

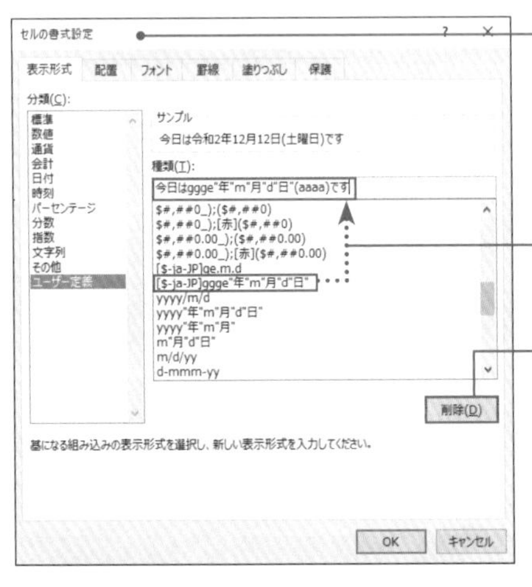

<セルの書式設定>ダイアログボックスはセルやセル範囲を選択し、Ctrlキー+1キーを押すと表示できます。

組み込みの表示形式を利用して、[種類]で編集できます。

独自に作成した表示形式のみ削除可能です。

▼ 値の書式記号の例

記号	書式記号の意味	例	
G/標準	ワークシートの既定の表示形式。日付はシリアル値で表示される	G/標準	2021/2/3 →42230 ¥1,500 → 1500
@	任意の文字列を表す	@"さん"	山田さん
#	数値を表示。指定した桁数に満たなくても「0」で補わない	#	123→123 0→空白
0	数値を表示。指定した桁数に満たない場合は「0」で補う	0.00	123.5→123.50 0→0.00
,	3桁区切り。ただし、「#」「0」「?」の末尾に付けた場合は、「,」1つあたり、千単位で四捨五入する	#,### #,###, #,###,,	1234→1,234 1234→1 1234567→1

▼ 日付の書式記号

記号	書式記号の意味	例	
yyyy	西暦を4桁で表示	yyyy	R3.9.1→2021
yy	西暦を下2桁で表示	yy	R3.9.1→21
g	和暦の元号を英字で表示	ge	2021/9/1→R3
gg	和暦の元号を漢字1字で表示	gge	2021/9/1→令3
m	月数を表示	m	2021/9/1→9
mm	月数を2桁で表示	mm	2021/9/1→09
d	日数を表示	d	2021/9/1→1
dd	日数を2桁で表示	dd	2021/9/1→01
aaa	曜日を漢字1字で表示	aaa	2021/9/1→水
aaaa	「曜日」を付けて表示	aaa	2021/9/1→水曜日

▼ 時刻の書式記号

記号	書式記号の意味	例	
h	時を0～23までの値で表示	h	8:5:7→ 8
hh	時を00～23までの2桁で表示	hh	8:5:7→ 08
m	分を0～59までの値で表示。単独で使うと、月数の「m」と解釈されるため、「h」や「s」と一緒に指定する	h:s	8:5:7→8:5
mm	分を00～59までの2桁で表示	h:mm	8:5:7→8:05
s	秒を0～59までの値で表示	m:s	8:5:7→5:7
ss	秒を00～59までの2桁で表示	m:ss	8:5:7→5:07
[]	時刻の経過時間を表示。24時以降、60分、60秒以上の値を表示する	[h] [m] [s]	26:10→26 26:10→1570 26:10→94200

▼ TEXT 関数の利用例

=TEXT(B2,"ggge年mm月dd日aaaa生まれです")
生年月日を和暦と曜日、及び文字列で表示します。

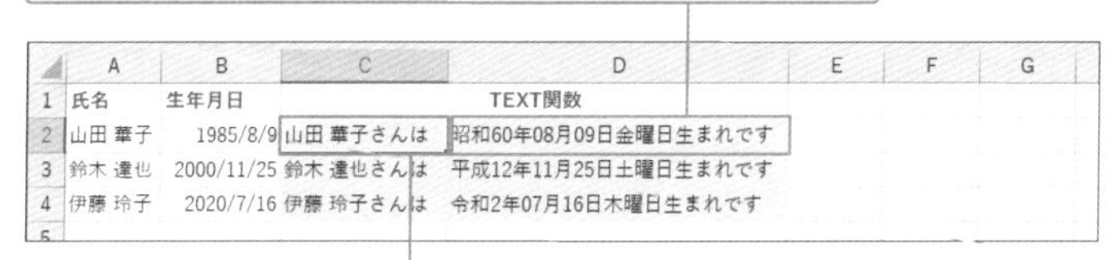

A B C D E F G
1 氏名 生年月日 TEXT関数
2 山田 華子 1985/8/9 山田 華子さんは 昭和60年08月09日金曜日生まれです
3 鈴木 達也 2000/11/25 鈴木 達也さんは 平成12年11月25日土曜日生まれです
4 伊藤 玲子 2020/7/16 伊藤 玲子さんは 令和2年07月16日木曜日生まれです

=TEXT(A2,"@さんは")
氏名に「さんは」を付けた形式で表示します。

付録

シリアル値

日付のシリアル値

日付のシリアル値は、1900年1月1日を1、翌日を2というように、日付ごとに割り当てられた整数の通し番号です。通し番号のため、うるう年、月末日が30日か31日かなどを気にする必要なく日付計算が可能です。
日付を戻り値とする関数の多くは、日付形式で表示されますが、シリアル値で返す関数もあります。また、シリアル値が知りたい場合は、セルの表示形式を「G/標準」にするか、VALUE関数を利用します。

時刻のシリアル値

日付のシリアル値は整数ですが、時刻のシリアル値は、小数です。0～1未満で午前0時から24時間未満を表します。たとえば、0.5は正午です。24時間が経過すると、1日となり、時刻のシリアル値は再び0にリセットされます。

	A	B
1	日付時刻⇒	シリアル値
2	2020/2/29 12:00:00	43890.5
3	2021/12/31 23:59:59	44561.99999
4	2022/1/1 00:00:00	44562
5		
6	シリアル値⇒	日付時刻
7	1.25	1900/1/1 06:00:00
8	40000.5	2009/7/6 12:00:00
9	50000.75	2036/11/21 18:00:00
10		

=VALUE(A2)
セル[A2]の日付時刻を数値(シリアル値)に変換します。

=A7
セルを参照し、セルの表示形式を「yyyy/m/d hh:mm:ss」に設定しています。

	A	B	C	D	E
1	時刻計算の注意				
2	開始時刻	9:00			
3	経過時間	3	時間		
4	終了時刻	9:00			
5					
6	時刻計算				
7	開始時刻	9:00			
8	経過時間	3:00			
9	終了時刻	12:00			
10					

=B2+B3
セル[B3]は、3時間ではなく3日です。よって、セル[B4]の見た目は「9:00」ですが、3日後の9時を表しています。

=B7+B8
セル[B7]のように時刻形式で入力すると、3時間後を計算できます。

エラー値

Excelではエラーの原因によって表示されるエラー値が異なります。

エラー値とエラーの意味	主なエラーの原因
#NAME? 認識できない文字がある	・関数名のスペルミス ・新バージョンで追加された関数を旧バージョンで使用 ・セルの名前が定義されていない
#VALUE! 指定するデータ形式に間違いがある	・数値を指定するところに文字が指定されている ・セルの指定なのにセル範囲を指定している ・文字が「"」で囲まれていない
#DIV/0! 0か空白セルで除算している	・0か空白セルで割り算をしている ・分母が0になる
#REF! 参照しているセルがない	・関数の引数に指定されているセルを削除、または、そのセルを含む行や列を削除した
#N/A 利用できる値がない	・引数に指定したセルに利用できる値が入っていない、または空白セルになっている ・複数の配列を指定する際、配列同士の構成（行数と列数）が同じでない
#NUM! 数値に問題がある	・反復計算で解が見つからない ・引数に指定できる数値の範囲を超えている
#NULL! 2つのセル範囲に共通部分がない	・引数に、複数のセルやセル範囲を指定する際、セルやセル範囲ごとに「,」（カンマ）で区切られていない ・セル範囲を指定するための「:」（コロン）が抜けている
##### 結果が表示しきれない、または、日付と時刻に問題がある	・セルの列幅が狭く、すべての桁が表示しきれていない ・日付や時刻が負の値になっている
#SPILL! 365 スピル機能が利用できない	・ゴーストとして利用されるセルやセル範囲が空白でない、または、セル結合されている ・テーブルにスピルを利用しようした ・再計算されるたびに動的配列のサイズが変わる
#CALC! 365 動的配列で計算エラーが発生した	・計算結果が空の配列になる たとえば、FILTER関数で、条件を付けて検索した結果、1件もデータがない場合

付録

▼ FILTER関数の例

=FILTER(A2:A5,RIGHT(A2:A5,1)=D1)
セル範囲[A2:A5]のうち、各データの末尾1字がセル[D1]の「力」に一致するデータを抽出します。

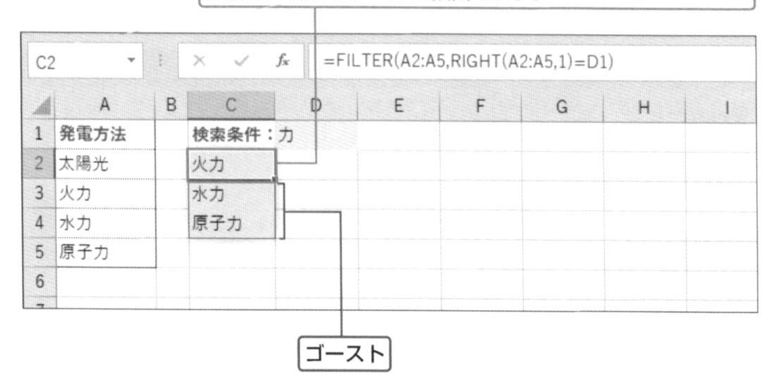

セル[D1]を「太陽」に変更すると、末尾1字が「太陽」に一致するデータがないため、[#CALC!]エラーが発生します。

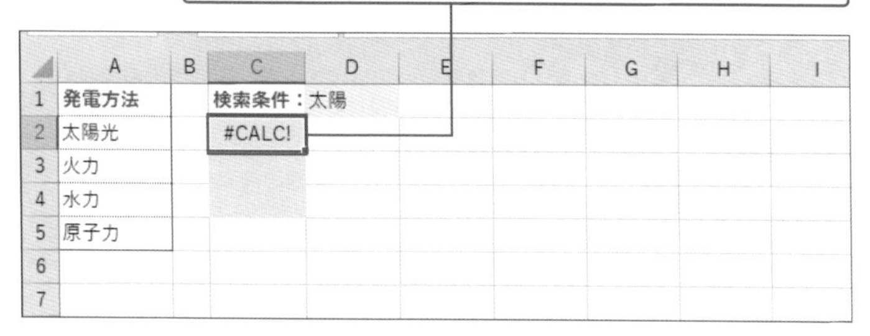

セル[D1]を「力」に戻します。スピルで利用するセルに別の値が入っているため、[#SPILL!]エラーが発生します。

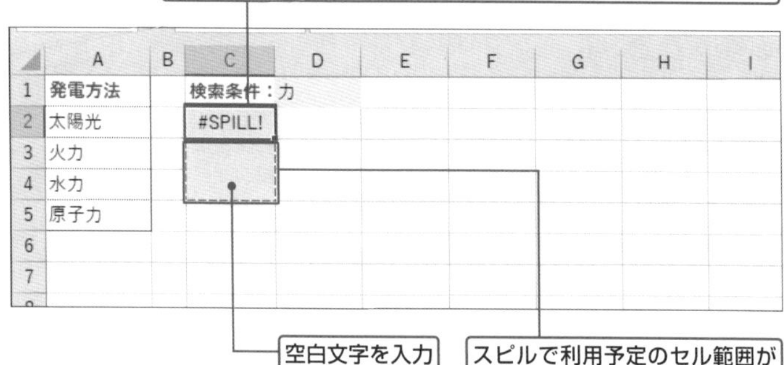

数式検証

数式の検証を実行すると、数式や関数の計算過程を表示することができます。複雑な式の計算過程やエラーの発生タイミングを調べることができます。数式の検証手順は次のとおりです。

1 数式を検証したいセルをクリックします（ここではセル[D3]）。

2 ＜数式＞タブの＜数式の検証＞をクリックします。

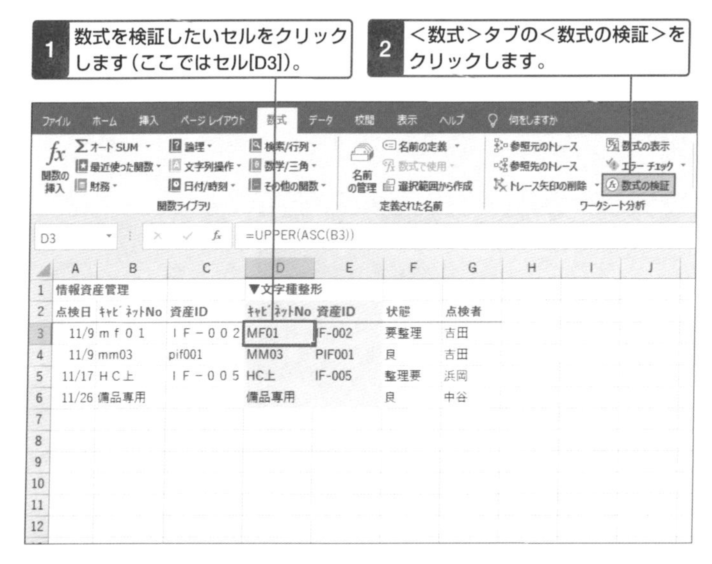

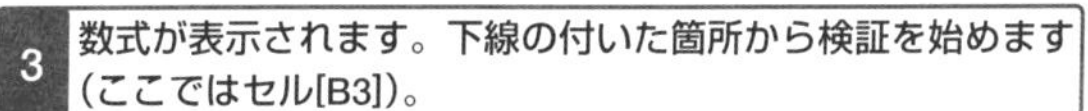

3
数式が表示されます。下線の付いた箇所から検証を始めます（ここではセル[B3]）。

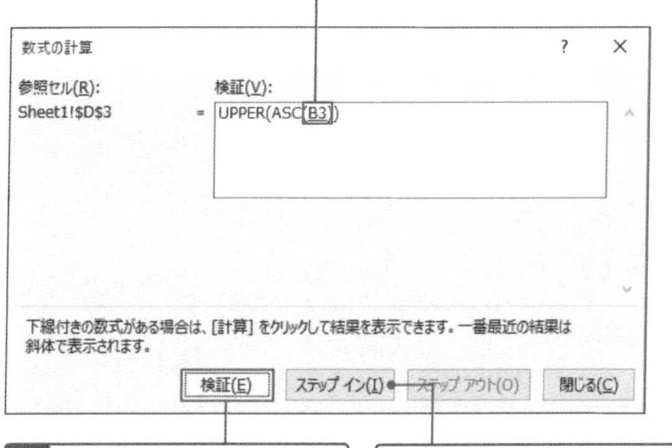

4 ＜検証＞をクリックします。

＜ステップイン＞はMemo P.373参照

5 セル[B3]の内容が表示され、次の検証箇所が下線で示されます。

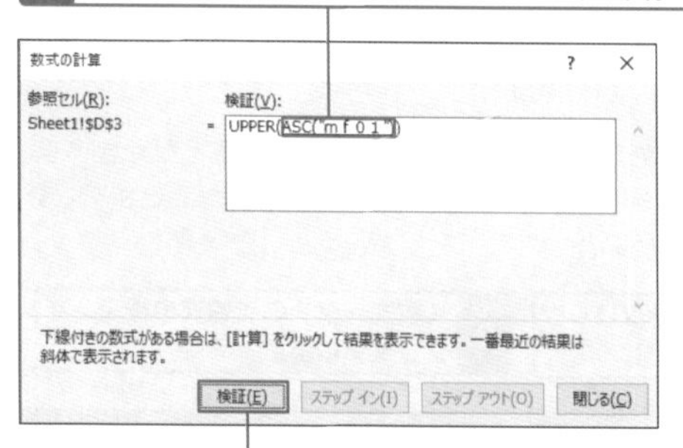

6 <検証>をクリックします。

7 手順5の下線部が実行され、次の検証部分が下線で示されます。

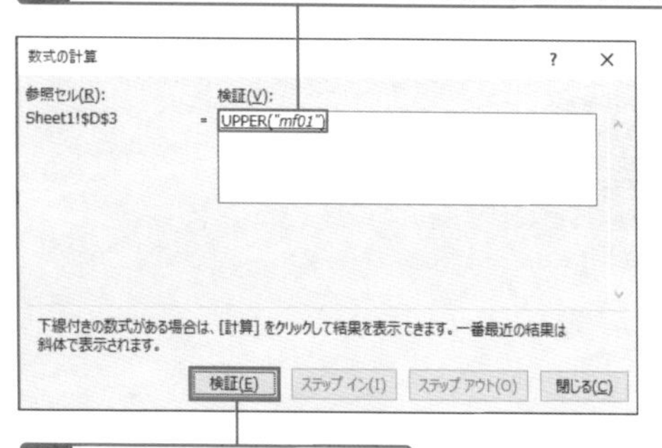

8 <検証>をクリックします。

9 手順7の検証が実行され、結果が表示されます。

10 <閉じる>をクリックします。

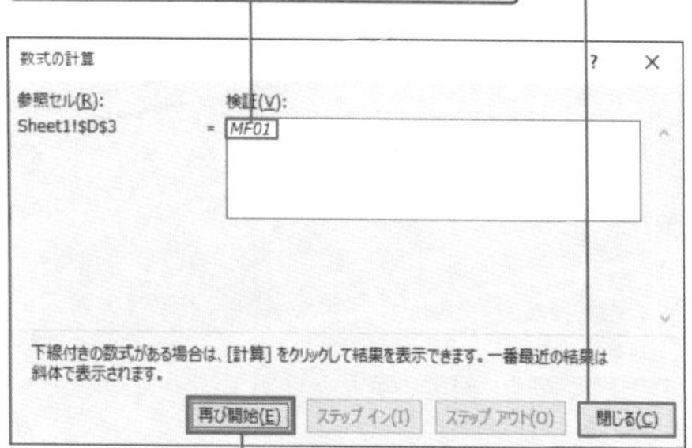

もう一度最初から計算過程を確認したい場合は、<再び開始>をクリックします。

付録

Memo

<ステップイン>は必要に応じて利用する

<ステップイン>をクリックすると、下線部のセルの内容が展開されます。下線部のセルに数式が入っている場合に利用すると、入れ子の数式の検証も実行可能です。ここでは、セル[B3]には文字列が入っており、<ステップイン>で確認するまでもないと判断しています。<ステップイン>については必要に応じて利用してください。

▼ ステップインをクリックした場合

SUM関数とOFFSET関数の検証をする過程で、下線部のセル[F2]にも数式が入っていたことがわかります。

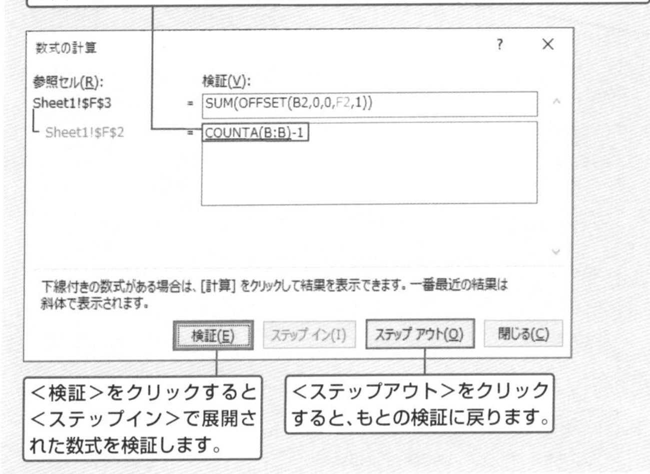

Memo

エラーの原因を数式検証で探る

エラー値のセルを選択すると表示される<エラーオプション>をクリックすると、エラーに対処するためのメニューが表示されます。メニュー内の<計算の過程を表示>をクリックすると、<数式の計算>ダイアログボックスが表示され、数式の検証ができます。ただし、数式の検証機能は万能ではありません。検証しても、エラーのタイミングがよくわからない場合もあります。

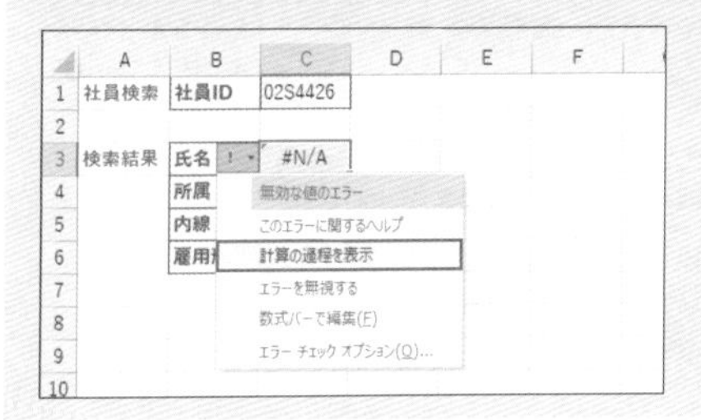

本書で使用した関数一覧と機能

本書で使用した関数一覧と機能は次のとおりです。

先頭文字	関数名	書式	参照セクション
A	ABS	=ABS(数値)	73
	ADDRESS	=ADDRESS(行番号,列番号[,参照の種類][,参照形式][,シート名])	19,105,110,113
	AND	=AND(論理式1[,論理式2],…)	12,51,57,61,117,126
	ASC	=ASC(文字列)	58,80,95,128
	AVERAGE	=AVERAGE(数値1[,数値2],…)	41,75
	AVERAGEIF	=AVERAGEIF(範囲,条件[,平均対象範囲])	46
C	CEILING.MATH	=CEILING.MATH(数値[,基準値][,モード])	74,78
	CELL	=CELL(検査の種類[,参照])	121
	CHAR	=CHAR(数値)	95
	CHOOSE	=CHOOSE(インデックス,値1[,値2],…)	47,76,97,130
	CLEAN	=CLEAN(文字列)	81
	CODE	=CODE(文字列)	95
	COLUMN	=COLUMN([参照])	22,93,99,122
	COLUMNS	=COLUMNS(配列)	22,120
	CONCAT	=CONCAT(テキスト1[,テキスト2],…)	93,96,115
	CONCATENATE	=CONCATENATE(文字列1[,文字列2],…)	96,115
	COUNT	=COUNT(値1[,値2],…)	108
	COUNTA	=COUNTA(値1[,値2],…)	33,105,110,113,131
	COUNTIF	=COUNTIF(範囲,検索条件)	24,25,26,28,29,40,45,47,51,66,72,84,96,117
	COUNTIFS	=COUNTIFS(検索条件範囲1,検索条件1[,検索条件範囲2,検索条件2],…)	39
D	DATE	=DATE(年,月,日)	62
	DATEDIF	=DATEDIF(開始日,終了日,単位)	63
	DATEVALUE	=DATEVALUE(日付文字列)	12,55,67,91

D	DAY	=DAY(シリアル値)	62,65,76
	DELTA	=DELTA(数値1[,数値2])	57
	DGET	=DGET(データベース,フィールド,条件)	106
	DSTDEV	=DSTDEV(データベース,フィールド,条件)	46
	DSUM	=DSUM(データベース,フィールド,条件)	42
E	EOMONTH	=EOMONTH(開始日,月)	65,68,69,71
	EXACT	=EXACT(文字列1,文字列2)	58,127,128
F	FILTER		86,115,116,118
	FIND	=FIND(検索文字列,対象[,開始位置])	16,87,88,90,93,121
	FLOOR.MATH	=FLOOR.MATH(数値[,基準値][,モード])	79
	FREQUENCY	=FREQUENCY(データ配列,区間配列)	43
	FV	=FV(利率,期間,定期支払額,[現在価値][,支払期日])	123
H	HOUR	=HOUR(シリアル値)	76
	HYPERLINK	=HYPERLINK(リンク先[,別名])	110
I	IF	=IF(論理式,値が真の場合,値が偽の場合)	13,41,46,49,51,53,54,55,56,57,58,59,60,61,65,66,67,70,71,72,79,82,84,85,94,95,96,102,107,108,112
	IFERROR	=IFERROR(値,エラーの場合の値)	53,82,83,85,88,90,93,95,96,101,103,107,108,116,117
	IFNA	=IFNA(値,NAの場合の値)	101
	IFS	=IFS(論理式1,値が真の場合1[,論理式2,値が真の場合2],…)	50
	INDEX	=INDEX(配列,行番号[,列番号])	14,83,84,85,96,107,113,117,120,122
	INDIRECT	=INDIRECT(参照文字列[,参照形式])	19,20,32,47,52,103,104,105,111,112,113,115,119,124,125
	INT	=INT(数値)	21,36,37,44
	ISERROR	=ISERROR(テストの対象)	26,53,112

P	PERCENTILE.INC	=PERCENTILE.INC(配列,率)	56
	PERCENTRANK.INC	=PERCENTRANK.INC(配列,x[,有効桁数])	56
	PHONETIC	=PHONETIC(参照)	87
	PMT	=PMT(利率,期間,現在価値[,将来価値][,支払期日])	123
	PROPER	=PROPER(文字列)	80,128
	PV	=PV(利率,期間,定期支払額[,将来価値][,支払期日])	123
R	RANK	=RANK(数値,参照[,順序])	31,109
	RANK.EQ	=RANK.EQ(数値,参照[,順序])	31,109
	RATE	=RATE(期間,定期支払額,現在価値[,将来価値][,支払期日][,推定値])	123
	REPLACE	=REPLACE(文字列,開始位置,文字数,置換文字列)	83,89,91
	RIGHT	=RIGHT(文字列[,文字数])	59,94,96,116
	ROW	=ROW([参照])	22,30,84,85,97,99,103,107,108,109,117,122,129
	ROWS	=ROWS(配列)	22,64,120
S	SEARCH	=SEARCH(検索文字列,対象[,開始位置])	16,82,83,116
	SHEET	=SHEET([値])	52
	SIGN	=SIGN(数値)	73
	SMALL	=SMALL(配列,順位)	45,84,85,107,108,117
	SORT	=SORT(配列[,並べ替えインデックス][,並べ替え順序][,並べ替え基準])	96,114,116,118
	SUBSTITUTE	=SUBSTITUTE(文字列,検索文字列,置換文字列[,置換対象])	81,92,111
	SUM	=SUM(数値1[,数値2],…)	26,32,33,34,35,44,45,82,94,111
	SUMIF	=SUMIF(範囲,検索条件[,合計範囲])	30,31,37,77
	SUMIFS	=SUMIFS(合計対象範囲,条件範囲1,条件1[,条件範囲2,条件2],…)	125
	SUMPRODUCT	=SUMPRODUCT(配列1[,配列2],…)	15,24,25,26,27,36,38,39,54,77,94,127
	SWITCH	=SWITCH(式,値1,結果1[,値2,結果2],…[,既定])	98

T	TEXT	=TEXT(値,表示形式)	38,40,52,55,61,67,75,77,78,79,92,96,132
	TEXTJOIN	=TEXTJOIN(区切り文字,空のセルは無視,テキスト1[,テキスト2],…)	84,96
	TIME	=TIME(時,分,秒)	67,73,74
	TIMEVALUE	=TIMEVALUE(時刻文字列)	75
	TODAY	=TODAY()	63,68
	TRANSPOSE	=TRANSPOSE(配列)	100,104,125
	TRIM	=TRIM(文字列)	54,87
	TRUNC	=TRUNC(数値[,桁数])	24
	TYPE	=TYPE(値)	55
U	UNIQUE	=UNIQUE(配列[,列の比較][,回数指定])	86,125
	UPPER	=UPPER(文字列)	80
	VALUE	=VALUE(文字列)	61,75
	VLOOKUP	=VLOOKUP(検索値,範囲,列番号[,検索方法])	99,101,102,103,105,119
W	WEEKDAY	=WEEKDAY(シリアル値[,種類])	66,71,72,77
	WEEKNUM	=WEEKNUM(シリアル値[,週の基準])	37,47
	WORKDAY	=WORKDAY(開始日,日数[,祭日])	69
	WORKDAY.INTL	=WORKDAY.INTL(開始日,日数[,週末][,祭日])	64,66,69
X	XLOOKUP	=XLOOKUP(検索値, 検索範囲, 戻り範囲 [,見つからない場合][,一致モード][,検索モード])	23,35,100,102,104,114
	XMATCH	=XMATCH(検索値, 検索範囲[,一致モード][,検索モード])	17
Y	YEAR	=YEAR(シリアル値)	62
機能	ゴールシーク	＜データ＞タブ→<What-If分析>→＜ゴールシーク＞	123
	差し込み印刷	Wordの＜差し込み文書＞タブ	132
	条件付き書式	＜ホーム＞タブ→＜条件付き書式＞	129
	テーブル	"＜挿入＞タブ→＜テーブル＞ ＜ホーム＞タブ→＜テーブルとして書式設定＞"	124
	名前	＜数式＞タブ→＜名前の管理＞	131
	入力規則	＜データ＞タブ→＜データの入力規則＞	124,125,126,127,128
	フォームコントロール	＜開発＞タブ→＜挿入＞→＜フォームコントロール＞	130

INDEX 索引

INDEX 索引

ハ行

マ行

ヤ行

ラ行

ワ行

サンプルファイルのダウンロード

本書の解説内で使用しているサンプルファイルは、以下のURLのサポートページからダウンロードできます。ダウンロードしたときは圧縮ファイルの状態ですので、ここで紹介する方法で展開してからご利用ください。ここでは、Windows 10のMicrosoft Edgeを使ってダウンロード・展開する手順を解説します。

https://gihyo.jp/book/2021/978-4-297-12195-2/support

1 ブラウザー（画面はMicrosoft Edge）を起動し、アドレス欄に上記のURLを入力して、Enterキーを押します。

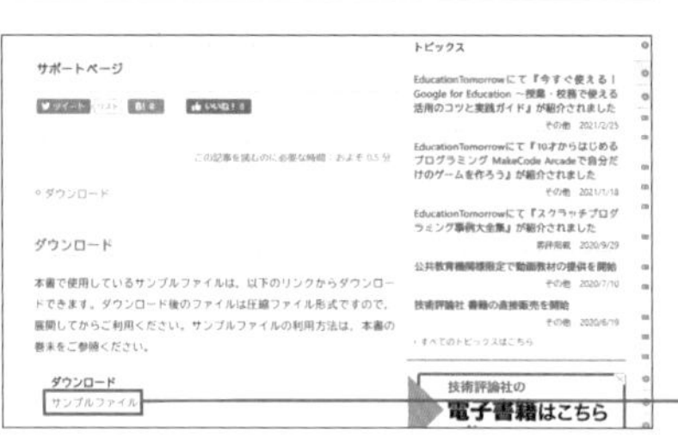

2 ［ダウンロード］欄にある［サンプルファイル］をクリックします。

3 ダウンロードが行われます。ダウンロードが完了したら、［ファイルを開く］をクリックします。

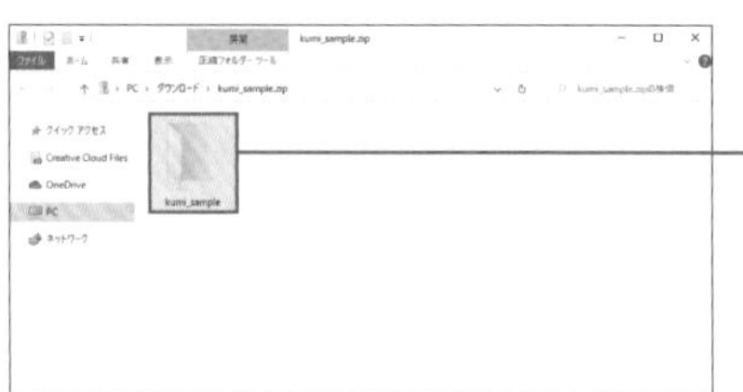

4 エクスプローラーが表示されるので、表示されたフォルダーをクリックして選択します。

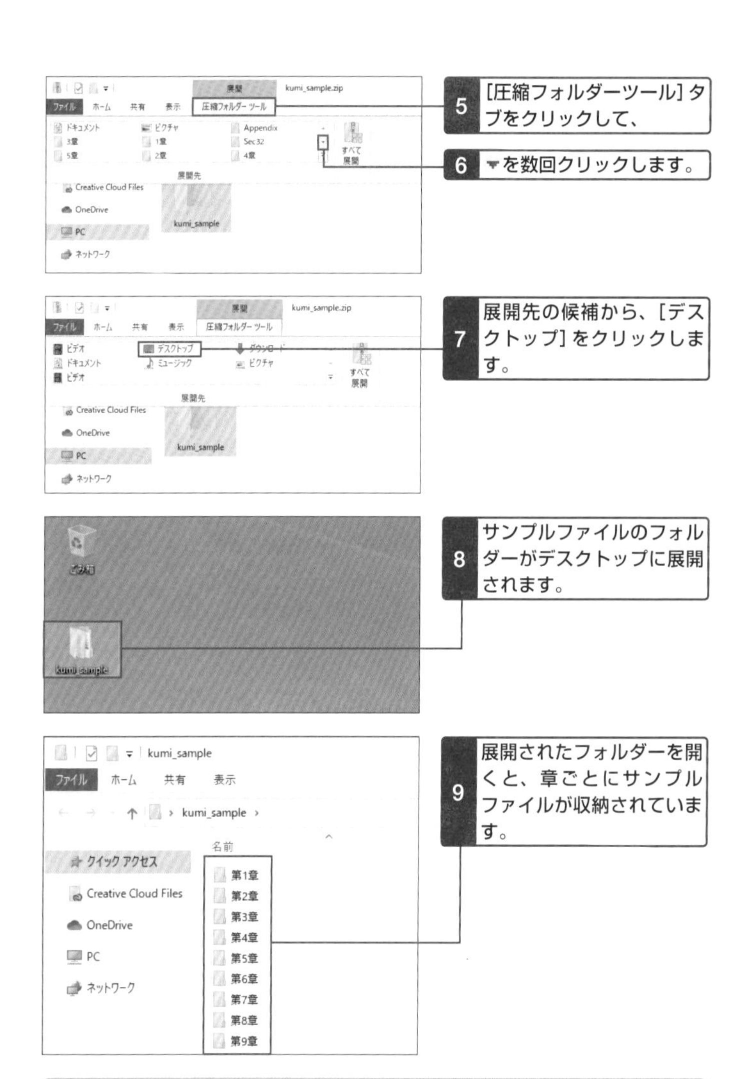
5 [圧縮フォルダーツール] タブをクリックして、
6 ▼を数回クリックします。
7 展開先の候補から、[デスクトップ] をクリックします。
8 サンプルファイルのフォルダーがデスクトップに展開されます。
9 展開されたフォルダーを開くと、章ごとにサンプルファイルが収納されています。
kumi_sample
第1章
第2章
第3章
第4章
第5章
第6章
第7章
第8章
第9章

サンプルファイルの使い方

サンプルファイルにはセクション番号の名前が付けられており、さらに「練習用」と「完成」の2種類のファイルが用意されています。たとえば、Section 080のサンプルファイルは「Sec80」(練習)と「Sec80_kansei」(完成)の2つです。
「練習」ファイルは関数が未入力ですので、解説を読みながら実際に関数を入力する練習にご利用ください。「完成」ファイルには関数が入力済みですので、実際に関数の動作を確認することができます。

■ お問い合わせの例

FAX

1 お名前
技術　太郎
2 返信先の住所または FAX 番号
03-XXXX-XXXX
3 書名
今すぐ使えるかんたん mini PLUS
Excel 関数　組み合わせ　超事典
4 本書の該当ページ
80 ページ
5 ご使用の OS・アプリのバージョン
Windows 10
Excel 2019
6 ご質問内容
解説と異なる画面が表示される

お問い合わせについて

本書に関するご質問については、本書に記載されている内容に関するもののみとさせていただきます。本書の内容と関係のないご質問につきましては、一切お答えできませんので、あらかじめご了承ください。また、電話でのご質問は受け付けておりませんので、必ずFAX か書面にて下記までお送りください。
なお、ご質問の際には、必ず以下の項目を明記していただきますようお願いいたします。

1 お名前
2 返信先の住所または FAX 番号
3 書名
（今すぐ使えるかんたん mini PLUS
Excel 関数　組み合わせ　超事典）
4 本書の該当ページ
5 ご使用の OS・アプリのバージョン
6 ご質問内容

なお、お送りいただいたご質問には、できる限り迅速にお答えできるよう努力いたしておりますが、場合によってはお答えするまでに時間がかかることがあります。また、回答の期日をご指定なさっても、ご希望にお応えできるとは限りません。あらかじめご了承くださいますよう、お願いいたします。ご質問の際に記載いただきました個人情報は、ご質問への返答以外の目的には使用いたしません。また、返答後はすみやかに破棄させていただきます。

問い合わせ先

〒162-0846
東京都新宿区市谷左内町 21-13
株式会社技術評論社　書籍編集部
「今すぐ使えるかんたん mini PLUS
Excel 関数　組み合わせ　超事典」質問係

FAX 番号　03-3513-6167

URL：https://book.gihyo.jp/116

今すぐ使えるかんたん mini PLUS
Excel 関数　組み合わせ　超事典

2021 年 7 月 17 日　初版　第 1 刷発行

著者●日花　弘子
発行者●片岡　巌
発行所●株式会社 技術評論社
東京都新宿区市谷左内町 21-13
電話　03-3513-6150　販売促進部
03-3513-6160　書籍編集部
装丁●岡崎　善保（志岐デザイン事務所）
本文デザイン●リンクアップ、ARENSKI
DTP ●リンクアップ
編集●青木　宏治
製本／印刷●図書印刷株式会社

定価はカバーに表示してあります。

ISBN978-4-297-12195-2 C3055
Printed in Japan